戦略の世界史 上

戦争・政治・ビジネス

ローレンス・フリードマン
貫井佳子＝訳

日経ビジネス人文庫

ジュディスへ

目次

第II部 力の戦略

下巻目次

まえがき

誰にでも計画（プラン）はある。顔面にパンチを食らうまでは。
――マイク・タイソン

誰もが戦略を必要としている。ずっと前から、軍隊や大企業や政党のリーダーは戦略をもっている、とみなされていた。そしていまや、まともな組織で戦略をもたないものなど想像できない。人間社会にまつわる不確実性や混乱を切り抜ける方法を見つける難しさはあるものの、依然として戦略的なアプローチは、ランダムなアプローチはもちろん、純粋に戦術的なアプローチよりも望ましいと考えられている。戦略をもつことは、目先の瑣末事（さまつごと）にこだわらずに長期的で本質的なことを見通し、症状ではなく原因に対処し、木よりも森を見る能力を意味する。戦略をもたずに問題に取り組んだり、目標達成に向けて努力したりするのは怠慢といえる。当然のことながら、どんな軍事作戦や企業の投資や政府の構想も、評価すべき戦略がなければ支持を得がたい。ある決断が戦略的に重要なものとして示されうるとすれば、日常的に行われる決断よりもそれが重視されるのは明らかだ。さらに、そうした決断を行う者は、忠告をするだけ、あるいは実行を任されるだけの者よりも重要とみなされる。

今日では、大国や大企業の命運をかけた決断だけでなく、ごくありふれた問題にかかわる決断のためにも戦略が提示される。定められた目標への道のりが平坦ではないとき、あるいは必要とされる資源やその効果的な活用方法と適切な順序に関して決断を迫られるときには、必ず戦略が求められる。ビジネスの世界では、最高幹部が全体の戦略について責任を負うだろうが、そのほかに調達やマーケティング、人事といった分野別の戦略も存在する。医師には臨床戦略が、法律家には起訴戦略が、ソーシャル・ワーカーにはカウンセリング戦略がある。個人も、キャリアの構築、死別の悲しみへの対処、税還付の申告、さらには幼児のトイレ・トレーニングや自動車の購入などに関して独自の戦略をもつ。実のところ、戦略がなくても良しとされるほど価値が低く、陳腐な、あるいはごく私的な人間の活動は、もはや存在しないのだ。

より効果的な戦略を望む人向けに助言を示した本は山ほどある。読者層の幅広さは書籍のスタイルの多様性に表れている。くだけた表現を売りにした本もあれば、大きな活字を用いた本や、成功者や勝利者の心揺さぶるストーリー（物語）を取り上げた本もある。図表を多用し、考慮すべき数多くの込み入った要素を説明した学術的な書物もある。きちんと従えば、少なくとも正しい結果に到達する可能性が高まるであろう活動のチェックリストを示した本は、そのあいだに位置する。大胆な発想や断固たる行動、勝利への執着を促す叱咤激励の書もある。これらは、敵とどう戦い、同盟候補者をどう引き込むかという手引きを示す決まり文句の寄せ集め（それも一貫しているとは限らない）にすぎない場合もある。そのほかに、対立のパラドックスや、遠い目標を一途に追求することで柔軟性を失うという落とし穴について、より哲学的に考察した本も存在する。複雑なルールに従い、特殊な兵器を用いて古代の戦争を再現したり、空想世界で異星人を支配したりするなど、仮想の戦略家として振る舞うゲームの攻略本すらある。

日常生活のストレスに対処する方法はいうまでもなく、戦闘計画と政治運動と企業取引に、一つの同じ言葉を、その意味を損なわずに当てはめることはできるのだろうか。コラムニストのマシュー・パリスは、「戦略」という言葉がいたるところで使われ、あらゆる望ましい結果と簡単に結びつけられてしまっていることを嘆いている。パリスは、景気停滞と債務に悩む国で「成長戦略」が求められることに言及し、誰が干ばつ対策として「降雨戦略」を要求するだろうか、と疑問を投げかけている。「すべての罪人に道徳戦略が、すべての飢えた人に食料戦略が必要」なのか、と。「今の世の中では、『戦略』という言葉を含む文章からその『戦略』という言葉を取ってしまっても問題の本質がわからなくなるようなケースはまずない。だいたいは議論が堂々めぐりしているだけだ」とパリスは説く。[1] とはいえ、自らの目標や能力を踏まえたうえで、前もって先の行動について考える試みを表現するのに「戦略」は今なお最適な言葉である。「戦略」は、他のこれぞという言葉で表すことのできないプロセスをとらえた言葉だ。ただし、見境がなく、往々にして的外れな使われ方のせいで、その意味は薄れてきている。この点で「戦略」は、「力（パワー）」や「政治」といった他の関連する言葉と大差なくなっている。学術書では（結論にいたることはまれだが）正確な意味を探求する取り組みが行われているものの、日常会話においては不明確で大雑把でいいかげんな使われ方をしているという点で、これらの言葉は共通している。

適用される領域を示し、境界を限定するものとして合意を得た「戦略」の定義は存在しない。現代において一般的になっている一つの定義では、戦略とは、目的と方法と手段のバランスの維持、目標の特定、その目標を実現するうえで利用可能な資源と手法にかかわるもの、とされている[2]。このバランスを保つには、望ましい目的を達成するための方法を見いだすことだけでなく、利用可能な手段を用いて現実的な形で達成できるように目的自体を修正することも必要となる。こうしたプロセスによって単純明快な課題を示すことが可能となるが、目的が容易に達成できる場合、人間ではなく無生物の要因がかかわる場合、利害がほとんど関与しない場合には、それは戦略とはいいがたいものとなる。概して戦略は、対立が生じている（あるいは生じそうになっている）ところで、利害の衝突が起き、なんらかの形での解決が求められるときに機能しはじめる。戦略が計画（プラン）の域をはるかに超えている理由はここにある。プランは、状況が次から次へと変化しても自信をもって行動できるような一連の出来事を想定している。戦略は、自分とは異なる、相容れない可能性もある利害や関心をもつ他者が、自分のプランを妨げかねない場合に必要とされる。対立は、たとえば同じ組織に属し、名目上は同じ目標を追求しているが、異なる責任を負っている二人のあいだで生じる場合のように、非常に緩やかな形でも起きうる。冒頭で引用したマイク・タイソンの言葉が示すように、この上なく巧妙なプランが狙いすました一撃に吹き飛ばされることもある。偶発的な出来事や敵の取り組み、味方の失敗など、人間社会にまつわることには予測不能な要因がつきものであり、これが戦略に試練とドラマをもたらす。戦略は往々にして、望ましい最終状態を思い描くところから始まると思われているが、実際には、目標達成に向けて順序だった行動があらかじめ設定されることはまれである。むしろ、そのプロセスは状況が変化していくなかで展開される。その一つひとつの状況は予期されたものや望んでいたものとは一致しないため、最終目標を含めて当初の戦略を見直したり、修正したりすることが必要となる。本書で浮かび上がるのは、流動的で柔軟性のある、終点ではなく始点に左右される戦略の構図である。

戦略は、決闘（二つの相容れない意志の衝突）として表現される場合も多い。戦略がもともと軍事用語であったこと、レスリングの試合によくたとえられたことがその背景にある。また、標準的な四分割のマトリックスを用いたゲーム理論によって対立を単純モデル化した結果が戦略とみなされる傾向もある。だが、戦略をめぐる状況でそこまで単純なケースはきわめてまれだ。マイク・タイソンとリング上で対戦するボクサーに選択肢はほとんどないかもしれないが、もしルールを破り、仲間のボクサーをリングに引き込むことが可能であれば、見通しは著しく改善する。本書を読み進めればわかるように、他者との連携は多くの場合、きわめて巧妙な戦略的行動となる。同じ理由から、敵が自分と同じことをするのを妨げる方法も有効となりうる。決闘は、どちらか片方だけが勝つことで終わる戦いという意味合いをもつため、たとえとして適切ではない。紛争は、共通の利益を頼みとしたり、別の連携可能なパートナーと勝利連合を形成したりすることで解消しうる。どちらの場合も複雑な交渉を要する可能性があり、そこで必要となる譲歩は価値のある、あるいは思慮分別に基づくものだと従来の支持者に納得させるのは容易ではないかもしれない。このように戦略の範疇（はんちゅう）には、脅しと圧力だけでなく交渉と説得、物理的な効果だけでなく心理的な効果、行動だけでなく言葉も含まれる。戦略が最も重要な政治的アート（技芸）であるのは、このためだ。戦略とは、当初のパワー・バランスが示す以上のものを引き出すためのものであり、パワーを創り出すアートなのである。

もともと力をもっている者にとって、戦略はさほど難しいものではないだろう。より豊かな資源を分別をもって用いれば、成功する可能性は高い。旧約聖書の有名な一節に「必ずしも足の速い者が競争に、強い者が戦いに勝つわけではない」という言葉がある。[3] アメリカの作家デイモン・ラニアンは、そのあとにこう続けた。「だが、だからこそ、賭けるのだ」。自分より力のある者に戦いを挑むことは、高潔さや勇敢さという点では高く評価されるかもしれないが、思慮深さと有効性という点では基本的にあまり評価できない。当初のパワー・バランスから負けが予想される状況で、弱者の戦略がまさに創造性を試されるのはこのためだ。そのような戦略は多くの場合、より豊かな資源を当たり前のものとみなし、月並みで機敏性と柔軟性を欠くアプローチをとる相手に対し、秀でた知性を生かして優位に立つことで勝利する可能性を頼みとしている。そうした弱者のアプローチの手本を示すのは、アキレウスではなくオデュッセウスであり、カール・フォン・クラウゼヴィッツやアントワーヌ・アンリ・ジョミニではなく孫子やバジル・リデルハートである。これらの戦略家は欺きや策略、陽動、機動、スピード、とっさの機転といった手段を用い、少ないコストで勝利を追求しようとする。武力ではなく機転によって勝てば、この上ない満足感が得られる。問題は、敵が予想を上回る資源をもっているだけでなく、用心深く勇敢で抜け目がないと判明したときに起きる。

「戦略」(strategy) という言葉の起源は古代ギリシャにさかのぼる。だが中世から近代にかけて、関連する言葉として用いられていたのは「戦争の技法」(art of war) であった。連合の価値、戦闘の役割、力と策略それぞれの利点といった、のちに戦略の範疇にしっかりと含まれる類いの論点も、きちんと視野に入っていた。戦略という言葉がようやく使われはじめたのは、一八世紀後半のイギリス、フランス、ドイツにおいてである。背景には、理性を適用することが、人間社会にかかわる他のあらゆる領域と同じく戦争にも役立ちうる、という啓蒙思想の楽観論があった。また、国民軍と長距離におよぶ兵站網を用いた近代戦に求められる要素も反映していた。いまや軍事力の行使には周到な準備と理論に基づく指導が必要となっていた。それまで目的と手段は、戦略の策定と実行の両面で責任を負う戦闘指揮官の頭のなかで結びついていたといえる。だが、この二つの機能はしだいに分離していった。政府が将官の達成すべき目標を設定し、将官が専門の参謀団を組織して作戦計画を策定させ、その計画をまた別の者たちが実行に移す、という流れができたのである。

指揮に関する言葉をはじめ、軍事上の比喩が他の人間活動の領域で気軽に用いられている点を考えれば、政界やビジネス界のリーダーたちが戦略の概念を取り入れたのも当然であった。一九六〇年より前にはビジネス戦略という言葉が使われることはまれだった。よく使われるようになったのは一九七〇年代で、二〇〇〇年を迎えるころには軍事戦略よりも頻繁に登場する言葉となっていた。[4] その使用を普及させたのは、経営・ビジネス関連の書籍である。組織の計画や方針（少なくとも、その組織にとってきわめて重要で広範囲におよぶ計画や方針）が「戦略的」と表現されるようになると、個人レベルでも、仕事に関して最良の選択を模索する際にこの言葉が用いられるようになったが、それも行き過ぎた飛躍とはいえなかった。一九六〇年代の社会・思想運動は、「個人的な」問題を「政治的な」問題としてとらえることを促し、より基本的な関係に戦略を持ち込む役割を果たしたといえる。

企業は、社員が追求すべき目的を設定する計画立案（プランニング）専門の人員を配置し、政治家は、選挙に勝つための助言を行うコンサルタントを雇った。そして、こうした業務の経験をもつ者は、戦略の原則に関する著作の執筆や講演を行い、さまざまに異なる可能性もある諸状況で成功をもたらしうる処方箋を提示した。こうして戦略は、組織の官僚化、職務の専門化、社会科学の発展と密接に結びつきながら、隆盛の道をたどってきた。その背景には、経済学、社会学、政治学、心理学などの専門的な学問によって世界をより理解しやすく、予測しやすくすることができる、そしてその結果、あらゆる活動がよりよく伝えられ、評価され、その時々の状況により適合した形で行われることが可能になる、という期待感があった。

戦略家の躍進に対する反応の一つは、コントロールを前提としていることや、中央集権的な構造を促進していることに対する抵抗だった。戦略はうぬぼれであり、大衆の動きをエリートが上層から操作できると見せかける幻想だ、と批判されてきた。批判者は、一握りの人間による意図的な意思決定を否定し、大局をとらえることはできないものの、現状で可能なかぎりの対処をする無数の個人の数えきれないほどの行動が、誰も意図しなかった、あるいは望みもしなかった結果をもたらすのだ、と説いた。このような批判は、分散型の意思決定と個人への権限委譲を求める声を後押しした。そしてさらに、より個人的なレベルで日々の変化に対応するために戦略が使われるようになるのを促した。

本書では、こうした多種多様なアプローチの発展について記している。厳格な中央集権的計画プロセスから、無数の個人の意思決定の集合体にいたるまで、その範囲はきわめて幅広い。これは、軍事、政治、ビジネスという別々の領域において、一つの考え方に向けて、見解の収束がある程度まで進んでいることを示している。それは、いまや最善の戦略的慣行となりうるのは現状を望ましい結果に変える方法について説得力ある物語を構築することだ、という考え方である。一九六〇年代から七〇年代にかけての時期には、ある種の特殊なナラティブ（物語）として戦略を考えるという慣行が台頭しはじめ、大企業や戦争さえもが一つの中核的なプランという手段によってコントロールできる、という思想が広がるにいたって、幻滅が生じた。その後、認知心理学と現代哲学の発展が相まって、出来事の解釈にかかわる構成概念の重要性が重視されるようになった。

本書は歴史的見地から、戦略理論においてとりわけ目を引く（戦争、政治、ビジネスに影響をおよぼしてきた）諸テーマの変遷について、批判者や反対派の視点を見失わずに論じることを目的としている。本書に登場する一部の人物や、戦略にほとんど触れていないようにみえる章の存在に、読者は驚くかもしれない。これは、戦略の条件を決める理論を重要視しているためだ。こうした理論は、戦略家が取り組まなければならない問題や、戦略を実施する場の環境、さらには自分たちが行う政治的・社会的活動の形態を明確にする。そのような点を重視した結果、本書は紛争に対処するための計画立案や、不確実な状況に実践的才知を生かす方法に関する本というよりも、理論と実践の関係、はっきりいえば実践の一形態としての理論に関する本となった。戦略は、合理的な行動という抽象概念を定式化するものや、支配と抵抗に関するポストモダンの思想、因果関係に関する見解や人間の脳の機能についての知見、戦闘で敵を捕捉する場合や、選挙戦で対抗者の評判を悪化させる場合、市場に新製品を導入する場合の最良の方法に関する実用的な助言といった、ありとあらゆる種類のディスクール（言説）へとつながる道を提示する。戦略家は、さまざまな形態の強制や誘引の有効性や、ストレス下での人間の性向、大人数の組織の動き、交渉の技術、良き社会の理想像、倫理的行為の基準などと向き合ってきた。

本書でわたしが採用したアプローチは、社会科学のどの特定の学派にも属してはいない。むしろわたしは、特定の学派の台頭が学術的な戦略によって説明できることを示そうとしてきた。本書の終盤では、未来形で語られるストーリーとしての戦略を考察するうえで、戦略的スクリプトという概念を打ち出している。わたし自身は、本書に記した一連の分析の流れのなかからこの概念が出てくると思うが、読者には、たとえこうした見方が受け入れられないとしても、その経緯を興味深く感じてもらえれば幸いである。わたしが戦略に魅了されるのは、それが選択にかかわっているからだ。選択は重要な意味をもちうるため、その背景にある思考には、入念に研究する価値がある。選択とは、その判断を下す人や、個人としての出世や集団の生き残りに取り組む人にとって重要な意味をもつ決断にかかわる。また、深く根づいた考え方や価値観、多くの人々の生活に影響をおよぼすビジネス、国家の将来像を形づくる機会とも結びついている。このような観点から戦略を研究することは、ランダムな、あるいは無秩序なもの、特異で逆説的なもの、例外的で奇抜なものを、本流から外れた厄介な存在として扱わなければならない社会科学のあり方を覆す可能性を秘めている。戦略においては、こうした要素に特別な注意を向ける必要がある。それは、現実が想定におよばない、あるいは想定を超えるせいで、行為者が予想に反した状況に直面するからにほかならない。こうした研究は、すぐれた演繹的な理論を生み出すにはいたらないかもしれないが、学生たちに、数学的証明を気にせずに、きわめて困難な意思決定がもたらすスリルとドラマを実感してもらうことを可能とする。

論旨の収拾がつかなくなるのを避けるため、本書では主として戦略に関する西洋思想に重点を置いており、また現代については、とくにアメリカにおけるアプローチを考察の対象としている。本書の中心的なテーマと、より広範囲におよぶ政治・社会理論の変遷を結びつけたかったため、地理的な包括性を追求するのは不可能であった。異なる文化において異なる見識が育まれる点は十分に理解しているが、アメリカは超大国だというだけでなく、現代において最も知的イノベーションが進んでいる国でもある。古代においてはアテナイが、一九世紀後半にはドイツが知的イノベーションの先導役を演じた。西洋文化の範囲内にとどめることの利点は、その文化的影響や、時代や、明らかに異なる活動の領域を越えて共通するテーマを浮き彫りにできるところにある。何を議論に盛り込むか、という選択もきわめて重要であった。本書では、必ずといってよいほど言及される著作者の古典のほか、今ではすっかり忘れられているが（その多くはそうなってしかるべきものである）、かつて一世を風靡（ふうび）した著作者の作品にも触れている。また議論の流れのなかで、戦略的思考の潮流や傾向についても言及するよう努めている。議論を地に足のついたものとするため、肝に銘じてきたことがある。それは、戦略的思考は「それぞれの世紀、いやむしろ歴史の一瞬一瞬から、そして出来事そのものが引き起こした問題から着想を得ている」というレイモン・アロンの言葉だ。[5] 主要な理論家の考えを理解し、批評的な切り口でそれを論じるには、その思想家がどんな出来事に直面し、対応したのか考慮することが重要である。とはいえ、戦略書の書評で「ある歴史的変化が一人の理論家に起因したという見方には納得がいかない。物質的な条件に恵まれなければ、理論は広まらないからだ」と説いたジョージ・オーウェルほど、批判的になる必要はない。[6] 思想の歴史の魅力は、ある文脈で生まれた思想が引き継がれ、別の文脈で新たな意味をもつようになる点にこそある。

本書では、戦略の考察と伝達の手段として高まるストーリーの重要性をテーマの一つとしていることから、非常に重要なストーリーがどのように生まれたのか、その創出の背景にどんな意図があったのか、時間の経過とともにストーリーの意味がどう変わったのかを示そうとした。また、このナラティブのテーマに合わせて、中心的な論点や戦略的行動のとらえ方をわかりやすくために、聖書や、ホメーロス、ミルトン、トルストイなどの著作をはじめとする文献から数多くの例を取り上げている。

本書は戦略の「前史」として、西洋文化の伝統の二つの大きな源（旧約聖書と古代ギリシャの偉大な古典）と、今なお影響力の衰えない著述家（トゥキュディデス、孫子、マキャベリ）に目を向けるところから始まる。本論部分の最初にあたる第II部では軍事戦略を取り上げる。第III部では政治的な戦略、とりわけ弱者のための取り組みについて論じる。第IV部では大規模組織、とくに大企業の運営管理者（マネジャー）の戦略の変遷に触れる。第Ⅳ部は本論のなかで最も短いが、それは二世紀超の期間を扱う第Ⅱ部や第Ⅲ部と異なり、対象期間が半世紀しかないからだ。最後の第Ⅴ部では、近年の社会科学の貢献について考察し、各主要テーマを一つに結びつけることをめざす。

本書執筆にあたっての研究で、わたしは専門外の領域に足を踏み入れた。結果として、大学生時代から頭の片隅にあった問題や、それまで見過ごしてきた多くの問題について、突きつめて考える機会を得た。政治理論の研究では、解説書だけでなく原典を読む必要があると教えられ、そうするよう努めてきた。ただし、他者の解釈に広く頼ることはなかった、と言いたいわけではない。本書では、さまざまな分野の専門家の見識や思想も引き合いに出している（出所はできるかぎり明らかにしたつもりだ）。執筆作業の醍醐味の一つは、社会科学や、わたしの専門からかけ離れているはずの分野で、すばらしい研究に出会えたことだった。研究仲間は最大限の努力をしてくれたが、わたしは数多くの領域で明らかに手を広げすぎてしまった。とはいえ、この経験から、学者が自身の専門分野の領域内で良い印象を保つことを気にしすぎる一方、領域外での動きにあまり関心を示さずにいる、という思いをあらためて強くしたのもたしかだ。本書では、こうした傾向について、しばしば批判的な姿勢を示しているが、関係者をおとしめる意図はないと伝えたい。これは議論する価値のある問題なのであり、わたしが何か重要な論点を見落としていると感じる方は、ご指摘いただければ幸いである。

わたし自身の専門と本書の主題の起源を考慮すれば、本書の大半が戦争にかかわる話になるのは当然の成り行きであった。とはいえ、革命や選挙やビジネスの戦略も公平に取り扱い、それらが互いにどう影響しあったかを明らかにするよう、心がけた。わたしは実際に戦争を体験したことはないが、数多くの兵士と知り合う機会を得てきた。学生時代は積極的に政治活動に携わり、改革や革命や暴力に関する激しい議論の場にも加わっていた。その後、ロンドン大学キングス・カレッジで教鞭をとるかたわら、約三〇年にわたり、さまざまな管理者としての役割も果たしてきた（肩書に「戦略」という言葉が入る場合すらあった）。こうした経歴を重ねるなかで、わたしは戦略について考えるだけでなく、戦略的に考えるよう努めてきたつもりである。

第Ⅰ部　戦略の起源

第1章

戦略の起源1：進化

人間は、おそらく樹上性で、尾がついた毛深い四足獣の子孫である。
――チャールズ・ダーウィン

本章では、時間と空間を超えて共通する人間の戦略の基本的特徴について論じる。そこには欺き行為や同盟関係の形成、そして手段としての暴力行使などが含まれる。これらの特徴は、チンパンジーのあいだにもその断片が見られるほど基本的なものだ。チンパンジーは自己意識をもち、欺けるほどに他者を理解している。助けてくれた相手には感謝の気持ちを示し、助けを拒んだ相手には報復する。コミュニケーション手段をもち、難しい問題やこの先の計画について考える。

まず野生のチンパンジー、それから動物園の特定の飼育集団を対象に長年にわたって注意深く行われてきた観察は、チンパンジーは限定的な社会的つながりしかもたないとする従来の見方を揺るがした。同じ地域に棲む個々のチンパンジーが日常的に集まり、複雑な関係を築いていることが明らかになったのだ。チンパンジーたちは協力もすれば、争いもしていた。戦略の研究者にとってとりわけ興味深い発見は、チンパンジーが政治的に振る舞うことだった。チンパンジーは潜在的な支援者に毛づくろいや交尾、食べ物の提供を申し出ることで協力関係を築いていた。すべては争いごとで勝つための行為だ。だが一方で、その後も協調して生きていけるように、争いごとを限定する重要性も理解していた。暴力的なけんかのあとにキスをし、仲直りをしていたのだ。自分たちの弱さをさらけだすことで、信頼を生み出していたのである。[1]

フランス・ドゥ・ヴァールは、一九七〇年代にオランダ、アーネム動物園のチンパンジーの飼育集団を観察し、詳細な記録をとった。そこから劇的な事実が次から次へと明らかになっていった。一九八二年の著書『チンパンジーの政治学』(初訳時の邦題は『政治をするサル』)で、ドゥ・ヴァールはチンパンジー社会の複雑さについて驚くべき結論を下した。チンパンジーの集団にはっきりと存在する同盟関係の形成と権力闘争は「政治的」と呼ぶにふさわしい、との見方を示したのだ。[2]

チンパンジーの社会は肉体的な力関係だけで築かれるものではなかった。最優位(アルファ)オスは実際よりも大きく凶暴に見えるように毛を逆立て、権力を誇示する。劣位のチンパンジーたちに突進する示威行動をみせると、劣位者たちはクモの子を散らすように逃げる。その後、アルファ・オスは劣位者から屈従的なあいさつや、入念な毛づくろいを受け、しかるべき敬意を得る。だがドゥ・ヴァールは、階層序列の変化が、必ずしも最も力の強いものが新たに権力を手にすることによって起きるわけではない点に気づいた。力以上に重要なのは社会的な駆け引きだった。ほかのチンパンジーが誰の側につくかによって、忠誠関係に変化が生じるのだ。階層序列の変化は唐突にではなく、秩序にのっとって起きていた。

ドゥ・ヴァールが初めて記録につけた階層構造の変化は、アルファ・オスだったイエルーンをめぐって起きた。観察開始当初、イエルーンは大半のメスから支持を得ていたが、別のオス、ラウトによるあからさまな挑発にどう応じるべきか、迷っているようにみえた。ラウトはイエルーンの目の前でメスと交尾するという、みるからに侮辱的な行動をとった。やがてラウトは権力バランスを自分に有利な方向に傾けるために、別のオス、ニッキーを自分の味方につけた。一連の権力闘争のなかで用いられた戦術は、力と強固な意志の誇示にとどまらず、毛づくろいをしたり、子どもと遊んでやったりすることによって、メスが自分の陣営につくのを促す手段をも含んでいた。形勢が悪くなったイエルーンは癇癪を起こすようになった。この行動は当初こそ手下たちの支持離れを抑制する働きをしたようだが、頻度が高まるにつれてその効果は薄れていった。結局、イエルーンは権力を手放した。この権力闘争の決着は、別の権力闘争を生み出した。新たにアルファ・オスとなったラウトに対して、イエルーンはニッキーと手を組もうとしたのだ。たとえ再びアルファ・オスの座に就くことはできなくても、過去の権勢のいくばくかを取り戻そうとしたのである。

この闘争プロセスにおいて、実際の武力衝突はほんの一端を占めるにすぎなかった。最も危険な攻撃行動である噛みつきは、ほとんど行われなかった。ドゥ・ヴァールは、闘争の結果が社会的な関係を変化させるのではなく、すでに起きていた社会的関係の変化が闘争に反映されると結論づけた。外部の敵に立ち向かうのに団結する必要が生じるためか、チンパンジーたちは集団内での暴力は抑制すべきだとわかっているようだった。しかも、仲裁や和解の必要性も理解しているようにみえた。ひとたび目標が達成されると、たとえば勝者と敗者の双方が攻撃性を弱めるというように、行動パターンに変化が表れた。

ドゥ・ヴァールによると、こうした戦略的行動の中核には、それぞれの個体がお互いを認識する能力、さらには、ほかの個体が同盟関係を形成するためにどのように結託するか、そしてその同盟関係がやがてどのように崩壊するか、といった社会的な関係を理解する能力がある。選択を行ううえで、チンパンジーたちは自分の行動がどのような結果を生み出しうるか把握していなければならない。そして、自分の目標を達成するための手段をある程度、計画する能力が必要だ。チンパンジーがこうした特性をすべて示したのをみて、ドゥ・ヴァールは「政治の起源は人類が生まれる前までさかのぼる」と結論づけた。その後の研究で、ドゥ・ヴァールはこうした独自の見解に基づき、霊長類が寛容さや利他的行動や自制心を示しうる、つまり共感する能力をもっているという根拠を示した。共感とは、少なくとも他者に対する感受性をもつことであり、その行き着く先は他者の考え方を理解する能力である。ドゥ・ヴァールはこの共感能力が「社会的相互作用の制御や協調活動、共通の目標に向けた協力において必要不可欠である」と論じた。[3]

欺き行為が戦略に不可欠な要素である点も判明した。欺きとは、他者の振る舞いを変化させる目的で故意に偽りのシグナルを送ることだ。チンパンジーはアルファ・オスの目を盗み、集団の他のメンバーから食べ物を騙しとったり、こっそり求愛行動をとったりしていた。こうした行動においても、ある程度の他者への共感が求められる。他者の通常の振る舞いを把握していなければ、他のメンバーがどのように惑わされるかを理解することはできないのだ。

チンパンジーであれ人間であれ、「戦略的知性」というべきものは、過酷な物理的環境のなかで生き延びる必要性から生まれ、複雑な社会環境下での相互作用によって発達した。人間の脳について考えてみよう。脳の重量は成人の場合で体重のわずか二パーセントを占めるにすぎないが、脳が消費するエネルギーは体全体の二〇パーセントと、他の器官の水準を大幅に上回る。活動を維持するためにそれだけ多くのエネルギーを費やす脳は、決定的に重要なニーズを満たすために発達してきたにちがいない。リチャード・バーンとナディア・コープは、霊長類の主要系統から一八の種を選び、大脳新皮質の大きさと、それぞれの種がみせる欺き行為の頻度の相関性を調査した。そして、欺くだけでなく、協力したり、紛争を治めたりする能力といった社会的知性全般と脳の大きさとのあいだの因果関係を導き出した。[4] 進化の観点からみれば、より力が強く、知能が劣っているであろう他の種との生存競争のなかで、こうした能力がどのような価値をもつのか想像するのは難しくない。ある特定の動物一頭において、大脳新皮質の大きさがその精神世界の範囲を決定づけるのだとすれば、その一頭が関係を築きうる仲間の範囲、ひいては紛争時に頼れる味方の数もそれによって決定されるといえる。つまり、脳が大きければ大きいほど、広範な社会的ネットワークを維持する能力も高まるのだ。バーンが広めた「マキャベリ的知性」という概念は、戦略と進化のあいだのつながりを確立した。一六世紀のイタリアにおいてニッコロ・マキャベリが唱えたような基本的な生存技法が、最も原始的な社会集団のなかで生き残るために必要な能力と似ていることが明らかにされたのだ。[5]

この概念は、脳の物理的発達に関する研究、人間とその他の霊長類を対象とする緻密な観察、そして生態学的、社会的要因の影響に関する考察の結びつきによる成果の一つとして発展した。私たちの祖先がまず直面した知的な課題は、落下せずに高い木に登る方法を考え出すこと、そして登った先で安全に眠れる場所を築くこと、あるいは栄養たっぷりだが棘や厚い皮があって食べにくい果実などを採って食べるのに必要な一連の手の動きを身につけることだったであろう。肉体労働には連続した動作が不可欠であり、そのためにあらかじめ計画を立てる必要が生じた。生態学的、身体的に脳が大きくなる必然性はあったのだろうが、どこかの時点で、まとまりのあるかなりの規模の社会集団を維持する必要性こそが脳の発達を推進する原動力となったのである。集団内で力を発揮するには、集団の他のメンバーがどのような特性をもち、階層序列においてどのような順位にあるか、誰と親密か、そして特定の状況においてこれらがどう影響するのか、といったことを理解する必要があった。

暴力の戦略

戦略の誕生において重要な役割を果たした複雑な要因の一つとして、社会的なつながりをもたない他の集団と争う必要性、つまりチャールズ・ダーウィンが「生存競争」と呼んだものが挙げられる。協力する余地があり、紛争にも制限があるという感覚が生じると、内集団のなかで社会的な関係が形成されうるが、外集団と対立する状況になると別の必然性が生じる。個体としての攻撃性は生物全般に共通しているが、同じ種の集団同士での戦闘はどの生物にもあるものではない。アリはきわめて好戦的な生物だ。「絶え間ない攻撃、縄張りの争奪、可能なかぎり行う隣接コロニーの集団殲滅（せんめつ）」といった対外政策をとるアリは、「もし核兵器を手にしたら、おそらく一週間以内に世界を滅亡させるだろう」と専門家に評されている。[6] アリの戦いは、戦闘役に特化し、生殖能力をもたない兵隊アリによって行われるため、戦闘で犠牲が生じてもコロニーの個体数が大幅に減少することはない。アリ同士の戦闘には、食べ物と縄張りの獲得という明確な目的がある。あるコロニーが別のコロニーを征服すると、敗者が貯蔵していた食べ物は勝者の巣に運ばれ、敗者のコロニーは全滅させられるか、追い払われる。アリの戦闘は戦略とは無縁だ。力ずくの攻撃による絶え間ない、そして執拗な消耗戦である。アリたちは体をくっつけ合って他を圧倒する塊となり、凶暴で禁じ手なしの攻撃をひっきりなしに加え、敵の防御をじわじわと崩す。取引や交渉の余地はみじんもない。

これに対して、チンパンジーは戦略的な知性を有していることが研究で明らかになっている。ほかの種のオスは、メスと交尾する機会をめぐって一対一の争いをする。チンパンジーに関して特筆すべきは、一つの集団が隣接する別の集団と争い、命を落とすものが出る場合がある点だ。こうした行動はチンパンジーの生活において日常的にではなく、特定の状況において生じるらしいこと、つまり純粋に攻撃本能によるものではなく、むしろ戦略的な行動であることがわかってきた。

戦うチンパンジーの観察記録でとりわけ有名なのが、チンパンジーの社会生活に関する研究の草分けであるジェーン・グドールが行ったものだ。グドールは一九六〇年にタンザニアのゴンベ渓流国立公園で観察を開始し、隣接するコロニーのオスに殺されるチンパンジーの姿を何度も目撃した。ゴンベにおいてとりわけ衝撃的な闘争は、二頭のアルファ・オスの対立によりコミュニティが分裂したのちに起きた。カサケラとカハマの二つのコミュニティへと分かれたチンパンジーの集団のあいだでは、敵対関係が続いていた。この敵対関係は一九七三年から七四年にかけての長期におよぶ紛争へと発展し、やがてカハマ・コミュニティの消滅という結末をもたらした。カサケラのオスたちはカハマの縄張りと残されたメスたちの両方を手中に収めた。(7) グドールは、防御態勢をとるチンパンジーの集団が戦闘のためにお互いを呼び合い、目的地へと急いで移動する様子を観察した。紛争が起きる可能性のある縄張りの境界域を見回るパトロールも行われていた。数でまさる集団に出くわす危険性があるため、こうしたパトロールは敵対するコミュニティの気配を絶えず確かめながら、不必要な物音を立てないようにきわめて慎重に行われた。慣れ親しんだ縄張りに戻るまで、いつものにぎやかな振る舞いは控えられた。パトロールにおいて最も印象的だったのは、チンパンジーたちが縄張りの境界線を離れ、隣接コミュニティの縄張りの奥深くに分け入ったときに攻撃性が増す点だった。侵入者らは弱そうな標的に襲いかかる機会を静かに辛抱強く待つ。そして集団で不意打ち攻撃をしかけると、息絶えた、あるいは死にかけた犠牲者を放置して去るのだった。

耕作地の拡大にともなう生息地の縮小と、グドールによるチンパンジーへの餌づけという人為的な条件が存在していたために、この研究については、そこから一般論を導き出すのは賢明ではないと論じられてきた。グドールが森からチンパンジーをおびき出すために使った給餌場が、近隣に集中していた集団のあいだでの競争があおったのだ。これに対して、ドゥ・ヴァールは給餌方法を工夫することにより、紛争が起きにくい状況下でのチンパンジーの観察に成功した。グドールは、自らの介入が攻撃性の増大を促したことを認め、反省した。ただ一方で、特定の状況下においてチンパンジーの行動がある方向へ変化するという研究結果が無効になるわけではないと説いた。実のところ、グドールの研究結果は特殊ではなかった。ほかの各地で行われてきたチンパンジーの集団に関する詳しい観察でも、時折ではあるが、その戦闘的な資質が表面化していた。

こうしたチンパンジーの戦いはなぜ起きたのか。リチャード・ランガムは「食べ物、メス、安全性などの資源を確保しやすくすること」が紛争の原因だと特定した。果実食に適応した消化器官を有するチンパンジーは熟した果実を必要とするため、隣接コミュニティ間の力関係が大きな意味をもつ。果実が乏しい時期に、チンパンジーは少しでも多くの果実を見つけようと単独あるいは小集団で移動する。果実がなる場所には偏りがある。コミュニティによって縄張り内で採れる果実の量に大きなばらつきが生じる可能性があり、これが紛争の火種となる。より力の強いコミュニティが弱いコミュニティを食い物にしようとするのだ。ランガムは、成年オスのチンパンジーが「暴力によるコストと利益を天秤にかけ、利益のほうがかなり大きいと見込まれる場合に」攻撃をしかけると論じた。ほかのコミュニティの一頭を殺せば、殺した側のコミュニティの相対的な地位は著しく向上する（各コミュニティの規模はそれほど大きくない場合が多いため、一頭減るだけでかなりの差が生じる）。ランガムはこうした考え方を、「コミュニティ間の敵対関係と、そこに存在する大きな力の不均衡という二つの要因によって集団での殺害行為が起きる、と説く『力の不均衡』仮説」として紹介した。[8] この仮説は、集団での殺害行為が起きる理由を説明する一方で、希少で不可欠な資源をめぐる戦い、という根底にある紛争の原因については触れていない。

極度の凶暴性の発現以上に衝撃的だったのは、紛争におけるチンパンジーの計算高い姿勢である。グドールは、「少数でのパトロールでは、もっと大きな集団やオスの数が自分たちよりも多い集団に出会うと、たとえ自分たちの遊動域のなかであっても、きびすを返して逃げ去るだろう。一方、大集団が自分たちの遊動域の外へ移動していき、隣接コミュニティのもっと小さな集団に出会った場合には、追いかける、あるいは攻撃する側に回る可能性が大きい」と述べている。そして、両集団の成年オスの数が近ければ、「戦いは避けて視覚的、聴覚的な示威行動を交わす」にとどめるのが通常だと説いた。[9] つまり重要なのは、チンパンジーに力関係を見きわめる力があることだ。自分のほうが相手よりも弱い立場にあれば、その場から速やかに退却して戦いを避けようとするが、自分のほうが強いとみれば、立ち向かっていく。したがって、攻撃をしかけた側が一匹でも殺された例の記録が一つもないのは当然であった。殺すか殺されるかは、戦闘力ではなく、「接触したときの両集団の相対的な規模とメンバー構成」によって決まるのだ。[10] こうした暴力に対する現実的な姿勢は、チンパンジーが暴力を手段として利用としていることを裏づけた。

したがって進化論者は、生きていくのに必要な資源が希少な状況で生存競争が繰り広げられるなかで、当然の流れとして戦略が生まれたと考えた。だが適者生存は、肉体的な力と本能的な攻撃性だけによって起きてきたわけではない。生存競争に勝つには、社会的関係とその利用方法をよりよく理解し、敵を出し抜く必要もあった。生命が誕生して以来、強さとともに賢さ、とりわけ敵を征服するために他者を利用する賢さこそが、生き残りの原動力となりえたのである。

人間のいわゆる「未開の戦争」にも同じような傾向があったことが認められている。ただし、戦略といっても「言葉で示されることのない慣例的なもの」であり、「戦いの実践と成果から」推し量ることしかできない[11]。犠牲者の少ない日常的な小競り合いや急襲、そして時折しかける不意打ちの虐殺によって、敵の力を消耗させることが主な戦略だったと考えられる。富と食料の略奪、住居や田畑の破壊、女性や子どもの殺害または連れ去りによって全面的に相手を制圧することが、勝利を意味する。後方支援がほとんど存在せず、そのうち食料か武器が尽きてしまうため、戦闘を長期化させたり、持続的な作戦をとったりすることは不可能だ。急襲には数多くの利点がある。未開社会では一般に安全確保の意識が乏しく、また夜にまぎれた小集団の移動は察知しにくいことから、急襲は防ぎがたい。しかも攻撃する側は、分が悪そうな場合に退却することもできる。アザー・ガットによると、真っ向からの公然たる戦いは通常、回避される。殺害を計画するうえで最良の方法は、相手が「無力かつ、かなり無防備で、何よりも攻撃者にとっさに応戦できる能力をほとんどもたない」状態の時を選ぶことだ。このような背景から、「研究対象となった狩猟採集民や未開の農耕民の社会」における戦いには、「驚くほど似た」傾向が認められた[12]。

こうした未開社会やチンパンジー社会に関する研究から、戦略的行動の基本的な特徴の一部を特定することができる。[13] これらの特徴は、紛争を招く社会構造のなかから生じている。戦略的な行動には、強烈な印象を与えたり、欺いたりすることで、敵あるいは味方になる可能性がある他者の行動を左右できるように、そうした相手の際立った特性を認識し、その置かれた状況をおもんぱかる力が必要だ。最も効果的な戦略は、暴力だけに頼るのではなく（暴力は優位性を誇示したり、攻撃性を表したりする手段として使えるが）、同盟関係を組む能力を生かすことである。この主張は本書全体を通じて一貫しており、付け加えるべきものはない。戦略的行動の要素に変化はない。それを実践しなければならない状況の複雑さだけが変わってきたのだ。

第2章　戦略の起源2：旧約聖書

これまでにも、わたしが手を下し、疫病を降らせてあなたとあなたの民を地上から消し去ることはできた。しかし、あなたにわたしの力を見せつけ、わたしの名を全地に知らしめるために、あなたを生かしておいたのだ。

――「出エジプト記」第九章一五～一六節（新国際版聖書に基づく）

もう一つ、旧約聖書からも戦略の起源（というよりも万物の起源）をひもとくことができる。旧約聖書を読むかぎり、いかなる意味においても戦略は自然に反したものとはいえない。そのストーリーの多くは紛争（内輪もめの場合もあれば、イスラエルの敵との争いの場合も多い）を中心に展開しており、そこでは策略と欺きが常のように用いられている。なかには、戦略に関するわたしたちの思考や議論に今なお影響している物語もある（最もわかりやすい例はダビデとゴリアテのエピソードだ）。とはいえ、旧約聖書のなかで最もすぐれた戦略に関するアドバイスは、常に神を信じ、その掟に従うこと、である。神がほかの者にゲームをつかさどらせることもあったが、最大のプレーヤーは常に神自身であった。神が支援の手を引けば、多くの場合、災厄が訪れた。神が味方につけば、悪い結果になろうはずがなかった。

旧約聖書が事実に即しているかどうかという疑問と、旧約聖書が提起する自由意志と因果関係に関する問題は、長年にわたり神学論争の中心にある。もしすべてが神の意志によるものだとすれば、人間固有の欲望は何のためにあるのか。人間の意志は神の意志の産物なのか、それとも独自に生まれうるものなのか。戦略の研究者にとって、旧約聖書を読むのはストレスのたまる作業だ。戦略に不可欠な行為として欺きを描いたエピソードがきわめて多く、人間の弱さをまざまざと見せつけられるからだ。苦境に立たされた者がいて、ある卑劣な手段を使えばそこから脱せるという状況においては、だいたいの場合、その手段が用いられる。たとえば、イサクの次男ヤコブは母と共謀し、長男エサウのふりをして盲目の父を騙し、兄に与えられるはずだった祝福を受けた。やがて、今度はそのヤコブが騙される。結婚するつもりだった女性の父親の策略にはまり、女性とその姉の二人を妻に迎えるはめになったのだ。のちにヤコブは自分の息子たちにもたばかられる。ヤコブが溺愛するヨセフに嫉妬したほかの息子たちは、共謀してヨセフを穴に投げ入れて置き去りにし、父には獣に食い殺されたと報告した（実際にはヨセフは商人の手で奴隷として売られていた）。旧約聖書は謀略に関する道徳上の曖昧さと騙された者の激しい怒りを伝える一方で、すぐれているが望ましくない勢力に対する謀略の価値を認めている。欠陥のある人間の世界においては、欺き行為はごく当たり前に幾度となく生まれるのである。

人間が神によってどれだけの行動の自由を与えられているかという点については、二通りの説明が考えられる。一つは、人間のあらゆる行動はより高い存在によって操られているため、結局のところ、そこから得られるものはない、という説だ。もう一つは、人間は自ら計算して行動することができるが、究極的には神に従うか否かというたった一つの戦略判断こそが重要である、という説だ。ゲーム理論を用いて聖書の物語を解釈しなおしたスティーブン・ブラムスは、神は「最高の戦略家」だと結論づけた。[1]最初から優位にある神の目には、最高よりも劣るものは期待外れに映るだろう。だがブラムスは、神が全知は堪能しても、全能は堪能しなかったと説いた。神はただの人形つかいではなく、むしろ他のプレーヤーの選択から影響を受ける存在だったというのだ。神の目的とのちの戦略について説明するのに、ブラムスは哲学者レシェク・コラコフスキの言葉を引き合いに出した。神は「自らの栄光」を示すために世界を創造したが、それは誰かが評価してくれなければ無意味な行為である。「神は自分が偉大になれる環境を必要とした」。それは世界が創造されたあとになって初めて可能となる。「なぜなら神を称賛することのできる者が現れ、その者と自分とを自分にとって都合のよい形で比べられる状況になるからだ」。[2]この解釈によれば、神は選択の余地を与えることによって戦略を組み立てた。なぜなら神は、人間があらかじめ仕組まれていたとおりに神に従うことよりも、自らの意志に基づく行動として神への服従を選ぶことを望んだからだ。世界創造時の神による計画の一部として生み出された存在だったとしても、一人ひとりの人間には選択を行う意識と、策略や計画を練る能力が与えられた。旧約聖書は、神の偉大さが明らかになるような状況を生み出すために、人間の選択が常に神によって操作されていることを物語っている。

神が創造した新しい世界をつかさどる者として、男と女が生み出されるやいなや、問題が起きた。アダムとイブをエデンの園に置いた神は、ただちに二人を試した。神はまず「園の果実をとって食べてよい」と説明した。唯一にして絶対の例外は、善悪の知識の木の果実だった。神は「善悪の知識の木の果実を食べると必ず死ぬ」とアダムに警告した。エデンの園はこのように人間を試すために創造されたと考えざるをえない。もしアダムとイブが過ちを犯すことを神が本当に望んでいなかったのであれば、そもそも善悪の知識の木をそこに置かなければよかったのだ。神の試みはすぐに失敗に終わった。イブが禁断の果実を口にし、それからアダムにも食べるよう促したのである。神の逆鱗に触れたアダムは自らの不始末だけでなく、イブをも責めた。しかも「あなたがわたしのそばに置かれた女」といって、神にその責任を押しつけたのである。

この堕罪のきっかけをもたらしたのは、イブに掟を破ることをそそのかした蛇だった。蛇の戦略については「巧妙」、「狡猾」、「狡知に長けた」など、さまざまな解釈がある。蛇は、掟を破ることにリスクはなく、むしろ利益がたくさんあるとイブに言い聞かせた。その果実を食べてはならないのは、死ぬからではなく、力が得られるからだ。「それを食べると目が開け、神のようになることを神は知っているのだ」と、蛇は神が二人を欺いていることを責めた。蛇は核心をついていたのだろう。アダムとイブが禁断の果実を食べると、実際に神は、善悪の区別がつくようになった二人が「われわれの一人のように」なると考えた。もし二人が生命の木からも果実をとって食べるなら、二人は死を免れるだろう。神がエデンの園から二人を追放したのは、まさにこの理由からだった。生命の木の果実を食べれば、神の脅威は無力化され、二人は永遠の命を手に入れうる。[3] それを避けるために、アダムとイブは死を免れることのない存在にされた（ただし、アダムは九三〇歳までなんとか生き延びた）。エデンの園から追放された男は土から生命の糧を得なければならなくなり、女は産みの苦しみを味わわなければならなくなった。[4] 蛇は腹ばいで動き回り、塵（ちり）を食べなければならなくなった。

威圧的な戦略としての一〇の災い

選ばれし民に神がその偉大さを誇示したのは、奴隷状態にあったイスラエル人（ユダヤ人）をエジプトから脱出させたときである。「出エジプト記」の一つの解釈は、これがイスラエル人を奴隷状態から解放した物語ではなく、イスラエル人に神への恩義の念をいだかせ、イスラエル人（とその他の民）に神の力を畏怖させることで、神の偉大さを誇示した物語である、というものだ。こう解釈すると、出エジプト記は非常に大がかりな民衆操作の物語となる。イスラエル人は慌てて離れる必要のない国からの脱出を促された。神は自らの力の強大さとエジプトの神に対する優位性を誇示するため、さまざまな災いをもたらしたが、エジプト脱出後に砂漠を放浪することになった民は、当然のように不平不満をもらした。

ダイアナ・リプトンは、出エジプト記はイスラエル人が抑圧されていたことへの懸念よりも、エジプトでの生活に引き込まれ、同化しつつあったことへの懸念をより強く反映した物語である、との見方を示している[5]。イスラエル人は、ヤコブの息子ヨセフがエジプト社会で高い地位を得たのをきっかけにエジプトへ移住した。そのイスラエル人の脱出を導いたのはモーセである。モーセはエジプトで生まれ育ったが、イスラエル人としての帰属意識を打ち出すよう、神に促された。モーセはエジプト王ファラオとのあらゆる交渉において、神の代理人よろしく振る舞った。

そこで好まれたのが、ターゲット（この場合はファラオ）に屈服を促すために脅しを使う威圧的な戦略だった。戦略上の課題は、要求に応じない場合の潜在コストが、現在もっているものを失う場合の潜在コストを超えるように、ターゲットの策略に影響をおよぼすことにあった。イスラエル人の奴隷はエジプトにとって価値があったため、強力な脅しが必要だった。威圧的な脅しが効力を発揮するには信憑性が不可欠だが、モーセが発する脅しはエジプト人が崇拝していない神の力に依存していた。このため、ファラオがモーセの言葉を何の疑いもなく真に受けるはずがなかった。したがって、最初の課題はこうした認識を変えることだったが、これは難しくなかった。もっと困難なのは、ファラオを要求に応じさせることだった。ターゲットの痛みの限界を見いだすために徐々に「締めつける」という定番の威圧的な戦略により、通常守ることのなかった約束をファラオが履行するように導いたのだ。

モーセはまずファラオに、比較的穏やかな言葉づかいで「わたしの民を出て行かせよ」と要求した。イスラエル人の奴隷を三日間だけ解放し、荒野で神に祈りと生贄を捧げることを認めてほしいと頼んだのだ。そして、認めなければ「わたしたちの主なる神が疫病か剣をわれわれに降らせる［だろう］」とファラオを脅した。つまり、この物語で最初に何かを強要されたのは当のイスラエル人たちだった。イスラエル人たちはモーセによって、ファラオの権力と、それ以上に強大な神の力との板ばさみになったのだ。ファラオはイスラエルの神を認めることも敬うことも否定し、れんが作りに必要な藁を自分たちで見つけるようイスラエル人たちに指示し、もっと苦しい生活を強いた。苦しみが増したことで、モーセに対する評価と信頼はたちまち低下した。

この段階では、ファラオに罰は下らなかった。そのかわり、神の存在をもっと真剣に受け入れるよう促すために、神の力をファラオに見せつける試みがなされた。モーセの兄アロンがファラオの前で杖を投げると、杖は蛇に変わった。意外にもファラオの呪術者が秘術を用いて同じことを行ったが、アロンの杖はほかの杖をすべて飲み込んだ。この術はファラオに効かなかった。杖を蛇に変える術はエジプトではありふれたものだったからだ。こうして、罰を用いない方法でファラオを従わせようとしたモーセの試みは失敗した。ファラオは依然として神の力を認めなかった。

そこで一〇の災いがもたらされた。まず、川の水が血に変わった。この災いにもほとんど効きめはなかった。ファラオの呪術者たちが、やはり同じ術ができると言ったからだ。次に、川からカエルが大量発生した。ファラオはおろおろし、カエルを取り除いてくれたらイスラエル人を出て行かせると語ったが、実際にカエルが取り除かれると翻意した。それからブヨが大量発生する災いがもたらされると、ファラオの呪術者たちは降参した。ついに自分たちの技でまねすることができなくなったのだ。呪術者たちは、これは「神の指」によるものと認めたが、ファラオはなおも聞き入れなかった。やがてアブの大群が現れるとファラオは弱腰になったが、その災いが取り払われるとまた翻意した。その後もエジプトの家畜が疫病で死ぬ、エジプト全土の人と獣に腫れ物ができる、という災いが続いた。神はモーセに、自分の代理としてファラオに会い、次の言葉を伝えるよう命じた。

わたしの民を出て行かせ、わたしに仕えさせよ。今度は、あなたとあなたの家臣とあなたの民とに、わたしがあらゆる災害を下す。わたしのような者は地上のどこにもいないことを、あなたに知らせるためである。わたしが今、手を下し、あなたとあなたの民に疫病を降らすなら、あなたは地上から消し去られるだろう。だが、わたしの力を見せつけ、わたしの名を全地に知らしめるために、あなたを生かしておいた。あなたはまだわたしの民に対して高圧的で、彼らを出て行かせようとしない。(6)

そして、次に雹（ひょう）を降らせるため、当たって死ぬものが出ないよう、人と家畜の避難をエジプト全土に呼びかけよとファラオに忠告した。この忠告はエジプト人の動揺を引き起こした。真に受けて避難した者もいれば、何もしなかった者もいた。避難した者だけが、雹の嵐の難を逃れた。

ここへ来て不安になったファラオは、自分の悪行を認め、嵐と雷がやんだらイスラエル人を出て行かせると約束した。だが、またもやファラオは翻意し、さらに危険な災いを呼ぶはめになった。約束を破ったことで、ファラオは罰を下される罪人に自らなったのだ。次に、イナゴが大量発生する災いが一日後に起きるとの警告をモーセが発すると、家臣たちがファラオに非難の言葉を投げかけた。「いつまでこの男はわたしたちをおとしいれるのでしょうか。あの者たちを出て行かせ、彼らの主なる神に仕えさせましょう。エジプトが滅びてしまうことがまだおわかりにならないのですか」。ファラオは折れ、モーセとアロンを呼んで交渉を始めた。出て行くのは誰か。モーセはイスラエル人全員で、家畜も連れて行くと答えた。ファラオは男たちと子どもだけ行かせるつもりだった。信仰の儀式に女たちは必要ないこと、戻る意志がないからこそ家畜も連れて行くことがわかっていたからだ。モーセの要求は込み入っていた。当初は荒野に行って祈りを捧げる機会をイスラエル人に与えてほしい、と控えめだったのが、はるかに高いレベルのものに変わっていったのだ。

大量発生したイナゴが果実や草木を食い尽くすという八つめの災いがもたらされると、やがて交渉が再開された。ファラオは反省の色を示したが、それもイナゴが遠くへ吹き飛ばされるまでのあいだだけだった。続く九つめの災いは、三日にわたり完全な暗闇に包まれるというものので、太陽を崇拝し、長引く日食を恐れる王国にとって最も恐るべき事態だった。三つめ、六つめの場合と同じく、この災いは何の予告もなく下された。交渉の時間は終わったと警告したのである。ファラオは暗闇が取り除かれれば、家畜は別にしてすべてのイスラエル人を出て行かせると約束した。モーセは家畜も連れて行かなければならないと主張した。もはや、祈りと生贄を捧げるために出かけるのではなく、エジプトから永久に出て行こうとしていることは明らかだった。激怒したファラオは「わたしの顔を二度と見ないよう、用心しろ。再びわたしの顔を見る日が来れば、おまえは死ぬ」といって交渉を打ち切った。モーセは二度と戻らないと請け合った。

神はこれから下すもう一つの災いが成功をもたらすと語った。九つの災いすべてを免れたイスラエル人たちは、最後の災いに備えるよう告げられた。ヒツジかヤギの血を家の門柱に塗り、これからエジプトのすべての初子の命を奪いに行く神がどの家を通り過ぎればよいかわかるようにせよ、とのことだった。その月の一四日めの真夜中、エジプトは「死人のいない家」がないという事態に見舞われた。この災いは大いなる悲嘆と狼狽(ろうばい)を引き起こした。モーセとアロンはファラオに呼び寄せられ、出て行けと言われた。エジプト人はイスラエル人が出て行くことを切望し、家畜を連れて行くことだけでなく、イスラエル人が求める宝飾品や衣服を与えることをも聞き入れた。

奴隷の損失はファラオにとって深刻な打撃だった。ファラオは最後にもう一度翻意し、戦車、騎兵、歩兵をともなってイスラエル人たちを追跡することにした。その物忘れの早さたるや、驚異的である。幾度となく神の力による災いを受けながらも、ファラオは実際に自分やエジプトの民が苦境におちいっているあいだしか、神の力を信じないようだった。イスラエル人たちは追っ手につかまるかと思われた。エジプト人が背後に迫るなか、紅海の淵に追いつめられたイスラエル人たちは、このまま荒野で死ぬことを恐れた。もはやファラオに威圧的な災いをもたらす時間はなかった。ここで神はそれまでよりも直接的な介入を行った。紅海が二つに割れ、波の動きが止まっているあいだに、イスラエル人たちは逃げた。エジプト人たちも後を追ったが水の壁に飲み込まれ、「ファラオの軍勢」は溺れ死んだ。

最後に実際に用いられた手段はきわめて特殊だったが、戦略的論理は締めつけに基づくものであった。災いの深刻さが段階的に増していくパターンを指摘する専門家もいる。最初の四つの災いはただ不快感をもよおす程度だったが、次の四つは実際の痛みをもたらし、そして最後の二つはエジプト人を心底から震え上がらせた。また、二つの災いが一組になる形で深刻さが増幅していると説く者もいる。最初の二つはナイル川、三つめと四つめは昆虫にかかわる災いの組み合わせだ。五つめと六つめは生命を脅かし、七つめと八つめは二段階にわたって農作物に壊滅的な打撃を与え、最後の二つは神の力をこれでもかと見せつけた。このほかに、三の倍数である三つめ、六つめ、九つめの災いが警告なしに下された点を重視する者もいる。いずれにせよ、少しずつ形を変えながら、ファラオと家臣の心理に揺さぶりをかけたことが重要だったといえるだろう。

ただし、この物語の最も重要な特徴は、信憑性と説得力をはっきりと打ち出したにもかかわらず、ファラオを要求に応じさせることがなかなかできなかった点にある。ファラオがイスラエル人を出て行かせるまでに、なぜそれほど長い時間がかかったのか。それは、相手が真に受けなかったり、はったりではないかと疑ったりしている場合、脅しが効かない可能性があるからだ。当初、ファラオは自分の家臣が行う秘術にも似た、非常によくできた芸当を目にしているととらえたのだろう。決定的な転換点は、臣下の呪術者が自分たちには不可能な技が行われていると認めたときに訪れた。だがそれは、深刻化プロセスのごく初期の段階でのことだった。モーセは、はったりではないといつでも証明することができた。

もう一つ注目すべきことは、モーセがファラオに迫る要求を高めた点である。最初はただ祈りの機会を与えてほしいとの要求にすぎなかったが、やがてこれがエジプト脱出の機会を望むものへと変わった。そして、エジプト人がイスラエル人の追い出しを切望するようになると、今後の旅の不自由を補うのに十分な家畜や物品をも求めた。災いをもたらす脅しも初めは控えめな要求に応じさせるのに見合ったものだったが、要求の度合いが高まるにつれ、より大きな災いが求められるようになった。

表面的な解釈では（そして「過ぎ越し」の物語で必ず言及されることだが）、ファラオの頑固さは以下のようにもっと単純に説明される。常に礼儀正しさと品位を示すモーセとは対照的に、ファラオは欺きと二枚舌の行動を繰り返すきわめて不愉快な人物だった。自分の力を信じて疑わず、この破滅的な力だめしに立ち向かう覚悟ができていた。一方で、もっと興味深い解釈もある。ファラオは罠にはまった、というものだ。災いを引き起こす前に、神はモーセに次のように語っていた。

わたしはファラオの心を頑なにしてから、エジプトの地でわたしのしるしと奇跡を数多く示す。だがファラオはあなたがたの言うことを聞き入れず、わたしはエジプトに手を下すことになる。大いなる裁きによって、わたしの軍団とわたしの民であるイスラエルの子らをエジプトの地から連れ出すだろう。(7)

たしかに旧約聖書には、災いが降りかかってファラオがたじろぐたびに、主がファラオの心を頑なにしたと書かれている。雹の災いによってファラオが初めて神の力を認めながら、やはり約束を破ったあと、神はモーセにこう説明した。

わたしはファラオとその家臣たちの心を頑なにした。それは、わたしのしるしをファラオの前で示すためだ。また、わたしがエジプトで行ったことと彼らに示したしるしを、あなたがたが子や孫に語り伝えるため、そしてわたしが主であることをあなたがたが知るためである。(8)

神には、ファラオに頑固な態度をとらせる必要があった。自らの強大な力と、それが地上に存在する他のいかなる力よりもすぐれていることを証明するには、このうえなく過酷な仕打ちを見せつけるしかなかったからだ。もしファラオが最初の災いで屈服していたなら、後世に伝わる語り草にはならなかっただろう。イスラエルの民以外の者が神の力の強大さを認めることはなかったと考えられる。

自由意志について根本的な疑問を投げかけるこのエピソードは、タルムード（ユダヤ教の口伝律法）の学者や、のちのキリスト教神学者にとって問題含みであった。罰というものが道徳的に誤った選択をした場合に下されるのだとすれば、自らの愚行を認識しながら不道徳な行為を繰り返す者はどのように扱えばよいのか。神はエジプト人を滅ぼす口実を必要としていたわけではない。それは、エジプト軍の壊滅に浮かれたイスラエル人たちを神がたしなめたことからわかる。前述したように、エジプト人とイスラエル人の従来の関係はさほど悪くなかったとみられる。したがって、(下女の息子をも含む)無垢な命を奪った最後の災いは、ファラオの頑固さが自身の民を苦しめる原因になっているという状況でのみ、道徳的に認められるといえる。道徳観も戦略も選択しだいで変わるものだった。もしこのドラマの演者が、逸脱を許さない既定のシナリオに従って役割を演じていたのだとすれば、神だけが戦略家としての機能を果たしていたことになる。

威圧的な評判

威圧的な行為が一つでも成功すれば、将来の行動の後押しとなる。神の脅しは信憑性のあるものとなった。神は並外れた力をもっているという評判により、ユダヤ人にとっての約束の地イスラエルに住む者たちを制圧するのははるかに容易になった。イスラエルに入る前にモーセは世を去り、かわりにヨシュアがイスラエル人のリーダーとなった。約束の地を占領するうえで最初の障害となったのは、壁に囲われた古い都市エリコだった。エリコは肥沃な土地の真ん中に位置し、水源を管理する立場にあった。[9] ヨシュアはエリコの事情を探るために二人の斥候を送り出した。二人はラハブという女性の家に泊まった。ラハブは遊女と説明される場合が多いが、宿屋の女主人のようなものだったと考えられる（宿屋は常にうわさ話を知るのに最適な場所だった）。エリコの王は斥候の身柄を差し出すよう迫ったが、ラハブは二人をかくまった。エジプト人の身に起きたことを耳にしていたラハブは、「この町の住民は誰もがあなたがたのことで恐怖に震えています」と伝えた。「あなたがたのせいでみな意気消沈し、すっかり生気をなくしてしまいました」と言って、ラハブは取引を行った。エリコの町に何が起きても自分の親族の安全は確保されるという条件で、斥候のことを口外しないと約束したのだ。この取引はイスラエル人の神の道徳的価値ではなく、純粋にその卓越した力に基づいて交わされたものだ。実際にエリコの町を攻め落とす段になると、長期におよぶ包囲攻撃は必要なかった。イスラエル人たちは六日間にわたって城壁の周りを行進し、エリコの見張りが慣れて気に留めなくなると、神が（少し前の地震でもろくなっていた）城壁を崩したのに合わせて攻撃を開始した。

イスラエル人の侵攻が進むにつれて、その先にいる者たちは当然のように怖気づいた。神がイスラエル人に約束した地を占有していた者たちに情けがかけられることはなかったが、約束の地から遠く離れた場所に住む民には慈悲が施される場合もあった。このことを知っていたギブオンの民は、自分たちはこの辺りではなく遠い土地の民だとヨシュアに嘘をついた。入念にもぼろを身にまとい、神の偉大さを聞きつけて遠方から旅をしてきたと訴えたのだ。ヨシュアがこの言葉に疑いをいだくと、「乾いてぼろぼろになった」パンや破れたぶどう酒の皮袋、すり切れた衣服と履き物を示して注意を引いた。ヨシュアはすっかり騙され、服従するならギブオンの民には危害を加えないと約束した。やがて欺かれたことをイスラエル人たちが知ると、ヨシュアは激怒した。だが偽りによるものでも、神の名のもとで交わした誓約を破ることはできなかった。かわりにヨシュアは、ギブオンの民は永遠に奴隷となるだろう、とののしった。「なぜ欺いたのか」というヨシュアの問いに対する答えは率直だった。神がモーセに「この全土をあなたがたに与える。そこに住む者たちすべてを自分たちの手で滅ぼせ」と命じたことを知り、とても恐ろしくなった、というのだ。ヨシュアは欺かれた自分を責めるほかなかった。ギブオンの民の外見に騙され、「主の指示を仰がなかった」のだ。疑わしい話の真偽を問うために頼らないのであれば、全知の存在に近づけることに何の意味があるだろうか(10)。

よくある話だが、士師記にはイスラエル人が神に背く行為をしたときのエピソードが出てくる。神は敵対する部族のミデヤン人を使い、イスラエル人たちをこらしめた。イスラエル人がミデヤン人に国を荒らされ、窮乏したところで、民を解放する人物としてギデオンが登場する。イスラエル人は偶像崇拝の報いを受けていたのであり、その苦しみからの解放を懇願した。神はその使命のためにギデオンを選んだ。ギデオンが約三万人からなる大軍を組織すると、神は人数が多すぎると判断した。相手よりも多い人数で戦いに勝利した場合、イスラエル人は「『自分自身の力で自分を救った』と、わたしに自慢する」可能性があると考えたのだ。したがって人数を減らす必要があった。まず「恐れおののく」者たちが帰され、約三分の二の人数がいなくなった。次に、湖の水をどのようにして飲むか見る、という変わった方法によるふるい分けが行われた。膝をついて飲んだ者は帰され、手で水をすくって口に運んだ者が残された。警戒を怠らない姿勢を示した者が選ばれたのだろう。こうして最初に集められた人数の一パーセントである三〇〇人だけが残った。討つべき敵は「イナゴのごとき大群となって谷に潜み、浜の砂のように数えきれないほどのラクダを従えていた」。ギデオンは三〇〇人を三隊に分け、全員に角笛を持たせた。そして、敵陣のはずれに着いたら、自分の動きを見てまねするよう指示した。「わたしが角笛を吹いたらあなたがたも敵陣の四方で角笛を吹き鳴らし、『主の剣だ。ギデオンの剣だ』と叫べ」。軍勢が指示どおりに動くと、敵は「走り、大声をあげ、逃げた」[11]。このエピソードは旧約聖書全体に通じる基本的な教訓を強調したものだ。つまり、最良の（そして実際には唯一の）戦略は、神に従い、神の指示どおりに行動することなのである。

ダビデとゴリアテ

旧約聖書のなかでとりわけ象徴的な話はダビデとゴリアテのエピソードだ。このエピソードは弱者が強者を倒すたとえとして必ず引き合いに出されるが、ダビデを弱者とする見方はまやかしである。ダビデには神がついていたからだ。話の大筋はよく知られている。ペリシテ人の軍勢とイスラエル人の軍勢が谷をはさんで対峙していた。ペリシテ人の陣営からは、ガテ出身の大男ゴリアテが銅製の重い鎧に身を包み、大きな鉄の穂先のついた槍を手にした姿で、盾をもった者に守られながら進み出た。ゴリアテは自分と一騎打ちする代表者を出せとイスラエルの民を挑発した。もし自分が負けて殺されたなら、ペリシテ人がイスラエル人の奴隷になる。逆に自分が勝てば、イスラエル人はペリシテ人の奴隷になれ、と言ったのだ。ゴリアテは四〇日にわたってこの挑発を繰り返した。イスラエル人は応じず、王のサウルも含め、身動きがとれなくなっているかのようだった。ゴリアテの言葉に「意気消沈し、すっかり怖気づいて」いたのである。ただ一人、恐れていない者がいた。父の依頼で軍勢にパンとチーズを届けるため、陣営を訪れていた年若い羊番のダビデだ。ゴリアテの挑発を聞いたダビデは、まわりの人々が恐れる様子を目にし、どうにかしてゴリアテを殺した者は裕福な暮らしが約束されることを知った。そして、半信半疑の王に自分が出て行くと言った。ダビデはまだ若く、一方のゴリアテは「若いころから戦士だった」。ダビデは羊を襲ったライオンと熊を殺したことがあると話し、信用を得ようとした。

サウルは折れ、ダビデがゴリアテと剣で戦えるように、自分の鎧と剣を与え、身に着けさせた。だが、ダビデは「使ったためし」がないから身に着けてはいけないと言って、武装を解いた。そしてかわりに川で拾ったなめらかな石五個と石投げ器を持っていった。当然のように、ゴリアテはイスラエル人がようやくよこした挑戦者を見て鼻で笑った。ばかにされているとさえ感じ、「棒を持って向かってきたが、おれは犬なのか」と問いかけた。勝負はあっという間についた。ゴリアテがダビデの「肉を空の鳥と野の獣にくれてやろう」と宣言すると、若いダビデは神の御名によって立ち向かうと応じ、ゴリアテめがけて走った。そしてしかるべき距離まで近づくと、袋から石を一つ取り出して「石投げ器でペリシテ人の額を撃ったところ、石が額に食い込み、男はうつぶせで倒れた」。それからダビデはゴリアテの剣を取り、その首をはねた。ペリシテ人は自分たちの勇士が死んだのを見て逃げた[12]。

ダビデの勝利をもたらしたのは意外性と正確さだ。相手のやり方に合わせたらゴリアテには勝てないとわかっていたため、サウルの鎧を着て真っ向から戦うのはやめた。身軽になってすばやく動けたダビデは、ゴリアテに反撃のいとまを与えずに秘密兵器を放てた。石投げのチャンスは一度しかなかった。それを逃せば、あるいは石がゴリアテの鎧にはじかれたり、当たっても倒すほどの威力を発揮しなかったりすれば、二度とチャンスは訪れなかっただろう。最初の一撃に劣らず重要だったのは、相手の回復を妨げるため、すかさず次の行動を起こしたことだ。ダビデはゴリアテを地面に倒しただけでなく、殺すことで二度と起き上がれなくしたのだ。そしてダビデは、ペリシテ人たちが勝負の結果を受け入れ、このような卑劣な攻撃によって失われた名誉を挽回しようと、個人の決闘から全面的な戦いへと発展させたりしないことに賭けていた。もし全面的な戦いになれば、石投げ器を使ったダビデの武勇は意味をなさなかった。実のところ、これは一度しか使えない技だったのだ。プランBの用意はなく、プランAが失敗すれば、ダビデは無防備な姿で取り残されるはめになっただろう。

このエピソードはほとんどの場合、背景の説明なしに語られる。これはイスラエル人とペリシテ人のあいだで起きた幾度にもおよぶ衝突のなかのひとこまだ。ペリシテ人はヨルダン川の西側の地域を支配していた。イスラエルはそれまでの衝突でかなり苦戦し、四〇〇〇人の死者を出していた。過去の教訓から学び、神の掟へ立ち返ったかのように振る舞ったイスラエル人は、神の加護を再び得た。あるとき、神が大きな雷鳴を起こすと、ペリシテ人たちはあわてふためいて逃げ出した。イスラエル人はこれを追いかけて制圧し、失った領土を取り戻した。これらの出来事はすべて、預言者サムエルが士師としてイスラエルを統治している時期に起きた。

サウルはサムエルが油を注ぐ儀式をして任命したイスラエル最初の王だった。それまで士師が統治していたイスラエルで王が誕生したのは、他国のように国を治める王を求める声がイスラエル人のあいだで高まったからだ。背が高く、美男で王らしく見えるという理由で選ばれたサウルは謙虚で、戦士としてもすぐれた能力をもっていた。ただし、常に神に従順だったわけではなかった。サウルの息子ヨナタンが挑発的な奇襲をしかけ、ペリシテ人の守備隊長を殺害したことで、ペリシテ人との衝突がまた起きた。ペリシテ人は軍を動かし、イスラエル人を再び圧倒した。サウルは、大きな戦闘の前日にイスラエルの民に断食を命じるなど、指揮官にふさわしくない行為をとったり、自らゴリアテの前に出ることを躊躇したように臆病さを示したりした。最強の防御壁たる神が味方についていたはずだと考えれば、こうした自信、ひいては信仰心の欠如はそれ自体が不従順のしるしだった。石投げ器で倒すという技に注目が集まったものの、ゴリアテに死をもたらしたのはダビデの信仰心であった。

旧約聖書を通じて、わたしたちはイスラエル人の歴史を決定づける働きをした要素を知ることができるが、これらのエピソードの当事者にしてみれば、何が起きているのか理解するのは難しかっただろう。神の目的はきわめて明確だが、人間に運命は自分で切り開けると勘違いさせたうえで罠にはめる、というその手法は常に欺瞞的であった。その結果、欺瞞は聖書の強力なテーマとなった。欺きは、機転を利かせなければ成功できない弱者が使って当然の手段として認められた。「機転を利かせ、手練手管を使い、清廉潔白な決定的勝利など存在しないと考えている」謀略家は挑戦的にみえた。だが神の助けなしに行えば、欺瞞は往々にしてわが身に跳ね返るのであり、どんな成功も「不安定」であった。[13] 不確実な奇策と、それよりもはるかに確実な信仰心の組み合わせによって、ダビデは勝利を収めたのだ。

出エジプトとダビデの物語は、どちらも弱者に希望を与えるために用いられてきた。しかも、ダビデのエピソードは弱者の戦略を議論する際に必ずといってよいほど引用される。ただ、ほとんど触れられることはないが、ダビデの勝利は最初の一撃だけで決まったのではない。ゴリアテに回復するいとまを与えずに次の一撃を加えたこと、ペリシテ人が勝負の結果をすぐ受け入れたこともあっての成功だった。どちらのエピソードにおいても、相手の反応が成功のカギとなっている。ファラオとゴリアテは、いずれも自分がはめられつつある罠に気づけなかった。ファラオには、自分が直面している問題について考え、状況に応じて戦略を修正する機会があった。だが神によって心を頑なにされたために、いったんはエジプトがさらに厳しい事態に襲われると理解しても、それは長続きしなかった。モーセだけでなく、ファラオも神の思いのままに動かされていたのだ。結局のところ、出エジプトのドラマ、ひいては真の戦略のあかしは、仕組まれたものであった。

いつの時代も、神の導きと啓示を求めて読む者にとって、旧約聖書の核となるメッセージは明確だった。神のしもべは、その信仰心と服従心が戦争の準備に欠かせないものだと考えた。たとえ信者同士が戦う場合であっても。神への信仰と服従は勝利の必要条件だと確信してきたのだろう。そして、それが十分に足りていると認めた者はほとんどいなかった。

第3章 戦略の起源3：古代ギリシャ

あの馬を信じてはならぬ。それが何であれ、わたしはギリシャ人を恐れる。たとえ贈り物を持ってきたとしても。

——ラーオコオーン（ウェルギリウス著『アエネーイス』より）

戦略の起源の三つめとして挙げるのは古代ギリシャ世界だ。後世への影響という点では、これが最も重要な役割を果たした。初期においては、旧約聖書と同じく神の介入をともなう権力と戦争に関する話が中心で、神々に忠実に従うことこそ最良の戦略と物語っている。だが紀元前五世紀ごろになると、ギリシャで知の開放と徹底的な政治討論が融合した（のちに「ギリシャ的啓蒙」と呼ばれる）思想運動が起きた。そうしたなかで、今日にいたるまで影響をおよぼすきわめて豊かな哲学的、歴史的文学が生まれたのである。ホメーロスの叙事詩には、弁舌と行動の両方に秀でた二人の英雄、アキレウスとオデュッセウスが登場する。ただし二人には違いがあり、そこから二人のあいだに拮抗関係が現れることになる。行動の人は、その勇気をたたえられることもあれば、力一辺倒の愚か者として疎(うと)んじられることもある。弁舌の人は、その知性を賞賛されることもあれば、言葉では騙される可能性があるとして警戒されることもある。

古代ギリシャ世界に関して一つ不思議なのは、（軍事面に限らず）戦略的に考えることと行動することがどのような意味をもちうるか、という点に関する非常に興味深い考察の一部が、のちに軽んじられ、影響力を失ったことだ。これはプラトンの影響によると考えられる。プラトンは、哲学は詭弁(きべん)と呼ぶべきものと一線を画すべきだという確固たる主張の持ち主だった。プラトンのいう詭弁とは、公平無私な真理の探究を、欲得ずくの説得手段へと転化したものだ。皮肉なことに、詭弁を切り捨てる際にプラトンがとった誇張と風刺を用いる手法はきわめて戦略的だった。後世のプラトンの研究における慎重さを考慮すると、プラトンがこの試みに成功したことの重要性を過小評価すべきではない。

ホメーロスが「ビエー」（biē：肉体的な力）の象徴であるアキレウスと、「メーティス」（mētis：知略）の象徴であるオデュッセウスによって描いた資質の対照性は、マキャベリの思想などにみられるように、長きにわたって力と策略の対比として語られた。この両極性は戦略を語る文献のなかに繰り返し登場してきた。相手を出し抜く方法をとれば、表立って紛争を起こす場合よりも痛みは少なくて済むが、策略と欺瞞による勝利は、誠実さと高潔さを欠くと非難されがちだった。また欺瞞に頼れば、直面している状況を相手が理解するにつれて、利益が逓減する傾向がある、という現実的な問題も存在した。本書の第1章と第2章からわかるように、不意打ちを食らわす、なんらかの方法で騙すといったやり方で自分より強い相手に勝とうとすることは、不思議でも意外でもない。ただし、強い相手に立ち向かうには、ほかの者たちと手を組む、相手側の同盟関係を分裂させる、という別の方法もあった。

力と策略のどちらに頼るかは、当人の気質的なものによって決まる可能性もあるが、そのこと自体は戦略となりえない。入り組み、常に変化しているさまざまな事情を有利に生かすのに最適な方法が何であるかによって、戦略は変わる。そしてその最適な方法は、その戦略を実行しなければならない者に、そうするのが賢明だと説得する能力があるかどうかにかかわる。少なくともトゥキュディデス（古代アテナイの歴史家）によれば、最も説得力のある形で戦略を練る名人は、古代アテナイの政治家ペリクレスであった。自国の民だけでなく同盟者や敵対者をも説得する能力は、戦略家として成功するために不可欠な資質だった。このように、戦略には弁舌と行動の両方と、これらを巧みに操る能力が必要だった。

オデュッセウス

「メーティス」は戦略的才知を示す特定の概念で、ぴったりと当てはまる英語の訳語はない。ギリシャ語では、「考察する、思いめぐらす、企む」を意味する「メーティアオー」(mētiaó)や「計画を立てる」を意味する「メティオーマイ」(metióomai)と関連する言葉で、先読みする、細部に気を配る、他人がどのように考えて振る舞うか理解する、そして全般的に機知に富んでいる、といった意味を含んでいた。さらに、欺きやペテンといった意味もあり、戦略家の技能に不可欠な資質にまつわる道徳上の両面性をとらえた表現であった。ギリシャ神話によると、ゼウスの最初の妻に選ばれたのは女神メーティスだった。自らの力と妻の知恵を兼ね備えた息子が生まれ、強くなりすぎることを恐れたゼウスは、そのリスクを避けるため、メーティスよろしく不意打ちの策略を講じ、その妻本人を呑み込んだ。呑み込むことで、ゼウスはあらゆる知恵の源泉たる妻を永遠に支配しようとしたのだ。だが、メーティスがすでに娘のアテナを身ごもっていたことをゼウスは知らなかった。アテナはゼウスの頭から成人した姿で生まれ出た。知恵と戦いの女神アテナは、他の神々よりも思慮深い存在となった。そして、知恵の化身のような人間オデュッセウス（ホメーロスの叙事詩『オデュッセイア』の英雄）と密接な関係を築いた。アテナはオデュッセウスを次のように評した。「そなたはありとあらゆる人間のなかで最高にすぐれた計略と弁舌の達人であり、わたしは知恵と策略によって、ありとあらゆる神々のあいだで名を知らしめている」[1]。

オデュッセウスは機敏かつ臨機応変な才知を発揮した。状況を即座に見きわめ、先読みし、曖昧模糊とした状況においても究極の目標をしっかりと見すえることができた。名誉よりも成功を重視するオデュッセウスは、敵を困惑、混乱させ、出し抜くために婉曲で心理的な方策をとった。だが一方で、謀略家として名をはせたことで苦労もした。「嘘つきのパラドックス」の犠牲者となったのだ。つまり、真実を話しても、なかなか本当だと信じてもらえなくなったのである。オデュッセウス最大の偉業は、一〇年におよぶ包囲戦に終止符を打った「トロイアの木馬」作戦であった。オデュッセウスのアカイア（ギリシャ）軍は、トロイアの市壁の外に置かれた木馬によって市内に入り込み、徹底的な破壊と大量殺戮(さつりく)を行った。ホメーロスほどオデュッセウスを好意的にみていなかったローマ人のウェルギリウスは、アカイア軍がどのようにしてトロイア攻略戦をあきらめたふりをしたかについて、以下のように記した。中に五〇人の兵士を潜ませた巨大な馬型の建造物がトロイア市壁のすぐ外まで運ばれた。木馬には「アカイア人は帰郷に際し、このアテナへの感謝の捧げ物を献上する」との銘が刻まれていた[2]。

一〇年におよぶ包囲戦の終結を望んでいたトロイア人たちは、市壁の外に出てこの奇妙な木馬をあらためた。プリアモス王と長老たちは木馬をどうすべきか議論した。選択肢は限られていた。危険物とみなして燃やすなり壊して中を調べるなりするか、市壁のなかに運び込んでアテナをたたえるために使うか、の二つに一つである。だが、アテナはギリシャ人を支持していること、そしてよく策略を使うことで知られていた。これまでの経緯を考えると、アテナあるいはギリシャ人を信用するのは賢明なことなのか。もちろんオデュッセウスは、トロイア人をなんらかの形で納得させる必要があるとわかっていた。この役割は芝居を得意とするシノーンによって成し遂げられた。シノーンはトロイア人に、自分はオデュッセウスと衝突し、ギリシャ軍から逃げ出した脱走者だと訴えた。ギリシャ軍が帰途の船に良い風が吹くよう神々に祈願する際に、生贄（いけにえ）として捧げられそうになったというのだ。トロイア人はこの話を半ば信じた。プリアモス王は「巨大な馬の怪物」が信仰目的のものなのか、「戦争の道具」なのか問いかけた。シノーンは、アテナの怒りを買ったギリシャ人がそれを鎮めるために建造したのであり、トロイア人には関係ないと説いた。そして、これほど巨大に作られたのは、トロイア人が木馬を市内に運び込めばトロイアは永遠に陥落しなくなる、と恐れたからだと伝えた。

シノーンが現れたのは、トロイアの神官ラーオコオーンが、捧げ物らしき物体は偽物で、「戦（いくさ）の罠」だと警告しているときだった。ラーオコオーンが木馬めがけて槍を投げると、中に潜んでいる兵士が恐怖のうめき声をあげた。アテナの介入がなければ、ここでギリシャ軍のたくらみは明るみに出ていたかもしれない。だが、アテナが二匹の海蛇を使ってラーオコオーンとその二人の息子を絞め殺した。このため、ラーオコオーンは神を冒瀆（ぼうとく）した罰を受けたのであり、その警告には従うべきではない、とトロイア人たちは考えた。もう一人、プリアモス王の娘であるカッサンドラーも、トロイア人を愚か者と呼び、「悪運」に直面していると警告した。だが、カッサンドラーは予言の能力を与えてくれたアポロンの愛にこたえなかったために、呪いをかけられていた。偽りの言葉を発し、それを信じさせることができたシノーンと違い、カッサンドラーは的中する予言をするものの、誰にも信じてもらえなかった。やがて決断が下され、トロイア人は木馬を市内に運び込んだ。その晩、潜んでいたギリシャ兵たちが木馬の外へ出た。そしてシノーンの合図で戻ってきていたギリシャ軍のために、市壁の門を開けた。トロイアの町は破壊され、人々は虐殺された。

ホメーロスの『オデュッセイア』において木馬の話は、オデュッセウスが周りの者たちよりもいかに策略に秀でているかを説明する流れのなかで簡単に触れられているだけだ。オデュッセウスは、ほかの者なら死に追いやられたり、やけになって無駄な抵抗をしたりするかもしれない苦境を切り抜ける才能に恵まれていた。ホメーロスはオデュッセウスの向こう見ずな言動を寛大な目でみていたが、ウェルギリウスはそうではなかった。ウェルギリウスはオデュッセウスの振る舞いを嘆かわしい行為、信用ならぬギリシャ人の悪しき典型ととらえた。後世になってダンテは著書『神曲』地獄篇の第八圏で、権謀術数と欺瞞の罪によって罰せられる亡者として、シノーンとオデュッセウスを登場させた。日和見主義や策略によってではなく、徳と真理によって動いた者が英雄として正当に評価されるというわけだ。

ホメーロスの叙事詩では、「メーティス」の対比として「ビエー」、つまり暴力が描かれている。ビエーを象徴する人物は、並外れた肉体的な力、勇敢さ、敏捷性、高い槍の技術、そして激情的な性格で知られるアキレウスだ。『オデュッセイア』がメーティスの物語であるのに対して、『イーリアス』は主としてビエーを追い求めている。アキレウスは力で成し遂げられることの限界だけでなく、力がある種の野蛮さ、恐ろしい死や殺戮をもたらす流血沙汰へと発展しうることをも体現した。とはいえ、力にまったく頼らずにいるのは難しかった。アキレウスがアガメムノン王から侮辱を受け、対トロイア戦から離脱したあと、その戦線復帰を懇願するために送られた使者団を率いたのはオデュッセウスだった。アキレウスは「わたしが冥界の門のように忌み嫌うのは、腹のなかで考えていることと違うことを口に出す男だ」と言って、オデュッセウスとそのやり口を非難した。そして、やはりメーティスでは大暴れする敵の武将を止めることができず、海へと退却させられるギリシャ軍の様子をアキレウスは辛辣な目で見つめた。その敵将とは、「武人(もののふ)を殺す」とうたわれたトロイア側の偉大な英雄ヘクトールだった。

ヘクトールもまたメーティスの人と呼ばれていた。トロイアで唯一、ゼウスに並びうる知恵者とされ、トロイア人の期待を一身に背負っていた。だが、きわめて重要ないくつかの局面で、ヘクトールはメーティスに基づくすぐれた戦略感覚を失った。これはアテナの悪意のなせるわざだった。気の毒なことに、トロイア人はずっと自分たちの町がアテナに守られていると信じていたが、アテナが支持していたのはギリシャ人だった。トロイアでは和平交渉に関する会議が開かれたが、ヘクトールが先行きについての深い洞察よりも、ギリシャ人への憎悪と戦いへの熱情に突き動かされたため、和平の機会は失われた。ヘクトールは攻撃をしかけることを主張した。そして攻撃が始まると大暴れし、ギリシャ軍を後退させた。その犠牲者のなかにアキレウスの親友パトロクロスがいた。パトロクロスの死を受けて、アキレウスは激しい怒りの矛先をアガメムノン王からヘクトールへと変えた。戦線に復帰したアキレウスは、ヘクトールを血まなこになって探しながら、次から次へとトロイア人を切り倒した。さしものヘクトールもアキレウスから逃れようとしたが、またしてもアテナがしかけた罠にはまり、正面からアキレウスと立ち向かうはめになった[3]。そして、アキレウスにのどを一突きされて息絶えた。アキレウスはヘクトールの遺体を自分の戦車につなぎ、引きずり回しながら戦場を走った。

これが『イーリアス』の終わりに近い場面であるため、読者はアキレウスの勝利がトロイアの命運を決定づけたと思わされる。だがギリシャ軍は、この好機を生かせなかった。アキレウスはやがてプリアモス王の息子であるパリスの手にかかって死んだ。パリスはスパルタ王メネラオスから妻のヘレネを奪い、トロイア戦争の火種となった人物だ。アキレウスはパリスが遠くから放った矢に当たって死んだ。一説では（ホメーロスはアキレウスの死について記していない）、アキレウスが死ぬには矢がその踵（かかと）に当たる必要があった。伝説によると、アキレウスの母は生まれたばかりの息子を冥界を取り巻くステュクス河に浸し、不死の体にした。だが母がつかんでいた踵は水に触れることがなく、唯一の弱点となった。「アキレウスの踵」は、たとえ最強の戦士でも必ず弱点があり、それを見つけられれば倒すことができるという教訓になった。ヘクトールがパトロクロスを殺し、そのヘクトールがアキレウスに殺されるというエピソードも、理性の制約なしに力を過剰に用いることの危険性を示す有益な警告と受け止められる。暴力だけでは不十分なのだ。ジェニー・ストロース・クレイは「結局は、知性と忍耐力を礎としたオデュッセウスの人間味ある英雄的資質が、移ろいやすいアキレウスの栄光よりもすぐれたものとされるのだ」と説いている。[4]

木馬の計略によってトロイア戦争が終結すると、ギリシャ人は帰郷の途についた。その旅路はトロイアでの包囲戦に劣らず過酷だった。激しい嵐で船は沈没したり、岩礁に衝突したりした。風にあおられて針路を外れたオデュッセウスは、家にたどりつくまでにさらに一〇年の歳月を費やした。その間のさまざまな冒険は、オデュッセウスがメーティスを発揮する数多くの機会をもたらした。とりわけ厳しい試練は、ある土地で一つ目の巨人ポリュペーモスに多くの家来が食べられたときに訪れた。オデュッセウスと残った家来たちはポリュペーモスの飼う羊たちとともに、巨人にしか動かせない巨岩によって洞窟のなかに閉じ込められた。オデュッセウスは作戦を立て、まずポリュペーモスに酒をたくさん飲ませた。そして酔いつぶれたポリュペーモスに、自分の名前はギリシャ語でウーティスだと告げた。これは「誰でもない」を意味する言葉である。[5]こうして身元を隠すことに成功したオデュッセウスは、さらにポリュペーモスに対する策略を進めた。丸太をとがらせて作った杭を突き刺して一つ目を潰すと、ポリュペーモスは苦しみもだえて大声をあげた。すると、仲間の巨人たちがたずねた。「誰かがおまえの羊を盗んで外へ出そうとしているのか。誰かが策略やおまえよりも強い力でおまえを殺そうとしているのか」。そこでポリュペーモスが「ウーティスが策略でおれを殺そうとしている」（誰もおれを殺そうとしていない、という意味になる）と答えると、仲間はその言葉どおりに受け止め、相手にするのをやめた。[6] ポリュペーモスは羊を外に出すために巨岩を外すと、逃げようとするオデュッセウスらが羊の背中に乗っていないか、手で確かめた。だが一行は羊の腹にぶら下がり、洞窟からの脱出に成功した。ところが軽率なことに、オデュッセウスは自分はウーティスではない、「知略で名高い」者だと身分を明かし、自慢したのだった。これを知ったポリュペーモスの父である海神ポセイドンが航海の妨害を決めたため、オデュッセウスの帰還の旅は長く苦難に満ちたものとなった。

メーティスの手法

オデュッセウスにとっては、目的が手段を正当化した。謀略家オデュッセウスは、常に結果で評価される心積もりでいた。こうした姿勢が生み出す道義上の懸念は、ソポクレスの悲劇『ピロクテテス』に表れている。ピロクテテスはトロイア遠征に向かう途中で毒蛇にかまれ、ある島に置き去りにされたギリシャの兵士だ。神になった英雄ヘラクレスから授かった弓という強力な武器をもっていたが、毒蛇のかみ傷による苦痛と悪臭のせいで足手まといになった。オデュッセウスはその悪臭と苦悶の絶叫に耐えきれず、怒りと苦痛にまみれた気の毒なピロクテテスを名弓とともに置き去りにした。一〇年後、その弓がなければトロイアとの戦いに勝てないと知ったオデュッセウスは、アキレウスの息子であるネオプトレモスと一緒にピロクテテスが残る島を訪ねた。過去の経緯から、武力も説得もピロクテテスから弓を奪う手助けにはならないとわかっていたオデュッセウスは、ネオプトレモスにピロクテテスを騙すよう、けしかけた。だがネオプトレモスは、父と同様に「策謀をめぐらして目的を遂げるようには生まれついていない」人物だった。そして、卑怯な方法で勝利を得るよりも「正々堂々と立ち向かって失敗する」ほうが望ましいと言った。嘘をつくことを「恥」と思わないのかというネオプトレモスの問いに、オデュッセウスは思わないと答えた。良識を重んじて戦況を危うくするより、道徳的にためらわれる行為でも頼ったほうがましというのである。

『ピロクテテス』では、ギリシャ劇でよく使われる「機械じかけから登場する神（デウス・エクス・マキナ）」の手法によって、行き詰まった物語が収束へと向かう。神となったヘラクレスが現れ、ピロクテテスに参戦するよう命じるのだ。ピロクテテスは「ずっと待ちわびていたそのお声、なつかしいそのお姿。あなたのお言葉に背くことがどうしてできましょうか」といって快諾した。[7] こうして無抵抗での神への服従により、策略ではかなわなかった問題解決があっという間に実現し、すべては丸くおさまった。オデュッセウスは使命を果たし、ネオプトレモスは名誉を守り、ピロクテテスは栄光をつかみ、また傷を治すことができた。この劇は、策略を頼みにして信頼を勝ち得ようとすることの難しさを物語っている。オデュッセウスの評判を知る者は、たとえ真実を述べていたとしても、その言葉をまず信用しなかった。[8] 語り手が信頼性を欠いていれば、どんなにすばらしいストーリーでも説得力は薄れるのだ。

オデュッセウスは「実践的才知のある特定の観念」を体現した人物といわれてきた。ジェフリー・バーナウによると、オデュッセウスは「予想される結果を踏まえて意図的な行動を」考えることができた。主たる目的を常に心にとどめつつ、「その最終目標からさかのぼって、それを達成するのに必要な複雑に絡み合った手法（とそれを妨げる障害）に思いをめぐらしていた」。つまりオデュッセウスは、力ずくの行動に走る者の対極にいたというだけではない。危険の兆候になかなか気づかずに、あるいは自分の行動がどのような結果をもたらしうるか考えられずに無謀な行動をとる人々とも一線を画していた。オデュッセウスは、折りに触れて目先の意趣返しへの衝動を抑え込む決断を下したが、それは妻ペネロペのもとへ、そして自身の王国イタケへ無事に帰る、という長期的な目標の達成をはるかに強く望んでいることを忘れなかったからだ。競合する目標が存在する場合、それぞれの目標の背景に、それをめざす理由とその達成に向けての情熱がある。実践的才知は、競合する目標それぞれの背景にある理由と情熱を相容れないものとみるのではなく、お互いのあいだに適切な関連性を見いだそうとする。ほかの者たちが世界をどのようにみているのかを理解していたオデュッセウスは、相手がある特定の反応を示すであろうサインを送る方法を用いて、他人の思考プロセスを操ることができた。オデュッセウスは相手の困惑した様子をおもしろがるためだけに、悪だくみをしていたわけではない。むしろ、オデュッセウスの狡猾さと策略の能力は、自らの究極的な目標のために発揮された。したがって、メーティスは狡猾さと策略だけでなく、予測と計画の要素をも含んだ前向きの才知であった。バーナウは、この才知が「理性的であると同時に直観的」であり、「冷静に選択肢を比較検討する」というよりも、最も望ましい目標あるいは衝動を最優先する、と説いた。そして、その優先順位には「理性だけでなく、かなえたいという情熱の強さと深さが反映された」[9]。

同様にマルセル・デティエンヌとジャン＝ピエール・ヴェルナンも、オデュッセウスが体現したメーティスは実践的才知の一つの典型だと論じた。それは鋭敏かつ狡猾であるというだけでなく、前向きで、現在の行動をより長期的な計画の一部と位置づけ、他人を誤った方向へと操作できるようにするために状況をいかに利用しうるか把握する才知でもあった。つまり、メーティスには気質的なものだけでなく、弱者が自分よりも強いと想定される相手に勝てるような行動計画も必要だと考えられる。メーティスは「不実な企みや嘘、裏切り行為」とつながりをもつ一方で、「いかなる状況、いかなる紛争の状態においても、他者に対する勝利と支配を実現する力を有した唯一の絶対兵器」にもなりうる。力はより強い力によって敗れる可能性があるが、メーティスはあらゆる力に打ち勝つ可能性を秘めているのだ。

メーティスは「相反する特徴や力」が混在し、流動的で移り変わりが速く、なじみのない不透明な状況において真価を発揮した。他者に比べて現状を「よりよく把握」し、将来を「より強く意識」し、さらに「過去により豊かな経験を積み上げてきた」ことや、めまぐるしく変化する状況にすかさず適応する能力、そして予期せぬ事態にもうまく対応できる柔軟性を強みとするメーティスの人は、型どおりの、あるいは予測可能な振る舞いが通用しない状況に適していた。こうした実践的才知は紛争時の諸状況で発揮され、策略と偽計の才能だけではなく、先見の明、洞察力、鋭敏な理解力といった資質に反映された。曖昧さやあべこべな言動を利用するそうした資質の持ち主は、とらえどころがなく、「流れる水のように敵対者の手を」すり抜けていった。[10] これらの特徴はどれも、複雑で曖昧な状況を切り抜ける道を見いだし、成功することができる戦略的才知を示していた。だが一方で、こうした知性は概して直観的なもの、あるいは少なくとも日ごろは陰に潜んでいるものであり、突然の危険や危機に際して唯一、頼りになりうるような力であった。とはいえ、もっと慎重に検討したり計算したりすべき状況で同じ力が発揮される場合もありえた。

トゥキュディデス

争いの女神エリスの娘であるアーテーは、人間と神々の双方を愚かな行為へといざなうことに明け暮れていた。神々が暮らすオリンポス山から人間界へと追放されたアーテーのことを、バーバラ・タックマンはのぼせあがり、いたずら、迷妄、愚行の女神と表現した。アーテーは犠牲者たちを、「理性的な選択ができず」、道徳と便法の区別がつかない状態にしてしまう、と考えられていた。このような神の存在は、人間に自らの愚行の責任から逃れる口実を与えた、とタックマンは嘆いた。ホメーロスは神々の王であるゼウスに、人間が「定めを超えた」苦しみを味わうのは神々のせいではなく「自分たち自身の心が盲いている」からだ、と言わせた。つまり、災いをもたらしたのは運命ではなく、悪い戦略であった。[11] それでも古代アテナイの人々は神頼みの習慣を変えず、何か事が起きる前兆を探したり、神託を求めたりしていた。

やがて古代アテナイで（のちに「ギリシャ的啓蒙」と呼ばれる）思想運動が起きた紀元前五世紀になると、物事は神々ではなく人間の行動と決断によって動く、という従来とは異なる考え方が生まれた。さらに、戦争がかなり複雑化し、兵士個人の英雄的行為に頼るものではなくなった。協調や計画がもっと必要になったのだ。アテナイ軍事会議を構成していた一〇人の

「ストラテーゴイ」（stratēgoi＝将軍）は、前線に立って軍を指揮し、最善を尽くして戦い、全力で取り組む姿勢を示すことができると見込まれた人物であった。この点から、戦略（ストラテジー）の起源は将としての器、つまり効果的な指導力を発揮できる資質にあるといえる。[12]紀元前四六〇〜三九五年ごろに生存していたトゥキュディデスは、ストラテーゴス（stratēgos：stratēgoi の単数形）だった。スパルタ陣営によるアンフィポリス占領を防ぐのに失敗したトゥキュディデスは二〇年の追放刑に処され、結果としてアテナイ陣営だけでなくスパルタ陣営の実情にも接する機会を得た。「ある程度くわしく情勢を観察する閑暇に恵まれた」とトゥキュディデスは振り返っている。[13]トゥキュディデスはこの閑暇を生かし、アテナイ陣営とスパルタ陣営が衝突したいわゆるペロポネソス戦争について、最も確実な戦史と自負するものを書いた。ペロポネソス戦争は紀元前四三一年から四〇四年にかけて、スパルタを中心とするペロポネソス同盟とアテナイを中心とするデロス同盟のあいだで繰り広げられた。戦いはスパルタの圧勝で幕を閉じた。アテナイは戦前、ギリシャの都市国家のなかで最も強大だったが、戦争が終結するころにはその勢力は著しく低下していた。

歴史家として、トゥキュディデスは啓蒙精神を体現した。感傷を排した冷徹な筆致で紛争を描き、力と目的について難しい問いを投げかけ、選択がどのような結果をもたらすのか考察したのだ。気まぐれな運命やいたずらな神々に人事が左右されるという解釈を退け、かわりに政治指導者とその戦略に焦点を合わせた。トゥキュディデスは実証主義的立場に強くこだわり、必要に応じて可能なかぎり精力的な調査を行いながら、出来事について正確な説明を試みた。その叙述は、時代状況による制約、戦力の源としての同盟の重要性とその不安定性、内部対立者と外部からの圧力に同時に対処する難しさ、すばやく決定的な攻撃が求められている状況において防御的で辛抱強い戦略をとる苦しさ、予期せぬ事態の衝撃、そして（おそらく最も重要なこととして）戦略の道具としての言葉の役割といった、あらゆる戦略の中心テーマのいくつかに光を当てていた。トゥキュディデスが取り上げた出来事は、抗しがたい力の魅力や、弱者の不平不満や倫理観をものともしない強者の頑健さを表す例として、しばしば引用された。この点から、トゥキュディデスは戦略理論家が感化されやすいといわれるリアリズム（現実主義）の始祖の一人とみなされてきた。戦略理論家がリアリズムに感化されやすいのは、力と、自己利益こそ行動の最大の原動力という前提に徹底して焦点を合わせているからだ。より教条主義的なリアリズムによれば、あらゆる国際情勢を左右する最高権力機関が存在しなければ、国家は本質的に不安定な状態に置かれるのが常である。他国の善意を頼みにするつもりがなければ、自分たちで国を防衛する事態に備える必要がある。だが、その備えが今度は他国を不安定化させる。[14]こうした図式がいつの時代も変わらないことを示したという点で、トゥキュディデスは重要な役割を果たした。

こうあってほしいと自分が望むような形ではなく、観察したままに人間世界を描いたトゥキュディデスは、教条主義的な意味合い抜きで、まさにリアリストだった。といっても、人間は誰でも狭量な自己利益に突き動かされて行動する、あるいは、そのような行動がより広範囲におよぶ利益にかなう結果をもたらす、といったことを伝えたわけではない。トゥキュディデスが描いたのは、一時的な勢力で元来の弱さが覆い隠される場合があること、連合を組む相手によって異なる利益と不利益の組み合わせが生じうると知り、政治指導者が内外のさまざまな関係者に接触していたことなど、はるかにもっと複雑で移ろいやすいものだった。

ただし、トゥキュディデスは主要人物の口を借りて、抗しがたい力の原則に否応なしに従ってしまう人間の性分について伝えた。たとえば『戦史』に登場するアテナイ人は、あるとき、次のように主張した。自分たちは「恐怖心、名誉心、利得心という三つの大きな動機のとりこになった」ために支配圏を手放そうとしないのであって、「人の世のならわしに背く」ことをしているわけではない。また「弱きが強きに従うのは、いつの世も変わらぬ定め」であって、自分たちが前例を作ったのではない、と[15]。とりわけ印象的なのは、中立を主張するメロス島の代表者との対話でアテナイ人が発した同様の言葉である。「強者は強者として力をふるい、弱者は弱者としての立場を受け入れるものだ[16]」。アテナイ人には、メロス人を服従させるよりほかに選択肢がなかった。支配圏を拡大するという目的のためだけではない。拡大のチャンスをみすみす逃せば、無力さを示し、評判を落とすはめになるからだ。法律や道徳規範に強い拘束力はなかった。力のある者なら、自らの目的にかなうように法律を作り、道徳規範を定めることが可能だったためである。ただ、露骨な力の行使を支持する議論を引用したからといって、トゥキュディデスはその立場を是認していたわけではない。トゥキュディデスは、理想主義的ですらある別の立場の見方や、弱いと思われることを恐れるあまり、やがて慎重を期すべき状況で破滅的な賭けに走り、不幸な結果を招いた例についても記している。

リアリストの哲学をはっきりと打ち出した記述のなかでとりわけ重要なのは、ペロポネソス戦争の原因についてトゥキュディデスが示した最も有名な見解である。「アテナイの勢力が拡大し、これを脅威に感じたスパルタがやむなく開戦に踏み切った」というものだ。トゥキュディデスは「紛争の根源」に基づく他の諸説を認識しつつも、より体系的な分析を行った結果、それらの説を退けたとみられる。[17] ただ、翻訳上の不具合を挙げて、このようなトゥキュディデスの見解の解釈に異議を唱える研究者もいる。より緻密に翻訳すると、トゥキュディデスがきわめて重大な（だが以前は軽視されていた）二大国間のパワー・バランスの変化に注目したのはたしかだが、これに当時のさまざまな紛争が絡み合ったことがペロポネソス戦争の原因だと考えていた、と読み取れるという。[18] この解釈を考慮しても、パワー・バランスの変化という体系的要因が最大の戦因としてふさわしいかどうかという疑問は残る。トゥキュディデスは自身が英雄視するペリクレスを高く評価するために、この体系的要因を強調したのかもしれない。ペリクレスは紀元前四六〇年から約三〇年にわたってアテナイを支配した政治家である。

アテナイの勢力と地位は、ペルシャのギリシャ侵攻を退ける際に主導的な役割を果たして以来高まっていたが、ペロポネソス戦争前の時点で際立っていたわけではない。アテナイに協力し、相互に支え合う都市国家からなる緩やかな連合は、より統制のとれた同盟へと変わっていた。だがこうした同盟関係は、アテナイの覇権に対する不満が増大するにつれて、特有の脆弱性を生み出した。紀元前四六一年にアテナイの政治家として確固たる権力を手にしたペリクレスは、デロス同盟のさらなる拡大はめざさず、既存のアテナイ帝国を統制するだけでも、大変な困難をともなうと判断した。スパルタ側もこうしたアテナイ側の自制を認識していた。紀元前四六〇年から戦闘を続けた両陣営は、四四五年に三〇年の和平条約を締結した。和約締結後、ペリクレスはスパルタに対する挑発をやめた。スパルタもそれを理解して受け入れ、攻撃的な態勢をとったり、大がかりな戦争準備を行ったりすることはなかった。

その両国の力関係が再び問題になった理由は、同盟の複雑さにある。相手よりも勢力が弱いために強大化を望んでいる陣営にとって、同盟は明らかにプラスに働いた。だが、すでに強い勢力を築いている陣営にとっては、同盟は諸刃の剣となりえた。同盟は期待を高め、さまざまな義務を生み出す一方で、追加的な見返りはほとんどもたらさない可能性があったからだ。加盟国は敵について共通の認識をもてても、ほかの件に関しては、ろくに合意が形成できない場合もあった。さらに、アテナイはデロス同盟から確実に利益を得るため、加盟国に共通の国庫や海軍へ資金を拠出させるなどの手法をとっており、これが不満を呼んでいた。ペルシャの脅威が去るとこうした不満は募り、アテナイは加盟国に民主政などのアテナイ流のやり方を一段と強く要求するようになった。一方、スパルタはペロポネソス同盟の加盟国の国内事情にほとんど関心を示さなかった。こうしたなか、ペリクレスが維持しようとしていた体制の先行きはおぼつかなかった。アテナイにとって帝国は大きな価値のあるものだったが、支配下にある都市国家は不穏な状態にあった。

別の理由から、ペロポネソス同盟も落ち着きを欠いていた。スパルタはとりわけ重要な同盟国の一つコリントスから、アテナイに対してより強硬な態度をとるよう圧力をかけられていた。コリントスを支持する都市国家には、「メガラ禁令」によってアテナイ支配圏での商業活動を禁じられ、アテナイに対して独自の不満をいだくメガラも含まれていた。コリントス〔訳注：原文はメガラ〕がアテナイに対する強硬姿勢を要求したのは、紛争相手のケルキュラがアテナイと手を組み、それが自国の勢力拡大の妨げとなっていたからだ。ケルキュラはアテナイと同盟を結び、海軍の支援を仰ぐことで自らの立場を守ろうとした。アテナイがこの同盟の要請を拒んでいれば、戦争は回避できたかもしれない。だが結局は不思議な同盟が成立した。〔訳注：拒否すれば体面を損なうことから〕アテナイは要請を受け入れたが、〔訳注：三〇年和約への抵触を避けるために〕防衛目的限定の同盟しか結べなかった。ドナルド・ケーガンは、アテナイの政治家たちがこの問題を議論する場面のトゥキュディデスの記述に奇妙な点を見いだし、以下のように考察している。おそらくトゥキュディデスはこの議論の場にいた。だが、いつもは議論の様子を賛否両論とりまぜて事細かに記すトゥキュディデスが、この件については簡単な要約だけで済ませてしまっている。[19] それは、詳細を書くと、このときの戦争に関する決断が、やむにやまれぬ事情からではなく、ペリクレスの説得力に押されて下されたことがわかってしまうからだ、とケーガンは論じる。[20] 戦争に関して物議をかもす決断を下した者は、それが裁量の余地がない状況でのやむをえない決断だったかのように装う傾向があった。

アテナイは自国の方針を説明するため、スパルタに使節団を送ることを決定した。使節団がスパルタを訪れたのはペロポネソス同盟諸国による重要な会議が行われていたときだったが、トゥキュディデスは時期が重なったのは偶然だと記している。そして、誰がどのような用件を携えて派遣されたのかについては説明していない。一方で、ペロポネソス同盟の会議の内容については詳述しており、アテナイの妨害を受けたコリントスがスパルタに支援を要請する様子を伝えている。コリントスは脅しを交えて要求した。もしスパルタが無関心で受け身の姿勢を続ければ、同盟国は危険にさらされたあげく「切羽つまってほかの同盟に」走るだろう、と。[21] この脅しによってスパルタは関与を強めざるをえなくなった。スパルタは弱腰とみられることも、実際に同盟国の多くを失って勢力を弱めることも望まなかった。こうした状況はスパルタに危機をもたらす。たしかに、コリントスはアテナイが飽くなき覇権の野望をいだいていると表現した。だが、スパルタがコリントスの要求に耳を傾けたのは、同じように脅威を感じたからではなく、重要な同盟国が離脱することを懸念したからだった。実際、スパルタの「主戦派」はアテナイの力をいくぶん軽くみていた。主戦派よりもはるかに慎重なアルキダモス王は平和の維持をより強く望んでいたが、王の意見は無視され、紀元前四三二年八月にスパルタの議会は開戦を票決した。

ただ、開戦が決まったあともスパルタはアテナイに外交使節団を送りつづけ、両国による歩み寄りも成立しかけた。しかし、結局はメガラ禁令の問題が足かせとなった。特筆すべきことに、使節団はコリントスの言い分を前面に押し出さない一方で、メガラ禁令が明らかに三〇年和約に違反していると主張し、その解除を要求した。トゥキュディデスは、アテナイの議会で主戦派や、禁令解除を求める講和派など、多くの者から和戦両論があがったと記している。[22]ここでは最終的な決断をもたらしたペリクレスの演説について、詳細にわたり伝えている。ペリクレスは、スパルタが三〇年和約で規定された法的調停による紛争解決を拒絶している件を重視し、話し合いではなく圧力によって禁令を解除させようとするスパルタを非難した。そのような要求は、スパルタにアテナイを対等に扱う気がないことを示していた。ペリクレスは、控えめで妥当に思える相手の要求の裏にもっと大きな野心が隠れていることを警戒する状況において、今日でも耳にする言葉を用いた。これは「瑣末事（さまつごと）」ではない、と主張したのだ。「もしこちらが譲歩すれば、怖気づいて妥協したとみなされ、すぐさまもっと大きな要求を突きつけられるだろう」と。[23]それでもペリクレスの戦略には、自発的な開戦は避けるという自制があった。そしてこれが、スパルタに開戦と調停拒絶の責任を負わせることになったのだ。

非常に極端な見方をすれば、戦争は不可避だったというトゥキュディデスの見解は説得力に欠ける。ほかの説が優勢になっていたとしてもおかしくないような局面、そして別の歴史が刻まれる可能性があった局面も数多く存在した。リチャード・ネッド・ルボウが論じるように、戦争は「複数の関係諸国の指導者によるきわめて重大な判断ミスが信じがたいほどに重なった結果」起きたのであり、決して不可避ではなかった。[24] こうした判断ミスは、まず弱小諸国を取り巻く情勢のなかで生じ、それら諸国の対立やもつれた関係がスパルタとアテナイを巻き込んでいった。アテナイがケルキュラからの同盟の要請を断った可能性もあれば、スパルタがコリントスによる強硬姿勢の勧めを受け入れなかった可能性もあった。またアテナイによるメガラ禁令の解除や、スパルタの調停への同意もありえた。

とはいえ、開戦の背景には構造的な要因も存在した。デロス同盟とペロポネソス同盟の関係は不安定で、自己利益を追い求めようとする弱小国が台頭する余地を生み出すのに十分な不信感が残っていた。アテナイとスパルタがなんとか三〇年和約を守っていられたのは、平和を維持するため、戦闘や勢力拡大を促す声を押しとどめる覚悟のある指導者が双方の陣営にいたからだ。だが穏健を好まず、戦争を主張するタカ派もまた両陣営に存在した。コリントスがスパルタに対し、アテナイは本来、攻撃的な国だと訴えたのと同じように、ケルキュラはアテナイに対し、強固な海軍力をもたらす両国の同盟を歓迎すべきだと説いた。戦争が始まれば、その力は必要になる。スパルタとその同盟国は「アテナイを恐れて戦いを起こそうとしているのであり、……またコリントス人はスパルタ陣営に強い影響力をもつ国、そしてアテナイの敵国である」からだ、と主張したのだ。[25] つまり、忠誠心は移ろいやすく、そのために意思決定も不安定だった。アテナイはケルキュラと同盟を組むか、ケルキュラの海軍力をペロポネソス同盟に奪われるか、という選択に直面した。一方、スパルタはコリントスの野心を後押しするか、コリントス離脱の危険を冒すか、という選択を迫られたのだ。

ところで両陣営の指導者には、それまで平和を維持してきたという共通点があった。だがここへきて、融和的で自制のきいた戦略を遂行する両者の能力に制限がかかった。そこで両者は、最も控えめな形をとることで、それまでよりも強硬な姿勢による影響を和らげようとした。ペリクレスはケルキュラとの同盟を受け入れつつも、防衛目的に限定すると主張した。挑発的な動きとみなされて反論が出ることを極力避けるため、防衛目的というそれまでなかった概念を持ち出したのだ。この新たな同盟関係を示すため、アテナイはケルキュラに船団を派遣したが、ケルキュラが攻勢に出るのを後押しするには不十分な規模にとどめた。だが不運なことに、この兵力はコリントスの攻撃を抑止するのにも十分ではなく、結局、アテナイは意図していたよりも積極的に関与するはめになった。スパルタは戦争にかかわる外交的な紛争解決策を探ろうとした。ただ、コリントスの肩をもって強硬姿勢をとることはせずに、瑣末事とみなされていたメガラ禁令の問題に重点を置くという基本方針はすでに決めていた。そのころには、両陣営における駆け引きの余地は狭まっていた。ペリクレスはスパルタが発する要求をのむことの危険性をわかっていたが、調停による解決なら受け入れると約束した。

このときペリクレスが戦争のために遂行した戦略にも自制の要素があった。スパルタにも、主戦派が無益な行為に走った場合に勢力を強めるような講和派が存在すると考えられていたのであれば、これは意味のあることだった。また、そうした戦略は二つの同盟のあいだにある別の非対称性も反映していた。スパルタが陸軍中心の同盟を組む一方、アテナイは（同国自体は大陸国だったものの）海洋帝国というべきものを築いていた。スパルタの強大な陸軍力を認識していたペリクレスは、陸上戦を避け、かわりにアテナイのすぐれた海軍力に頼ろうとした。ペリクレスはスパルタに決定的な打撃を与える可能性を考えておらず、戦争を膠着状態に導こうとした。たとえ戦争が長期にわたるとしても、アテナイにはスパルタより長く持ちこたえられるだけの余力がある、とペリクレスは計算していた。後世の用語を使うと、敵の殲滅ではなく消耗による勝利を狙っていたのだ。

政治的には、これは自制をきかせた勇気ある戦略だが、非常に大きな賭けであった。おそらくペリクレスほどの名声の持ち主にしか、このような判断で論争に勝つことはできなかっただろう。そして、賭けは失敗に終わった。スパルタは、アテナイに農産物を供給しているアッティカ地方を毎年攻撃したが、アテナイ側はペロポネソス半島に襲撃部隊を送る程度の対応しかしなかった。アッティカからの農産物供給がたびたび途絶えるために、ほかの地域から必要不可欠な農産物を輸入しなければならなくなったアテナイの財力は衰えた。そしてアテナイの対応は、スパルタの攻撃の前になすすべもないという印象を残した。さらに災厄が訪れた。紀元前四三〇年に発生した疫病は、アッティカ住民の避難により人口過密となったアテナイで猛威をふるい、甚大な被害をもたらした。このときばかりは、ペリクレスも説得力のある見解を示すことができなかった。結局、ペリクレスは将軍職を解かれ、アテナイはスパルタに講和を申し入れた。するとスパルタが過酷な条件を突きつけ、事実上のアテナイ帝国解体を要求したため、講和派は完全に面目を失った。ペリクレスは将軍職に復帰して再び指導者の座に就いたが、紀元前四二九年に疫病にかかって世を去った（トゥキュディデスもこの疫病で死にかけた）。徹底攻撃と融和のあいだの道を模索するなかで、ペリクレスは断固たる態度と自制を組み合わせた策を見いだした。結果的に、この策はアテナイにとってのリスクの低下につながらず、むしろリスクは増大した。スパルタに対する威圧的な効果が不十分だったペリクレスの戦略は、アテナイに過大な損失をもたらし、同盟諸国の反乱を後押しした。ペリクレスの死後、アテナイはより攻撃的な戦略を採用した。この戦略変更はある程度の成果をあげ、スパルタによる和平の申し入れをも引き出した。だが今回はアテナイ側が行き過ぎた条件提示を行ったため、和平は成立しなかった。

弁舌と策略

トゥキュディデスがペリクレスを高く評価していた理由は、アテナイの政治システムを運営するその能力にあった。ペリクレスは民主政につきものの大衆扇動（デマゴギー）や大衆の理不尽な言動に迎合せず（ペリクレス没後のアテナイもそうした力に屈した）、自らの権威と巧みな弁舌を用いて理性に訴えかけ、分別ある政策を受け入れるよう、大衆を説得した。[26]

アテナイの民主政では、同国のあらゆる主要な決定は民会（市民総会）における徹底的な討議によって下されると定められていた。暗黙の戦略というものは存在しえず、戦略は言葉によって明確に示されなければならなかった。このため、正しい行動がとられた場合にどのような事態が生じうるかを読む先見の明だけでなく、それを他者に納得させる能力が必要不可欠だった。民会と民衆裁判所では、反対弁論を含む討論が交わされ、そこでは説得力のある議論を展開する能力が高く評価された。当時は、こうした説得技能の開発と応用に関心が寄せられていた。[27]ペロポネソス戦争初期の紀元前四二七年にアテナイに派遣され、かなりの高齢まで生きたゴルギアスは、弁論術の威力を見せつけた。そして構造に留意すれば弱い論理も強化できることを示し、意欲のある弟子にその技法を教えた。ゴルギアスは、言葉には腕力に劣らぬ力があると考えていた。痛みと喜びの両方をもたらしうる言葉は、「恐怖心をあおることもあれば、聴衆を思い切った行動へと駆り立てることや、よこしまな説得力によって人の心を麻痺させ、思いのままに操ることもある」と説いた。ゴルギアスは現存する論著の一つで、パリスとともに旅立ったヘレネが、なぜトロイア戦争の引き金になったという責めを免れうるのかについて論じている。同じ時代にやはり強い影響力を発揮したプロタゴラスは、言葉の正しい使い方の探求で名をはせていた。プロタゴラスは独自の意味合いを帯びた「ソフィスト」（sophist）という言葉で自身を表現した。これは「賢人」を意味するソフィステース（sophistēs）を基にした言葉であり、のちにプラトンが過去のある種の思想家全般を定義する際に使ったことで、重要な意味をもつようになった。当時は公の場での弁論術を教える専門家に対する需要があった。訴訟当事者は効果的な答弁術を、選挙に出馬する者は支持者層を広げる方法を、現役の政治家はより説得力のある論法を専門家から学ぶことができた。(28)

ペリクレスはプロタゴラスをはじめとする知識人との親交を楽しんでいた。「行動の人」と「弁舌の人」は両立しない、という考え方を認めなかったペリクレスは、「われわれは柔弱に堕することなく智を愛する」という言葉を残している。説得には人の心をつかむ言葉が必要であり、知識が豊富でも「それを明確に表現する力」をもたない者は不見識も同然、と考えていた。ペリクレスはアテナイ市民に対し、自分は「なすべきことを見きわめ、それを説明する能力では誰にも引けをとらない人物」だと訴えた。説得技能の重要性は、トゥキュディデスの記述において演説と会談が非常に重視されている理由を示している。トゥキュディデスは、戦略議論を展開するペリクレスの姿を、おそらくは実際の弁舌よりも一貫性をもたせる形にして記した。

ペリクレスの成功は、慎重さと先見の明をもって戦略を策定し、人々に受け入れさせることのできる権威と能力に基づいていた。ペリクレスは知力を働かせ、それをうまく表現することによって、事態をコントロールしようとした。アダム・パリーが論じるように、ペリクレスの演説の独創性は、自らの提案が実践された場合に達成されうる未来の状況を表現する能力にあった。こうした将来像は、そのときの現実から導き出されるだけでなく、それを超えるものだった。そのもっともらしさは実行可能性だけでなく、「外の世界にある最も強く永続的な力を見定める能力」に裏づけられていた。そしてペリクレスにとって必要なのは、この将来像にかなう出来事が確実に起きることだった。つまり、説得力のある演説家としての能力だけでは不十分であった。ペリクレスの演説は、世界で起きているさまざまな事態を踏まえて実現可能だろうと考えたことに基づき、人々が納得できる展望を示すよう戦略的に練りあげた台本（スクリプト）だった。たいていの人と異なり、ペリクレスはアテナイ人が狙いどおりに動いてくれるであろう行動指針を示すことで、現実を自らの将来像に一致させることができた。ただし、その成否は敵の動きや運の要素にも左右されやすかった。そして、台本は事態によってはそのとおりに運ばないこともありえた。世界が思いどおりに動かなかった場合の戦略的推論の限界を明らかにしたトゥキュディデスの記述は、悲劇的な意味合いをより濃く伝えるものとなった。

だが結局のところ、現実を思いどおりに操ることはできない。現実は人の思考に割り込み、変化を起こし、ついにはこれを破壊する。たとえその思考が穏当で理にかなったものであっても、また独自の創造力と現実を見定める力によって物事に即していたとしても、ペリクレスが語ったように、現実は運の姿をして理不尽な振る舞いをし、最も高潔で知的な思考をも打ち崩すのだ。

ペリクレスの場合、突如、猛威をふるった疫病が、自身の将来像を台無しにし、歴史を思いどおりに動かすという思惑を踏みにじる「破壊的で計り知れない現実の力」の象徴だった。アテナイ市民に対する説得力を失ったペリクレスに、もはや指導力はなかった。ペリクレスを英雄扱いしたトゥキュディデスにとっての悲劇は、ほかのアプローチを受け入れられなかった点にあった。言葉で行動を表し、現実を分析し、そしていかに現実は変えられるのかを示すことでしか、現実のコントロールは望めなかった。現実に一致させることが難しくなった思考と言葉はほとんど意味をなくし、形骸化したスローガンへと変わったのだ。[29]

別の登場人物ディオドトスは批判を呈している。ミュティレネの寡頭派が盟主アテナイへの反乱を企てて失敗した際に、扇動政治家（デマゴーグ）のクレオンは厳刑を要求したが、ディオドトスはこれを実施すべきではないとアテナイ市民を説得した。そうすることで、ディオドトスは民主主義における演説の役割を省みた。良き市民は真摯な言葉を用いた理性的な議論を通じて、自分の主張の正しさを示すべきだが、民会の殺伐とした雰囲気が欺瞞を後押ししている、と論じたのだ。

真摯な姿勢から生まれた良い提案も、悪い提案と同様に疑いをかけられるのが通例になっている。このため、非道な策を説く者が人々の支持を得るうえで欺瞞に頼らざるをえないのと同じように、良策の提案者も偽りの言葉を用いなければ人々の信用をつかめない。[30]

それからディオドトスは、正義よりアテナイの利益を重んじれば、寛大な措置をとったほうが得策だと訴え、また厳刑による反乱の抑止効果が小さい点を指摘することで自身の立場を明らかにした。[31]

民主派と寡頭派による血みどろの内戦へと発展したケルキュラの反乱を描く際に、トゥキュディデスは言葉の腐敗への懸念をさらに顕著に示した。社会的秩序の崩壊を描きながら、トゥキュディデスは言葉の腐敗についても伝えた。無謀は勇敢へ、慎重は臆病へ、穏健は女々しさへと意味を変えた。問題のあらゆる側面に気づく能力は行動力の欠如とみなされ、暴力は男らしさ、策謀は身を守る手段へとすり替えられた。過激な策を説く者は信頼され、それに異を唱える者は疑われた。[32]言葉が行動の後追いをするようになったのだ。こうして自制が働かなくなるとともに、分別ある対話の可能性も失われたのだった。

プラトンの戦略クーデター

紀元前五世紀の終わりになると、アテナイは弱体化し、政治的混乱期に突入していた。この混乱期には、親スパルタの寡頭派がクーデターによって一時的に政権を握ったこともあった。かつて精力的、積極的に政治にかかわっていた知識人たちは嫌疑の対象となり、政治の舞台から身を引いた。そうしたなかで、哲学の殉教者としての役割を果たした人物がいた。ソクラテスである。ソクラテスはスパルタについて肯定的な発言をする一方、民主政に関しては否定的な発言をして批判的な態度を崩さず、見た目も行動も変わった人物とみなされていた。若者を堕落させたという罪状で、ソクラテスは紀元前三九九年に死刑を宣告された。自身は著述を行わなかったが、プラトンをはじめとする熱心な弟子がいた。ソクラテスの死刑執行時に二五歳ぐらいだったプラトンは、師の理想像を作り上げ、ソクラテスとほかの人物による架空の対話問答という体裁をとった「対話篇」を数多く著すことで、独自の哲学を編み出した。プラトンはきわめて広範囲におよぶ主題を取り上げ、膨大な量の対話篇を書き残したが、自身の考えを明確かつ体系的に論じたものはない。それでも、プラトンの強い主張が感じられる特定の論題があり、本書の内容に最も関連性が高いものとしては政治における哲学の役割にかかわる主題が挙げられる。そのなかには、自らの才知を戦略的な目的に用いた先達を酷評したものもある。こうした従前の哲学を詭弁（ソフィズム）と呼び、痛烈な批判を行ったのがプラトンだった。

プラトンによると、ソフィストは哲学的な取り組みに熱心ではなかった。真理の探究から離れ、どれほどくだらない名目のためであろうと、理論が屈折していようと、報酬と引き換えに、あらゆる状況において自らの説得力を巧みに用いる言葉のゲームに興じていた。プラトンは主に自身の証言に基づき、屈辱的でゆるぎないソフィストのイメージを築き、後世へと伝えた。そのイメージとは、当代の「スピンドクター」（巧みに世論を操る専門家）、弁論戦略家、倫理的相対主義者、真理を顧みずに権力こそすべてと説く輩、といったものだ。ソフィストは雇われ人で、善悪の見境なく、自身の言葉を巧みに操る技能を最も高く買ってくれる者に売るために遍歴していた。そして、正当な論理を不当な論理で打ち負かし、一般大衆を混乱させるために自らの才気を使うという悪辣（あくらつ）な能力を発揮した。商品として売りに出された技能は、その本来の価値を失った。さまざまな雇い主に仕えた結果、ソフィストたちは倫理の核を失い、デマゴギー競争をけしかけた。懐疑主義を貫き、神々を軽視し、自己利益の追求を奨励するソフィストは、良心や連帯責任の感覚、共通の価値観、伝統の尊重を求める道徳規範が無力化しかねない状況をもたらした。弁舌を用いた策略は、無知無分別な者を知識豊かな賢者にみせることを可能にした。プラトンにとって、徳とは場所や時間を超えて普遍的であり、哲学によってのみ表現し、定義しうるものであった。

　現在では、こうした痛烈なソフィスト批判も疑問視されている。ソフィストはまとまりのあるグループだったわけではなく、その思想は複雑かつ多種多様であった。ソフィストという総称は当人たちが自ら名乗ったものではなく、また侮蔑的な意味合いを帯びるようになったのは、プラトンが批判してからのことだった。ソフィストの多くは説得することにそれほど関心をもっていなかった可能性すらあり、むしろ話法の実験をし、また知的でいたずら心のある一種の娯楽を提供していたと考えられる。[33] またソクラテスとソフィストのあいだには、あらゆる種類の問いに対して懐疑的、探求的なアプローチをとる、といった共通の特徴が多くあった。にもかかわらず、ペテン師とさげすまれるソフィストたちから師ソクラテスを意図的に切り離そうとしたプラトンの試みは、そのソフィスト批判が作為的だったことを物語っている。現代の用語を使うと、プラトンは「パラダイム・シフト」（第26章で詳述する）を企てたといえるかもしれない。それも、自分と意見が合わない者をひとまとめにして、真理の探求という試練に耐えられなかった古いパラダイムに区分し、明確に専門化された学問分野と哲学者という職業とともに築かれた新しいパラダイムと対比する方法をとったのだ。別の現代風の言い方をすれば、倫理的な真理の探究と、商売道具としてのご都合主義的な弁論術の構築の二者択一という「枠組みを設けた（フレーミングを行った）」のである。ペリクレスは、「知の涵養（かんよう）」をすべてのアテナイ人が志向するものと考えていた。一方、プラトンは「哲学」を純然たる目標をもつ排他的な生業ととらえていた[34]。

プラトンには、真の哲学者は統治者となるべき特別な存在だという信念があった。それは、哲学者が議論に長けており、自分たちが望ましいと考える行動指針に人々を従わせることができるからではなかった。プラトンは民主政を認めていなかった。最高水準の知識を獲得できる哲学者は、明瞭かつ確実に美徳の本質を把握し、それを市民の監督と管理に生かせるから、というのがその理由だった。プラトンは、活気に満ちた政治体制を特徴づけていた知的多元主義や、思考と行動の複雑な相互作用には無頓着だった。統治者は何が賢明で公正かを決定づける最高権力をもっていなければならない、と考えていた。こうした考え方は、折に触れて「哲人王」志望者の心をとらえてきたのであり、全体主義の源とみなされてきた[35]。

真理こそ最も崇高な目標と強く主張していたプラトンだが、矛盾しているように感じられる点があった。それは、人々が「それぞれの立場に不満を覚えずに」いられるように、人にはそれぞれ生まれながらの役割があるという神話、いわゆる「高貴な嘘」を許容していたことだ。プラトンは対話篇『国家』でソクラテスにこう語らせている。「できれば統治者自身を含む誰もが、そうでなければ統治者以外の国民すべてが信じる壮大な嘘を一つだけつくのが望ましい[36]」。真理を探求する哲学者と公的秩序を追求する統治者ほど、葛藤をともなう役割の組み合わせはなかった。プラトンは、実証主義的な観点だけでなく、道徳的な観点からも真理の概念を論じること、つまりより高い徳への見識を示すことによって、この二つの役割を調和させせたようにみえる。誰もがもてるわけではないこうした見識が、もっと意識の低い者たち、世界について限られた幻想的な認識しか得られない下層の人々に接するうえでの責任を生み出す。したがって、高貴な嘘はためになる嘘であり、ソクラテスは自らが理想とする都市を正当化する神話としてこれを提唱した、というわけだ。こうした嘘は、たとえばホメーロスの物語における殺戮と紛争ばかりを生み出す嘘とは対照的に、調和と福利をもたらすものでなければならない。高貴な嘘は大がかりな「罪のない嘘」だ。ちょっとした嘘に乗せられて薬を飲む子どもや、戦闘へと駆り立てられる兵士のように、大衆は社会的調和に対する信念と、既存の秩序が当たり前のものであるという確信を植えつけられる必要がある。階層構造は神々が各個人の魂に入れた金属の種類によって決まるのであり、金を入れられた者が統治者に、銀を入れられた者がこれを補佐する者に、鉄や銅を入れられた者が農民や職人になる、というように。

プラトンの最大の遺産は、理想の統治者像を示したことではなく、哲学という専門的職業分野を確立したことだ。本書の後半では、近代のポスト啓蒙期の社会科学において同じような動きが生じた点について論じる。物議をかもす大きな社会的・政治的問題に直結した知識とその実際的応用に関する謎解きとして始まったものが、より高度な科学的真理を追求する専門的職業分野として確立されることになる。それまでの戦略といえば、都市国家間あるいは都市国家内における紛争だけでなく、言葉による主張と現実における行為、そして誠実さという美徳と便宜的な策略のせめぎ合いに関するものであったが、いずれもプラトンの理想からは大きくかけ離れていた。プラトンの遺産の一つは、世界に関する見方とその複雑さに対処してきた経験が常に相互に作用する点を重んじる従来のやり方と異なり、理論的知識と実践的知識をはっきりと区別したことにあった。

第4章 孫子とマキャベリ

兵とは詭道(きどう)なり。
――孫　子

あらゆる戦略的思考のなかで最も顕著な対照性は、ホメーロスが最初に「ビエー」(biē)と「メーティス」(mētis)によって示したものだ。つまり、肉体的な力による勝利をめざす者と精神的な力による勝利をめざす者、腕力に頼る者と知力に頼る者、勇気を強みにする者と想像力を強みにする者、敵に直接立ち向かう者と間接的に接触する者、名誉と引き換えに命を落とす覚悟のある者と人を騙してでも生き延びようとする者の対比である。両極のあいだを行き来する振り子は、ローマの支配下でメーティスから離れ、ビエー側へと動いた。ホメーロスの叙事詩に登場するオデュッセウスは、ウェルギリウスによってユリシーズへと姿を変え、嘘つきで不誠実というギリシャ人像の一端を担うはめになった。アテナイ人自身も、スパルタとの戦争に敗れたことでトロイア人にある種の共感をいだくようになり、オデュッセウスの無慈悲な策略に対する見方を新たにした。求められたのは、より率直な言葉で話し、戦いにおいて勇敢なだけでなく高潔で、策略や知恵にあまり頼らない英雄だった。

こうしたなかでローマの歴史家ティトゥス・リウィウスは、「過度に狡猾な知恵」に頼ろうとする傾向に対し、より伝統を重んじる元老院議員たちが不快感を示す様子を『ローマ建国史』で描いた。このような傾向は、「敵を力で征服することよりも騙すことを栄誉とするカルタゴ人の狡猾さとギリシャ人のずる賢さ」と同種であった。ローマ人は「奇襲や夜襲をしかけたり、逃げたと見せかけて油断した敵に不意打ちを食らわせたりして」戦争を始めることはなかった。時として、「策略が勇気よりも多くの利益をもたらす」場合もある。だが敵を心から屈服させることは、「策略や時の運」によってではなく、「公平で正当な手順を踏んだ戦争における公然たる戦闘」によってのみ可能と考えられていた。(1)

このような姿勢のローマ人にとっても、策略は強い魅力をもつものだった。リウィウスよりも少しあと、第二代皇帝ティベリウスの時代の歴史家ウァレリウス・マクシムスは、『記憶すべき行為と言葉』(著名言行録)で、戦略について以下のように肯定的に書き、初めて正式な定義づけを行った。「実のところ、策略のなかには秀逸で、いかなる批判も当てはまらない種類のものがある。(ラテン語の単一の)言葉で的確に表現することはほとんど不可能なため、そうした行為はギリシャ語の表現を使ってストラテゲマタ(strategemata)と呼ばれている」。

マクシムスはその例として、①士気を高めるための「健全な嘘」（現場にとどまって戦うよう、自軍の兵を説得するために、たとえ真実でなくても援軍がうまく立ち回っていると伝えることなど）、②内部から敵をおとしいれる（シノーンのような）にせ亡命者、③包囲している側の士気をくじくために包囲されている側が用いる心理的策略、④自軍が敵の一軍と対峙していると見せかけておいて、敵の別の一軍を二倍の戦力で攻撃する計略、⑤敵を混乱させておいて奇襲をしかける作戦、⑥自国の都市を包囲しようとしている敵国の都市を包囲する奇策、を挙げた。これらはすべて、敵を動揺させる、あるいは少なくとも味方を安心させる、という策略の基本にある心理的要素を含んでいる。戦略は武力のみで達成される以上の成果をもたらしえたのだ[2]。

ローマの元老院議員セクストゥス・ユリウス・フロンティヌスが紀元後八四年から八八年にかけてまとめた『ストラテゲマタ』には、ローマの伝統的な兵法が記された。同書は広く伝わり、その長きにわたる影響力はマキャベリなどの後世の人物にもおよんだ。フロンティヌスは、自身が考案したとみられる定義の区別を以下のように序文で示した。「これらの書に関心をもつ者がいたなら、もともとは非常に似た意味の言葉である戦略（strategika：ストラテギカ）と策略（strategemata：ストラテゲマタ）の違いを胸に刻んでもらいたい」。フロンティヌスによると、ストラテギカが「指揮官によって達成されるものすべてで、先見の明、優位性、進取性、決断力を特徴とする」のに対して、同書の主題であるストラテゲマタは「技能と賢さを拠り所とし、敵を打ち負かす場合はもちろん、敵からうまく逃れる場合にもきわめて有効」なものである。[3] フロンティヌスが定義する策略は明らかに謀略や欺瞞の要素をあわせもつ一方で、軍隊の士気を維持するためのより現実的な手段や取り組みをも含んでいた。つまり、策略は戦略の一部に属していた。フロンティヌスは軍事に関する一般論文も著したが、残念ながら現存していない。

ほかの文化において、策略と狡猾さは、とりわけ窮地を脱するうえで好ましいものとみなされ、有効な戦略に不可欠な特徴と評価されていた。リサ・ラファルズはマルセル・デティエンヌとジャン＝ピエール・ヴェルナンのメーティスに関する考察を取り上げ、中国語の「智」との比較を行った。「智」は知恵、知識、知性から、技能、狡猾さ、賢さ、計略まで幅広い意味をもつ言葉だった。「智」を発揮する個人は、メーティスの人と同様に、自分よりも肉体的な力が強い相手を熟練の策略術によって圧倒できる賢将とみなされた。[4] 弱い相手に勝つのに工夫はいらない。真の能力は、決して負けるはずのない状況に持ち込み、敵を確実に打ち破る際に発揮された。そのために決定的に重要だったのが策略である。秩序ある敵軍を混乱におとしいれ、勇気に満ちあふれている敵兵を怖気づかせ、強大だった敵の戦力を脆弱化させる策略だ。さらに、敵が策略をしかけようとしていることを見破る能力も求められた。たとえば、間諜を送り込むことは、敵の態勢を知り、奇策を使うべきか、それとも正攻法で行くべきか、計略を使うべきか、あるいは直接攻撃すべきか、自ら動くべきか、はたまた柔軟に対応できる態勢を保つべきか、を判断する手助けとなりえた。

孫子

長らく賢将の手本といえば、『兵法』として知られる短い戦略書に登場する「孫子」であった。著者についてはほとんど不明で、一人による著作かどうかすらはっきりしていない。言い伝えによると、孫子は紀元前五〇〇年ごろ、春秋時代の終わりにかけて中国東部の呉の王に仕えた武将だが、それを裏づける当時の文献は見つかっていない。『兵法』はその後の戦国時代の一〇〇年にわたって書かれた、あるいは少なくとも編纂（へんさん）されたとみられている。中国の中央権力が崩壊し、個々としては弱小な諸国が影響力を強めるための競争を繰り広げていた時代である。長い時間のなかで重要な文言が加筆されていき、兵法書としての価値が高まった。この時期の中国では、ほかにも複数の古典兵法書が記されたが、孫子は現在でも最もよく知られた存在である。

孫子の影響力の源は、その戦略に対する基本的なアプローチにある。道教思想の影響を受けた『兵法』には戦争だけでなく、国政術についての記述もある。古文書の例にもれず、古めかしい言葉で書かれており、出典もはっきりしないが、根底にあるテーマは明確だ。戦争において最善の方策は、「百戦百勝（百たび戦闘して百たび勝利を収めること）」ではない。むしろ「戦わずに敵を屈服させる」ほうがすぐれている。偉大な戦略家は、最も効果的なところで力を使う策略の名手でなければならない。「敵の兵力が優勢なところは避け、敵の備えが手薄なところを攻撃する」のである。(5)「上兵（最上の戦い方）」とは、敵の戦略を打ち破る、あるいは「謀を伐つ（敵の計略を未然に防ぐ）」ことだ。続いて「交（敵と連合国との外交関係）」を絶つこと、その次が「兵（敵の軍）」を攻撃すること、そして最も拙劣なのは敵の城を包囲することである。

格言化した孫子の兵法における策略のカギは、計画を実行する際に身動きがとれないふりをする、積極的にしかけるときに消極的な姿勢を装う、遠方にいるのに近づいているように見せかける、近づいているのに遠方にいると思わせる、というように、とにかく実際にとる予定の行動と反対のそぶりを見せることだ。そのためには徹底した秩序と規律が必要である。たとえば、怖気づいたふりをするには勇気がいる。また、敵を知る必要もある。もし、敵の指揮官が「短気」なら、簡単に足元をすくえる。「頑固で怒りっぽい」人物なら、侮辱して激怒させ、衝動的な行動をとるよう仕向けられる。うぬぼれた指揮官なら、あやまった優越感をいだかせ、油断させることができる。孫子は危険な指揮官の典型例を五つ挙げている。①決死の覚悟ばかりで思慮に欠ける者、②生き延びることしか考えていない、勇気に欠ける者、③怒りっぽく短気な者、④名誉を重んじる清廉潔白な者、⑤人情深く兵士をいたわる者、である。

実際に違いを生み出すのは「先知（あらかじめ知ること）」であった。「神頼みや占い、過去の出来事からの類推、演繹的な推測によって」、敵をあらかじめ知ることはできない。「敵の状況を知る人を頼ることによってのみ」、敵の態勢や軍隊の特徴、指揮官の人物像に関する情報は得られる。敵の政治的関係も策略の標的となりえる。「あるときは君主とその家臣を分裂させる。またあるときは同盟者と仲たがいさせる。離れ離れにするために、お互いへの不信感をいだかせるのだ。そうすれば彼らへの策略を企てることができる」。

東アジアの指揮官にとって、孫子は基本の教科書となった。中国共産党指導者、毛沢東の著作は、孫子から影響を受けたことを明白に示している。ナポレオン・ボナパルトも、イエズス会のフランス人宣教師が訳したフランス語版『兵法』を読んだと伝えられていた。英語版が読めるようになったのは二〇世紀初頭になってからだが、やがて軍事的な知恵の源として、そして一九八〇年代にはビジネス上の知恵の源として、真剣に取り上げられるようになった。孫子のアプローチは、戦いの勝敗がつきにくそうな場合や、同盟関係と敵対関係に変化が起きている状況など、紛争が複雑化しているときにとりわけ役立った。

『兵法』は勝つための唯一の方法を示すものではない。戦闘を回避するのが最善ではあるが、戦わなければならないときもある、と認めている。孫子は比較的単純な紛争を取り上げ、敵を無力化する、あるいは無秩序状態におとしいれる大胆な行動について記した。同書の弱みとなりうる「目的を達成する方法を説明するのではなく、何のために戦うべきかを示す傾向が強い点」は、強みの源にもなっている。具体的な方法の説明は、今となっては理解しがたく、また軍事手法の著しい変化によって役に立たなくなっていたであろう。戦術に関するくわしい助言を記したものであったなら、同書は現代では見過ごされやすい本になっていたと考えられる。そのような内容の書ではないために、孫子に教えを請う読者は「何を熟考すべきかについて具体的な助言を与えられるだけで、解決法、つまり勝つために選ぶべき道は自分自身で見いださなければならない」のである(6)。

孫子のアプローチが最も効果を発揮するのは、敵対する二つの陣営の片方だけがこれに従った場合である。両陣営の指揮官が孫子を読んでいた場合、作戦や策略を実行しても、まったく勝敗がつかない状態か、さもなければ双方にとって不意打ちとなる、予期せぬ衝突を生み出しかねない。策略家との評判が立てば、その裏の裏を読もうとする向きが増え、戦闘を回避するための策略が兵力の弱さゆえの策略と受け止められる、といったことも起こりうる。一致団結した強敵が相手であれば、知恵に頼った心理戦にも限界がある。両陣営がともに正面衝突を避けようとして可能なかぎりの手を尽くしたなら、手出ししない状態でどちらかの陣営が相手よりも長くもちこたえ、もう一方の陣営が不利な状況で戦端を開くか、降伏するかせざるをえなくなることによって勝敗は決まる。なんにせよ、敵と同じように部下が混乱することを避けつつ、指揮官が巧妙な秘策を練る余地は限られる。要するに、孫子はあらゆる状況で有効な必勝法を提示したわけではない。敵を武力で圧倒するのではなく、策略によって出し抜くという方針に基づき、特定の種類の戦略について理想形を示したのである。

フランソワ・ジュリアンは、孫子にみられるような中国の戦争に対するアプローチと、中国人の言語づかいとのあいだの類似性を示すことで、興味深い考え方を導き出した。ジュリアンは、戦争において高リスクで破滅的な結果をもたらしうる直接対決を避けようとする中国人の姿勢が、やはり婉曲で暗示的な言葉による争いにもみられると論じた。暗示的でとらえどころのない、微妙なニュアンスを含んだ遠まわしな表現は、軍隊が戦闘を回避したり、敵を執拗に苦しめたりするのと似ているといえる。身動きがとれなくなる、あからさまな主張をして反論を呼ぶ、といった事態を避けることで、主導権は確保しうる。ただし、それが終わりなき「誘導合戦」をもたらす可能性もある。[7]話し合いにおける婉曲的なアプローチも、戦闘の場合と同様の問題を引き起こす。双方がまったく同じ策略を用いれば、議論が際限なく続く可能性があり、なんらかの形で決着をみることは難しくなる。

ジュリアンは対照的な存在として、アテナイ人を引き合いに出した。アテナイ人は戦争でも議論でも、断固たる行動をとるのが得策だと認識していた。早く決着させて、対決が長引くことによるコストとフラストレーションを避けるのである。アテナイ人にとっての戦争とは、直接対決の戦闘であった。敵に最大限の打撃を与えられるよう、軍隊は重装歩兵の密集部隊に編成され、勝利は必要不可欠な強さと勇気を発揮した陣営にもたらされた。指揮官は策略の才能をもち、奇策の利点も理解していたが、戦闘を避けたり、敵を執拗に苦しめたりする方法をとって時間を浪費することは望まなかった。同様に、アテナイ人は議論においても単刀直入だった。劇場でも裁判所でも民会でも、話し手は反論も辞さない構えで、限られた時間内に直接的かつ明瞭な言葉を用いて自分の言い分を述べた。つまり、戦闘の場合と同じように雌雄を決する議論が行われた。トゥキュディデスが述べたように、こうした議論が「お互いのあいだで激しく応酬される」説得合戦においては、陪審官や有権者などの第三者によって軍配が上げられた。

このことは興味深い対照性を示している。説得合戦へのアプローチは、あらゆる対決の場面での姿勢に影響をおよぼす、幅広く長い歴史のある文化的嗜好を反映しているとも考えられる。ただし、ギリシャ人が「雌雄を決する」戦闘を強く好むという説は、物議を呼ぶビクター・デービス・ハンソンの主張に基づいている。現在まで続く西洋の戦争流儀の起源が古代にある、という主張だ。[8] これに対しては、ギリシャの戦争とその後の歴史に関する分析を根拠とした批判も生じている。[9] ベアトリス・ホイザーは、ナポレオン戦争にいたるまでの西洋軍事思想に、少なくとも一つの根強い考え方があったと力説している。それは、会戦を避けるというものだ。「戦闘は避けられない、あるいは戦うことが無条件で望ましいと考える者は、ほとんどいなかった」。[10] 持久戦略の別名「ファビアン戦略」の由来となったクィントゥス・ファビウス・マクシムス(共和政ローマの政治家)は、当初ぐずと嘲笑されていた。ハンニバル率いるカルタゴ軍が略奪しながら進軍してくるなかで、敵の消耗を待つという弱腰にみえる戦略をとったからだ。だが、紀元前二一六年にカンナエの戦いでローマがカルタゴに大敗すると、持久戦に持ち込む策が賢明だと認められた。その後の約一三年間にわたり、ローマは会戦を避ける一方でハンニバル軍の補給を妨げる作戦を続け、ついにはハンニバルをイタリア半島から退却させた。

重要な教訓はすべて古典にあるとまだ信じられていた中世のローマで、最もよく知られていた軍事関連書はフラウィウス・ウェゲティウス・レナトゥスの『軍事論』（*De Re Militari*）だった。中世にはどの軍も、資源、輸送、地理面で似たような制約をかかえていた。したがって後方支援機能が勝敗を分けるカギとなり、兵糧調達や略奪のできない攻撃部隊は窮地におちいった。『軍事論』もこうした点に触れており、戦闘は、ほかのあらゆる計画を検討し、あらゆる方策を試し尽くしたあとの「最後の手段」にすべきだと論じている。戦力の差が大きすぎる場合、戦闘はやめ、敵軍を崩壊させるために可能なかぎり緻密な「手練手管」を尽くし、敵兵を怖気づかせるほうがよい。ウェゲティウスは孫子と同じような言葉（「兵糧不足は剣による攻撃よりも恐ろしい」）を用いて、戦闘よりも兵糧攻めで相手を屈伏させることが望ましいと述べている。また、いかに「ひらけた場所での戦闘よりも、兵糧攻めや奇策、難所への目配り（つまり機略）によって敵を倒すほうがよい」かについても論じている。[11] こうした戦闘を回避しようとする風潮が中世の戦争においてあったかどうかに関しては、議論が生じている。クリフォード・ロジャースは、少なくとも攻勢に出ているときの指揮官は開戦を望む傾向が強かったと説いている。ただ、戦闘で勝敗を決めることが当時の戦争における主流の様式だったとまで主張しているわけではない。[12]

七世紀初めに東ローマ帝国（俗にいうビザンチン帝国）の皇帝マウリキウスが著した『戦略論』（*Strategikon*）にも、同様の考え方が示されている。「勇敢さよりも運が物を言う会戦には絶対に持ち込まず、策略や急襲、飢えによって敵を痛めつけるのが賢明だ」。別の考え方も存在することを示すために、ベアトリス・ホイザーはロアン公爵アンリが三〇年戦争のあいだに記した言葉を引用している。「戦争におけるあらゆる行為のなかで、最も輝かしく重要なのは戦闘だ」と説くアンリは、戦争が「ライオンの流儀ではなく、キツネの流儀によって行われている、そして戦闘よりも包囲攻撃に頼るものになっている」と嘆いた。だがホイザーは、アンリが戦闘を直接見たことはなかったと指摘し、実際に戦いの場にいた者たちは、はるかにもっと慎重だったと述べている。一八世紀前半にフランス軍を率いたモーリス・ド・サックスは、会戦は最も避けるべきものと考えていた。

> 会戦を避けつつ戦争を長引かせるほど、敵を大いに弱体化させ、戦況を有利な方向に運べる手法はない。小競り合いを頻繁に繰り返せば敵は消耗し、やがて逃げ出さざるをえなくなる。[13]

軍隊による襲撃を時折しかける、敵の経済状況に打撃を与える、敵兵を脅かして士気をそぐ、といったやり方は、戦闘にかわって敵に圧力をかける手段となった。勝利の要因としてとりわけ重要なのは、百年戦争の例にみられるように、たとえすぐれた戦略家が指揮をとり、会戦で勝ったあとであっても、「政治的要素が常に軍事的要素よりも大きな影響力をおよぼす」という点だ(14)。百年戦争では、イングランドがフランスの多くの地域で同盟関係で築く一方で、フランスはスコットランドをけしかけてイングランドを足元から揺さぶろうとした。

その後づけ的な呼称からうかがえるように、百年戦争ではいくつかの明確な段階を経て紛争が繰り広げられたが、根本にある諸問題が完全に解決することがなかったために、なかなか決着しなかった。この点で、当時における戦闘の役割は後世の解釈におけるものとはかなり異なっていた。百年戦争のなかでもとりわけ有名な戦闘として、ヘンリー五世率いるイングランド軍がフランス軍を破った一四一五年のアジャンクールの戦いが挙げられる。ジャン・ウィレム・ホーニッヒは、その背景にあった戦略的な要因について、包囲攻撃、人質、政治的要求、そして虐殺までもが一定の要素として含まれていた当時の複雑なしきたりを観点に入れて考察すべきだと説いた。両陣営とも戦闘に向かう姿勢は慎重で、会戦を望むと同時に恐れていたようだった。そして正面からぶつかり、雌雄を決する戦闘に突入するまで、両軍はそれぞれ入念に練ったシナリオに従って歩を進めた。ホーニッヒは、このような成り行きの背景に、戦闘をとりまく「形而上学的な神秘性」、つまり戦争は神による審判の場であり、戦闘はその神の決定的な裁きを意味するという考え方があったと論じた。したがって戦闘は、ほかのあらゆる手段で紛争を解決することができなかった場合に行われた、というのである。

その結果、両者がともにいだく、神に最終的な審判を仰ぐことへの恐れのせいで、勢いをそがれたリスク負担争いが起きた。この恐れと、中世の良心的なキリスト教徒なら誰もがいだいていた自らの大義の正しさと信仰の強さに関する疑念が、敵との武力衝突を一定の範囲内に抑える一連のしきたりを作り、遵守しようとする動機を生み出した。

このことは、戦争がどちらかというと予測可能な道のりをたどる可能性があり、戦闘を避けて面目を保つ方法も採用されうることを示していた。敵がしきたりに従うか、都合のよい解釈をするかに関する不透明性は残るが、それでも、しきたりの共有は紛争と戦略に影響をおよぼした。[15] 危険がともなうとはいえ、会戦には時として、運に任せた紛争解決の手段になるという特別な役割があった。会戦は一種の契約であり、誰が勝者となり、勝利が何を意味するのかについて合意を形成する一つの方法だった。戦闘に持ち込むには、平和的な解決が見込めない以上、これが最善の紛争解決方法であると双方が認める必要があった。戦闘は「武運に委ねること」で勝者を決定する、という合意に基づいた暴力の一形態だった。古典的な会戦は限られた時間と空間を使って、つまりあらかじめ定められた場所において一日限りで行われた(夜明けににらみ合いを始め、夕暮れまでに力を使い果たした)。こうした制約のなかでも凄惨な戦いは繰り広げられたが、少なくとも国のほかの地域に戦火を広げることなく、勝敗を決められた。勝利を宣言するには、一日の終わりの時点において敵が逃走し、自軍が戦場を支配しているという最低条件が必要だった。戦闘によって勝敗が決まるのは、勝者と勝利の現実的な価値について両陣営が合意した場合に限られる。これは、貴族的な騎士道精神や限定的な戦略に関する考え方に基づいた自制ではなく、法の働きによるものであった。会戦は強制力のある賭けとみなされていた。それは、そうした慎重な姿勢で向かわなければならないほど、会戦が大きな利害をもたらしうるもの、そして運に大きく左右されうるものだったからにほかならない[16]。

マキャベリ

人魚以上に多くの船乗りをおぼれさせ、
怪獣バシリスクよりも大勢の人間をにらみ殺してやる、
ギリシャの長老ネストールよろしく雄弁に語り、
ユリシーズも顔負けなほど巧みに人を欺いて、
シノーンみたいに第二のトロイアを陥落させよう。

カメレオンなみに色だって変えられる、
海神プローテウスのように目的しだいで変身もできる、
残忍なマキャベリも、おれに比べりゃヒヨッコ同然だ。(17)

社会で通用する行動に関するルールが常に厳守されていたかどうかはさておき、そうしたルールはその時代の論調にまちがいなく影響をおよぼしてきた。そう考えれば、自己利益に基づいた君主の政治的行為についてニッコロ・マキャベリが示した鋭い見解が、劇的な影響をもたらしたのもわかる。マキャベリは、策略や欺瞞が戦争に限らず、あらゆる国政行為の核心においても容認されると説いた。その結果、謀略家とみなされ、信用ならない策士としてオデュッセウスらと並び称されるようになった。「マキャベリアン」という言葉が、人心を操る才能をもち、私利追求のために策を弄する傾向のある人物、権力の掌握によって可能となる高潔で徳のある行いではなく、権力そのものに憧れる者を表すようになるのに、長い時間はかからなかった。マキャベリの反道徳性はキリスト教会の目のかたきにされ、その思想の権化である「マキャベリ主義者」は悪魔の手先も同然の扱いを受けかねなかった（ニッコロは、すでに使われていた「オールド・ニック」という悪魔の異名にぴったりはまる名前であった）。ウィリアム・シェイクスピアは戯曲『ヘンリー六世』で、こうした人物像の好ましからぬ特性を凝縮した人間として、グロスター公（のちのリチャード三世）を描いた。前述の引用はそのせりふの一部である。

ニッコロ・マキャベリ自身はフィレンツェの官僚、外交官、政治顧問を務めた人物で、実践哲学者でもあった。最も有名な著作『君主論』は君主の手引書として書かれたもので、イタリアが大きな混乱と危難に直面していた時期に政治顧問の座にあったマキャベリ自身の適格性を訴える書だった。その散文体には、当時の絶望感、そして強大なフランスとスペインに対して無力なイタリア、とりわけフィレンツェの政治に関する先行き不安を背景とする切迫感があった。同じ理由から、マキャベリは理知的で説得力のある軍事書も著した。マキャベリは、国を守り、その勢力を拡大するためのより安定的な基盤として徴兵制を採用し、より持久力のある軍事体制を築こうとした。残念ながら、マキャベリの後押しで創設されたフィレンツェの市民軍は、一五一二年にプラトでスペイン軍に敗れた。これによりマキャベリは、トゥキュディデスと同様に政治の実権から遠ざけられた。そして権力がいかに行使されうるのかを外から観察し、著作にまとめる機会を得たのだった。

こうしたなかで、マキャベリは客観的な物の見方も身につけ、真に高潔な者がその徳によって必ず報われる理想の世界と、そううまくはいかない現実世界との違いを強く意識するようになった。その思考方法は実証的であり、だからこそマキャベリは今も政治学の父とみなされている。マキャベリ自身が示そうとしたのは新たな道徳規範ではなく、むしろ当時の人々をしばっていた道徳規範に関する考察だった。政治生命を維持するには、現実味のない理想を追求するよりも、感情を排した現実主義に徹することが大事だった。つまり、利害の対立と、力あるいは策略によってそれを解消しうる方法に注意を向ける必要があった。だが、陰謀や策略そのものが政治的遺産を生み出すことはなかった。国家の礎はやはり良質な法律とすぐれた軍事組織にあった。

マキャベリが政治手法に関心をいだいた背景には、孫子をはじめとする多くの戦略家を突き動かしたのと同じ疑問があった。自分よりも強い可能性がある相手にどのように対処するか、というものだ。マキャベリは戦略の効力を過大視しなかった。リスクは常に存在する。つまり、いつでも安全策を見きわめられるわけではない。二〇世紀に生まれたゲーム理論の「ミニマックス」戦略（損失を最小限に抑える戦略）を先取りするように、マキャベリはこう記している。「ものの道理として、一つの苦難を避ければ、ほかの苦難にもあわずに済むということはありえない。思慮深さとは、さまざまな苦難の性質を察知し、そのなかで最も害の少ないものを上策として受け入れることを意味する[18]」。そのときの状況によって、とることのできる策は変わる。「人間の行為の半分が運命によって定められているとしても、少なくとも残りの半分ほどは、われわれ自身の手に委ねられている」。この自分でコントロールできそうな領域においても、臨機応変が必要となる。自由意志の存在は、時の流れや状況と、個人のやり方がうまくかみ合う余地があることを意味している。マキャベリは、時流や状況に合わせて自分のやり方を変えるべきだと提言したのである。

マキャベリの『戦術論』(*Dell'arte della guerra*：『戦争の技法』)は、生前に刊行された唯一の著作である。孫子の『兵法』が西洋で『戦争の技法』として訳された背景には、この著作の影響があったと考えられる。実際、一七世紀のライモンド・モンテクッコリから一八世紀のモーリス・ド・サックス、一九世紀のアントワーヌ・アンリ・ジョミニにいたるまで、ほとんどすべての軍事書が『戦争の技法』(英語では*The Art of War*)と名づけられてきた。これは概論的なタイトルであり、多くの場合、技法にかかわること全般がとりあげられている。この分野におけるマキャベリの功績はきわめて大きく、その著作が多くの言語に翻訳された。マキャベリは常備軍の潜在的な価値と、いかにして真の国益に寄与するようにそれを編成しうるかについて論じた。そして要塞から火器の登場まで、その時代における現実的な問題に取り組んだ。『戦術論』は主要な問題について、二人の人物による対話という形式で論じた書である(話し手の組み合わせは章によって異なる)。しかも、特定の人物が著者自身の考えを述べているとは限らないため、一部の問題に関してマキャベリがどのような立場をとっていたのかは、曖昧なままだ。それでも大まかな論旨は明らかで、とりわけ強く訴えていたのが、安全保障と、駆け引きするための外交の自由を実現できる有能で忠実な軍隊の必要性である。マキャベリは戦争と政治の関係、そして戦場から退却した敵も、立て直しの余地を与えないよう確実に叩いておくことの重要性を理解していた。また、戦闘は運(フォルトゥーナ)に大きく左右されうるとわかっており、だからこそ運に任せすぎることには慎重だった。したがって、戦闘においては一部の戦力ではなく、全戦力を投入する必要があると説いた。当然のように、マキャベリは権謀術数や、諜報によって敵よりも多くの情報を入手し優位に立つことを重視する姿勢も示し、可能ならば戦闘なしで勝利を収めるのが望ましい、と折に触れて主張した。

とはいえ、『戦術論』でとりわけ興味深いのは、外敵への対処ではなく、国内における忠誠心と献身の維持に関する考察だ。そこには、金銭だけを動機とする傭兵を使うよりも自国民による軍隊をもつのが望ましい、というマキャベリの考えが反映されている。マキャベリは愛国心に訴えて忠誠心を保つことには確信がもてず、それよりも逃走防止を目的とした兵士の私物持ち出し禁止など、現実的な手段を含む厳格な規律に効果があると考えた。「相手が少人数なら、何かを説得したり、思いとどまらせたりするのはたやすい。言葉だけでは不十分だとしても、権威や実力を行使できるからだ」。大勢を説得するのは、全員を納得させせなければならないため、もっと難しい。したがって、「優秀な指揮官たる者は雄弁家でなければならない」。軍隊への訓示によって、「恐怖心を吹き飛ばし、勇猛心に火をつけ、強固な意志を育み、策略を見抜き、恩賞を約束し、危険とそれから逃れる方法を示し、胸がふくらむほど希望を与え、おだて、ののしるなど、人間の感情を起伏させるありとあらゆることを行う」のだ[19]。兵士たちに敵への義憤と侮蔑の感情をいだかせ、また自らのだらしなさと臆病さを恥じ入らせるような弁舌が、戦意を喚起するというのである。

『君主論』でマキャベリは、権力を握り、維持する方法について、悪評高いひねくれた助言をしていることもりだが、公には非の打ちどころがないように振る舞いながら、陰ではいかなる策もいとわず講じよ、というものだ。そこには、言葉と行動の両面で高潔さを追い求めれば、大変な憂き目にあうという意味が込められている。君主は地位を守り抜くことを最優先の目的としなければならない。地位を失えば、何も達成できないからだ。したがって、君主には状況の変化に応じて行動様式を変える能力が求められる。それには、必要とあらば道義に反した行為を進んでとることも含まれる。『君主論』のとりわけ有名な箇所で、マキャベリは以下のような疑問を投げかけている。

恐れられるのと慕われるのと、君主にとってはどちらがよいか。誰もが、両方とも兼ねそなえるのが望ましいと答えるだろう。だが二つをあわせもつのは難しい。そこで、どちらか一つを選ぶとすれば、慕われるよりも恐れられるほうがはるかに安全だ。なぜなら、人間というものは概して恩知らずで、気まぐれで、嘘をついたり、人を惑わしたりし、危険からは身を遠ざけるが、儲けることには貪欲なものである。恩恵を施しているうちは君主の意のままになり、血も家財も、命や子どもまでも捧げようとする。だがそれは、前にも述べたように危険が差し迫っていない場合の話である。いざその時がくれば、みな君主に背を向けてしまうのだ。[20]

こうした人間の本性に対する否定的な見方は、マキャベリのアプローチの中核をなすものだ。『君主論』の別の箇所では、ライオンとキツネの性質を引き合いに出した教訓を示している。ライオンは力を、キツネは策略を象徴する。君主たる者は「罠を見抜くにはキツネでなければならず、オオカミを追い払うにはライオンでなければならない」。「人間は卑劣な生き物で君主との約束を守るはずもないのだから、君主も他人に対して信義を貫く必要はない」。とはいえ、他人から不誠実な振る舞いを受けたところで何もよいことはない。だからこそ、キツネの性質を使いこなすのが得策である。「自分の行動の真意を覆い隠す方法、そして巧みに嘘をつき、人を惑わす方法を会得する必要がある。人間はいたって単純で目先の状況に左右されやすいため、騙そうとする者は騙す相手に事欠かないのだ」。君主にとっては、できるかぎり「慈悲深く、信義に厚く、誠実で敬虔な」人物だと思わせること、そしてそうするのが賢明であるかぎり、実際にそのとおりに振る舞うことが大事である。秩序を保つうえでは、厳格な君主と思わせることが役立つ可能性もあるが、まったく徳のない人間とみられてはならない。「人はみな外見でしか君主を知らず、実際に本人と接触できる者はごくわずかしかいない。……大衆は外見と出来事の結果だけで判断するのが常である」[21]。実態とは異なる印象を（それも大々的に）与える能力は、君主に不可欠な資質だ。ただし、徳のある人物と見せかけておいて、実際の行動はまったくそこからかけ離れている、といったことがあってはならない。マキャベリは、権力を維持するには、厳格で非情なやり方にはなるべく頼らず、より穏健で清廉な振る舞いをする必要があると理解していた。

君主は憎しみや軽蔑を招かないようにすべきだとマキャベリは警告した。残虐なやり方を用いることは否定していないが、必要不可欠なときに「一回かぎりで」用い、「臣民の役に立つ」やり方へと転換できるようにせよ、と説いた。そして、「はじめのうちは小出しにしておき、時がたつにつれてやめるどころか、ますます激しくなる」ような残虐な仕打ちは決して行わないよう助言した。これは人間心理に関するマキャベリの見方に基づいている。もし君主が政権掌握時に手厳しい振る舞いをし、その後はそれを繰り返さずにいれば、「臣民を安心させ、恩恵を施した際にその心をつかむ」ことができる。さもなければ、君主は「片時も短剣を手放せなくなる。絶え間なく繰り出される残虐な仕打ちに苦しむ臣民は、君主にまったく気を許さなくなり、君主もそのような臣民を信じるわけにはいかなくなるからだ」。残虐な仕打ちの場合、一回かぎりにすれば「人々はどのような苦しみだったかをやがて忘れ、恨みを募らせずに済む」が、恩恵については「よりよく味わわせるために」小出しに施すほうがよい、というのだ。[22]マキャベリは、たとえ残虐な行為をともなない、力と策略によって権力を獲得した場合でも、そのことに対する承認を確保する必要があると理解していた。最小限しか行使せずに済む権力こそが、最もすぐれた権力と考えていた。

「マキャベリアン」は策略と人心操作に基づく戦略と同義語になってしまっているが、実際のマキャベリのアプローチは、はるかにもっとバランスのとれたものであった。正道から外れた手段に頼る君主という認識が強まるほど、成功の見込みが薄くなることにマキャベリは気づいていた。見せかけの印象と厳罰ばかりに頼るのではなく、実績と一般大衆の敬意をもとに権力行使の土台を築こうとするのが賢明な戦略家だと考えていたのだ。

第5章 サタンの戦略

人間の意志は荷役獣のようなものだ。御すのが神であれば、神の意志により、その欲する方へ向かう。御すのがサタンであれば、サタンの意志により、その欲する方へ向かう。荷役獣に御者を選ぶことはできない……神とサタンが御者の座をめぐって争うのだ。

——マルティン・ルター

マキャベリはその後の政治思想に多大な影響をおよぼした。権力の実態についてマキャベリが示した率直な見解は、政治論議に新たな方向性をもたらした。マキャベリの思想は（当人が唱えたように）臨機応変に行動できる者にとっての指針となる一方で、そうでない者たちには、腹黒く反道徳的な「マキャベル」という悪役に擬人化されるほど、過激なものとして受け止められた。政治運営に関する議論にマキャベリがおよぼした影響は、ジョン・ミルトンの著作に顕著にみられる。一六六七年に刊行された叙事詩『失楽園』でミルトンが描いたサタンは、マキャベリズムの権化である。サタンの戦略を見きわめることで、神の存在によって戦略上の自由に課せられてきた制約とともに、マキャベリに関連づけられた特性の限界と可能性について考察することができる。

ミルトンの主たる目的は、アダムとイブの物語から生じた自由意志にかかわる神学上の問題の最も難解な部分に取り組むことにあった。もし、あらゆることが前もって定められていたのなら、アダムとイブに選択肢はなかった。原罪は二人の非によるものではなかった。二人に非があったのだとすれば、原罪が起きるのを認めるなんらかの理由を神が必要としていたことになる。善か悪かの二者択一だったのだとすれば、悪を生み出したのは神にほかならない。悪の誘惑にかられる可能性があるのならば、人間は不完全な形で創造されたといわざるをえない。そうではなくて、当初の計画どおりに原罪が生じたというのなら、二人は罰せられるに値したのだろうか。何の落ち度もなかったのだとすれば、どうして二人は罪を犯せたのか。そして、どこに罪の概念を見いだしたのか。実際に蛇にそそのかされたのがイブ一人だった(そしてその後、イブがアダムに促した)のであれば、なぜ堕罪は二度起きえたのか。蛇はどのような動機からイブをそそのかしたのか。

『失楽園』でミルトンはこれらの疑問すべてを解明しようとした。見方によっては、それは一つの王国における反乱、反乱軍の敗北、敗北を覆そうとする反乱軍の試みとその結末を示した物語といえる。別の見方をすれば、（第一巻の冒頭に記されているように）いかにして「人々に対し、神の道の正しさを証明する」か、とりわけ神の全能と人間の自由意志をいかに調和させるか、について論じたものであり、さらに別の見方をすれば、地上における王と臣民の関係について述べた書である。同書はイングランド内戦中に熱烈な共和派として活動していたミルトンが、その後の王政復古期に書いたものだ。反体制派が弾圧された時期で、ミルトン自身も一時は反逆罪で処刑されそうになったが、かろうじてこれを免れた。

自由意志の概念は、人間世界における神の役割に関する疑問を呼び起こす。もし神が干渉しないのであれば、何のために祈りや懺悔をするのか。もし干渉するのだとすれば、善良な人々に悪いことが起きるのはなぜなのか。現代の神学者たちはこうした問いへの答えを導く公式をすでに見いだしているかもしれない。だが、ミルトンが執筆活動をしていた一七世紀のヨーロッパでは、これらの疑問は政治的にも宗教的にも注目度の高い話題だった。

一七世紀は、神は何者にもその意志を曲げることのできない強大な存在だと説く厳格なカルヴァン主義が、影響力をふるい始めた時期であった。神の恵みが向かう先はあらかじめ定められており、すべてのことはその定められた壮大な計画に従って起きる、というのがカルヴァン主義の主張であった。神学者のアウレリウス・アウグスティヌス（ヒッポのアウグスティヌス）は「神はすべてを定め、命じる」と論じた。神は「人間の心に働きかけ、どこであれ自らが望む方向へと人の意志を動かす」と。カルヴァン主義者は、神は「何ごとであれ、起こりくることを自由かつ不変的に定められた」として、この考え方に同調した。神以外の意志を反映したことは起きえない。人間は、創造されたときに神が定めた台本（スクリプト）に従ってドラマを演じているにすぎず、そのスクリプトにあとから即興を加える必要はまったくなかった。神の計画は、ただの人間の理解を超えている。このような考え方は、神は望んだときに人間社会に干渉できる、とする純粋な全能説をも超越し、歴史の流れはあらかじめ定められていて変わりえない、と想定するものとなった。もしあらゆる出来事があらかじめ定められているのだとすれば、そして選択が幻想にすぎないのだとすれば、たどりつく先は運命論しかない。歴史の流れを変えようとする試みは徒労に終わる。

ヤーコブス・アルミニウスとその支持者たちは、こうしたカルヴァン主義に異議を唱え、人間は自由意志の行使によって自ら歴史を作ることができる、神の力は人間による服従と罪への後悔を受けて示す愛の行為の表れだ、と論じた。カルヴァン主義者にとっての神は恣意的で、説明のつかない行動をとるものであった。アルミニウス主義者にとっての神は、自らの恩恵がおよばない者を恣意的に設けることを否定する一方で、神への服従を示すために人間が善悪を判断する力をもつことを認める存在であった。

ミルトンはもともとカルヴァン主義者だったが、『失楽園』執筆のころにはアルミニウス主義者になっていた。ミルトンの考え方は、「神は絶対的な命令をまったく下さず、人間に自由に行動する能力を残した」のであり、神がこれと反対の立場をとることは不条理で不公平である、というものだった。もし神が「自分の意のままに人間の意志を道徳的に好ましい方向、あるいは邪悪な方向へと動かして、善良な行為には恩恵をほどこし、邪悪な行為には罰を与えるのだとすれば、あらゆる方面から神の裁きに対する抗議の声があがるだろう」[1]。創世記で提起された難解な疑問に対する最良の答えは、悪の存在がなければ、人間の信仰を試し、善良に振る舞う力があると人間に認めさせることはできないから、というものになる。ミルトンは『失楽園』で神が「堕落するのも自由だが／立つ力のあるものとして正しく」人間を造ったと、神自身に説明させている[2]。

悪については、常に誘惑にかられやすく、故意に神の言葉に背く行いをしがちな人間の弱さだとする考え方があった。またミルトンの時代には、意図的に神の道を妨害し、人を誘惑しようとする、生命ある存在を悪とみなす考え方が一般的だった。悪はサタンという人格を獲得し、そして創世記に登場する蛇はサタンの化身とされた。ただし、創世記のなかにその考え方の根拠となる記述はない。古代文明の多くにおいては、蛇は悪を象徴するとともに、多産を象徴する存在であった。旧約聖書にサタンという言葉が出てくるのはあとのほうであり、そこでは神に敵対する者としてではなく、忠実な天使として描かれている。サタンは反抗的な役回りを演じ、神の前での論争において強硬な姿勢をとったものの、最終的には忠誠を示すのが常であった。その最も有名な例は、「地上を巡回し、ほうぼうを歩き回ってきた」のち、神の前に戻ったと記されている「ヨブ記」にみられる[3]。サタンは、神に挑戦する罪深き者の役割を演じている。ヨブの信仰を試すよう、神に促したのはサタンであった。そして神の同意を得たサタンは、ヨブに悲惨な生活を味わわせるために地上へと送られた。とはいえ、サタンは反逆者としてではなく、神の使いの一員として、このように振る舞ったのである。

やがて、ただの手厳しい天使にとどまらず、堕天使の役割をも演じるようになったサタンは、あらゆる種類の分裂や苦難の責めを負わされる存在になった。初期のキリスト教は、マニ教（東方を発祥の地とする別の宗教で、善悪二元論で物事を説明する）の影響がおよぶのを阻もうとした。だが、悪は生まれながらの存在ではないというキリスト教側の主張は説得力をもたず、悪魔的な力が常に人間を神への服従から引き離そうとしているという考え方が根づいた。マニ教徒からみた大きな違いは、神とサタンの関係が結局は不平等な闘争へと発展してしまう点にあった。地獄はサタンが君臨する聖域にはなりえなかった。いつだって神が優位にあるのだ。したがって、悪は世界を危険にさらす可能性がある一方で、十分に封じ込め可能であり、敗北しやすいものであった。[4]新約聖書の最後に配置された「ヨハネの黙示録」には、悪の力を象徴する存在としてサタンが登場する。そこでは、それぞれ仲間の天使を従えた大天使ミカエルと「竜」が天で戦う驚くべき場面が描かれている。「この巨大な竜、すなわち悪魔やサタンと呼ばれ、全世界を惑わす年古りた蛇は、その使いたちもろともに地に投げ落とされた」[5]。聖書学者はこれを、世界の終末のときに起きる大激変を預言したものとみなしている。だがミルトンをはじめとして、世界の始まりのときに、神に反逆したサタンが地上へ追放された場面ととらえた者もいた。サタンは地上でトラブルメーカーとなり、蛇の姿をしてイブに知識の木の果実を食べるようそそのかし、最初の勝利を収めた、というのである。

天上の戦い

『失楽園』は大きな反響を呼んだ。その理由は、ミルトンが熟達した筆致と戯曲家的センスを発揮したことだけでなく、自由意志の概念を強く打ち出した点にもあった。信仰という難題に立ち向かううえで、ミルトンは真の自由意志の行使が、無条件で全面的に神に服従するという決断につながることを示そうとした。つまり、神は人間の自由意志を認める一方で、それぞれの人間がどのような決断を下すのかを知っている、というのだ。ミルトンはまた、現世の王の権威に逆らうこと（善業）と、天上の王に逆らうこと（悪業）を区別した。現世の王の権威は神の権威に対する反逆にも等しいため、逆らわれて当然というわけだ。ある状況では不服従を正当化するのに使える主張が、別の状況ではまったく通用しないのである。だが、どちらの王に対しても、逆らう者の主張はとても似ているため、これは論理的な考え方とはいえない。多くの評論家が指摘してきたように、ミルトンの筆が最も冴えわたるのは、サタンが神への盲目的な服従に決別する場面だ。ウィリアム・ブレイクは、ミルトンが「知らず知らずのうちに悪魔の仲間入りをしていた」と評している。[6] ミルトンが一人のリーダーとして描くサタンの姿は、マキャベリが描いた君主像と重なる。勇敢さと狡猾さという君主に適した資質を兼ね備えるサタンは、状況の変化にうまく対応でき、危険を冒すに足る自信をもち、力と策略それぞれの利点を心得ている（「まだ上策が残っている／権謀術数をひそかに用いて／武力で成しえなかったことを果たすのだ」[7]）。

主要な登場者が人間的に描かれた『失楽園』では、神の存在感が薄れる一方でサタンの存在感が増していく構成になっている。ミルトンが描写する神は、強いオーラを発することもなく、受け身でもったいぶった印象の存在にとどまっている。「出エジプト記」でわかるように、神は謎めいた行動の一環として人間を騙したり、操ったりすることもできるが、『失楽園』での神のアプローチにおいては、そのような狡猾さはあまり見受けられない。一方でミルトンの描くサタン像は神よりもはるかに幅が広く、その対比が一段と同書をおもしろくしている。[8] サタンは時折、自身の堕落を悔やむ姿を見せながらも、選んだ道を進んでいく。その性格と主張の二面性は、反逆が必ずしも安易な道ではなかったことを示している。ミルトンにとってのサタンは、甘言と力によって堕天使たちを操りつつ、自分たちの堕落をすべて神のせいにしようとするマキャベリ的な存在であった。[9] サタンは共和主義者のやり方で、自由選択、功績、衆議における賛同によって自身が支配力を獲得したことを主張する一方で、神は強制力と欺瞞に依存していると訴えている。

『失楽園』には、さまざまなテーマや思想が盛り込まれている。なかでもとりわけ重要なのは、世界の始まりにおける出来事と、最終的に訪れるイエスの磔刑死および復活とのあいだのつながりだ。本書では、神とサタンのあいだでの紛争と、両者それぞれの戦略的思考から学びうる点にのみ注目する。『失楽園』には二つの重要なエピソードがある。二つのエピソードは同書のなかで時系列どおりに出てくるものではないが、ここでは時の流れに沿って紹介する。一つめのエピソードは、神に忠実な天使の一人、ラファエルがアダムに対し、サタンの性質とアダムが堕落する可能性について警告するために語った天上での激闘だ。不幸なことに、このエピソードが語られるころには、すでにイブがサタンの誘惑を受けていた。二つめのエピソードは『失楽園』の冒頭に出てくる。一つめのエピソードの戦いに敗れたサタンとその配下の輩が、その後の対応について話し合う様子を描いたものだ。

ミルトンによると、一つめのエピソードの時点において、ルシファーと呼ばれていたサタンは、天の軍勢のなかでも偉大な天使の一人だった。危機は、神がそのひとり子について自らと同等の存在だと宣言したことで起きた。サタンは激しく憤った。なんの前触れもなしに下されたこの宣告により、天の階層における自身の地位がおとしめられたと感じたのだ。サタンはほかの天使たちに、自分とともに反旗を翻すよう促した。「おまえたちは首を差し出し、服従の体で／膝を屈するのか」。それから、政治的権利を力強く論証した。

とすれば、当然、同等である者／権力と輝きにおいてこそ劣っても／自由においては同等だとして生きてきた者のうえに／道理や権利をふりかざして、いったい誰が君臨できるのか／また律法なくして誤ることもないわれらに／誰が律法や命令を下しうるのか／ましてや、そのためにわれらの主となり、崇拝をも求め／われらが隷属者ではなく、支配者として定められたことを示す／尊き称号を貶めることが誰にできようか。(10)

天使たちの三分の一がサタンの側につき、天を攻撃したが、天には備えができていた。奇妙なことに、平和と美と静けさがふさわしい場であるはずの天は、すでに戦闘態勢にあって、隊列を整えていた。ミルトンは、組織化され規律で統制されたオリバー・クロムウェルの新型軍（ニューモデル・アーミー）を称賛していた。ミルトンはこの軍事組織に触発されて、新しい天国像（ニューモデル・ヘブン）を構想したとみられる。(11)ミルトンが描いた天上の戦いは、取っ組み合いの戦闘の域を超えている。初日の戦いに敗れ、引き下がった反乱軍は、二日めに大砲を携えて反撃した。だがそれも、根こそぎ引き抜かれた山々を投げつけるという相手の逆襲を呼ぶばかりだった。反乱軍による火薬を用いた武力行使は、一六〇五年にカトリック教徒が企てたイングランド国王爆殺未遂事件（いわゆる火薬陰謀事件）と関連づけられたもので、それなりに重要な意味があった。そのころ火薬は、戦争から名誉や栄光を取り除こうとして悪魔が発明したもの、といわれることが多かったからだ。

この混乱を静観していた神は、三日めになってついに介入した。それまで手出ししなかったのはなぜか。その理由は、旧約聖書の根底にあるメッセージを解釈する際に用いられるものと同じだ。神は、自らの栄光と驚異的な力が評価されるような状況を作ろうとしていた。ここでは、そのひとり子に決定的な役割を与えることで自らの栄光を示した。神はひとり子に「この大いなる戦いを終息させる栄誉を／汝(なんじ)に与える／汝にしかこの大役は果たせないからだ」と説いた。そして、天上のありとあらゆる戦力を統率し、反逆した天使たちを地獄に突き落とすよう命じた。ひとり子は進んでその命令に従い、自身の神への服従とサタンの反逆の鮮やかな対比をあらためて見せつけた。ひとり子にとっては「服従こそが、まったき幸せ」であった。サタンの軍勢もまた編成を整え、「絶望のなかから希望を求めた」。サタンらは、これがまちがいなく最後になるとわかっている戦いに備えたのだ。ひとり子は配下の軍勢に、これは自分の戦いだから手出しは無用と伝えた。「彼らの怒りの矛先は、すべてこのわたしに向けられている」[12]。

天国における内戦や、大砲の使用（山々を投げつけるほうが、まだ話の流れにふさわしい）、さらには夜間の戦闘停止という人間世界での慣行、といった奇想天外な展開を別にしても、この話には、両陣営の天使たちが不死であるために生じる歪みがある。天使たちは傷を負っても、痛みこそ感じるが死にはしない。ミルトンは勇猛さの徳を称賛する一方で、戦闘では決して完全に解決できない問題があることも示そうとした。おそらく、イングランド内戦において議会派が勝利を収めたにもかかわらず、結局は王政復古を招いてしまったという自身の経験を顧みたのだろう。この天上の戦いにおいても、戦局を一変させたのは数の力学ではなく、神のひとり子の特別な力だった。

万魔殿（パンデモニウム）

敵が最初の攻撃によるダメージから立ち直ることができた場合、決定的に打ち負かすのは難しくなる。戦う者たちが不死身であれば、この典型的なジレンマはさらに複雑化する。『失楽園』の冒頭では、堕落した天使たちが、新たな根城で軍勢を立て直し、次の策を練るために話し合っている。天国から追放されてもサタンはくじけておらず、なおも「天国の圧制者」を強く敵視している。「ここにいるかぎり、われらは自由……天国で隷従に甘んじるより、地獄で支配者となるほうがどれだけましか！」とサタンは叫ぶ。

それから地獄では、堕天使の指導者たち、つまりモーロック、ベリアル、マンモン、ベルゼバブ、そしてサタン自身によって戦略論議が繰り広げられる。会場となったのは、万魔殿（パンデモニウム）と呼ばれる特別な場所だ。反逆者たちはそこに集まり、次の策を練った。神には、二度と面倒を起こされないよう予防線を張る選択肢もあったのだろうが、ここでも自らの進退を決める堕天使たちを放任した。サタンは、無力感にさいなまれる哀れな同志たちを立ち上がらせ、神がなそうとするすべてのことに歯向かう決意を固めた。「今後はいかなる善行も、われらのなすべきことにあらず。悪行をなすことのみが、われらの喜び」。サタンは士気を高め、その軍勢が「トロイア戦争を戦った両軍を合わせた軍勢よりも、アーサー王やカール大帝が指揮しえたどの軍隊よりも」依然として強大であることを示すために、笛やラッパの音とともに同志たちを行進させた。この行進は、神に対するサタンの軍勢の戦意を高揚させたかもしれないが、信頼に足る戦略の礎とはなりえなかった[13]。

それからミルトンは、大きな敗北を喫した集団が失地回復のために直面してきたであろう一連の選択肢について描写している。アントニー・ジェイは、サタン陣営の状況が「最大のライバルとの競争で大敗し、それまで依存していた市場から締め出されたため、新たな方針を打ち出そうとしている企業とあらゆる重要な意味で同じだ」と指摘している[14]。サタンは自分がどうしたいのかわかっていながら、すぐれた事例にならい、提案を求めることによって話し合いの手続きを開始した。

最初に発言したのはモーロックで、「公然たる戦い」を提案した。モーロックは策略を用いるやり方を歯牙にもかけず、感情と衝動、攻撃性と運命論にあおられるがままにこの提案を行った。「むしろ地獄の炎と怒りをまとい／天の高き塔へと一気にのぼり／抵抗の余地を与えずに攻め進もうではないか」。ただ、それで勝利を収められるとは考えておらず、少なくとも復讐にはなると主張した。

攻撃性をむき出しにしたモーロックとは対照的に、ベリアルはもっと現実的だが、結局は敗北を受け入れることになる提案をした。「不名誉な安楽と波風を立てない怠惰」である。ベリアルは復讐すらかなわないのではないかと考えた。「天の塔はどれも武装した見張りであふれ／近づくことすら／かなわない」。「力も策略も」役に立たないという、仲間の悪魔たちが目をつぶろうとしているようにみえる根本的な問題を指摘したのだ。「一望で万物を」見る神は、いま悪魔たちが行っている話し合いも目にして冷笑しているだろうと。したがって、ベリアルは神が怒りを和らげるまで待つという別の案を提示した。「この状況こそ、われらが運命／もしこれに耐えしのぶことができれば／あの至高の敵も、やがて怒りを和らげよう」。

マンモンはどちらの提案も取り合わなかった。戦うことにも、神の赦しを待つことにも乗り気ではなかったのだ。「いったいどの面を下げて／彼の前にうやうやしく立てるというのか／厳しい律法を課され／彼の王座をことほぐ賛美の歌と／神性をたたえるハレルヤを歌わされるのか／向こうはわれらの羨望のまなざしを受けて／君主然と座っているであろうに」。マンモンは地獄で新境地を開くことを提案した。「この荒れはてた地にも／光かがやく宝石や黄金は隠れている／われらにも、壮麗なるものを作る技術や技能はある／これなら天にも劣らないではないか」。そして、ほかの堕天使たちに「方策を講じ、長い時間をかけて／天の向こうを張る地の帝国を築こう」と説いた。万魔殿の建設に貢献していたマンモンの提案には、それなりの信頼性があった。聴衆はここで初めて賛同できる提案に出会った。マンモンの「言葉が終わるやいなや／会場はざわめきで満たされ／暴風の残響がこもる洞窟のようになった」。

　だが賢明な議長の例にもれず、サタンは議論が始まる前に、自分にとって最も好ましい結論を見いだしていた。すべては、その望ましい結論を導き出すために仕組まれていた。サタンに次ぐ力をもつベルゼバブは、「いかにも悪魔らしい意見を述べたが／それはもともとサタンが考え、一部をもらしていたものだった」。ベルゼバブはまず、地獄が天国に匹敵する場所になることを神が認めるわけがないと訴え、マンモンの案を退けた。そして、天国の直接攻撃を唱えるモーロックの戦略とは別の形で積極的に動くことを提案した。サタンは「(古くからの預言として天国で流れていたうわさが本当だとすれば) 別の世界が造られ／『人間』と呼ばれる新しい種族の幸福な住処(すみか)となっているはずだ」と伝えていた。この新しい種族は、おそらく反逆者たちの追放によってできた穴を埋めるために、天使に似せて造られたと考えられる。その世界を襲えば、天国を直接攻撃するという無謀をおかさずに神に迫ることができる。人間をうまく丸め込んで、反乱軍に引き入れることができるかもしれない。戦略家サタンは、ただ単に軍勢の数が足りなかったことが天上の戦いで敗れた一因だったのではないかと考えていた。神に忠実な天使の数は反逆者たちの二倍におよんでいた。天国を直接攻撃するという無謀なやり方で逆転勝利を狙うのではなく、人間を丸め込んで反乱軍に加わらせればよいのではないか。サタンがベルゼバブの計画を賞讃したことで、この計画は受け入れられた。すでに戦略を練っていたサタンは、その実行のために動き出した。まず必要としたのは、たしかな情報である。「その世界にわれらのすべての関心を注ぎ／いかなる生き物がそこに住むのか／それがどのような形質で／どのような資質を授けられ／どのような能力と弱点をもつのか／力によるにせよ、策略によるにせよ／いかに誘惑するのが最上の方法か、探ろう」[15]。

サタンは楽園を警護する天使の目をかいくぐるため、地球の周りを七回めぐった。その目的は楽園を征服し、仲間の堕天使たちとそこに移り住むことにあった。それから見張りの智天使（ケルビム）のふりをして、エデンにしのびこんだ。だが、エデンでイブの姿を目にしたサタンは、その美しさにみとれ、しばし「敵意も、策略も、憎しみも、ねたみも、復讐の念も忘れ／呆然として善心に立ち返った」。それでも、すぐ我に返り、そこへ来たのが「愛ではなく憎しみのため」だったと思い出した。悪の同盟を築くという目的を思い起こすと、サタンはアダムとイブをより冷ややかな目で見るようになった。「お前たちと手を組み／緊密な友好関係を築きたい／これから先、わたしがここでお前たちとともに住むか、お前たちがわたしとともにあそこで住むか／どちらかにしたいのだ」。

サタンは蛇の体内に潜み（ミルトンは蛇をトロイアの木馬になぞらえた）、知識の木の果実を食べるよう、イブをそそのかした。サタンは、獣である自分が知識の木の果実を食べて言葉を話す能力を得たこと、だが神に殺されてはいないことを説いた。のちにイブはアダムに対して、「あんなふうに話をする／蛇の悪だくみを見破る」ことは、アダムにもできなかっただろ

う と訴えている。騙されているかもしれないと感じたとしても、イブに蛇を疑う理由はなかった。「わたしに敵意をいだいているとは思えない蛇が／どうしてわたしに悪だくみをしたり、害を加えようとしたりするでしょう[16]」。

果実を食べたイブは、アダムにも食べるよう促した。このことは、人間の忠義をめぐる神とサタンの潜在的な競争の場を生み出した。二人がサタンに身を委ねれば、サタンが優勢となる可能性がある。アダムとイブにとって、これは決断の時であった。もはや無垢ではなくなった二人は選択しなければならなかった。そして、アダムとイブが下した決断によって、サタンの企みは失敗に終わった。二人は悔いあらため、神の側につく道を選んだのだ。天使ミカエルは、キリストが再び現れるまで「世界は、善なる者には災いを／悪しき者には幸いをもたらしながら／自らの重荷にうめきつつ時を経ていく」と預言した。アダムが理解するにいたったここでの教訓は、「真理のために苦難に耐えることこそ／最高の勝利につながる勇気」なのだから、たとえ数は少なくとも、不正や悪徳に異を唱える者は必ずいる、ということだ。神の偉業は目に見える形で成し遂げられるとは限らない。「一見弱そうな者によって／この世の強大な者を打ち破る」ことで達成されるのだ[17]。

そのころには、自信を失いかけたサタンが、地獄と支持者たちから離れたところで「迷える思い」をかかえていた。サタンは自分のなかの邪心だけでなく、神の全能性と自らの反乱の失敗に気づいたのだ。降伏を受け入れることは自尊心が許さなかった。問題は、サタンが考えたとされる戦略にあったのではない。関係する者みなが不死であったため、暴力は決定的な役割を果たしえなかった。サタンにとって最大の望みは、人間を堕天使たちの仲間に引き込むことだった。その試みにおいては策略が不可欠だった。そしてサタンは、とりあえずアダムとイブを天使の側から引き離すことに成功した。だが神にひとり子という最終兵器があったために、二人を自分の側に引き込むことができなかったのだ。

サタンが自由（王政反対の立場からミルトン自身も使ったであろう言葉）について語るくだりに感傷を込めたミルトンだが、だからといって悪魔に肩入れしていたわけではない。ミルトンが描いた天国には、軍国主義にみえるという奇妙な点はあっても、専制主義的な要素はまったくない。天使が神に服従していたのは、懲罰に対する恐怖ではなく、神に備わった権威があってのことだ。そして、それぞれの天使には、神の代理として行動する裁量が与えられていた。天使たちは反逆者たちから天国を守るために、当然のこととして喜び勇んで神のもとに集まった。さらに、神の代理人だと主張して神の権力を我が物にする地上の王を共和主義者のレトリックを用いて非難することと、神そのものを非難することは、まったく別であった。一六〇九年、イングランド王ジェイムズ一世は議会でこう演説した。「王が神と呼ばれるのは正しい。王は地上において神の力にも似た権力を、神と同じようにふるっているからだ。……王は地上における神の代理人として神の王座に座るだけでなく、神自身からも神と呼ばれる存在である」。ミルトンの政治活動は、こうした前提と、王への不服従は神への不服従も同然だという主張に異議を唱えることから始まっていた。このような前提は偶像崇拝的だった。ミルトンが描く地獄では、「王政主義者の政治、よこしまな言葉、ひねくれたレトリック、政治的操作、そして大衆扇動（デマゴギー）をともなう」君主制が築かれようとしていた。[18] 反逆者のリーダーとして弁舌をふるっていたサタンも、地獄にたどりつくや最高位の王のように振る舞いはじめた。偉大なスルタンのような体裁を装い、万魔殿を「王国の高き玉座」と呼んだ。サタンは自分が命令を出すことを当然と考えた。反逆者たちに共和政の自治体制を提供するのではなく、むしろ僭王たる自分への服従を命じた。政治的権利に対するサタンの意気込みは見せかけにすぎず、イブを誘惑する際に披露した蛇の暮らしの生々しい描写や、さらにいえば、その他の独創的な策略ほど、信じるに足るものではなかった。

非常に不可解なのは、なぜサタンは自分の企みが成功すると思ったのかという点だ。うまくいかなかった要因は、予定説ではなく神の全知全能性にあった。神は力の面ですぐれているだけでなく、決して騙されることのない存在だった。どのような計画が立てられようと、神はお見通しだったのだ。かつて大天使だったサタンも、同様に見通す目をもっていたはずだ。マキャベリが理想とする君主を手本としているようでいながら、ミルトンのサタンが重要な点でその手本におよばない理由はそこにある。神と敵対するうえで、サタンは初歩的なミスを犯したのであり、マキャベリが自分より強力な相手に対抗する場合に必要だと説いた慎重さを欠いていたのである。マキャベリが理想とする君主は「何よりもまず現実主義者」だった。「克服しようのない逆境に立ち向かったり、勝ち目のない戦いに固執したりする者」をマキャベリが称賛したことはなかった。『失楽園』のサタンは、天上において神の力をあなどっていたことを認めたものの、地獄に突き落とされてから、最初に企てた反乱の筋道を考え直そうとはしなかった。もう少しで成功するところだったと主張するなどして、すでに失敗していた戦略に固執したのだ。サタンは、実際に神の力をそぐことのできる方策を会得しえなかった。自分にはそれができるというサタンの大言壮語は、バーバラ・リーブリングの言葉を借りれば「まがい物の戦略的英知」であった。サタンには、武力あるいは策略を用いる心構えができていたものの、本当の優位性を獲得する手立てではなく、ただ「永遠の戦い」を挑む覚悟があるだけだった。このような心構えで全能の敵に立ち向かう姿は、現実主義とは程遠い。「サタンは自分自身の未来を革新しようとする自由の申し子のようにみえるかもしれない」が、「実際には自分自身の性分にしばられ、そこから抜け出せずにいるのだ[19]」。

ミルトンの作品におけるサタンの役割は、神がその主張を通すのを許容することにあった。サタンは「全知全能であることが自明である神が出てくる詩の登場者」だった。ジョン・キャリーによると、これは「サタンがとる敵対的な行動はすべて自滅的にならざるをえないが、それでも作品上、悪魔、そして敵として、まさしく敵対的な行動をとる役割を演じなければならない」ことを意味している[20]。もしサタンが贖罪（しょくざい）の可能性を見いだし、その道を選んでいたなら、もはや物語として体をなさなくなっていただろう。とはいえ、完成した作品にはなおも欠陥があった。ミルトンは、邪悪そのものの敵対者を神に提供した。その敵対者は、神の栄光を示すのに十分効果的な反抗を企てるだけの賢さをもっているが、神の慈悲に身を委ねるという結論を下せるほど賢くはない。力の行使、策略の利用、和解、運命としての受容、それぞれの相対的なメリットを探ることで、『失楽園』は戦略的な議論に光を当てたが、あらゆる議論に神の存在がかかわっているため、いくら熟考を重ねても、結局すべてが無駄に終わるのだった。これらのドラマの登場者は自分自身の目的を果たそうとしても、神の最も重要な計画にかなう範囲でしか行動することができなかったのである。

策略の限界

旧約聖書によく出てくる策略に関する記述は、必ずしも非難めいた論調になってはいないが、人間の歴史の不幸な始まりをもたらした蛇の奸計(かんけい)は、希望をもたらす前例とはならなかった。ミルトンはさらに蛇をサタンが変身した姿と断定することで、策略と邪悪さのつながりを強固にした。ミルトンは「策略」という言葉に、詐欺、狡猾さ、謀略といった意味を含ませた。戦略的な観点からみると、こうした手段は武力の行使よりも（そして、もちろん敗北よりも）まだ好ましいと考えることができるものの、卑怯で、明らかに高潔さと勇敢さを欠くやり方であった。そうした策略によって勝利を収めた者は、人格的に問題があるとみなされ、その汚点は一生消えない。今日でも「策略とは無縁」な人という表現は、ほめ言葉として使われる。そのような人がする話は額面どおりに受け止めることができ、その裏にある意味を読み取ろうとする必要は生じない。また、魅惑的な人物やアイデアに騙された被害者のことを、普段の冷静さと理性を失っていたとわたしたちは語る。策略と似た言葉に「術策」がある。哲学者のトーマス・ホッブズは、この言葉を「できるかぎり多くの者の人格を支配下に置く」うえでの一つの選択肢として用いた。[21] オックスフォード英英辞典による「術策」の定義は、「ずる賢い、狡猾な、詐欺的な企み。抜け目ない、悪辣な、卑怯な工作。計略、手管。かつては、より広い意味で欺瞞、詐欺、妄想を示す場合もあった」と、不快な含意を伝えている。

フロンティヌスが用いたストラテゲマタ（strategemata）という言葉には、詐欺、不意打ち、仕掛け、不明瞭化、一般的な謀略といった意味合いがあった。これを語源とする「策略」（stratagem）は、今日でも「敵の裏をかく、あるいは意表をつくために練られた工作または奇策」と定義されている。シェイクスピアの戯曲には、策略を用いるのが、敵の意表をついて不当な優位性を得る健全とはいえないやり方と考えられていたことを示す例がみられる。『リア王』では、狂乱したリア王が「騎兵隊の馬にフェルトの靴を履かせる」という「巧妙な策略」を提案するが、まともに受け取られずに終わる。また『ヘンリー五世』には、策略に頼らない行動が好ましいとされることを、とりわけはっきり示すくだりがある。ヘンリー五世が「策略を用いずに正面から戦った遭遇戦で」勝利を収めたと自慢する場面だ。[22]

「企て」を意味する「プロット（plot）」も、一七世紀中に否定的な意味合いが付加された言葉である。一六〇五年一一月五日に起きた、いわゆる火薬陰謀事件（ガンパウダー・プロット）をきっかけに、これは危険ないたずら、あるいは邪悪な企みに関連する言葉となった。同事件は、（ガイ・フォークスをはじめとする）カトリック教徒の一味が共謀し、上院開院式に出席するイングランド国王ジェームズ一世を爆殺しようとして未遂に終わったものだ。以後、プロットという英語は謀反や陰謀、つまり既存の体制を転覆させる目的で、少人数によって秘密裏に立てられた、よこしまな計画（plan：プラン）という意味を含むようになった。プロットの語源はプランと共通している。どちらも元になったのは「地面の平らな部分」を意味する言葉で、これが土地や建物の平面図、そして建物の設計図へと変わり、やがて何かを成し遂げる目的で用いられる一連の方策になった。プランは、目標を達成する方法を詳細にわたって示す提案を意味するようになった。「攻撃プラン」や「作戦プラン」といった軍事特有の用語は、文字どおりの意味から離れ、あらゆる文脈において攻勢に出る、あるいは困難な任務に乗り出すことを示すたとえとして使われはじめた。そして、事が円滑に進展している場合、「プランどおり」進んでいると表現されるようになった。最終的にプランは、なんらかの困難あるいは複雑な課題を成し遂げる方法を現実的に考案する、というだけでなく、もっとはるかに広い意味を示す言葉となった。プロットも似たような意味だが、プランよりも不健全な響きをもつ言葉へと変わった。この二つの言葉の意味は、サミュエル・ジョンソンが一七五五年に編集した英語辞典ではっきりと区別されている。同辞典に記されたプランの意味は「構想（スキーム）」だ。一方、プロットの意味も「構想（スキーム）」となっているが、「陰謀、策略、仕掛け」も併記されている。[23]

狡猾さ、詐欺、欺瞞、策略には二重基準（ダブルスタンダード）がつきものだった。自分の支配下にある人々を騙すことは、自分も相手を理解しており、相手も自分のことを信頼する傾向が強いため、はるかに簡単なはずだが、一般的には非難されるべき行為とみなされた。一方で敵を騙すことは容認されうるうえ、その策略がすぐれていた場合には称賛されることすらあった。社会的な絆が強ければ強いほど、その絆を食い物にするような策略の試みに対しては嫌悪感が強まる。そして絆が弱ければ弱いほど、策略を成功させることは難しくなる。どちらにせよ、策略に頼ってしまうと、それによって得られる成果が逓減していくのは避けられない。ひとたび策略家という評判が立てば、ほかの者たちはその策略を警戒するようになる。このような場合、策略はすでに起きている問題については用いにくく、また相手がすぐれた才知の持ち主であれば見破られる危険性が高い。これらすべての理由から、詭計や策略は小規模かつ個人的な形で用いた場合に最も効果が高くなる傾向があった。政府や軍隊を騙すことも可能ではあったが、これは一か八かの賭けにならざるをえず、一時的かつ限定的な優位性を築く以上の成果は得られない可能性があった。やがて戦争が複雑に組織化された大規模な軍隊同士で行われるようになると、策略という手段によって得られる効果には限界が生じた。そして武力のほうが重視されるようになったのだ。

第Ⅱ部　力の戦略

第6章 新たな戦略の科学

わたしが近代砲術の進歩について学んだなら、
女子修道院の見習いよりも多くの戦術を知ったなら、
つまり、戦略の初歩をかじったとすれば、
みな言うだろう、すぐれた少将はけっして馬にまたがりはしないと。
……わたしは勇敢だし冒険好きだが、軍事については
今世紀初めより前のことしか知らない。

——ギルバート&サリバン『ペンザンスの海賊』

ウィリアム・S・ギルバートとアーサー・サリバンのコンビが一八七九年に発表した喜歌劇『ペンザンスの海賊』のなかに、「近代の少将の鑑（かがみ）」という有名な早口歌がある。登場人物のスタンリー少将が歴史、古典、芸術、科学など幅広い分野の知識をひけらかすのだが、最後の最後で、まさに自分の職業に関連する知識が欠落していることを打ち明ける。せいぜい一九世紀

初頭までの軍事知識しかないというその告白は、スタンリーの知識がナポレオン登場以前のものであり、現代の軍事目的には意味をなさないまったく別の時代の産物であることを物語っている。

マーチン・ファン・クレフェルトは、一八〇〇年より前に戦略は存在したのかという疑問を投げかけている。(1) もちろん本書は、霊長類が社会集団を形成したときから戦略は存在してきたとの立場をとっている。ファン・クレフェルトも、戦争の遂行や勝利を収める方法に関して、ある程度知られた概念が常にあったことは認めている。指揮官は戦闘を行ううえでの、またそのための戦力を組織するうえでの方針を打ち出す必要があった。ファン・クレフェルトは、この世紀の変わり目前後に大きな変革が起きたと考えた。一八〇〇年よりも前の時代には、情報の収集や伝達には時間がかかり、その信頼性も低かった。したがって指揮官は、戦いの趨勢(すうせい)変化にすばやく対応するため、前線に（あるいは少なくとも前線からあまり遠くない場所に）いなければならなかった。複雑な計画を立てることなど、とうてい無理であった。敵を複数の方向から攻撃するために戦力を分割する、勝利を後押しするために増援部隊を待機させておく、といった手段を採用すれば、指揮系統面、兵站(へいたん)面で大混乱を招く可能性が大きかった。道路が未整備で、移動速度は緩やかにならざるをえなかったからだ。兵糧を道すがら調達する必要こそなくなっていたが、後方支援においては補給線上で物資集積地を移動させなければならなかった。したがって敵に補給線を絶たれるようなことがあると、きわめて無防備な状態におちいった。敵を不意打ちするには、小規模な機動作戦か夜間の進軍が最良の方策だった。兵糧の不足や過酷な処遇によって兵士がすぐに脱走したがるような、士気と使命感を欠く軍隊では、長期の戦闘に持ちこたえられるだけの自信を喚起することは難しかった。慎重を期すなら、無防備な感覚にさせられる場所や補給の維持が困難な場所へと敵を追い込む作戦に力を注ぐのが望ましい。これらの制約から、安定感のあるヨーロッパのパワー・バランスに戦争がおよぼす影響は限定されていた。やがて、輸送システムが発達し、地図の精度が向上するのに合わせてナポレオン・ボナパルトが頭角を現し、自らフランス皇帝を名乗った。ナポレオンは新たな戦争の戦い方を具現化した。個人の才能と大規模な組織、そして、それ以前の指揮官たちよりもはるかに野心的な目標を組み合わせた戦い方である。

一七八九年に起きたフランス革命は、膨大なエネルギーとイノベーション、そして破壊をもたらした。革命により、当時もはや封じ込めることができなくなっていた政治的、社会的な力が解き放たれ、その後数世紀にわたって影響をおよぼしつづけた。軍事面では、革命で大規模な市民軍が生まれ、その影響力は長距離移動手段の発達とともに高まった。戦争の形態は、支配者間の衝突と密接に関係し、補給上の制約と信頼性の低い軍隊に左右されやすい、陣地取りを目的とした制限戦争から、国全体として交戦する全面戦争へと変容した(2)。ナポレオンの登場により、戦争は一つの国家が別の国家の存在そのものを脅かすことのできる手段となった。もはや戦争は手の込んだ交渉手段ではなくなったのだ。国家の命運をかけた戦争は、歩み寄る意欲をそぎ、血みどろの結末が訪れるまで戦うことを後押しした。軍事演習は、時折行われる戦闘によって効果を強める儀式的なものではなくなり、軍全体の事実上の壊滅や、国家が別の国家の支配下に置かれる事態をもたらしうる本格的な対決の前触れとなった。

本書の第Ⅱ部では、まず近代の戦略概念の概要を示し、それからアントワーヌ・アンリ・ジョミニとカール・フォン・クラウゼヴィッツという二人の重要な主唱者の思想について論じる。二人は政治の大混乱期、つまりに個別の戦闘によってヨーロッパの勢力図が塗り替えられた時代、そして大規模な軍隊を動員し、その士気を高め、動かし、指揮する必要性によって新たな問題が提起された時代に、独自の思想を確立した。戦略の焦点は、戦闘そのものと、敵を打ち負かし、政治的に絶望的な状態へと追い込む可能性に絞られた。この時期に、殲滅戦の概念が軍事思想にしっかりと植えつけられたのである。それまで戦闘は、「武運に委ねること」で勝敗を決める、という紛争解決の適切な一形態として交戦国に受け入れられてきたが、そのような考え方はこうした変化のなかで存在感をなくしていった。

この考え方は一九世紀に入っても残っていた。消えてなくなったのは同世紀後半になってからといってほぼまちがいないが、あくまでも傍流であり、主流だった時期はごく短かった。戦争の原因と結果が王位継承や特定の地域の支配権といった統治者の重要な関心と密接に関係していた君主制下での産物であったため、ナショナリズムや共和主義が台頭すると説得力を失った。それは、常に幅のある解釈に左右される規範的な枠組みの一部であった。最も狭い解釈によれば、勝利はその日一日の戦闘の結果について合意が形成されることで決まった。勝ち誇った陣営は戦場に残り、戦利品を探したり、敵兵の死体を身ぐるみはいだりするが、それも相手が負けを認めてこそ可能な行為であった。よこしまな策略に頼らずに収めた勝利などのように、ほかの場合よりも正当性が高いとみられる勝利もあった。だが、名目上、敗者となった君主が、撤退が必要かもしれない状況だが相手側の損害のほうが大きい、あるいはいったん退却して新たな戦闘が行えるよう備えるのが得策と判断し、苦境を克服する場合もありえた。勝者は、敵をおとなしく交渉のテーブルにつかせるのに十分な打撃を与えられたかどうか、計算する必要があった。それは、いかなる利害が絡んでいたのかという点のほかに、敵に反撃する余力があるか、それとも（相手にとって防ぎようのない）包囲攻撃や山野での襲撃をしかければ交渉に応じざるをえなくなるか、といった判断にも左右された。

たとえ大打撃を与えた敵でも、抵抗を続ける、軍を再編成する、外部勢力と同盟を組む、といった道を見いだす可能性はあった。戦争には不確実性がつきもので、激化しやすい傾向がある。そう考えれば、戦争は暴力を用いた外交の一形態にすぎないとみなすのは賢明だったのだろうか。戦争が妥協という形でしか終結しえないのであれば、血を流す前に、外交で問題を解決したり、別の強制手段（おそらくは経済的なもの）を模索したりすればよいのではないか。同盟を形成する、敵側の同盟を弱体化させる、といった明らかに国政術の領域に入る手段は、すぐれた指揮能力と同等、あるいはそれ以上に戦争の結果を左右する要因となりえただろう。

だが一九世紀の戦略議論は、決戦で勝敗が決まるという見通し（勝敗が決まらない例外もありえた）を出発点としていたのであり、国政術（これによってその例外が生じえた）の必要性は二の次だった。軍事関係者たちは、生き残りと覇権をかけた絶え間ない闘争の場はあくまでも戦場だとみなし、国際システムはその延長線上にあるものとして位置づけることを後押しした。

職業、そして創作としての戦略

戦略を実用的な問題解決方法の特殊な一形態とみなすのであれば、それは人類の歴史が始まったときから存在していた。戦略という言葉が初めから使われていたわけではなかったとしても、振り返ってみれば、人間がのちに戦略と呼ばれるようになる行為に携わってきたことがわかる。それでは、この行為を表現する言葉の誕生は、実際の行動に重要な変化をもたらしたのだろうか。やがて生まれた「戦略」（英語では strategy：ストラテジー）という言葉は、今日手練れの戦略家とみなされうる人々のあいだでも、普遍的な用語として使われることはなかった。何が変わったのかといえば、指導者が頼ることのできる知識体系全般が戦略という概念として認識されるようになった点だ。戦略家はエリートに専門的な助言を行う特殊な専門家となり、戦略は国家や組織を取り巻く状況の複雑さを反映した独特な創作となったのである。

第I部では、五世紀のアテナイにおけるストラテーゴス（stratēgos：将軍）という役職について記した。エドワード・ルトワックによると、古代ギリシャや東ローマ帝国（ビザンチン帝国）での現在の戦略に相当する言葉は、「ストラテーギケ・エピステメ」（stratēgike episteme：将軍の知識）か「ストラテーゴーン・ソフィア」（stratēgōn sophia：将軍の知恵）であった。[3] そして、こうした知識の寄せ集めによって生まれた策略は、「ストラテゲマトン」（Strategematon：フロンティヌスのラテン語著作『ストラテゲマタ』のギリシャ語タイトル）という言葉で表された。ギリシャ人は戦争の遂行に関する知識を示す言葉として「タクティケ・テクネ」（taktike techne）を用いていたが、これには戦術だけでなく、弁舌や外交の意味も含まれていた。

戦略（strategy）という言葉が一般的に使われるようになったのは、一九世紀初めになってからのことだ。その起源はナポレオンより前の時代にさかのぼり、啓蒙運動における経験科学への信頼の高まりと、あらゆることを合理的に説明するための理性の応用を反映している。人間の活動のなかで最も常軌を逸したものである戦争でさえ、研究の対象となり、合理的に説明できる行動として実践された。この研究分野は当初、「戦術」（tactics：タクティクス）と呼ばれ、しばらくのあいだは秩序ある軍の組織と機動を意味した。ベアトリス・ホイザーによると、「軍事行動の科学」という意味で「戦術」という言葉が使用された例は、紀元前四世紀にさかのぼることができる。「戦略」に相当する意味の言葉が登場したのは紀元後六世紀になってからだ。著者不詳のある文書に、将軍の技巧と明白に関連づけた形で以下のように記されている。「戦略とは、指揮官が自らの土地を守り、敵を打ち破ることを可能とする手法である」。紀元後九〇〇年ごろには東ローマ帝国皇帝のレオーン六世が、ストラテーゴスの仕事全般を示す言葉として「ストラテギーア」（strategia）を用いた著作を残している。数世紀後、この著作の存在が知られるようになり、一五五四年にケンブリッジ大学のある教授がラテン語への翻訳を行った。だが戦略に相当する言葉がなかったため、「将軍の技巧」あるいは「指揮の技巧」を意味するラテン語表現を用いたのだった。[4]

一七七〇年、ジャック・アントワーヌ・ギベールは『戦術一般論』（*Essai général de tactique*）を刊行した。ギベールは当時まだ二七歳だったが、早熟で大胆不敵なフランスの知識人で、すでに豊富な軍事経験を有していた。啓蒙主義の精神を取り込み、体系的にまとめた軍事科学の論文は、多大な影響をおよぼした。当時、問題となっていたのは、勝敗のつきにくい近代戦争をいかに決着に導くことができるかという点だった。ギベールは、大規模な軍隊で決定的な成果をあげるには策略を展開できる力が必要とみなした。さらに、今日でいうところの「戦術」を意味する「基本戦術」と、今日でいうところの「戦略」を意味する「大戦術」を分けて考えた。そして理論の統一化を図り、戦術の定義を「あらゆる時代、あらゆる場所、あらゆる武器に通じる科学」へと広げた。ギベールは戦術を、軍隊の編成および訓練と、戦争における軍隊の運用という二つの部門に分けた。[5]一七七九年のギベールの著作には「戦略」（la strategique：ラ・

ストラテジック）という用語が登場している。[6]

ベアトリス・ホイザーによると、この用語を初めて導入したのは、一七七一年にレオーン六世の著作をフランス語に翻訳したポール・ギデオン・ジョリィ・ド・マイゼロアである。マイゼロアは、レオーン六世が説く「将軍の科学」を狭い意味での「戦術」とは異なるものとみなし、訳注に「したがって、戦略（ラ・ストラテジック）は厳密にいうと、指揮官自身が有するあらゆる手段を適切かつ機敏に行使、運用し、自身に従属するあらゆる部門を動かし、それらを生かして勝利を収めるための指揮官の技巧である」と記した。一七七七年に発表された同書のドイツ語訳では、「戦略」（Strategie：シュトラテギー）という用語が使われた。マイゼロアは戦略が「壮大」（この表現はギベールも用いた）なものであり、規則よりも合理性に左右されると論じた。考慮すべきことは多々あった。「計画を策定するためには、時間、位置、手段、さまざまな利害関係を分析し、すべての要素を考慮に入れた戦略が必要だ。……戦略は弁証法の領域、つまり最も高次な心的機能である論理的思考の領域に属する」。[7] ここへきて戦略は広く通用する用語となり、意図的、計画的な思考を、かつてはそのようなものが明らかに存在しなかった分野に取り入れる術（すべ）をもたらした。

イギリスでは一九世紀の初めから strategematic、strategematical、strategematist、strategemical といった言葉が大量に生まれた。いずれも戦略や策略に通じていることを伝えるために導入されたものだ。たとえば、strategemitor は策略を考案する者、stratarchy は最高司令官を頂点とする軍隊の統治体制を示した。イギリスの首相だったウィリアム・グラッドストンは、軍隊で上官への絶対服従を徹底するには階層型組織を超える統治体制が必要だと説くために、この言葉を用いたことがある。stratarithmetry は、決められた図形の形状に軍あるいは兵士を並べ、人数を推計する方法を示した。また、戦略家（strategist：ストラテジスト）と同義の言葉として strategian があった。これは戦術家（tactician：タクティシャン）と同じ語尾変化によって派生した言葉だったが、定着しなかった。

戦略（ストラテジー）と戦術（タクティクス）のあいだには、広く認められた重要な違いがあった。指揮のレベルや敵との交戦の状況に応じて、この二語は使い分けられた。つまり、戦略は「より大がかりな軍事行動や軍事作戦を考案し、指揮する」最高司令官の技巧であり、戦術は「戦闘や突然の敵の出現に際して戦力を動かす技巧」であった(8)。やがて「戦略」は軍事分野にとどまらず、商取引、政治、テクノロジーなど多様な分野で使われる言葉になった。「戦略」が広く通用する言葉となるのに時間はかからなかった。つまり、定義について一般的な合意が形成される前に使われるようになったのだ。戦略が最高司令官にかかわるものであり、軍事手段を戦争の目的に結びつけるものである点に関しては見方が一致していた。また戦略は、指揮系統の下層が取り組む、より細かい小規模な作戦行動以上のあらゆる軍事行動を連関させることにかかわっていた。だが、戦略の名のもとで行われる活動は、新時代の軍隊の純然たる規模と、その移動と補給のために生じる膨大な需要、そして敵に対処する方法を左右する諸要因が組み合わさって決まる、きわめて現実に即したものであるとも理解されていた。その大部分は、さまざまな実用的知識と、将来の作戦展開に向けて指揮官が考慮すべき点についてまとめたチェックリストとともに体系的、教訓的な形で示すことのできる原則によって決まりえた。したがって、戦略が計画と密接に結びつくものとなったのは当然の流れであった。供給上や輸送上の問題があれば、達成可能なことに限界が生じる。また火力や築城に関する計算は、兵の配置にかかわる決断に影響をおよぼす。つまり、戦略は軍事行動において、あらかじめ的確に判断することが可能なあらゆる側面を網羅していた。

地図の精度向上は、この種の計画に大いなる変化をもたらした。地図作成技術の発達は、基地や補給線、敵の位置、機動の余地などを表示した紙の上で、考えられうる行軍の進路を記入し、作戦の展開について検討することを可能にした。最初に空間的な観点から戦争の再概念化を行ったのは、ヘンリー・ロイドである。イギリス人のロイドは、反革命勢力ジャコバイトによる一七四五年の蜂起に加担したあと母国を離れ、ヨーロッパのさまざまな軍とともに戦った。軍事に携わる者が「その研究の労をほとんど、あるいはまったくとっていない」[9]と感じていたロイドは、応用する場合にのみ変化しうる確固たる原則を特定したと断言した。ロイドは、「作戦線」という軍事用語の生みの親とされている。作戦線とは、軍の出発地点から最終目的地を結ぶ経路を意味する言葉で、今もなお使われている。ロイドはハインリッヒ・ディートリッヒ・フォン・ビューローなど、後進の軍事理論家たちに影響をおよぼした。プロイセン出身のビューローは、自ら革命を体験するために一七九〇年にフランスへ行った。そこでナポレオンの手法を学ぶと、『戦略の実用手引書』（一八〇五年）などの軍事書を執筆した。ビューローは、戦闘に備える軍隊の配置を幾何学的に導き出す手法の可能性に執心していたようなところがあった。数学的な原則を拠り所としたビューローは、作戦基地と敵のいる目的地との距離に基づいて軍隊を編成し、前進させる方法を提唱するにいたった。このアプローチは、戦略は「敵の大砲の射程距離外または視界外でのすべての軍事行動」、そして戦術はこの範囲内でのすべての行動である、と自ら定義したことからもうかがえる。[10] 戦術に関するビューローの考察は価値のあるものとみなされたが、残念ながら「新戦争体系」と名づけた概念はプロイセンの指揮官たちに受け入れられなかった。

どのような科学的手法が戦場に持ち込まれようとも、戦闘の時期、形態、指導に関する決定は多くの場合、指揮官自身の判断、それもおそらくは緻密な計算や計画よりも当人の性格や洞察力、直観に基づくものに委ねられていた。戦闘が始まってしまえば、数多くの変動要因が働くため、理論はほとんど役に立たなくなった。その時点で戦争はアート（術）に属するものとなった。戦略は体系的かつ、経験に基づいて論理的に策定されるものであり、あらかじめ計画しうることすべてを網羅し、計算に左右されるという点で、科学に属するとみなすことができた。一方、見通しが思わしくない状況で並外れた成果をあげることのできる大胆不敵な指揮官の行動を含むという点で、戦略はアート（術）でもあった。

ナポレオンの戦略

ナポレオンは、自身のアプローチの背景にあるきわめて重要な要素は説明できるものではない、というスタンスを好んだ。戦争術とは単純かつ常識的なもので、「すべては実行の可否にかかっており、理論にのっとっているかどうかは関係ない」と主張した。ナポレオンの戦争術の要点は単純明快だった。「数的に劣る軍で戦う場合には、攻撃あるいは防御しようとする地点に敵よりも多くの兵力を配する」必要がある、というものだ。だが、それを実現するのに最良の技法は、「本から学ぶことも、訓練によって身につけることも」できない。軍事的な才能、つまり直観が物を言うのだ。ナポレオンは理論ではなく、自らの実践によって戦略という分野に貢献した。大規模な軍隊を用いて大規模な戦争に勝つという手法でナポレオンの右に出る者はいなかった。

ナポレオンは新たな戦争形態をゼロから生み出したわけではなく、当時最も尊敬されていた指揮官、フリードリヒ大王の功績を基礎としていた。プロイセン国王（一七四〇～一七八六年在位）のフリードリヒは、戦争に関する思索的な著作を数多く残した。フリードリヒが成功を収めたのは、訓練で鍛え、厳格な規律によって団結させることにより、思いどおりに動く軍隊を作り上げたからだ。当初、フリードリヒは戦闘を受け入れ、迅速に決着させる「速戦即決」を好んだ。戦争が長期化すれば、国の資源は枯渇し、兵士は疲弊する。プロイセンはどちらかというと貧しい国だった。即位後まもなく、オーストリア継承戦争のさなかにシレジア地方を手中に収めたことで、フリードリヒは戦術の天才という名声を得た。ジェイムズ・ホイットマンは、両陣営が戦闘を賭けの一形態として許容している場合に「勝利の法則」が自制を生み出しうることを示す典型例として、この戦いを挙げている。フリードリヒは、戦闘は「国の命運を決定づける」ものであり、「それ以外の方法では解決しえないような紛争を決着させる」と考えていた。また、国王は「いかなる裁決機関からも」裁きを受けることはないため、戦闘が「自らの権利を決定し」、「その戦いの理由の正当性を判断する」ものとなりうる、とみていた。[11]

だが時がたつにつれ、フリードリヒは運に左右されがちな戦闘に対して慎重になっていった。戦争に勝つには、たった一つの決定的な戦闘よりも、小さな勝利を積み重ねることが必要と考えられた。ナポレオンと違い、フリードリヒは自国の国境からあまりにも遠く離れた地で戦うことを好まなかった。敵軍の殲滅(せんめつ)を目的とした戦闘は行わず、正面からの攻撃も避けた。フリードリヒを象徴する戦術「斜行隊形」は、統制のとれた兵力を必要とする、往々にして複雑な作戦であった。これは、敵軍の強固なほうの側面に兵力を集中させ、自軍の脆弱な側面での交戦は避けるというものだ。斜めに移動するこの隊形をとれば、敵を崩せなかった場合にも秩序正しく後退することが可能だった。そして、側面攻撃が成功した場合には、旋回し、敵軍を包囲する。フリードリヒとナポレオンに共通していた（そして、後世の理論家が両者について称賛した）のは、軍全体としての数的優位性がない場合でも戦場で強い戦力を生み出し、それを敵の脆弱なところへぶつける能力であった。

若くして司令官となったナポレオンは、ジャック・アントワーヌ・ギベールの著作も読み、その基本的な考え方の一部を自分なりの形にして取り入れた。とりわけ、優位性が確保されている重要地点で攻撃を開始すること、そして迅速な移動によってその地点に到達することの必要性に注目した。ギベールは「ヨーロッパの覇権は……頑健な資質をもつ国民からなる国民軍を創設した国の手に渡るだろう」とみていたが、徴兵制を国民軍創設の手段として考えていたわけではなかった。ギベールは市民の義務と兵士の義務は相反するとみなしていた。民兵を防御的な軍として招集するのが関の山であった。実際に最初に国民軍を創設した人物として挙げられるのはラザール・カルノーだ。フランス革命の立役者の一人であるカルノーは、政治的信条の面で相容れない関係にありながら、一八一五年までナポレオンに仕えた。戦争大臣も務めたカルノーは、徴兵制を導入して国民皆兵軍を創設し、訓練と規律の行き届いた強力な軍隊へと鍛え上げた。カルノーはさらに、敵よりも速く移動して側面攻撃をしかけたり、敵の連絡線を断ったりすることのできる独立した師団に国民軍を分割し、それが攻撃的な役割を果たす手段となることを示した。ナポレオン軍の指揮官の大半は、カルノーのもとでその仕事を学んだ。

ナポレオンの貢献は、国民軍の潜在能力の実現性を把握した点にあった。ナポレオンは啓蒙主義における軍事的英知を吸収し、カルノーが生み出したシステムを、伝統的な考え方だけでなくヨーロッパ全体のパワー・バランスをも覆すような形で巧みに利用した。その天才性は、戦略に関する自身の発想の独創性や斬新さではなく、そうした発想を状況に合わせて生かす臨機応変さと、実行する際の大胆さにあった。ナポレオンは勝敗を決する戦闘をいつも重視していた。戦争につきものの残忍性を受け入れる覚悟をもち、敵軍を壊滅させられるだけの集中的な武力を生み出そうとした。これは政治的な目的を達成するための手段であった。軍を撃破された敵は、政治的な要求に抵抗しようとしなくなる。これを実現するには、敵軍を完敗させる必要があったため、ナポレオンは間接的な戦略にほとんど関心をいだかなかった。敵の弱点を見つければ、突破するために追加戦力を投入した。そうすれば、後方あるいは側面から敵を攻撃できた。このようなやり方には、攻撃に力を注ぐせいで自軍の後方と側面が手薄になる、といったリスクがともなう。だがナポレオンは無鉄砲ではなかった。行動を起こすべきタイミングが訪れるまで待ったのだ。最大限の力を確保することを優先したナポレオンは、完全に優位な状況で冷酷無比な攻撃がしかけられると見込んだ目立たない場所で、大きな戦闘を行う場合が多かった。また、政治的権限と軍事的権限を自分ひとりで掌握していたために、大がかりな協議を行わずに大胆に振る舞うことができた。ナポレオンはその楽観的思考、自信、非凡な連戦連勝の実績によって配下の兵士たちの忠誠心を獲得し、敵に恐怖心を植えつけた。こうしてナポレオンは抗しがたい魅力を身につけ、自らも常にそれを利用しようとした。

ナポレオンが戦争に対する自身のアプローチの全容を明らかにすることはなかった。「戦争の高度な分野」について言及する機会はあったが、戦略に関する著述は残していない。ナポレオンの考え方は数多くの格言となって記録されてきた。そうした格言は当時の一般的な軍事上の問題を反映している場合が多く、孫子の著作にみられる普遍性を欠いている。とはいえ、正念場で結果を出すために優勢を確保せよ（「神は最も軍勢の大きい側につく」）、軍隊を撃破して敵を打ち破れ、戦略とは「時間と空間を活用する術」である、力で劣る場合にはその強化のために時間を使え、物理的な劣勢は決断力と不屈の精神と粘り強さで補え（「精神力は肉体的な力の三倍重要である」）、といった一連の格言はナポレオンのアプローチの本質をとらえている。ナポレオンの格言の多くは、敵を理解する必要性に関するものだ。同じ敵と繰り返し何度も戦えば「相手に自分の戦術をすべて知られてしまう」、「相手が望んでいるという理由だけで」敵の望みどおりに振る舞ってはならない、敵が過ちを犯すのを遮ってはならない、自軍の問題はみえても敵軍が直面する問題はみえないのだから、いつも自信があるように振る舞え、といった具合である。(12)

ボロジノの会戦

ここで、模範的な勝利や惨敗の例となったわけでもないが、ナポレオンの手法に関する疑念を生んだという点で重要な意味のあった戦いに目を向けよう。モスクワから約一二〇キロメートル離れたボロジノでの戦闘は、結果的にナポレオンの命運を決めるものとなった。一八一二年九月七日にフランス軍とロシア軍が激突したこの戦闘は、約二五万人の兵士を巻き込み、七万五〇〇〇人もの死傷者や捕虜をもたらした。この戦いではフランス軍が勝ったものの、ロシア軍側に敗れたという意識はなかった。このあとフランス軍はモスクワを占領したが、ロシアは講和条件を受け入れなかった。ナポレオンは自軍を長期間とどめておく余裕がないことを悟り、五週間後、のちにその過酷さで有名になるモスクワからの退却を実行した。

ナポレオンは、この一八一二年夏の会戦を始めるにあたって戦略を欠いていたわけではなかった。敵に不安を与えつづけ、圧倒的に優位な戦力を集中投入する地点を見つけ、攻撃する、という過去の慣例に従うつもりでいた。そして、ひとたびロシア軍が崩壊すれば、皇帝アレクサンドル一世に講和条件を受け入れさせることができると考えていた。戦争を短期で終わらせ、ロシアの中心地に引きずり込まれるのを避けるために、ナポレオンは国境地帯で戦うこと込んでいたのだ。

アレクサンドル一世には、政治的に問題含みではあったが、はるかにまともな戦略があった。それはフランスにおけるロシアのすぐれた情報網を利用するものだった。アレクサンドル一世は、一八一〇年の時点で戦争はほぼ避けられないとわかっていた。このため、頼りになる同盟国の不在といったロシアの弱点を率直に受け止め、どう対応すべきか考えて準備をする時間があった。一つの選択肢は、神聖なロシアの地にフランス軍が入り込む余地ができる前に、機を見て先手を打つことだった。その場合、頼みとするのは、ロシア兵の強い精神力とフランスへの不意打ちで獲得しうる成果であった。だがアレクサンドル一世は、自国の勝算の低さ、そして十分な補給があり組織としても完成しているフランス軍と予備戦力のないロシアの主力軍を戦わせる危険性を認識していた。戦いに敗れればロシアは無防備になる。そう考えたアレクサンドル一世は防御的な戦略を選んだが、それは同盟を組むのをあきらめることを意味した。オーストリアとプロイセンは、退却を計画しているロシアと反フランス同盟を組むことに消極的だった。だがアレクサンドル一世にしてみれば、攻撃的な戦略を採用した場合でも両国を当てにできるかどうかは疑わしかった。何よりも重要なことに、ナポレオンが戦いを欲しているとわかっていた。ナポレオンが望んでいるのであれば、戦闘はまさに避けるべき事態であった。

したがってロシアの計画は、生来、攻撃的な多くの上級将校たちにとっては無念なことに、防御的なものとなった。退却して時間を稼ぐことで、ロシア軍の力は増す。フランス軍が補給線から離れて前進する一方で、ロシア軍は自国の補給線に近づく。ナポレオンは大規模な戦闘と短期勝利に頼った戦争体系をとっていたため、ロシア軍は退却し、はるかにすぐれた軽騎兵によって敵の補給路を襲い、ナポレオン軍の戦力をそぐことにしたのだ。「われわれが補給線へと退却するまで、大きな戦闘は避けなければならない[13]」。

ロシア軍は退却の必要性をわかっていたが、具体的な計画は立てていなかった。ナポレオンがいつ、どのように先手を打ってくるかにかかっていたからだ。実際にナポレオンが動くとロシア軍は場当たり的な対応を迫られたが、ナポレオン側の進軍よりも事はうまく運んだ。ナポレオンは早い段階での戦闘に備えてはいたが、荒天のなか、過酷な環境の地まで長距離を進軍するつもりはなかった。戦闘を求めてロシア軍を追うナポレオンは、日に日に兵士、そしてとりわけ馬を失っていった。モスクワに近づき、ナポレオンはようやく戦えると確信した。そして兵が疲弊し、激減していたにもかかわらず、ロシアが戦わずしてモスクワを明け渡すことはない、という前提に基づいた元来の計画に固執したのだった。

ナポレオン軍に対するロシア軍の指揮官は、ミハイル・クトゥーゾフ総司令官だった。クトゥーゾフは豊富な戦争経験をもつだけでなく、一般兵士やロシア国民の心情をよく理解している辣腕将校だった。だが六五歳の高齢で、肉体的にも精神的にもかつての機敏さはなく、へつらい屋に囲まれていた。戦闘が始まると、クトゥーゾフは兵力の配備や指揮に関して場当たり的な対応をした。自らの指揮権を部下の将校に委ね、それぞれがその場の状況に合うと考えた行動をとらせたのだ。こうした消極的な姿勢によって、クトゥーゾフは何が起きているのか、これから何をすべきか、まったくわかっていないという印象を残した。

ただボロジノの会戦では、調子を崩し、従来の行動原理から外れているナポレオンの様子が露呈した。ロシアへの行軍は予想外に困難で、多大な人的、物資的損失をともなった。戦闘が始まるころには、ナポレオン率いる大陸軍は戦闘らしい戦闘を経験せぬままに、もといた四五万人の兵士のうち、すでに三分の一を失っていた。大陸軍の犠牲者の大半はモスクワからの退却時にロシアの厳冬の影響で生じたものだが、遠征当初の夏の段階で早くも決定的な打撃を受けていた。戦闘開始時、ロシア軍は名目上は数的優位に立っていた。ただし、ろくに武器を持たない、あるいは訓練を受けていない市民兵三万一〇〇〇人ほどを差し引いたロシア兵の数は一二万五〇〇〇人で、約一三万人のフランス軍に対する優位性はなかった。[14] 皇帝ナポレオン自身は体に脂肪を蓄え、ぜいたくすぎるほどの生活をしていて、若かりしころのエネルギーを失っていた。しかも、戦闘が行われた日は体調不良で、高熱と痛みをともなう排尿障害に苦しんでいた。戦闘の指揮をとっているとはとてもいえない状況にあったのだ。

ナポレオンの部下の将軍たちは、それぞれがほぼ独自に戦闘を行い、かつてナポレオンが課した一体性は失われた。ナポレオン軍は、敵の特定の戦列を集中して攻撃するのではなく、ロシア軍の陣形の各所をばらばらに攻めた。ナポレオン軍のすぐれた火力はロシア軍の防御に穴をあけたが、ロシア軍は粘り強く戦って降伏せず、ナポレオンを大いにうろたえさせた。事態の打開が可能な状況において大胆な作戦を提案された際にも、ナポレオンは現実的な悩みから迷いをみせた。兵を温存しておく余裕などない重大な局面で、次の戦闘に振り向ける戦力がほとんどなくなることを恐れ、精鋭部隊である皇帝近衛隊の投入をためらったのだ。

ナポレオンは過去の戦闘において、前線の状況を自身で見きわめるため、そして兵たちを鼓舞するために自ら馬を乗り回し、たしかな存在感を示していた。だがこの日、ナポレオンの姿は見えなかった。あるフランスの将校は、ロシアの戦力について矛盾するいくつかの報告を受けた際のナポレオンの煮え切らない様子を以下のように表現した。「おぞましい戦いの喧騒の只中で、苦悩と落胆でどんよりとした沈鬱な表情を浮かべながら弱々しく命令を下す姿は、まったく見ず知らずの人のようだった」。またアレクサンダー・ミカベリーゼは、ナポレオンには「存在感がなかった。そして、勝利をもたらしたかもしれない提案を却下したナポレオンの無気力さが、ボロジノの戦闘において最も決定的な要因となった可能性がある」と説く。[15]

ナポレオンは、その日の終わりに戦場を支配し、自軍よりも大きな損害を敵軍に負わせたことに満足した。だが、ロシア軍は壊滅したわけではなく、死傷を免れた兵士の大半は逃亡した。ナポレオンは大勢の捕虜を得られると見込んでいたが、実際の人数は少なかった。もはやフランス軍には新たな戦闘でロシア軍を全滅させる力は残っていなかった。一方、人口の多い大国ロシアは、その損失を吸収することができた。

クトゥーゾフはなんとか秩序を保ったまま自軍を退却させた。ここでクトゥーゾフは、一つきわめて重要な決断を下した。決定的な敗北を味わわせるためにロシア軍を追うのではなく、モスクワ入りするように、ナポレオンを仕向けたのである。この決断は自身がもともと意図していたものではなかった。ボロジノの会戦が始まる前のクトゥーゾフは、ロシア帝国の存続という、より重大な国益のためには、新たにモスクワが犠牲になってもしかたがない、とすることの考え方に抵抗していた。だがここへきて、モスクワと自軍の両方を守ることはできない、そして軍が壊滅すれば、結局のところモスクワの陥落は避けられないと悟った。クトゥーゾフは「ナポレオンという激流は、わが軍の力ではとても食い止められない。モスクワはそれを吸い上げるスポンジになる」と考えた。そしてその狙いどおりに、ナポレオンはモスクワへと引き寄せられた。フランス軍がモスクワを占領すると、大火が起き、最終的に町の三分の二を焼き尽くしたのだった。

ナポレオンは皇帝アレクサンドル一世が和平を求めると見込んでいた。だがまもなく、ロシアが新たな戦闘も和平交渉も望んでおらず、飢えと寒さに耐えられない自軍は立ち往生の状態にあると気づいた。フランスへ帰るほかに道は残されていなかった。フランスへの帰途は多くの困難と犠牲をともなった。やがてロシアが攻勢に転じると、アレクサンドル一世は自身の戦略の最終的な目標を実現させることが可能になった。それはヨーロッパでの反ナポレオン同盟の復活だった。

この大失敗と初めての逃走ののち、ナポレオンはもう一度、栄光を手に入れようとしたが、一八一五年のワーテルローの戦いで大敗北を喫する結果となった。こうして戦争の達人ナポレオンは敗北者となり、戦争の教本を書く者たちは、ナポレオンのかつての成功だけでなく、最終的な失敗の原因について熟考することになった。このロシア遠征の時期に、当時は脇役にすぎなかったものの、のちに一九世紀を代表する戦争理論家となる二人が現場に立ち会っていた。カール・フォン・クラウゼヴィッツとアントワーヌ・アンリ・ジョミニである。

第7章 クラウゼヴィッツ

戦争において、意志の働きは生きていて反応する対象に向けられる。機械的技術の場合のように生命のない対象や、芸術の場合における人間の精神や感情のように、生きてはいるが受け身で移ろいやすい対象に向けられるのではない。

――カール・フォン・クラウゼヴィッツ『戦争論』

一七八〇年に生まれたカール・フォン・クラウゼヴィッツが軍事技術を学んだのは、所属していたプロイセン軍がナポレオンの国民軍への抵抗に失敗した際のことだった。勝利を収めたフランスに従属するプロイセンに失望したクラウゼヴィッツは、ロシア軍に加わった（したがって、ボロジノの会戦にも参加していた）。やがてプロイセン軍に復帰すると、ナポレオンの敗北へとつながるワーテルローの戦いに加わった。ヨーロッパの将校階級の大半と同じく、クラウゼヴィッツはナポレオンに魅了されていた。だが一八一二年、クラウゼヴィッツはこの偉大な人物がロシアとの戦いのなかで過ちを犯す様子を目の当たりにした。ナポレオンは決定的に重要な局面で闘争本能を失い、その才能の限界をあらわにした。クラウゼヴィッツはこのときの戦いの全容を記録に残した。ロシア語ができなかったため、ロシア軍で参謀の役割をまっとうし、自らの見解を前面に打ち出すことはできなかったものの、タウロッゲン協定の締結に貢献し、ナポレオン軍との行軍を強いられていたプロイセン軍をロシア側に引き込むことに成功した。

クラウゼヴィッツは、ボロジノの会戦において典型的な戦略が展開されたとは考えなかった。戦闘を通じて「技巧やすぐれた知能はわずかな形跡すら」見いだせず、「熟考ののちに下された決断というよりも、優柔不断さと成り行きが」結果をもたらしたと感じた。クラウゼヴィッツは当初、その「広大さ」のせいでロシアを「戦略的に支配下に置き、占領することは不可能である、という妥当ともいえる結論を下した。「ヨーロッパの一大文明国」が「内部分裂という逆風ぬきに征服される」ことはありえないと。[1]その後、クラウゼヴィッツはナポレオンがロシア軍を追撃しなかった件について批判を強め、ボロジノの会戦は「戦い抜くことなく終わった」戦闘だったと述べた。[2]どちらの結論にも重要な意味が含まれていた。前者の場合は、国に対する国民の支持の度合いが外的な脅威に対処する際に違いをもたらすということ、後者の場合は、敵に壊滅的な打撃を与えずに得た勝利には限られた価値しかないということだ。

プロイセンにおいて、クラウゼヴィッツの軍事面での評価は控えめなものにとどまってい た。陸軍大学の校長に任命されたときも、仕事は運営上の業務に限られ、教鞭をとることはなかった。だがここで、戦争の転換期にあったこの特異な時代について自らの思考をまとめ、名著『戦争論』へと結実させる時間を得たのだった。

敵を完全に打倒するまで戦う絶対戦争へと向かう流れは、若いころのクラウゼヴィッツにとって魅惑的であるとともに恐ろしくもあった。その後、歳を重ねたクラウゼヴィッツは、実際の戦争が依然として絶対戦争にはいたらない理由を理解し、ナポレオン後の時代もナポレオン前と変わらず、戦争は国家の存続よりも控えめな目的のために行われる可能性があると悟った。そうした認識から『戦争論』を全面的に書き直す決意をしたために、クラウゼヴィッツが死去した際に同書は一部しか完結していなかった。同書の修正については、クラウゼヴィッツの気持ちが徐々に傾いていったとする説もあれば、自らの戦争理論では実際に起きている戦争のさまざまな形態を十分に説明できないと気づき、思考上の危機におちいった一八二七年に決断したとする説もある。[3] 一八三一年にコレラが原因でクラウゼヴィッツが他界したとき、『戦争論』はまだ改訂の途中だった。死後、残された妻は同書を出版するために最善を尽くしたが、当人が満足のいく形で完結させていた場合、どのような内容になっていたのかは識者たちの想像に委ねるほかなくなった。

アントワーヌ・アンリ・ジョミニ

一八一二年、クラウゼヴィッツがロシア軍で参謀の仕事に就こうとしていたころ、アントワーヌ・アンリ・ジョミニはフランス軍の一員として遠征に参加していた。モスクワからの退却時、ロシアのパルチザンの攻撃に苦しむフランス軍の残党たちが渡河する際に、ジョミニは持っていた書類すべてを紛失した。いまでこそクラウゼヴィッツがジョミニよりもすぐれていると考えられ、ジョミニの著作はめったに読まれなくなっているが、一九世紀の大半にわたり、ナポレオンの手法の解説において第一人者とみなされていたのはジョミニだった。伝えられるところによると、ナポレオンは自身の戦略の最も重大な秘密をジョミニが漏らしたと訴えていた。ナポレオンの部下として観察を重ねるなかで、ジョミニが戦争の基本原則を見いだしたことはたしかだ。このことから、ジョミニは「近代戦略の始祖という怪しげな称号」を得た。[4]

ジョミニは一七七九年にスイスで生まれた。まずパリの銀行に就職したが、一七九七年にフランス軍に入隊し、のちに元帥となる将軍ミシェル・ネイに取り立てられた。その後、一八〇四年にフリードリヒ大王の戦争に関する著作を執筆した。この著作には、一八六九年に九〇歳で死去するまでジョミニを支えつづけた核となる信条が書かれていた。ジョミニはナポレオンとネイ両人の幕僚を務めたが、自負心が強く、鞍替えを繰り返した。一八一三年、ジョミニはネイの軍の参謀長に就任したが、師団将軍への昇進を阻まれるとロシア軍に職を求め、そこで大将の座に就いた。ジョミニの核となる考え方は『戦争概論』（原題は *Précis de l'art de la guerre*：戦争技法の概要）にまとめられ、一八三〇年に初めて出版された。一八三八年には改訂版が出されている。[5] 同書は「一九世紀最高の軍事教範」といわれてきた。[6] 戦略における不変の原則を明らかにすることで、ジョミニは「指導を容易にし、作戦上の判断をより的確にし、ミスを起こりにくく」しようとした。『戦争概論』は各地で出版された。つまり、敵対する軍も同じ教訓に従って行動していたとしても、おかしくはなかった。このため、どちらかの軍があえてジョミニの法則を破ることで優位に立とうとする場合を除き、同書の助言は自らその効果を弱める働きをするはめになった。

ジョミニにとって戦略とは、誰が戦うかという点に関する決断を下す政治と、実際の戦闘の領域にかかわる戦術とのあいだに位置する活動の範囲を意味した。戦略とは地図上で戦争を計画する術であると説くジョミニは、近代の地図製作法によって可能になった空間認識を生かしつつ、指揮官が作戦地域全体をどのように思い描くか、敵に対する動きをいかに策定するか、という点に関心を寄せた。「戦略は行動する場所を定め、兵站（へいたん）はその定めた地点へと部隊を動かし、大戦術は戦闘実行の様式と部隊の用法を決めるものである」。[7]

政治と戦術は異なる法則に支配されるが、意外なことにジョミニはそのどちらについてもほとんど言及しなかった。ジョン・シャイによると、戦争に関して「ジョミニが本当に興味を示したのは、フリードリヒやナポレオンのように、大がかりで血なまぐさいゲームを行い、純然たる知性と意志の力で支配した部下たちを使って敵を打ち破る最高司令官のことだけだった」。ジョミニが描く軍隊は「顔の見えない集団のようであり、どのように武装し、どのような方法で兵糧を得ているのかも判然としなかった」。そうした軍隊の指揮官は、ある決定的な地点に戦力を集結させて自軍よりも弱い敵部隊をたたき、自分たちの強さを見せつける。[8] フリードリヒ大王もナポレオンも、この核となる原則に従うことの重要性を実証していたが、額面どおりに実践したわけではない。ほかの地点を度外視して一点に戦力を終結させ、自軍の側面を攻撃にさらされやすい状態に置く方法をとるには、相応の大胆さとリスク評価の能力が必要だった。そして攻撃のために戦力を集結させる方法を考え出し、攻撃をしかける主要地点を見きわめなければならなかった。

自身が示した原則が当てはまらなかった過去の事例について、ジョミニが検証することはなかった。また、ジョミニは同じ規模の部隊は装備、訓練、規律、補給、士気の面でも同等であることを前提としていた。したがって、実際に違いを生み出すのは指揮官とその決断の質だけである、という点で戦略は重要と考えていた。こうした前提があったからこそ、ジョミニは戦略における不変の原則を考えつくことができた。そして不変という考えに固執したために、鉄道の軍事利用など、自身の長い人生のあいだに起きた物質面での大転換も、瑣末事（さまつごと）にすぎないと主張せざるをえなくなった。もし原則が本当に不変なのだとしたら、なぜナポレオンはあのように突出した存在となったのか。この問いに対するジョミニの答えは、軍事思考の成熟度が高まることで原則が正しく評価されるようになった、というものだった。[9] こうした論法を用いる者はジョミニ以降もいた。

二〇世紀に入って時代遅れとなるまで、ジョミニの軍事理論は戦略家志願者が第一に学ぶ、明快で理解しやすいモデルであった。ジョミニの著作は必ずしも才気にあふれたものではなかったが、クラウゼヴィッツの著作に比べれば、はるかにわかりやすかった。

この二人の関係は複雑だった。年下のクラウゼヴィッツは明らかにジョミニの理論を取り入れていたし、ジョミニの『戦争概論』改訂版はクラウゼヴィッツの批判を考慮して書かれた。[10] 二人は会ったこともなければ、相手について好意的に語ったこともなかった。作戦面では、大部分において二人の理論に大きな差はない。ジョミニが理論を知ったかぶりすることの危険性に注意せよと説く一方、クラウゼヴィッツは作戦技術の重要性を理解していた。将校の指導を主目的として著述を行ったジョミニは、クラウゼヴィッツの理論は大仰に過ぎるとみていた。クラウゼヴィッツは自身の考えを理論にまとめるうえで、ハインリッヒ・ディートリッヒ・フォン・ビューローの数学的なアプローチを切り捨てた。だがこうしたビューローに対する批判は、ジョミニにも当てはまりうるものだった。クラウゼヴィッツは、「戦争の遂行に関する原則、規則、そして体系さえも打ち立てる」ための努力は、「それにともなう永続的な複雑さを正当に把握する」ことができなかったために失敗したとみていた。そしてこう記した。「規則という下らないもののなかを這いずりまわらなければならない軍人はみじめだ。天才に規則は無用である。天才は規則を無視、あるいは笑い飛ばしさえするだろう。天才の行動そのものこそが最もすぐれた規則なのであり、理論に可能なのは、それがいかに、そしてなぜすぐれているのかを明らかにすることぐらいだ」[11]。クラウゼヴィッツはジョミニよりも偉大な戦争理論家とたたえられるようになったが、軍事計画者を引きつけるジョミニの力に衰えはなかった。ナポレオンの絶頂期に構築した理論をまとめたジョミニの著作には、クラウゼヴィッツの著作にはない楽観的な色彩がある。ヒュー・ストローンは、ジョミニの自ら導き出した原則に対する自信、「合理的かつ管理可能」で「目的がはっきりした前向きの」戦争理論、そして自己完結した戦闘観が、いかにアメリカの将官を何世代にもわたって引きつけてきたか、論じている[12]。

クラウゼヴィッツの戦略

クラウゼヴィッツは『戦争論』できわめて野心的な試みを行った。同書は将官志願者向けの教科書というよりも、戦争理論全般をまとめた書であった。クラウゼヴィッツの功績は、戦争の本質をとらえ、後世の者たちがその時代における紛争に意味づけをしようとする際に拠り所となるような概念的枠組みを構築したことにあった。『戦争論』における曖昧さと張りつめた雰囲気は、マルクス主義者やナチス、自由主義者がそれぞれ独自の理論と戦略を説く際に、同書がその正当性の裏づけになっていると訴える余地を生み出した。[13]『戦争論』の内容は誤っており、時代遅れだとみなす者でさえ、クラウゼヴィッツを批判することに自らの信頼性がかかっているかのように、直接張り合った。[14]いまやクラウゼヴィッツ研究の先端を行くには、既存の翻訳の正確性、経歴と思考の発展経過の相互関係、ところどころに出てくる、より大局的な思想を感じさせる表現から読み取れること、カギとなる概念の二義性とその具体的な応用例などを論じなければならなくなっている。[15]

こうした点を考慮して、わたしたちはクラウゼヴィッツの戦争論から生まれた戦略理論を研究することができる。戦争は他の手段をもってする政策の継続にすぎない、という最も有名なクラウゼヴィッツの言葉は、戦略家にとっての憲章となっている。マイケル・ハワードとピーター・パレットは『戦争論』の英訳にあたり、Politik というドイツ語の訳語に policy（政策）を用いたが、その背景には、日常的に使われている politics（政治）よりも上質な言葉でなければならないという考えがあった。イギリスやアメリカにおいては、politics という言葉に否定的な意味合いがあると二人はみていたからだ。クリストファー・バスフォードはこう論じている。policy という訳語は一方的、合理的な響きがあり、広がりがなさすぎる。一方、politics は双方向性を示す意味合いをもち、敵対する者同士を紛争へと結びつける印象をもたらす。[16]どちらの言葉を用いても意味は成り立つ。重要なのは、政治的な目的の有無が戦争と無分別な暴力を分け隔てると主張している点だ。このクラウゼヴィッツの言葉は、政策を分別ある形で示したものこそが戦争である、あるいは政治がある特定の状態から別の状態になると戦争になる、と訴えているわけではない。その違いは、二つの相反する意志のあいだの暴力と対立の激しさの程度による。意志の対立が激化し、鮮明化すれば、感情や偶然性といった要素の影響力も増大する。政治の分野に明らかに存在するこれらの影響力は、軍事の分野でもはるかに重大な意味をもつようになっており、絶えず戦争の遂行を複雑化させている。クラウゼヴィッツは決して効果的な戦略の存在を否定したわけではない。否定すれば『戦争論』は意味をなさなくなるからだ。むしろクラウゼヴィッツは、戦略には限界がある、つまり知力に頼りすぎると裏目に出るような制約があると強く主張したのである。

政治、ひいては戦略における難題は、国家目標を粘り強く追求するために、合理性を装わせることにある。クラウゼヴィッツの言葉は、軍人に対する文民の優位性を正当化するものとして、繰り返し引用されるようになった。だがアントゥリオ・エチェバリアは、政治と国際紛争に関するクラウゼヴィッツの思想の多く、とりわけ未改訂の部分に書かれているものは、循環論的で決定論的だと注意を促している。むしろ戦争理論家としてのクラウゼヴィッツの偉大さを決定づけたのは、その成熟した思考の核にある、戦争は「特異な三位一体」をなしているという考え方である。

特異な三位一体の構成要素の一つめは、原初的な暴力、憎悪、敵意で、盲目的な本能ともみなされるものだ。二つめは、戦争を自由な精神活動たらしめる偶然性や蓋然性といった賭けの要素である。三つめは、政策の手段として用いられる戦争そのものの従属的性質である。この性質により、戦争は純然たる知力の支配下に置かれる。[17]

クラウゼヴィッツの戦争理論は、これら三要素の活発な相互作用を拠り所としている。この三位一体論は、前述の「政策の継続」という言葉に取って代わる意味をもつ。政治が指揮力をもつものではなく、三つの要素の一つにすぎないことを示唆しているからだ。過酷な国際システムのなかで国家を存続させるには（というのが戦争の概念について考えるうえでのクラウゼヴィッツの認識であった）、政治は戦争の条件を決める役割を必ず果たさなければならない。だが勝利、そして最終的な目標達成の可能性を小さくしないためにも、政治が「戦争の文法」を踏みにじることがあってはならない。そのようなことになれば、軍事行動が政治に甚大な影響をおよぼす結果にもなりかねない。軍事行動は政治に従属するようにみえるものの、三位一体の動的性質を考慮すれば、両者の関係はそれほど単純ではないとわかる。[18]

相反する意志の衝突、大規模な決闘としての戦争は、理念のうえでは絶対的な暴力に発展するものと考えられた。クラウゼヴィッツはそうした可能性に触れながらも、三位一体を構成する他の二つの要素を指摘し、それが実現する公算が小さい理由を説明した。政治は制約の一つの源だが、別の源に「摩擦」がある。この概念は、軍事思想の発展におけるクラウゼヴィッツの寄与のなかでも最大級のものだった。摩擦は、絶対的あるいは無制限になりうる机上の戦争と、実際の戦争のあいだの違いを説明する手助けをした。この現象について説いた箇所は、『戦争論』のなかでもとりわけ有名である。

戦争においては、すべてが単純であるが、きわめて単純なことこそが困難なのである。こうした困難が積み重なると、戦争を経験したことのない人には想像もつかないような摩擦が生じる。……計画時にはまったく予想できなかった無数の小さな出来事が重なることで、すべてにおいて達成レベルが下がり、所定の目標のはるか手前までしか達しないのが常である。

結果として、「まったく推測しえない諸現象が引き起こされる。なぜなら、そうした現象は多くの場合、偶然起きるものだからだ」。こうして摩擦は遅滞と混乱をもたらす。戦争では、水中歩行のように身動きがとりにくくなり、視界はぼやける。「すべての行動は暗がりでとられる。このため、霧や月明かりのなかでそうなるように、実際よりも物が大きく、異様に見えるのだ」[19]。軍事組織で指揮をとる将官は失望する運命にある。すべてに予定よりも長い時間がかかり、諸々の出来事に対処しつづけていくうえで必要な柔軟性を身につけることが難しくなるからだ。

逆説的な三位一体において、暴力と偶然性はなおも政治と応用された理性に従属しうる。戦略家が理性を応用しなければ、戦争はしだいに混沌とした予測不能なものへと変わっていくだろう。賢明な戦略家にとっての課題は、敵と、行く手に待ち受ける摩擦と偶然にかかわるあらゆる要素の両方を予測することだ。正しいアプローチとは、混乱と予測不能な要因によってすべての計画が台無しになり、最善の努力も役に立たなくなると見越して予測をあきらめることではなく、そのような不測の諸事態にあらかじめ備えることだ。偉大な将官の試金石は、自らが見通すことのできる計画を策定するかどうかにある。指揮官は軍事的天才でなければならないとクラウゼヴィッツは説いたが、それは必ずしもナポレオンのような稀代の並外れた天才を意味しているわけではない。軍事的天才とは、戦争の必要性、敵の特性、そして常に冷静でいることの重要性を理解している者のことだ。実のところ、クラウゼヴィッツは切れ者ぶる将官に警戒感を示している。それよりも、想像力に抑えをきかせ、戦闘の厳しい現実をしっかりと把握することのできる者が好ましいと論じている。

このように、戦争においては最大限の柔軟性を保ちつつ、チャンスが生じた際にそれをつかむ準備をしておくことが賢明と説く一方で、クラウゼヴィッツは正反対の結論を導き出した。連結・連続した一連の手順に基づき、作戦の明確な計画を立てるよう訴えたのだ。混乱をもたらす要素を排した綿密な計画を、より重視したのである。戦略家は「戦争計画を立案」しなければならない。「その計画における目標が、戦争の目的を達成するための一連の行動を決定づける[20]」。戦争遂行の計画をしっかりと頭に刻みつけることなしに、戦争を始めるべきではない。いったん実行に移された計画は、やむをえない場合を除き、修正すべきではない[21]。クラウゼヴィッツは戦略を「戦争の目的を達成するために戦闘を用いること」と定義したが、これは政治上の目的が軍事上の目標に変わることを意味した。戦略家は「個々の戦役の計画を立て、その戦役における個々の戦闘について決める[22]」。勝利のための計画を立てて戦争を始めることが好ましいのは当然といえた。だが、どのような計画であっても実行可能とする確信は、なぜ生じたのだろうか。

クラウゼヴィッツはその理由として三つの要因を挙げた。第一に、予測不能な要因について語ってはいても、何もかもが予測できないわけではない。どのような影響が生じるか、わかっている行動もある。たとえば、敵に背後から襲われたり、待ち伏せ攻撃されたりすれば、士気は低下し、大胆さも損なわれる。何よりも重要なのは、それぞれの経験、「士気や気風」を考慮し、両陣営について客観的な相対評価を行うことは可能という点だ。敵の独自の計画や状況に対する反応を正確に知るのは不可能でも、確率の法則を当てはめることはできる。相手が興奮しやすい空想家なら、冷徹で抜け目ないことで知られる敵に対する場合とは異なる計画が必要になる。慎重さよりも大胆さ、受け身の姿勢よりも攻めの姿勢、そして愚かさよりも賢さが尊重されるであろう。

第二の要因は、情報の不確かさだ。当初の計画が万全でない場合、その時々にもたらされる報告によって不適切な逸脱が起きかねない。「戦争中に得られる情報の多くは矛盾している。誤った情報はさらに多く、そしてほとんどの情報は不確実だ」。しかも、情報は悲観的な方向に偏りがちである。誇張された悪い知らせに指揮官は意気消沈し、迫り来る危機を想像して脳裏にその情景を描く。「戦争は、恐ろしい情景を荒々しく描いた背景画をその舞台上に広げる効果をもつ」。こうした鮮烈なイメージによって秩序立った思考ができなくなると、「作戦を計画し、その進行を現場で見ている指揮官でさえも、当初の自らの判断に対する自信を失いかねない」。したがって指揮官は、「確率の法則」と「人間や物事に関する知識と良識」から導き出した自らの判断を信じることで、誤ったイメージを払拭する必要がある。[23] ただし、即時的な情報は無視せよというクラウゼヴィッツの助言は、情報収集の精度が向上した現在では、無用のパニックを避ける効果ではなく、災難をもたらすと思われる。

第三の要因は、どちらの陣営も摩擦の影響を受けるという点だ。したがって、摩擦を敗北の言い訳にするのはお門違いである。問題はどちらの陣営が摩擦によりうまく対処できるかだ。すぐれた指揮官の本質は、綿密な計画を立て、また不測の事態が起きた際に冷静さを保つことで、可能なかぎり摩擦を克服する点にある。[24] 「すぐれた将官となるには摩擦について知らなければならない。それは、可能なかぎり摩擦を克服するためであって、摩擦があるために実現できない予定どおりの成果を作戦行動であげられるようにするためではない」[25]。この重要な資格要件は、過度に野心的な戦略を立てることへの警告となっている。

そこで、規模が物を言う。軍隊は「非常に類似している」ため、「最良の軍隊と最悪の軍隊とのあいだに大きな違いはない」。したがって、勝利のために最も頼りになる手段は、戦術面でも戦略面でも数の優位性を得ることである。「二倍の戦力は最もすぐれた指揮官の能力に匹敵しうる」のだ。クラウゼヴィッツは策略という、敵を混乱させ、士気を低下させうる間接的な戦略の魅力をわかっていた。そして「戦略」が「策略」から生まれた言葉と考えられる点に触れる一方で、策略が効果的であることを示す歴史的根拠は乏しく、見せかけだけの作戦に大きな戦力を使うのは危険だと説いた。その戦力が不適切な場所に置き去りにされ、本当に必要とする状況で投入することができなくなる可能性があるからだ。奇襲は戦術レベルでは重要で実行可能な方策だが、戦略レベルでは部隊の動向によってその計画が明るみに出てしまう公算が大きい。摩擦も、敵を不意打ちするのに必要な類いの動きを妨げる大きな要因となる。このため、力と策略の二者択一において、クラウゼヴィッツは前者を選んだ。「戦略家のチェス盤には、策略や詭計という駒は存在しない……指揮官の資質として有用で不可欠なのは、詭計の才能よりも的確で明晰な判断力だ」。クラウゼヴィッツは、有能な相手と戦う場合はとくに、計画を単純明快にすべきと説いた。単純な計画においては、一つひとつの戦闘を首尾よく実践することが求められる。このため、戦術的な勝利が必要不可欠となる。そうやって一つひとつの戦闘で勝利を収めつづけているかぎり、その戦略計画は有効でありつづけるのだ。

　したがって、どの時点で戦いをやめるべきか知ることは重要な意味をもつ。さらに力を注ぐ意志と能力が敵にあれば、最終的な勝利は遠のく。クラウゼヴィッツが唱えたもう一つの重要な概念に「勝利の限界点」がある。勝利の限界点とは、それ以上攻撃を続けると優位だった形勢が逆転する可能性がある時点を意味する。クラウゼヴィッツは「作戦の計画段階でこの限界点を正確に見積もることが重要」と説いた[26]。そのためには、作戦が進行するにつれて形勢がどのように変化するか、予測しなければならない。傷を負った敵は疲弊して崩壊するか、それとも逆上するか。避けるべき作戦の乱れは何か。機に乗じ、自軍の主戦力の進行方向から外れたところを攻撃目標とすることか。「思いがけず得られる戦利」のようにとらえて「特定の地理的地点」の占領や「無防備な地方」の占拠を行う誘惑にかられる場合があるが、そのような行動は本来の目的の達成を危うくしかねない。焦点を絞った一貫性のあるアプローチはこうした逸脱を妨げる。ナポレオンが一八一二年の戦いで失敗した理由は、この点からうかがうことができる。

　ナポレオンのロシア遠征の事例と、奇襲と込み入った策略に基づく戦略には信頼性がないという見方から、クラウゼヴィッツは防御する側に優位性があるとの考えをもつにいたった。敵の領土を占領するのに必要な前進行動は、攻撃する側の活力と資源を消耗させる。一方、防御する側は、その間に敵を迎える準備ができる。「攻撃する側が無駄に過ごす時間は、すべて防御する側の利益になる」。奇襲は攻撃だけでなく、防御においても十分に効果を発揮しうる。

「計画や兵の配置、とりわけ戦力を分割すること」によって敵を不意打ちするのである。攻撃する側は「任意の地点で敵軍の防御線に全軍を挙げて攻撃をしかけることができる」が、その地点での敵の戦力が予想を上回っている場合、自軍が奇襲を受ける立場となりうる。防御する側は、慣れ親しんだ土地で兵を配置する場所をじっくりと選ぶことができる。また補給線が短くて済むうえ、地元民を味方につけて情報源とすることや、さらには予備戦力の供給源とすることも可能だ。たとえ攻撃する側が勝利を収めたとしても、ナポレオンがスペイン遠征で経験したように、反乱者やパルチザンの攻撃に占領軍が苦しめられる状況も生じうる。しかも、防御する国が降伏を免れているかぎり、ほかの国がその味方につく可能性もある。「勢力の均衡」（バランス・オブ・パワー）という支配的な考え方から、侵略する側の国があまりにも強力になるのを防ぐために、ほかの諸国はその国に敵対する形で干渉する可能性が高い。たとえ最強の国家であっても、その国に敵対する諸国が、国際システムの均衡を取り戻すという意志をもって形成した連合に敗れる場合もある。これもナポレオンが身をもって知ったことだ。だがクラウゼヴィッツは、攻撃よりも防御のほうが強力な戦争形式だと論じる一方で、防御の目的は後ろ向きだとも述べている。防御の目的は、ただ保持するという限定的、消極的なものだ。戦争の目的を達成しうるのは攻撃だけである。戦力の劣る陣営は必然的に防御を選ぶが、ひとたびパワーのバランスが自軍に有利な方向に傾けば、攻撃への転換に駆り立てられる。「猛烈な勢いで（剣をきらめかせて）反撃に移るときこそが、防御する側がいちばんの強さを発揮する瞬間である」[27]。

攻撃に関しては、「重心」（ドイツ語ではSchwerpunkt）というクラウゼヴィッツが生み出した別の概念がある。摩擦など、クラウゼヴィッツが説いた数々のほかの概念と同じく、これも当時の物理学から取り入れられた。重心とは、ある物体において重力が集中して働く作用点であり、この一点で支えるとその物体の重さの釣り合いがとれる。重心に衝撃を加える、あるいは重心に狂いを生じさせれば、その物体はバランスを崩し、地に倒れる可能性がある。単純な対称形の物体の場合、重心は簡単に求められる。動く部分のある物体や構造が変化する物体では、重心は常に変化する。クラウゼヴィッツはこのたとえを用いた概念に真っ向から取り組んだわけではなかった。「あらゆる物体の重心は、その質量の大部分が最も多く集まっている点である。打撃を加えるうえで、重心は最も効果的なターゲットとなる。また、重心から打撃を加えれば、最も強力な効果が得られる」とクラウゼヴィッツは説いた。重心は「敵の戦力の中核」であり、したがって「自軍が総力を尽くして攻撃すべき点」である。そのためには、敵戦力の「究極の実体」の根源をつきとめ、その根源に攻撃をしかける必要がある。このターゲットは物理的な力が集中するところではないかもしれないが、敵の戦力が結びつき、方向づけられているところである可能性が大きい。重心に混乱を生じさせれば、打撃はその部分にとどまらずに全体へとおよび、攻撃の効果は極大化するだろう。

重心の概念を突きつめることはなかったものの、クラウゼヴィッツは決定的に重要な点が首都あるいは同盟の一体性にあると認識していた。ナポレオン戦争で戦況の移り変わりを決定づけた同盟について、構成国がそれぞれ常に自国の利害関係を最優先すること、参加によって（たとえば、同盟国の勢いをそぐ、あるいは自国よりも大幅に戦力が劣る同盟国を援助しなければならなくなる、といった事態によって）リスクをかかえうることをクラウゼヴィッツは理解していた。同盟を成功させるには、政治目的を統一化するか、少なくとも「大半の同盟国の利害関係と力」を「主導国の利害関係と力に従属」するものとする必要がある。このような状況になれば同盟の重心が生まれ、敵対する国にとっては、分裂を促し、同盟を破綻させるために、そこを攻撃することが可能となる。[28] 平時の同盟であっても、常に共通の敵に対して同盟国が足並みを揃えて行動するわけではない。同盟国間で「商取引」のようなやりとりが交わされるようになり、「外交交渉の余地を残した」行動がとられるからである。[29]

こうした点から、重心が何を示すのかは不明瞭といえる。重心の概念が意味をなすのは、敵が一つの統一体をなしており、その力が結集した点を攻撃すれば、均衡を失わせる、あるいは崩壊させることができるとみなされる場合のみだ。だが、敵がそのような形態をとっていなければ、攻撃すべき一点がはっきりと見いだせない恐れがある。したがって、緩やかな同盟を形成している敵は、結束の固い同盟の場合よりも、分裂させるのが難しいかもしれない。[30] ただし同じ理由から、敵の攻撃の効力も結束の固い同盟に比べて劣る可能性がある。敵が総力を尽くしていない場合（たとえば制限戦争）、その軍隊への攻撃の影響が、戦力を投じている地域以外にも広くおよぶと見込むことは一段と難しいだろう。重心の概念はクラウゼヴィッツが打ち出した他の概念と同様に、西洋の軍事思想に組み込まれるようになったが、明確な指針というよりも混乱の源になりがちであった。

勝利の源

クラウゼヴィッツが戦争の本質を描いたように、戦略は戦争の高い不確実性を克服するために必要とされ、また人間の弱さと偶然の気まぐれな影響を免れない、持続的な意志の行為になっていた。敵も同じ問題に直面するため、その重心に相手を上回る戦力をぶつければ勝つことはなおも可能であった。クラウゼヴィッツは当時、ほぼ常識となっていたように、ひとたび敵軍を戦闘で破れば勝利への道が開けると考えていた。軍隊がなければ国家は無力だった。敗れた国は、勝利国に丸ごと飲み込まれて消滅する、あるいは勝利国が課す条件をどのような内容であれ受け入れざるをえなくなる、という運命をたどる恐れがあった。このため、各国は敗北を避け、なんとか戦闘を続行するために、可能なかぎりの手を尽くした。一七八九年以降の新時代において、戦闘の続行は国民にとって、政府の判断と変わらぬほど強い興味の対象であった。

クラウゼヴィッツは、政策がいかに政治家と将官を結びつけるかを理解していた。政策は将官に、目標とそれを達成するために使える資源を与える。ヒュー・ストローンはこうした目標に関して、一八一五年にクラウゼヴィッツが記した信条を引用している。「わたしにとって政治［あるいは政策］の根本的な規範とは、決して無力にならない、他者の寛容を期待しない、不可能になるまで目標をあきらめない、国家の名誉を尊重する、である」[31]。したがって戦略の方向性を決めるうえで、政策は本質的に、他国との関係における自国の国益を示すものであった。クラウゼヴィッツは、一国の国内政治が戦略におよぼす影響を特定の摩擦の形態として認識してはいたが、突きつめはしなかった。実行中の戦略に関する説明と、戦略と政策の関係を評価する際の手助けができるように、最高司令官が政府の一員になることは重要だった。クラウゼヴィッツは、強い国民感情が広がると、それ自体が戦争への強い圧力になり、最後まで戦い抜くという固い決意を生み出す点を意識せずにはいられなかった。それでも、戦争がもたらしうる成果の限界がしだいにわかってきたことで、クラウゼヴィッツは、一八世紀にみられた限定的な目標を追求するための戦争の可能性について考えるようになった。

軍隊を失った国家は事実上、敗北しているが、「勝利とは単に戦場の攻略を意味するのではなく、敵の物理的・精神的戦闘力を破壊することで得られるものだ。そしてこれは多くの場合、戦勝後の追撃によって初めて達成される」[32]。敵の兵力が崩壊すれば、その国から獲得したいと望まれるものはすべて奪われる可能性があり、その国の世論は萎縮する。それでもボロジノの会戦のように、敵軍を壊滅させられない場合もある。たとえ壊滅させたとしても、その状態は一時的なものにとどまりうる。敗れた敵が再び立ち上がる可能性があるからだ。敗北を喫した国は復讐の念をいだき、形勢を逆転しようとする。会戦で勝っても、それは永続的ではなく一時的な勝利にすぎないため、最適な状況が形成されたときに、最も好ましい条件での和解交渉を行うのが賢明と考えられた。

ナポレオンの戦歴は、政治的目的を達成する唯一の手段として軍事的な勝利に依存した場合の結末について警告する役割を果たした。ナポレオンはヨーロッパ全土で覇権を握る野望をいだいていた。今でも一部の国際関係理論家が唱えているように、世界での覇権をめざすのは強国にとってきわめて当然の成り行き、という考え方があった。現実には完全な勝利などありえなかったため、そうした野望は戦争の継続を招き、最終的に孤立無援での敗北をもたらすものとなった。ナポレオン軍は一八〇五年にオーストリア軍とロシア軍に圧勝し、その翌年にはプロイセン軍を撃破したが、これらの国は消滅しなかった。気力をそがれて戦闘の結果を受け入れたものの、やがて再び参戦したのだ。そして再参戦時には、フランスの戦い方をよりよく理解していた。ナポレオンが目の当たりにしたように、決戦をめざす正規軍に対抗するのにうってつけの方法は、ゲリラ戦か、強力な同盟によって再編成し、数的優位を確保した軍隊を投入することであった。ナポレオンは自らの目的を達成するために戦闘に頼ったが、その目的が新しいヨーロッパの政治秩序と安定性にどのような影響をおよぼしうるかという点について、はっきりとした考えをもたなかった。ほかの国にもまねできるような手段では、ヨーロッパ大陸を容易に支配することはできなかった。ナポレオンは戦闘に関しては正真正銘の天才だったが、巧妙な政治的手腕の持ち主ではなかった。懲罰的な講和条件を課す傾向が強く、同盟関係を築くことには長けていなかった。

戦争の目的が自国にとって好都合な講和であるなら、軍事作戦はその目標を達成するための一手段である。「(純粋な概念から導き出されるように) 完全かつ無制約で絶対的な暴力の発現」である戦争は、「政策によって生み出された瞬間から政策に取って代わる」。政策は押しのけられ、「あらかじめ設定されたとおりの形や方向にしか爆発しない地雷のように」戦争は独自の法則のみに従うようになる。(33) 戦争が限定的な目的のために遂行されうるもので、その手段や目的も必ずしも絶対的ではないと受け入れることで、新たに難解な問題が生じた。目標がより野心的になれば、国家は戦争に一段とのめり込み、戦争の激しさは増す。だがこうした推論の正しさは証明できなくなった。限定的な目標のために始められた戦争が、相応に限定的な手段によって戦われるとは限らない。戦争の目的によって戦闘に熱が入ることはあるだろうが、どのような戦闘になるのかは敵軍の動向で決まる。こうして生まれる相互的効果によって、いくら外部から統制をとろうとしても、戦闘の内部で爆発的な力が生じる可能性がある。今日ではこの過程を「エスカレーション」と呼ぶ傾向がある。国民感情はこの効果を悪化させうる。クラウゼヴィッツはこう論じている。「二つの国民および二つの国家のあいだに強い緊張が生じ、お互いへの敵意が募れば、ほんの些細な衝突がそれにまったく見合わないほど大きな影響をおよぼし、まさに爆発を引き起こす可能性がある」[34]。

この緊張のなかに、クラウゼヴィッツの根強い影響力の手がかりを見いだすことができる。クラウゼヴィッツは、合理的な政策そのものを戦争に適用できることを理解していたが、合理的な政策は蓋然性や偶然性だけでなく、「暴力、憎悪、敵意」という原初的な力と常にぶつかり合うものだった。クラウゼヴィッツは政策を政府と、偶然性を軍隊と、憎悪を国民と結びつけたが、それにより三位一体の各要素は制限的で画一的な型にはめられたともいえる。敵対する両国はそれぞれ国内で固有の緊張をかかえており、独自の形の三位一体をもつ。「政策が激情を抑え込み、敵意が合理性を押しのけると、戦争の特性そのものが『三位一体』の特性を従属させ、侵害する可能性がある」[35]。こうしたより広い政治的背景は、基本的な点を明確に示した。クラウゼヴィッツは軍事上の目標が政治家によって課されることを受け入れていた。ひとたびその目標が達成されれば、軍部は政治家がその軍事的勝利を最大限に利用することを予想しえた。軍事的な勝利はそのまま政治的な勝利につながる、というのが当時の一般的な想定であった。だが、この想定どおりにいかないのであれば、軍事面に戦略の焦点を絞るだけでは不十分である。真の問題は対立する国家同士の衝突であって、軍事力の衝突そのものではないからだ。

「勝利」（victory）の語源であるローマの言葉は、まさに軍事的な意味で使われていた。ジョミニとクラウゼヴィッツは、戦争の目標が軍事分野の外から生まれることを理解していた。一方で二人は、「敵が戦場から退却すること」が勝利の意味になりうると直観的に知っていた。目的と手段は、ある程度バランスのとれた関係にあった。しかし、軍事的な勝利が測定可能であるのに対して、政治的な勝利は必ずしもそうではないという問題が残っていた。戦場で収めたかにみえた勝利も、さまざまな形での抵抗や負けた側の国民の不満によって、やがて確固たるものではなくなる可能性があった。より広い政治面での戦争の成果を見込むことが難しければ、軍部はそうした背景を考慮せずに、目に見える独自の目標を模索するようになる公算が大きい。さらにナポレオンの戦歴が示すように、繰り返される戦闘のなかで、単純に同じ軍事戦略アプローチをとり続ければ、高い戦績を維持するのは難しくなる。敵がパターンを見破り、対抗手段を講じるからだ。その結果生じる根本的な問題について、ブライアン・ボンドはこう論じている。「もし戦略が科学であり、その原則が学べるものだとすれば、すべての交戦者はそれを学ぶのではないか。その場合、行き着く先は膠着状態か消耗戦しかない」[36]。

第8章 欺瞞の科学

聞かせてくれ。「戦略」とかいう新しい科学を使って、ボナパルトとどう戦えとドイツ人どもは教えてくれたのか。

――トルストイ『戦争と平和』

ナポレオン戦争がもたらした惨禍と窮乏は、国際的な平和運動の発展につながった。一九世紀を通じて、この運動は「平和協会」の設立と人道会議の開催を後押しした。戦争は野蛮で浪費的、破壊的だというだけでなく、根本的に非合理的だとして非難された。とりわけ戦争は経済学に反する行為であった。この点をごく簡潔に表現したのはジョン・スチュアート・ミルだ。一八四八年に発表した著書にミルはこう記した。「通商によって、戦争はどんどん時代遅れになっている。元来、戦争とは相容れない個人の利害が強まり、増大しているからだ」。熱烈な自由貿易支持者たちは、自由貿易がさまざまな形の国際交流を生み出しうること、そしてそれによって道徳規範と功利主義が固く結びつく結果、戦争に訴えることが恐ろしいだけなく、自明なまでに愚かな行為になることを見通していた。[1]

イギリスの自由貿易支持者は、平和が危うい力の均衡によって成り立っている状況では、自由貿易がナショナリズムと戦争よりも効率的に国際情勢を管理する方法だと考えていたのかもしれない。あまり有利な地位にない国にとっては、こうした主張は利己的に映った。プロイセンの経済学者フリードリッヒ・リストは、自由貿易に魅力を感じる者はなお多いという議論のなかで、自由貿易によって「あまり発展していない諸国は、製造業、商業、海軍力において支配的な地位にある国に総じて従属する」結果となる、と説いた。[2] さらに大きな問題は、軍歴初期のクラウゼヴィッツに衝撃を与えた「想像を絶する」戦力、という要素を見過ごしている点にあった。フランス革命は熱狂する大衆を前面に押し出した。ナポレオンはこれに乗じて自身の権力の土台を築いた。自らに対する個人崇拝を確立し、自分たちの幸せとフランスの勝利が愛国心によって強固に結びついていると信じ切った国民の熱情を利用して、士気が高く献身的な軍隊を創設したのだ。この新しい要素の重要性に気づいて三位一体論に取り入れたことが、クラウゼヴィッツの理論が長きにわたって支持される一因となった。クラウゼヴィッツは、制止しようとする試みを阻む国民の熱情が戦争の遂行に大きな影響をおよぼすことを理解し、ナショナリズムが戦争の原因になると認識していた。フランスが脅威とみなされるようになると、他の諸国の国民はそれぞれの国旗のもとに結束した。国民は国民同士で一体感をいだくのではなく、国家に対して一体感をいだいた。「二つの国民のあいだで強い緊張が生じ、お互いへの敵意が募る場合がありうる」とクラウゼヴィッツは説いた[3]。

このクラウゼヴィッツの考え方は、国際関係においてしだいに礼節が形成されるという概念に反するものであり、民主主義の拡大を求める声に警告を発した。そして、戦争は上流階級による謀略だという自由主義的改革者の主張に水を差した。交戦国のナショナリズムがすばやく容易に広がる可能性は、急進的で反戦派の自由貿易主義者たちにとって突然の衝撃になりえた。一九世紀の折り返し点の直後に起きたクリミア戦争は、（イギリスにおいてでさえ）国民の熱情が戦争を引き起こす力になることを示した。自由主義的改革者が冷静な功利主義と情熱的な民主主義の板ばさみになったのは、このときばかりではなかった。本章では、こうした戦争と政治の問題を、二人の傑出した人物がどのようにとらえていたかについて論じる。いずれの人物も自由主義者ではない。一人は、国民軍が指揮官によって実際に統制されていたのかという疑念を示したロシア人作家レフ・トルストイ伯爵である。もう一人は、指揮の可能性と限界を徹底的に追究したドイツの参謀総長ヘルムート・フォン・モルトケだ。

トルストイと歴史

ロシアの若き貴族トルストイは、クリミア戦争中に将校としてセバストポリに派遣された。このときの従軍経験は、その人生にきわめて大きな影響をおよぼした。トルストイは豊かな生活に憧れる一方で、宗教に傾倒していた。作家として名が知られるようになったのは、戦地で執筆した従軍記によってである。作品は、紛争の恣意性に個人が巻き込まれていく様子に関する鋭い観察で満ちあふれていた。トルストイは、敵軍の砲火になぎ倒されるロシア兵たち、そして軍の撤退時に放置されるそれらの遺体を目の当たりにした。ロシア上流階級の無神経さと無能ぶりへの苛立ちを募らせていったトルストイは、文学によって貴族だけでなく農民の生活や感覚を表現する方法を模索した。そして一八六三年から六年かけて、自身の最高傑作となる『戦争と平和』を執筆した。資料を読み込み、体験者に話を聞き、一八一二年の戦闘について実地踏査を行うといった入念な調査に基づきながらも、トルストイは歴史専門家とはまったく異なるアプローチで同書を書いた。しかも作品の構成自体、従来の小説の枠をも打ち破るものであった。トルストイ自身の言葉によれば、『戦争と平和』は「実際に表現されている形で、著者が表現したいと考え、表現することのできたものにほかならない」。のちの改訂で付加された箇所には、従来の歴史観、ひいてはクラウゼヴィッツの戦略観に異議を唱える短い随筆的な文章がちりばめられている。

クラウゼヴィッツは、トルストイが批判するものの多くを象徴する存在であり、『戦争と平和』にも、ほんの一場面にではあるが登場する。（トルストイの思想を投影しているとされる）アンドレイ・ボルコンスキー公爵が、二人のドイツ人の会話を小耳にはさむ場面である。一人はウォルツォーゲン副参謀、もう一人がクラウゼヴィッツだった。どちらかが「戦争を広い地域に移さねばならない」と言うと、相手は「目的はとにかく敵の力を弱めることなのだから、個人の犠牲はもちろん問題にすべきではない」と同意した。この会話にアンドレイは胸を痛める。その広い地域には、自分の父や息子、妹が取り残されているからだ。そして、さげすむような言葉を吐き出す。プロイセンは「やつ［ナポレオン］」に全ヨーロッパを引き渡しておいて、われわれを指導しに来た。たいした先生方だ！」と。[4] プロイセン人の理屈は「卵の殻ほどの値打ちもない」ものだった。

トルストイは、自分たちが世の中を動かしていると思い込んでいる政治指導者や、その指導者たちを理解していると信じている歴史家に反感をいだいていた。政界や軍部、知識人のエリート層からほとんど支持を得られなかったであろうトルストイの思想は、好意的な読者にとっても理解しがたいものであったため、当時の実地での戦略にまったく影響をおよぼさなかったのも当然といえる。それでも、より広い意味でトルストイがおよぼした政治的影響は、一九世紀の終わりにかけて広がり、非暴力的戦略を確立しようとする試みにも波及した。トルストイが発した批評全般は、二〇世紀に入ってからも反響をもたらしつづけた。

トルストイの歴史哲学を理解するのは容易なわざではない。アイザイア・バーリンが、その試みのために自らの博識を用いて記した著書は、それ自体がすぐれた小品とみなされた。[5] 世の中の動きは、地位と特別な資質を通じて物事をある決まった方向へと突き動かす能力をもつ個人の願望と決断を参照すれば説明できる、という「歴史における偉人理論」をトルストイは非難した。その批判は、より広い経済的、社会的、政治的潮流の重要性を軽視している、という一般的な異議の域を超えていた。トルストイは、人間がかかわる出来事を、抽象的な類型化と内的合理性の前提を用いた疑似科学的な方法で研究しようとする理論すべてに、不信感をいだいているようだった。『戦争と平和』には、将官のプフールが、「フリードリヒ大王の戦史から自分が引き出した斜行戦術」の理論によって成功するはずだった作戦が理論どおりに実施されなかったために失敗した、と非難する様子が描かれている。

トルストイは、支配的な地位にあるが、結局のところ自分たちの決断が重大な影響力をもつと勘違いしているにすぎない人物の意志よりも、「人々それぞれの意志の総和」を重視した。人間の生活には、（それなりに自由がある）個人的な生活と、「あらかじめ定められた法則に従わざるをえない」、「群衆的な生活」の二面がある。そして、人間は自分個人のためには自覚をもって生活するが、「歴史的、全人類的な目的を達成するうえでは無自覚な道具となる」と説いた。こうしてトルストイは、自ら選び、行動する個人の能力と、人類は全体として、神の手なり、歴史の力なり、集団的感情なり、市場の論理なりによって定められた道を進むという信念とのあいだで折り合いをつけようとする者の仲間入りをしたのだ。そして折り合いをつけようとするなかで、個人の可能性は人類全体の流れに飲み込まれていくと考えた。この哲学は、社会構造の下部にいる人々ではなく、頂点にいる者、つまり自分が歴史を作っていると信じているエリートに重くのしかかるものであった。

こうした主張には一つ、明らかな問題がある。トルストイが『戦争と平和』で描いた時代においても、政治舞台の主要人物たちは変化を起こし、その決断によって世の中に影響をおよぼした。ナポレオンが生まれていなかったとしても、ヨーロッパの歴史にまったく変わりはなかっただろうと唱えるのは無理がある。歴史は疑似科学になりえないと認めたからといって、体系的思考と概念化の可能性も否定しなければならないわけではない。また、ボロジノの会戦におけるナポレオンの働きを取り上げ、「歴史における偉人理論」を覆そうとするのもおかしな話だ。W・B・ガリーによれば、同会戦は「歴史上とりわけ異質で非典型的な会戦」であったが、トルストイは、異質でも非典型的でもない事態に当てはまる普遍妥当性について述べるうえで、これを持ち出している。(6) トルストイは、実際にはまったく統率力を発揮していなかったナポレオンが、会戦の主導者であるかのように振る舞う様子を描いた。「人生の作り物の幻影」にとらわれたナポレオンは、自分の手で変化を起こそうと、戦場のはるか遠方から慌ただしく事細かな指示を出した。だが「その作戦命令は何一つ実行されなかったし、戦闘中、何が起きているのか当人が知ることもなかった」。むしろ、ナポレオンは「権力の代表者」としての役割を演じていた。トルストイによると、その責務はしっかりまっとうされた。「ナポレオンは戦闘の進行を妨げるようなことは何一つしなかったし、妥当な意見に耳を傾けた。混乱もせず、矛盾したことも言わず、怖気づいたり、戦場から逃げ出したりもしなかった。それどころか持ち前の如才のなさと戦争経験を生かし、表向き、司令官の役割を冷静に、そして堂々と果たしていた」。ナポレオンが出した指令は、それを受け取る者たちにとってほとんど意味をなさなかった。そして戦場から寄せられる報告は、多くの場合、ナポレオンのもとに届くころには新たな展開によって役立たずになっていた。だが、この日のナポレオンにとっての問題はこうした混乱ではなかった。ナポレオンは体調不良で、珍しいことに、主力をどこに投じるべきか判断しかねていた。そして敵を蹴散らす好機が訪れても、それに乗じる予備戦力はなかった。トルストイはこのとりわけ偉大な人物の絶頂期をほとんど描かなかった。アウステルリッツの会戦におけるナポレオンを描写する際だけは、同時代の人々が畏怖と称賛の念をいだくに足る資質の持ち主だと、しぶしぶ認めている。

一方、トルストイはクトゥーゾフには好意的で、見た目こそ愚鈍そうだが、状況を筋道立てて理解できる分別をもった人物として描いた。いわゆる軍事科学の知識においてはナポレオンのほうがクトゥーゾフよりもすぐれていたが、クトゥーゾフには物事をより深く、広く理解する力があり、事態がどのように展開していくか読むことができた。クトゥーゾフはアンドレイ公爵に「時間と忍耐ほど強い戦士はない」と説いた。若い公爵は、年老いたクトゥーゾフが「避けようのない事の成り行き」を理解でき、それに干渉することを避ける分別をもった人物だと考えるにいたった。このように、戦闘におけるクトゥーゾフの消極性は、怠惰ではなく分別を反映したものであり、指揮官の指令よりも軍隊の士気を頼みとした結果であった。クトゥーゾフが唯一、指令を下したのは敗北の時だ。反撃に備えよ、というその指令は、その状況ではもはや実行不可能だった。それは言葉どおりの意味を伝えるのではなく、兵士たちを奮い立たせることを目的としていた。トルストイの考えによれば、攻撃する側のフランス軍が戦いつづける精神力を失い、もがき苦しむ一方で、ロシア軍には抵抗する精神力がまだ残っていた。

戦略という「新しい科学」に対するトルストイの軽蔑の念は、「出来事に先立って下された命令をその事件の原因とみなす誤った考え」への警告であった。無数の命令が出されたにもかかわらず、歴史家は出来事に結びついたほんの一部の命令だけに注目し、「遂行不能だったために遂行されなかったその他の命令」を忘れてしまう。[7]この警告は、実際の情勢について知らないままに、数多くある要素のごく一部に影響をおよぼしうる行動のために計画を練り、命令を出すという戦略アプローチに異議を唱えるものだった。トルストイは、一八一二年七月にロシア陣営で行われた話し合いの様子を描いている。ナポレオン軍の進撃にどう対処すべきか迷うロシア軍の指揮官たちが、まったく収拾のつかない議論を繰り広げる場面だ。ドリッサの陣地を放棄すべきかどうかという懸案について、ある者は川を背にした立地に問題があると説き、別の者はその立地にこそ意味があると主張した。アンドレイ公爵はさまざまな声、意見、「憶測や計画、反論、怒声」のざわめきを聞きながら、「戦争学などというものはないし、ありえない。したがって戦争の天才などというものも存在しえない」と考えるにいたった。こうした問題にかかわる条件や状況はわかっておらず、確定することもできなかった。ロシア軍の戦力もフランス軍の戦力も、十分に把握できていなかった。あらゆることは「無数の条件に左右されるのであり、その条件の意義は、いつ訪れるか誰にもわからない一瞬のうちに決まってしまう」。軍人が天才扱いされるのは、ただ単に当人が荘厳さと権力を身にまとっているからであり、それにへつらうおべっか使いがいるからだ。すぐれた指揮官には、特別な資質など必要ではない。むしろ「愛、詩情、優しさ、哲学的な探求心に基づく懐疑といった最もすぐれた人間的資質」を欠く者が、指揮官として最も効果的に仕事をするようにみえる。だが、軍事行動の成功はそのような連中ではなく、「『やられた』とか『ウラー！』とか叫ぶ兵卒」にかかっていた。(8)

戦闘とは本質的に混沌としたものであり、命令と行動のあいだに明確な因果関係があるとは考えにくい。それでも戦略には、戦闘によって達成できることとできないことを把握するという役割があった。その意味で、ロシアの命運を決定づけた要因は、人知を超えたあらゆる要素の力だけでなく、戦略にもあった。ドミニク・リーベンが論じるように、トルストイはアレクサンドル一世の戦略の明瞭さと、事態がある程度、計画どおり、同皇帝の読みどおりに展開したことを認めようとしなかった。とはいえ、ナポレオンの敗北に関する一般的な認識を築くのに、『戦争と平和』は「これまでに書かれたどんな歴史書」よりも大きく寄与した。「一八一二年の出来事は人間の力によって合理的に方向づけられたものではないとし、また軍事の専門職業化はドイツ病だとほのめかしたトルストイの思考は、雪あるいは運のせいでフランスは敗北したという西洋流の解釈に自然に溶け込んだ」[9]。軍事組織は必ずしも司令部の要求どおりには動かない。命令が誤解されることもあれば、不完全な情報が伝えられることもある。当初の作戦計画を修正する必要や、別の計画に差し替える必要が生じる場合もある。だがそれと、命令が効力を発揮することはありえないと主張すること、戦闘の進め方を変えることや、指導者の潜在能力や、情報、助言、命令の妥当性、専門的な経験、訓練、能力の影響を否定することは、まったく別である。おそらく、自らの無政府主義哲学を築きつつあったトルストイにとっては、人間が出来事の方向性を決めることは可能かという問いよりも、一部の者にそうした能力があるかどうかという問いのほうが重要であった。権力を行使するという概念そのもの、他者の命を操れると公言する者の傲慢さに異を唱えることで、そうした概念の影響力を極小化しようとしたのだ。

トルストイにとっての問題は、出来事に原因があることではなく、ありすぎることだった。歴史家は最も明白な原因だけに目をつけ、もっと多く存在するその他の原因を見逃してしまう。アイザイア・バーリンが説くように、「人間がとりうる行動の計り知れない多様性、人間と自然の相互作用（歴史はそれを記録したものとされる）を形成する微細で解明不能な因果関係のとてつもない多重性には、いかなる理論も当てはまらない」[10]。トルストイは同時代の哲学者たちの虚飾だけでなく、自らの理論を裏づける根拠や、たった一つの要素だけを探し、それに矛盾するものは無視するという後知恵を濫用した後世の社会科学者たちの虚飾にも、みごとに穴を開けた、という共感的な解釈を示そうとする者もいる。歴史家は決定的な瞬間にも注目するが、そのような瞬間はめったに存在しない。なぜなら、結果というものは数多くの別個の瞬間の産物であり、それぞれの瞬間にはその時々の偶発的な可能性がともなうからだ。歴史家の説明は、視野から外れて見えない重要な側面を見落とす一方で、ほかの側面を過度に際立たせるものだ。歴史的な解釈が頻繁に覆されたり、修正されたりしたのはこのためだ。こうした観点からギャリー・モーソンは、本当に理解できるのはいま現在だけであり、物事の成り行きは「瞬間的に」決まる、というのがトルストイの信念だとした。だからこそ、戦闘の前にクトゥーゾフが与えた助言で最も有用だったのが、ぐっすり眠れというものだった。将来の計画よりも、すぐ目の前に広がる可能性へ注意を向けることに重要な価値があるというわけだ[11]。

中央からの指揮あるいは一般理論（グランド・セオリー）には限界がある、というのは有益な警告だ。だが、このことと、（どの決断にも重要性の程度に変わりはなく、過去の決断がその後の決断に影響をおよぼすことはないとでもいうように）あらゆることは小さな即時の決断によって行われるものだという考えは、まったく別物である。歴史家は自らが説明しようとする過程の全体像をとらえようと苦心するだろうが、再解釈の可能性は常にある。歴史家は過去に目を向け、戦略家は未来に対処する。戦略家にとっての問題は、不作為は悪い結果をもたらす決断であるため何かしら行動を起こさなければならないものの、それが特定の要素にしか影響をおよぼさない、先行きの見通しが立たない状況で、どう対応するかである。歴史家は後講釈で、まったく違う展開になっていた可能性を指摘するかもしれない。だが選択は、先がみえない状態で行わなければならないものだ。何よりも重要なのは、こうした議論に根本的な矛盾がある点だ。戦略家や戦略に妥当性がないとみなされた場合には、愚かにみえるが危険性はないとして、責任は問われない。一方、妥当性があるとみなされた戦略家や戦略は、問題点を追及されることになる。

フォン・モルトケ

『戦争と平和』が完結した翌年、戦略家の技巧、つまり戦略がどのような結果をもたらしうるか、そして戦略にどのような限界があるかを実証する決定的な出来事が起きた。それは一八七〇年のフランス－プロイセン戦争（普仏戦争）で、このときプロイセンを指揮していたのがヘルムート・カール・ベルンハルト・グラーフ・フォン・モルトケ参謀総長だった。クラウゼヴィッツの信奉者と自称するフォン・モルトケは、クラウゼヴィッツ理論の推進者でとりわけ影響力が大きかった。フォン・モルトケはクラウゼヴィッツが校長を務めていたプロイセン陸軍大学で学んだ経歴の持ち主でもある。二人が直接会ったことはなかったようだが、クラウゼヴィッツはモルトケの評価書に「模範的」という評価をつけている。モルトケは一八三二年に限定的に刊行された『戦争論』を読んでいた[12]。モルトケは一九世紀最初の年に誕生し、一八九一年まで生きた。三〇年にわたってプロイセン軍の参謀総長を務めた人物であり、同世紀屈指の偉大で大成した軍事戦略家と呼ぶことができる。

貴族の血筋に生まれたものの、モルトケの一家は貧しかった。軍人としての経歴が始まったのは、デンマークの陸軍幼年学校に入れられた一一歳のときだ。教養があり博識のモルトケは、一八四八年革命によって突然、右傾化し、厳格な愛国者、妥協なき反社会主義者となるまでは、自由主義の人道主義者ともいうべき立場にあった。一八五八年にプロイセン軍の参謀総長に就任すると、その後一〇〇年にわたり用いられた職業軍人の規範を作った。モルトケは軍事組織、軍備、訓練、兵站（へいたん）のあらゆる側面に目を向けた。参謀総長として最初に腕を振るった戦争は一八六四年の対デンマーク戦争だったが、モルトケの名を知らしめたのは、プロイセン主導でのドイツ統一を実現させ、フランスからヨーロッパ最強国の座を奪い取る結果をもたらした戦役であった。

モルトケは戦略に関する著述をほとんど行わなかった。ガンサー・ローゼンバーグはモルトケを「抽象的な思索にふけることはめったにない」「文法家」だったと評している[13]。最も重要な意味をもつモルトケの著作は、最大の成功を収めた一八七〇年の普仏戦争の前後に書かれた二編で、クラウゼヴィッツの影響がうかがえる。ただし、二つのきわめて重要な点で、モルトケはクラウゼヴィッツ、そしてナポレオン式モデルの先を行った。一八六〇年代には鉄道の登場と道路網の改善により、軍隊がなしうることは一九世紀初めの場合に比べて格段に多くなっていた。モルトケはこうした交通網の発達で生じる兵站上の可能性に鋭く目をつけ、大軍の移動が比較的容易になった場合に何ができるかを認識した。これが第一の点である。さらに、両軍がともに大量の兵士を動員することで、どちらも決定的な勝利を収められないまま戦いが続き、膠着状態におちいる可能性も見抜いていた。

第二の点は、戦争は政治の継続であるというクラウゼヴィッツの金言を、自分のものとして取り込んだことだ。モルトケは国王に忠実に仕えていたが、首相のオットー・フォン・ビスマルクと影響力を分け合うことには満足していなかった。その結果として、政治的な目的と軍事的手段は完全には適合しないという感覚と、制限戦争の可能性と同盟の価値に関する感覚を身につけた。クラウゼヴィッツ流に、戦争の目的は「武力をもって政府の政策を遂行する」ことと考える一方で、政治家（ビスマルクと読み替えられる）は現実的に達成可能なことを超える要求をしかねないという不満をいだいていた。ひとたび目的が設定されたら、その達成は軍隊に委ねられるべきであった。「政治的配慮を考慮に入れるのは、軍事的に不適切もしくは不可能な要求をしないものである場合に限られる」。ただし、達成できない目的がある場合には、軍部と政治家のあいだでの対話は避けられない。両者は片方が目的を設定し、もう片方が手段を決める関係にあったがお互いから完全に離れて機能を果たすことは不可能だった。このことは、モルトケが勝利を「与えられた手段で達成しうる最高の目的」と定義していた点からも明らかだ。戦闘に対するモルトケの考え方はクラウゼヴィッツに近かったが、戦争を決着させる最良の手段は勝利だという信念はクラウゼヴィッツよりも固かった。

武力による勝利の決定は、戦争のなかで最も重要な瞬間だ。敵の意志をくじき、敵をわれわれの意志に従わせることができるのは勝利だけである。原則として、領土の占領でも要塞地の占拠でもなく、敵の戦意の粉砕のみが勝利を決定づける。したがって、これが作戦の第一目的となる。

これは、敵の戦闘力の破壊まで追求する必要のない、限定的な目的のための戦争にはあまり役立たない考え方であった。

モルトケの戦略アプローチにおいてもっと革新的だったのは、あらゆるシステムあるいは計画の型にはまることを拒んだ点だ。有名な「敵と接触したあと、そのまま実行できる計画はない」という考え方を最初に示したのはモルトケである。モルトケは部下の指揮官たちに、戦争は「司令部のテーブルから指揮」できるものではないと説いた。そして、指揮官たちが、必ずしも上級司令部の期待どおりにではなく、臨機応変に行動できるよう、権限を委任する心づもりでいた。モルトケは普遍性やお決まりの処世訓を信用していなかった。重要なのは、「実用的適応」の必要性を認めつつ、目的から目をそらさないことだった。モルトケは抽象的な概念と、一般原則を確立しようとする試みを警戒していた。モルトケにとっての戦略とは「自由で実際的かつ芸術的な活動」であり、「臨機応変のシステム」であった。[14] 戦略の選択は常識に基づいて行いうるが、極度の緊張が生じた状況においては、これができるかどうかで指揮官の性格が試された。戦略上、難しい立場にあったプロイセンには、戦争が始まってからほかの国が参戦してくるリスクが常にあった。したがって迅速に決定的な勝利を収める必要があり、できるかぎり早く攻勢に出る以外に選択肢はなかった。一方で、モルトケは戦場の状況変化、とりわけ火器の殺傷力増大による影響も意識していたため、正面攻撃は避けたいと考えていた。戦略は紛争の予測不能な側面と、これがもたらしうる予期せぬチャンスに乗じるものとみなしていたが、戦闘においては戦略は「鳴りをひそめ」、戦術にその役割を委ねることになるとみていた。この点でモルトケは、戦闘を終結させることを戦略の役割とみなしていたクラウゼヴィッツと見解を異にしていた。モルトケは、可能なかぎり敵の戦力を打ち砕くという戦術の役割を、概念としては単純だが、実現するのは容易ではないとみていたため、その戦闘準備は細部まで行き届いていた。そして、戦闘が終結したあとは再び戦略の出番になると考えていた。[15]「戦略的包囲」と呼ばれるモルトケのアプローチは、敵よりも早く優勢な戦力を集中投入することを基本としており、以後のドイツの戦略を特徴づけるものとなった。先達のナポレオンやクラウゼヴィッツと同じく、モルトケも数の重要性を確信していた。戦争が始まる前の段階では、連合によって規模を増強することが可能だった。一八六六年の対オーストリア戦争（普墺戦争）は、一つの結果としてドイツの中小諸国の連合をもたらした。戦争中は、広い領域でのパワー・バランスにかかわりなく、特定の地点で優勢な戦力を配備することができた。これを実現するには、兵をすばやく動員する必要があり、こうした領域において綿密な計画が物を言った。モルトケのもとで、長いことプロイセンの軍事準備を担ってきた参謀本部の機能は拡大され、格上げされた。参謀本部は軍事計画の源となっただけでなく、設計と実行にも責任をもつ管理者となったのだ。

モルトケが指揮官として行った最も急進的なイノベーションは、戦闘時に合流するまで、それぞれへの補給を確保するため自軍を二手に分ける（「分進合撃」）というもので、当時の教範の教えに反していた。この方法には、合流する前に敵とぶつかり、打ちのめされる、あるいは合流するのが早すぎて補給上の負担が大きくなる、というリスクがあった。一八六六年の普墺戦争では、オーストリア軍が先に動員を開始したにもかかわらず、鉄道を用いたプロイセン軍のほうが早く兵の配備を終わらせた。一六〇キロメートルほどもの距離をあけて二つの部隊を展開するというモルトケの作戦にたじろぐ関係者もいた。オーストリア軍の指揮官がもっと警戒態勢を強めていたなら、モルトケにとって悲惨な結果も生じえた。だが結局、オーストリアは異なる方角から進軍する二つの部隊に攻撃されたのだった。

普墺戦争の勝利により、流れはフランスとの戦争へと傾いた。モルトケは普仏戦争への準備を慎重に進めた。今回は軍を三つの部隊に分け、フランスの計画がわかりしだい対処できるように最大限の柔軟性を確保した。モルトケは攻撃開始のときまで、あらゆる選択肢を残しておいた。

戦闘当日に部隊を各所から戦場に集結させることができればいっそう望ましい。言い換えると、進軍のごく最後の段階で各部隊をさまざまな方向から敵の前線と側面へと導くように作戦を指導できれば、戦略は最大限の成果を獲得し、すばらしい戦果をもたらすに違いない。

とはいえ、こうした作戦の成功は保証できない。空間や時間といった要素は計算できるかもしれない。だが、意思決定は「事前の小戦闘の成果や天候、誤報など、人間の生活において偶然や運と呼ばれるあらゆるもの」にも左右されるのであり、そうした諸要素は計算できない。[16]部隊の集中が早すぎたり遅すぎたりすれば、取り返しのつかない事態を招きかねない。

一八七〇年に行われたフランスとのきわめて重要な戦争で、モルトケは少なくとも在来戦の局面においては完璧な勝利を収めた。プロイセン軍は、まず八月一八日にメスで、その二週間後にセダンでフランス軍を降伏させた。すべての指揮官が計画どおりに動いたわけではなかったが、そうした不備もフランス側の数えきれないほどのミスと時代遅れの手法によって十二分に埋め合わされた。フランス軍は七週間で崩壊したが、戦争はそこでは終わらなかった。フランスでは非正規軍と正規軍が集結し、国防政府を樹立していた。これは、戦場での勝利が自動的に政治的勝利をもたらすとは限らないことを鮮烈に示す出来事であった。ドイツ軍がパリへと進撃する際、モルトケは連絡線が長くなることで生じうる脆弱性や、フランスにはまだ海軍による補給能力があることを意識していた。パリを砲撃するかどうかをめぐり、モルトケは首相のビスマルクと衝突した。砲撃はフランス人の抵抗を強めるだけと懸念したモルトケは、包囲を重視した。一方、ビスマルクは決着が遅れれば、フランスを支持するイギリスとオーストリアの参戦を促しかねないと危惧していた。プロイセン国王はビスマルクに賛同し、一八七一年一月にパリ砲撃が開始された。戦闘を望まないフランス政府は和平交渉を始めた。だが、蜂起した市民がパリ・コミューンを形成し、自治政府設立を宣言したため、戦争は依然として終結しなかった。民衆の熱情に駆り立てられ、規律もなしに急造された非正規軍は、モルトケに衝撃を与えた。(17) 戦略をめぐる議論で負けたことも、モルトケにはおもしろくなかった。「恥ずかしながら」クラウゼヴィッツを読んだことがないと打ち明けていたビスマルクだが、戦争開始後も政治には役割があるという明確な考えをもっていた。「戦争によって達成すべき目的を決定し、限定すること、その目的達成のために国王に助言することは、戦争中も戦争前と変わらず政治が果たす役割であり、これらの問題への取り組み方が戦争の遂行に影響するのは避けられない[18]」。

モルトケは戦争の目的が政策によって決定されることを認めていた。だが、戦争開始後は軍部に自由裁量が与えられなければならないと考えていた。「戦略」は「完全に政策から切り離される」必要があるのだと。この信念の原点は、一八〇六年のイエナの戦いでフランスに敗れたプロイセンにおいて、国王が機能不全となる状態に備えるために参謀本部が形成されたころにさかのぼる。モルトケはこうした参謀本部の役割がなおも必要不可欠だと判断した。戦場で実際に指揮をとる者が「独立した権限と後ろ向きな見解をもった者たち」に包囲されれば、物事は何も進まなくなる。「そうした者たちはあらゆる問題を引き起こす。どのような事態も織り込み済みで、自分たちは常に正しいというだろう。そして自分自身の考えなどもたないために、あらゆる前向きな考えを打ち砕くだろう。このような者たちは軍の指導者を無力化する妨害者だ[19]」。まさにモルトケ自身が、避けようのない緊張にさらされる立場にあった。このことは、危機の只中でモルトケが皇太子フリードリヒ・ヴィルヘルムと交わしたと伝えられる会話にはっきりと表れている。モルトケは、パリ攻略後に軍を「フランス南部に進め、いよいよ敵の戦力を破砕する」と説明した。その途上でプロイセン軍の戦力が枯渇し、戦闘で勝てなくなるリスクについて問われると、その可能性はないと否定した。「わが軍はいつだって勝つのです。必ずやフランス軍を完膚なきまでたたきのめします」。そして「わが国が望むような平和を勝ち取ります」と続けた。さらに皇太子が「わが軍が疲弊し滅びるようなことになったら」と疑問を投げかけると、「わが軍は滅びませんし、もし仮にそうなれば、引き換えに平和を得るはずです」と答えた。それから、現在の政治情勢を考慮すると「そのような成り行きは賢明とはいえないかもしれない」が、そうした情勢を知っているのかと問われると、陸軍元帥たるモルトケはこう返した。「いいえ、私はただ軍事問題だけ考えているべきなのです」[20]。

この緊迫した議論からうかがえるのは、その後の軍事思想にとってきわめて重要な意味をもつ概念だ。作戦上の指令を出す権限は国王から委譲されると主張することで、モルトケは戦争の作戦レベルを指揮官が政治の干渉を想定しない領域とみなした。パリ砲撃をめぐるやりとりで、こうした政治の排除が絵空事にすぎない点は明らかになっていたともいえるが、戦場の指揮官にとって、この概念は戦略を適切に実行し、成功へ導くために必要不可欠な信条となったのだ。

第9章 殲滅戦略か、消耗戦略か

最大勢力をもって最大速度で到達すること。

――戦略に関するネイサン・B・フォレスト将軍の言葉（おそらくは誤引用）

二〇世紀のはじめ、軍事史家ハンス・デルブリュックは、すべての軍事戦略は二つの基本形に分類できると説いた。一つめは、当時の大多数の見方と一致する殲滅戦略（Niederwerfungsstrategie）で、敵軍を壊滅させるための決戦を必要とする。二つめは、一八二七年にクラウゼヴィッツが覚書に書いた内容を引き合いに出したものだ。クラウゼヴィッツは、利用可能な軍事手段で戦闘を決着させることができない場合、違う戦争の型がありうると認識していた。[1]デルブリュックはこれを消耗戦略（Ermattungsstrategie）と表現した（持久戦略と訳される場合もある）。殲滅戦略には戦闘という一つの極しかないのに対し、消耗戦略にはもう一つの極が存在する。それは、戦争の政治的目的を達成するさまざまな方法にかかわるもので、領土の占領、作物の破壊、封鎖などが含まれる。過去において、こうした代替的なアプローチは、ほかにより良い選択肢がないためにしばしば使われ、効果を発揮しえた。重要なのは、戦略に関して柔軟な決断を行うこと、そのときの政治情勢に目を向けること、そして実現可能な範囲を超えているかもしれない軍事戦略に頼りすぎないことであった。

デルブリュックは、戦力で勝る側が必ず殲滅戦略へと突き動かされ、劣る側が消耗戦略で出せるかぎりの力を尽くすはめになると伝えたいわけではなかった。消耗戦略は一つの決戦で用いられるのではなく、より長い期間におよぶ戦役を通じて敵を消耗させるというものだ。デルブリュックは「流血ぬきでの戦争を可能とする純粋な機動戦略」という概念を取り合わなかった。戦闘の可能性は常にあった。デルブリュックは消耗戦略について、どちらかというと作戦的なものという考え方をしており、のちの消耗戦争の概念を先取りしていたわけではなかった。消耗戦略では、基本的な経済、産業、人口動態要因が戦争の継続にどう影響するかという点に重きが置かれた。

デルブリュックの分析、とりわけフリードリヒ大王は決戦ではなく制限戦争を行ったという主張は、ドイツ参謀本部の戦史家とのあいだで激しい論争を巻き起こした。フリードリヒ大王がさほど大きな野心をもたず、戦闘にも慎重になっていったという史実はデルブリュックの主張を裏づけていたが、複雑に絡み合うさまざまな戦略を単純に二分化することにはやはり問題があった[2]。これは、来るべき戦争に軍隊をどのような形で振り向けるのか、という根本的な選択を前もって行う必要があることを示すものであり、その後一〇〇年にわたっても戦略議論のなかで浮上しがちな問題であった。ただし、このころのデルブリュックにとっては、ドイツの指揮官たちに、決戦での敵の殲滅をもたらす速攻以外の戦略を検討させることが課題であった。

アメリカ南北戦争

戦略における理論と実践の複雑な関係は、アメリカの南北戦争（一八六一〜一八六五年）で明らかになった。北部が南部の二倍の人口とはるかに強大な工業力に恵まれていたことが、同戦争の勝敗を決めたというのは一つの見方だ。指揮官に関しては、戦争のほぼ全体を通じて南部連合国のほうが創意に富んだ人材を多く擁していたといえる。戦力で劣る南部は防御的な戦術に頼りたかったのかもしれないが、北部が真の決戦の結果を重んじることを願ってか、自ら攻勢に出ることもしばしばだった。エイブラハム・リンカーン大統領は、北部が攻撃的な戦略をとる必要性をはっきりと認識していたが、歯がゆいことに、自軍の指揮官たちは戦争のかなり終盤になるまで攻撃をしかけることができないようだった。

南北戦争にクラウゼヴィッツが影響をおよぼした形跡はない。だがジョミニは違った。アメリカ陸軍士官学校（通称ウェスト・ポイント）の中心的な教官だったデニス・マハンは、フランスに留学してナポレオン戦争を研究した経験の持ち主で、ジョミニの信奉者を自認していた。その教え子で、やがてリンカーン大統領の下で総司令官を務めた「オールド・ブレインズ」（古い脳）ことヘンリー・ウェイガー・ハレックは、ジョミニの著書『ナポレオンの生涯』の英訳を行ったほどである。マハンはナポレオンの戦術を以下のようにたたえている。

敵をたった一撃で倒し、完全に蹴散らす。準備には一つの無駄もなく、重要地点を探る際にもまったく迷いがない。決定的な瞬間にも決してひるまず、鷹のような鋭い一瞥で戦場全体を視野に入れる。目に見えないものも誤ることのない直観で見抜く。身軽な部隊を前線に投入し、その土煙で敵をうろたえさせる。敵に向かって一斉に壊滅的な砲撃を行い、その間隙に縦隊を猛突進させる。強靭な胸甲騎兵が敵を圧倒する攻撃をしかけ、それに続く槍騎兵と軽騎兵が、打ち破られ潰走する敵兵を一掃する。これが、この偉大な軍事時代に、ほぼすべての戦闘で示された戦術上の教訓であった。[3]

開戦時に上級将軍だったハレックは、やがて総司令官に就任した。だが、築城を専門とする工兵のハレックは防御を重視したため、「戦場の活力と追撃の迅速さ」の結合を説いたマハンの教えにまったく従わなかった。塹壕掘りなどの防御手段に関する専門性と威力の大きい施条マスケット銃の組み合わせは、正面攻撃を阻害する要因となる。こうした考え方は、北軍の最初の総司令官ジョージ・マクレランにもみられた。

ジョミニの影響は、将校たちが連絡線を重視していたこと、そして沿岸での作戦も含め、南軍に一連の同時攻撃をしかけるというリンカーンの提案に反対したことからも明らかだった。将校たちは、戦力の分割を必要とするこの作戦は戦争の原則からかけ離れた、まるで軍事教育を受けていない一般人が出しそうな提案だと考えた。(4) この戦いが長期の消耗戦になることをまったく疑わなかったリンカーンは、自身の考えを押しつけようとはしなかったが、敵に攻撃をしかけてくれる人物が見つかるのを期待し、将校たちを刷新する心づもりでいた。将校たちは防御の能力を慎重にみていた。そして決戦という考えに取りつかれるあまり、それ以外の形で戦力を危険にさらすのをためらった。マクレランはこう語った。「無益な戦闘で無駄死にしたくはない。敵の中心部を攻撃するほうがよい」。リンカーンは攻撃よりも機動を重視する風潮に苛立ちを募らせていった。そして、この風潮を軽蔑するように「戦略」という言葉で表現した。「そう、戦略だ! マクレラン将軍は戦略で反乱軍をたたきのめそうと考えている」と声を荒らげたのは一八六二年のことだった。(5) この場合の戦略とは、戦闘以外のあらゆることを行う戦争の形態を意味した。陽動や機動などの知略を用いた行動は、散発的な戦闘で功を奏したかもしれないが、勝負を決定づけたのは容赦ない武力攻撃だった。南部連合国が自らの防御力の限界を露呈し、ついに合衆国に吸収されたとき、リンカーンもその恩恵を認める気になった。「さて諸君、これが本当の戦略というものだ。敵の目的達成を阻んだのだから」[6]。

南部連合国軍のロバート・E・リーは、ナポレオンについて独自の研究を行い、敵の戦力を殲滅するには攻勢に出る必要があると強く確信していた。リーは消極的な防御ではうまくいかないため、機動によって最大限、優位に立てる地点に到達し、そこで応戦するという形で先手を打たなければならないとわかっていた。だが、それには多大な犠牲がともなう。そして、北軍は少なくとも防御というものを理解していた。リーは実現不可能な勝利という目標を設定し、その結果、苦杯をなめた。敵対する両軍は、「一回かぎりのナポレオン式の戦闘で」壊滅させるには、「規模も粘り強さも度を超えており、それを支える民主的な政府の意志も強固すぎた」。リーに対する北軍の指揮官ユリシーズ・グラントは、残酷なほど明確に道理をわきまえていた。グラントは、両軍で甚大な犠牲を出してもほとんど得るものはないとみていたが、北軍は南軍よりも損害に耐えうることを理解していた。そこで、リーの軍隊に兵がほとんど残らなくなるまで戦闘させるという「これまで世界が経験したことがないほどの死に物狂いの戦闘」に乗り出す決意をした[7]。同時にグラントは、南部の人々を困窮化させて戦争の代償の大きさを思い知らせ、戦場で軍が戦いつづけるのを困難にさせるため、ウィリアム・シャーマン少将を送り込んだ。

リンカーン自身は一八六三年一月に奴隷解放宣言を発布し、戦況の進展に寄与した。これは、合衆国に反逆する地域の奴隷の解放を宣言したもので、「かかる反逆を制圧するために必要な戦争手段の一つ」と表現された。同宣言は南部のいっそうの不安定化だけでなく、北軍の強化にもつながった。一八六五年には北軍の兵士に占める元奴隷の比率が一〇パーセントに達した。結局のところ、南北戦争は消耗戦であった。南部連合の大統領ジェファーソン・デービスは、戦争の規模がいかに自身の予想を超えていたかについて、つぎのように述べた。「敵はわたしの見込みを超える戦力、エネルギー、資源を見せつけている。資金面でも、こちらの想像以上に持ちこたえている。……これほど広範囲におよぶ大規模な戦争が、いつまでもだらだらと続くわけがない。戦闘員たちはやがて消耗するはずだ[8]」。

攻撃への盲信

工業化によって戦争要員として集められる人員の数は増大し、蒸気機関と電気によってそれらの兵を動員し、輸送することも容易になっていた。火力の射程と威力もしだいに向上していた。これらの要因はすべて指揮官の前に立ちはだかる壁となった。作戦の地理的範囲と戦争に携わる人員の数が拡大する一方、天候による制約は和らいでいた。こうした流れが兵站や実際の戦闘にどのような影響をおよぼすのかは不透明だった。戦争をめぐる政治も変化していた。戦争は社会全体を巻き込み、国民感情を利用するものとなっていたため、軍事の領域と文民の領域を分け隔てるのは、かつてよりはるかに困難になった。

アメリカ南北戦争の個々の戦闘が決戦とならなかったこと、普仏戦争で決戦の様相を呈したセダンの戦いのあともフランス軍の抵抗が続いたことは、従来の戦争必勝法の限界を示した。にもかかわらず、決戦思想が深く根づいていたため、満足のいく結果をもたらす方法を探す熱意は残っていた。数的に優勢な相手を前に自軍の弱さを察知した指揮官であっても、策略よりも精神力の強さに関心を向けていた。一八七〇～七一年の普仏戦争で負けたあと、フランスの理論家は自軍の「攻撃的姿勢」をほめそやし、敵の火力に逆らって突撃するよう兵士に訴えるうえで、精神的な強さがカギになると奨励した。(9) もし物質的な力のバランスで勝利が決定づけられないのだとすれば、イギリスのダグラス・ヘイグ元帥が「士気と打倒するという強い決意」を求めたように、もっと精神的な部分に勝負を決める要素を見いださなければならない。典型的な主張はアルダン・ドゥ・ピックの著作にみられる。すべては個々の兵士の感情や精神の状態しだいだと説いたドゥ・ピックは普仏戦争中に戦死したが、その著書は死後の一八八〇年に『戦闘の研究』として刊行され、フランス軍の最高司令部にまで影響をおよぼした。第一次世界大戦中に連合国軍最高司令官に就任したフェルディナン・フォッシュは、戦争に敗れるかどうかは精神状態によると固く信じていた。ドゥ・ピックは、肉体的刺激は関係なく、「精神的刺激」がすべてだと主張した。精神的刺激は「強い決意によって勢いづいた自軍に敵軍が気づくこと」で生じる。攻撃する側が接触するころには、防御する側はもう「うろたえ、動揺し、不安になり、怖気づき、及び腰になっている」[10]。攻撃重視のドクトリンはフランスの公式方針となり、やがて「盲信」と表現されるようになった。

ドイツの方針はフランスとは異なる土台から生まれた。モルトケは、ドイツが将来の戦争で迅速な勝利を収められなければ、その立場は厳しくなると確信していた。すべてのドイツ人戦略家が共通して認識していた前提は、もし同国が東側と西側から同時に攻撃される事態が生じれば、そのどちらかの交戦国を早い段階で排除することができないかぎり、押しつぶされてしまうだろうというものだった。一八七一年のあと、そのようにして切り抜ける力がドイツにあるかという点について、モルトケはしだいに悲観的に考えるようになっていった。そして、フランスとロシアに対する戦争を計画するなかで、軍への要求が増しているときであっても、政治上の期待を引き下げる必要があると悟った。モルトケは、ドイツが政治的解決を交渉するのに最適な立場を得ることを望んだ。その場合、他国の攻勢にさらされるのではなく、(最終的な交渉に用いる領土を獲得するために)攻勢に出る必要があった。

攻撃に関する議論は、モルトケの後継者たちが消耗戦を避けるという決断を下したことで激化した。後継者たちは、避けようのない膠着状態のために備えようとはしなかった。そして危機が訪れれば、武力によって新たな政治秩序が生まれうる、生まれるはずだと頑なに信じていた。一九世紀から二〇世紀の変わり目にドイツの参謀総長を務めたアルフレート・フォン・シュリーフェンは、こうした考えの持ち主の典型例であった。シュリーフェンは、壮大で説得力のある概念と、細部まで行き届いた配慮を組み合わせることで解決のカギが見いだせると考えていた。一八九一年の著書では、「戦略における基本的な要素」として「数的に優勢な兵力を投じて行動を起こす」ことを挙げている。「これは自軍が当初から優勢であれば比較的容易だが、劣勢だとより難しい。そして数的に著しく劣っている場合には、おそらく不可能である」[11]。

西側のフランスと東側のロシアに挟まれたドイツにとって、最も直面する可能性が高いのは、一方の国が介入してくる前に、もう一方の国を撃破しておかなければならない状況であった。正面攻撃をしかけて過剰な犠牲が生じれば、その後の戦闘のための兵力が足りなくなる。したがって、先手を打ってまず敵の側面に回り、撃破する必要があった。シュリーフェンは綿密な計画に重点を置くことで、摩擦の問題に対処し、敵の対抗戦略を予測しようとした。動員から勝利にいたるまで、作戦全体の計画が緻密に練り上げられた。敵を自国のではなく、ドイツの台本（スクリプト）に従うしかない状態へと追い込むのだ。この方法では、モルトケの教えにあるように個人が主体的に行動したり、計画から大きく逸脱したりする余地はほとんどない。シュリーフェンは、失敗はまず許されないと認識していた。したがって、軍事リスクを低減させるために政治リスクをとること、とりわけベルギーとルクセンブルクの中立を侵犯することも辞さない構えでいた。

モルトケの甥ヘルムート・フォン・モルトケ（「小モルトケ」として知られる）が一九〇六年にシュリーフェンからドイツ参謀総長の座を引き継ぐ直前に策定されたという「シュリーフェ

ン計画」については、実際に存在したのかという議論がかまびすしくなっている。ドイツには不完全な記録しか残っておらず、それらも状況の変化に応じて修正されたものであるのは明らかだった。[12]ドイツ参謀本部は折に触れて西側ではなく東側を重視し、戦力の水準を調整していた。とはいえ、一九一四年のドイツ参謀本部の考えが、包囲によって一方の敵を最大限の速度で損害を最小限に抑えつつ戦争から排除する、という深く刻みつけられた戦略概念に従っていたのはたしかだった。この戦略は一九一一年に小モルトケがまとめたものである。このとき小モルトケは、どのような状況においても、ドイツが利用可能な資源すべてをフランスに振り向けて戦端を開くことを提唱した。

フランスとの戦闘はこの戦争においての決め手となる。フランスは最も危険な敵だが、迅速な決着を見込むことは可能だ。人的余力が少ないフランスは、最初の戦闘で負けた場合、長期戦はまず遂行できなくなる。一方、ロシアは兵力をとてつもなく広大な自国の領土内に振り向け、戦争をいくらでも長引かせることができる。したがってドイツは、少なくともどちらか一方の前線において、最初の戦闘で可能なかぎり迅速に敵を撃破することに全力を注がなければならない。[13]

一九一四年八月のドイツの攻撃は、軍事思想とそれを実践する力が発達した一〇〇年の絶頂期にあることを示した。ドイツは通信面、兵站面の発展を加味してナポレオン時代の常識を塗り替えた。根拠もないまま、攻撃は防御よりも強力な戦争の形態になりうるとみなすことで、クラウゼヴィッツの思考と決別したのである。ヒュー・ストローンが論じるように、一九一四年の全ヨーロッパ諸国の軍隊が掲げた計画は、ジョミニ式の「特定の原則に基づいた機動によって勝利を決定づける目的で策定された、個々の戦役のための作戦計画」であった。[14] 敵の防御を迂回し、力と勢いを見せつけて後退に追い込むというものだ。それを実践するには、責任感、技能、鋭気、意志力を高いレベルに保つこと、そして敵が反撃できないようにすることが前提となった。

こうした戦略は実践のかなり前に、すべての計画がかみ合うように策定されるものであった。計画が必ず正しく実行されるようにするには、従順かつ正確に命令に従うことのできる兵士が必要だった。個人がそれぞれ行う数多くの選択によって結果が形成されるトルストイ式の軍隊ではなく、規律と訓練によって指揮官の意志の道具にされた集団である。予期せぬ事態に直面し、現場で決断する裁量が求められる場合でも、直接的な意思疎通だけでなく、組織の文化や共有するドクトリンを通じた間接的な意思疎通によって、指揮官の意図をくみ取り、反映しなければならない。序列と統制によるシステム、専門化した各機能とその調和に支えられたシステムは、近代の官僚機構の発達の最高段階として出現した。ドイツの参謀本部は優秀な軍人を選りすぐって構成された。参謀本部は包括的な計画を立てるため、個人が厳しい状況下でも命令どおりに行動できるようにするための基準を定めた。

だが、こうした手を尽くしても勝利は保証できない。確実に勝つには、いかなる外交上の配慮よりも軍事的な責務を優先しなければならなかった。とりわけ深刻なのは、そのためにベルギーの中立を侵す必要があることだった。その場合、イギリスが既存の、あるいは潜在的な民間の抵抗勢力を押しのけて参戦する公算が大きかった。そうした場合でも確実に勝利するには、計画や戦術理解、兵士の規律の面で劣る国を断固たる意志によって撃破する軍の優位性に頼る必要があった。しかも、これといった選択肢はほかになかった。長期におよぶ消耗戦を戦う意欲も資源もなく、殲滅戦を遂行するうえで別の手立てはありえなかった。徐々に非軍事化が進み、国が弱体化する、という軍部が最も恐れる展開を除くと、戦争の脅威を利用して、より有利な形で外交的解決に持ち込む方法しか残らない。これは最初の一撃で成果をあげることに大きく依存するため、ひとたび動員が始まれば、政治情勢はすぐに制御不能になってしまう。

ナポレオンの失脚後、国々を分裂させる重大な問題は武力によって解決できる、という前提は常識になっていたが、実際にそれが試される機会は数えるほどしかなかった。それらの機会はこの前提を強く裏づける一方で、警戒すべき理由を浮き彫りにした。輸送手段、とりわけ鉄道の飛躍的な発達により、敵を包囲し、不意打ちするための複雑な動きが容易になっただけでなく、新たな増援部隊を前線に送れるようにもなった。工業化による火砲と小型武器双方の軽量化、射程と精度の向上は、防御線に穴をあけることだけでなく、防御する側が突進してくる敵軍に多大な流血を強いる射撃を行うことをも可能にした。どれだけ作戦がすぐれていても、たった一国の軍隊がはるかに強力な連合を相手にしてできることには限界があるというナポレオン時代の戦争の基本的な教訓は根強く残っていた。同様に、戦争が国に与えるストレスが一般大衆の怒りと革命的な波を引き起こす、という一八七一年の教訓も生きていた。戦争は急進的な手段であり、国際秩序を覆し、国内の過激な政治勢力を勢いづかせる恐れがあった。一撃で敵を打破する迅速な軍事行動の戦略を練ることは重要だった。しかし、その攻撃に敵が持ちこたえた場合、その後の事態に対処するための有力な戦略はなかった。

マハンとコーベット

こうした陸上での攻撃と決定的勝利に関する議論が大陸ヨーロッパ諸国で盛んに交わされるなかで、イギリスは海軍力に依存する状態に満足していた。海上戦略に対する関心は薄く、戦略自体は、概してイギリスが肥大化した帝国と大陸間貿易を維持するために成し遂げたことと、なおも取り組んでいることにかかわるものであった。中心的な概念は制海権で、その原点はトゥキュディデスまでさかのぼる。これは簡単にいうと、人や物資をどこでも望む場所へと輸送できる一方で、敵には同じ試みを許さない権利を意味する。一九世紀にイギリスは制海権をほしいままにしていた。自国の海軍資産を最大限に生かして、圧倒的な強国としてのオーラを築き、弱小諸国にイギリスの影響力を思い知らせるために戦艦を派遣した。そして新興国に対して脅しをかける、保証を与える、交渉の場を設けさせる、あるいは攻撃をしかける、といった態度をとった。その間、大英帝国の連絡線は確実に維持され、強化された。

こうしたなかで、同等の戦力をもった相手をいかに戦闘で破るか、という点への配慮は必要とされずにきた。これは陸上戦における重要な関心事項だが、一九世紀の大半においてイギリスがそのような相手に直面することはなかったからだ。一時期、フランスが対抗馬として名乗りをあげようとしたが、一八〇五年のトラファルガーの海戦でイギリス海軍の優位性があらためて明らかになった。以後、海上での動きは途絶えなかったものの、イギリス海軍の優位を脅かすような深刻な事態は生じなかった。イギリスはこうした有利な立場を維持するために、海軍の規模を常に他国の二倍以上に保つ必要があると判断した。この基準が守れなくなる恐れが生じたのは、蒸気船への転換が進み、ドイツの工業力が増大した一九世紀から二〇世紀の変わり目になってからのことだ。第一次世界大戦が始まる前までイギリスは支配的な地位を維持したが、それは相当の努力の賜物（たまもの）であった。

海軍の戦略について説得力のある主張をもった理論家が現れたのは、一九世紀の終わりである。アルフレッド・セイヤー・マハンは、アメリカ海軍でおもしろくもなく、さほど重要でもない経歴を重ねたあと、一八八六年に思いがけず新設の海軍大学校の校長に抜擢された。同校でマハンは海軍が歴史におよぼした影響に関する講義をいくつも行った。この経験がマハンの著作のなかでもとくに重要な二冊の本を生み出した。一つはフランス革命以前、もう一つは一八一二年までの海軍史を記したものである。マハンは長大な著作を、主に海軍を退役した一八九六年から亡くなる一九一四年までの時期に大量に執筆した。[15] マハンの著作は、戦略の原則よりも、海軍と経済力の関係、とりわけイギリスがいかに「陸上における軍事大作戦の遂行によってではなく、海を制し、海を介してヨーロッパ以外の世界を支配することによって」大国の座を手にしたか、という点に重きを置いていた。[16] アメリカ人のマハンは、イギリスに対抗するためではなく、両国が自由な海上貿易を継続できるよう後押しするために、自国にイギリスと同じ道を歩ませようとした。

マハンの著作はイギリスで高く評価された。フランスが海軍大国になれなかった一方でイギリスは成功を収めたという主張は、イギリスにとって心地よいものだったからだ。海軍大国をめざす国々は、イギリスの実績が示す大前提、つまり海に依存する国は大型艦からなる大規模な海軍をもつ必要があることを認めていた。マハンの歴史的、地政学的側面に関する分析は真剣に検討する価値があるとされてきたが、海軍力の実際的な運用に関する見解は、はるかに未熟であった。[17] マハンは陸上でも海上でも戦略の原則は基本的に同じだと繰り返し主張した。その原則に関するひらめきはジョミニから得たもので、「[ジョミニから]ほんのわずかながら、軍事的な要素の組み合わせに関するすぐれた考え方を学んだ」と述べている。マハンの父デニス・マハンは、ジョミニがアメリカでこうした肯定的な評価を受けるようになるのを手助けした人物だ。[18] ジョミニ流の考え方は決戦の重視へとつながった。マハンは、敵の組織的戦力を「主たる目標」にしなければならないと説いた。この「ジョミニの金言」は「数多くの見かけ倒しの主張を、諸刃の剣のように関節や骨の髄まで」貫くものであり、戦闘に備えて戦力を集中させること（あらゆる戦略における「ＡＢＣ」）の必要性を示している。これらの原則に従うことで、海軍の士官の戦略的成熟度は陸軍の士官と同等の水準に達しうる。[19] 残念ながら「海上での戦争術の発展は遅く、今のところ陸上の場合ほど進んでいない」とマハンは考えていた。「物や機械に関わる発展競争が繰り広げられるなか、海軍の士官全般の関心が、彼らにとって特別であり、最も関心を寄せるべき対象である戦争遂行の体系的研究からずいぶんと離れてしまっている」。[20] とはいえ、マハンはそもそも歴史家であった。海軍戦略に関する持論を一冊にまとめようとしながら、マハンはそれが、自分がそれまで執筆したなかで最も出来の悪い本だと打ち明けていた。[21]

海軍力の重要性を強く説いたマハンは、アメリカとイギリスの海軍関係者のあいだで数多くの信奉者を得たが、長い目で見るとその理論的貢献度は限られていた。歴史は不変の原則を示すと信じている人物のご多分にもれず、マハンは持論の基本的な枠組みを、蒸気機関などの新技術による海軍力の急激な変化に適応させることができなかった。また、特定の種類の軍事力のすばらしさを前面に押し出そうとする人物の例にたがわず、海軍力が他の軍事力に従属するとみなされることに神経をとがらせ、海軍が陸軍の一部門となるのを防ぐために、海軍を沿岸要地の防衛に使うという考えをはねつけた。マハンにとって、海軍の役割とは他国の海軍と制海権を競うことだった。そして他の決戦重視派と同様に、より限定的な形態の会戦にはほとんど関心を示さず、また海上決戦が終わる前に通商破壊の手段をとることには否定的だった。決戦に勝てば、敵の通商を意のままにできるからである。

似たような考えを持つ者にドイツのアルフレート・フォン・ティルピッツ海軍元帥がいた。ティルピッツは一九世紀終盤に、統一後まもないドイツ海軍を二流の水準から、支配的な地位にあったイギリス海軍に真っ向から対抗できる戦力をもつまでに強化した人物である。その構想は野心的でありながら想像力に欠けるもので、マハンと似ていたが、マハンがジョミニからひらめきを得ていたのに対して、ティルピッツはクラウゼヴィッツの影響を受けていた。ティルピッツは将来の海戦に備えていたが、そのイメージは陸上戦にきわめて類似した、制海権を得るための「艦隊対艦隊の戦闘」だった。陸上戦を模範としていたのは明らかで、「水上での軍隊同士の戦闘」という表現さえ使っていた。海軍の「本来の使命」は「お膳立てされた大規模戦闘」で勝つための「戦略的攻撃」であった。沿岸部を砲撃あるいは封鎖するといったその他の手段は、「敵艦がまだ存在し、戦闘可能な状態にある」かぎり実行できないとみていた。海戦を避けようとしている敵を戦闘に引き込むのは明らかに困難であるにもかかわらず、このように考えていたのだ。[22]

マハンとティルピッツが海戦の考えられうる目的と手段について、きわめて類似した概念を用い、自国を海軍大国へと成長させようとしていたのに対して、イギリスには特筆すべき海軍戦略家がいなかった。第一次世界大戦後にウィンストン・チャーチルが振り返ったように、イギリス海軍は「海軍に関する文献に重要な貢献をしたためしがなかった」。イギリス海軍の「思考と研究」の対象は日常業務に特化されていた。「勇敢で献身的な、あらゆる分野のすぐれた専門家がいたが、紛争が始まってみると戦争の指揮官よりも、艦長のほうが多かった」。海上権力（シーパワー）に関する模範的な著作はアメリカの海軍将官によって書かれた。イギリスで最もすぐれた著作は文民であるジュリアン・コーベット卿が書いたものだった。[23] コーベットは慎重で穏やかな分析と文体によって、制限戦争の可能性を訴えた。陸上決戦への戦力集中を重視する考え方に疑問を呈し、海戦を考えるうえでこれが適さない理由を提示することで、当時の主流の考え方に対してきわめて重大な批判を行った。法律家としての経歴を有し、小説も書いたコーベットは、海軍での実務的な経験はもたなかった。このことは、決戦と海上攻撃に関する懐疑的な見方や、イギリス海軍史上の偉大な伝説（たとえば一八〇五年のトラファルガー海戦にまつわるもの）に対する否定的な姿勢とともに、しばしばコーベット批判の材料となった。

そうした風潮があったにもかかわらず、コーベットは海軍大学校の講師として海軍教育で中心的な役割を果たした。また海軍省内での政策立案に、第一次世界大戦中も含めて携わった。

戦後は同大戦の公式な海戦史を監修する責務を与えられた。コーベットは改革派側の立場にあり、イギリス海軍の考え方や文化の近代化に努めた。このため、当然のように保守的な海軍関係者の標的となった。大戦中には意見を求められることが多かったコーベットだが、その広範囲におよぶ理論が与えた影響の大きさは疑問視されている。[24]第一次世界大戦中、軍上層部の人物が、コーベットのある著作を「政治、軍事戦略に関して英語で書かれた書物のなかで屈指の一冊」と称賛し、「計り知れない価値をもつものを含め」、あらゆる教訓が「そこから得られるだろう」と述べた。だが、この著作を読む時間のある者はいなかった。「どうやら歴史は、教師と肘掛け椅子に座った戦略家のために書かれるらしい。政治家と兵士は暗がりのなかをゆっくり進むのだ」と、この人物は語っている。[25]

自分と対立する者の意見も考慮しようと努めたコーベットの著作は、時として必要以上に複雑な内容となった。聞く耳をもつ読者を対象に論客のような見地から執筆を行ったマハンに対して、文民のコーベットは懐疑的な読者向けに著作を書くという、もう少し難しい立場にあった。マハンがジョミニの考え方を取り入れようとした一方で、コーベットはまずクラウゼヴィッツの影響を受けたが、その度合いはティルピッツの場合に比べてかなり控えめであった。[26]コーベットはデルブリュックと同様に、『戦争論』が絶対戦争における決戦以外の手段の余地を認めている点に気づいていた。限られた資源で多くを成し遂げることによって実証されたイギリスの海軍戦略の英知は、限定された目的のために限定された軍事行動を続けた結果によるものだった。イギリスは「海軍と陸軍の行動を」どうにか組み合わせ、「その組み合わせた部隊に、本来の力を超える影響力と機動力を与えて」きた。[27]海上での制限戦争の可能性は、大陸ヨーロッパにおける絶対戦争の可能性と比較された。大陸ヨーロッパには、小規模で国家主義的かつ組織だった諸国が互いに隣接していた。戦争が起きれば国民感情は高揚する傾向にあり、戦局が思わしくなければ追加の資源が投入される可能性があった。国境から遠ざかるほど、そして政治的な利害が希薄になるほど、兵站上の問題は大きくなる。このような場合、制限をかけたり、自制をきかせたりする公算は大きくなる。敵の武力を破壊することは目的を達成するための手段であって、それ自体が目的なのではない。他の手段でその目的が達成できるのなら、そのほうがはるかに得策であった。

戦略上のきわめて重要な問題は、いかに戦闘に勝つかではなく、いかに敵の社会と政府に圧力をかけるかであった。これは、敵艦隊との交戦を求めることだけでなく、通商にかかわる妨害や攻撃（いわゆる「通商破壊」）について検討することも促す。大戦略（グランド・ストラテジー）とは、国際関係や経済上の諸要因を考慮した戦争の目的を立てるものであり、実際の戦争遂行のための戦略はこの大戦略に従属する。戦争が海軍の行動だけで決着する見込みは（妨害行為の結果、長い時間をかけてそうなる可能性を除くと）きわめて低かったため、陸軍と海軍を分けて考えるべきではなかった。「人は海ではなく陸上で生きているのだから、戦争における国家間の重要な問題は、（きわめてまれなケースを除き）敵の領土と国民の生命に対して陸軍がなしうることとか、さもなければ艦隊の力で可能になる陸軍の行動がもたらす恐怖によって常に決着してきた」。陸軍と海軍の関係を決めるのは海洋戦略であり、そこで艦隊特有の任務が決まる。そして、それは純粋な海軍戦略の問題となる。

陸上戦での勝利のカギは領土の支配にあるが、海戦では交通（コミュニケーション）の支配がカギとなった。海そのものを占有することはできないからだ。攻勢作戦と防御作戦は互いに融合する傾向にあった。制海権の喪失は航行を妨害される可能性が生じることを意味したが、必ずしも別の国がその制海権を得たことを示すわけではなかった。「制海権は争われている状態にあるのが普通だ。この争われている状態こそが、海軍戦略でとくに重視される点である」。コーベットは、制海権を得るために敵艦隊を探し出して破壊すること（ナポレオン式の戦争における決戦に相当する）がなぜ望ましいか知っていたが、それが不可能かもしれない理由も理解していた。コーベットはこう記している。トラファルガーの海戦は「世界屈指の決戦だった。とはいえ、数々の偉大な勝利のなかで、すぐに目に見える成果を示したものは一つもなかった。……同海戦でイギリスは結果として海の支配権を得たが、ナポレオンはヨーロッパ大陸の独裁者の座にとどまった」。

攻撃が「盲信」の対象となり、防御は信用を失っていた。だが海上では戦闘が簡単に避けられることから、防御のほうが優位にあった。自軍が力で劣るとわかっている艦隊は、強い艦隊との衝突をとにかく避けようとする。マハンと違ってコーベットは、自軍よりも強い艦隊を避ける、力の劣る艦隊をその場では優勢だという錯覚におちいらせて窮地に追い込む、勝つための艦隊の編成を行う、といった分散の戦略に利点を見いだしていた。こうした観点においては、「理想的な集中」とは「実際の強さを覆い隠すために力が劣るように見せかけること」であった。同じ理屈で、最悪の集中は支配できる海の領域を限定し、どのような目的であれ、他の海域における行動を危険にさらすことだった。「望ましい決着のために戦力と労力を集中すればするほど、自国の通商活動は散発的な攻撃を受けやすくなる」[28]。第一次世界大戦は、マハンよりもコーベットの見方を裏づけた。勝敗がつかないまま終わった一九一五年のユトランド沖の大海戦は、コーベットにいわせると不要な戦闘であった。その後もイギリス海軍は海上封鎖を続けることができ、そのせいでドイツは徐々に弱体化していったからである。一方で、自国の商船を狙った潜水艦での通商破壊を受け、無防備さに気づいたイギリスは、護送船団方式を導入することによって、遅ればせながらこれに対処できるようにしたのだった。

地政学

もしマハンが著作活動をまったく行っていなくても、他の大国はイギリスに続いて大規模海軍の構築に乗り出していただろう。とはいえ、マハンがそうした取り組みに正当性と信憑性を与えたことはたしかだ。海軍は、経済力を重商主義的にとらえる見方と強く結びつき、軍備面での努力を通じて保護され、強化された。海上の覇権国によって保障されうる独自の商業用交通路が海上に存在するかのように示すことで、マハンが導入した概念は熱烈な海洋愛好家のあいだで浸透した。マハンの理論は、自身も若いころに海軍史を研究していた経歴をもつセオドア・ローズベルト大統領から強い支持を獲得し、一九〇八年以降のアメリカ艦隊の大規模な戦力増強へとつながった。

自国海軍の優位性に終わりがくることを認識していたであろうイギリスで、マハンの理論に重大な存在意義を与えたのはコーベットだけではなかった。まったく異なる展望を示したのは、冒険家、政治家でもあった地理学者ハルフォード・マッキンダー卿である。マハンは、大陸国家として生きるか、海洋大国となるかがアメリカにとって重要な二者択一になるとの考えを示していた。このため、沿岸部が二の次にされ、内陸部の発展に関心が高まっていることを嘆いていた。マッキンダーはこうした二分法を認めなかった。一九〇四年に王立地理学協会で発表された小論において、マッキンダーは大陸国家が内陸で勢力を拡大し、それを海軍の創設へと生かすことができる理由を説明した[29]。海洋国家やイギリスなどの小さな島国には、こうした選択肢がない。新しい輸送手段、とりわけ鉄道は、馬での移動に頼っていた時代には不可能だった方法で内陸の資源を活用することを可能にした。マッキンダーはユーラシア大陸全体を視野に入れ、どうすればドイツかロシア（あるいはその組み合わせ）がその全土を支配することができるか、それによってそこから海洋へ進出するのが比較的容易になるだけの経済力を獲得することができるか、について考えた。一九〇五年に発表した小論では、「大陸の半分を支配すれば、最終的には船の数と人の数で一つの島国にまさる艦隊を築きうる」と述べている。[30]マッキンダーはこうした観点から、イギリスの脆弱性が増し、大英帝国の結束を強めることでしか対処できなくなると考えた。

マッキンダーの理論は、第一次世界大戦終結直後に刊行された本に、より煮詰まった形で記された。マッキンダーはユーラシア大陸の内陸部を「ハートランド」と名づけ、「現代の戦略的な意味におけるハートランドとは、シーパワーの侵入を阻止できる地域」だと説いた。[31]そして世界を、潜在的に自給自足が可能な中核地域「世界島」（ユーラシア大陸とアフリカ大陸）と、その「周縁」にある残りの島々（アメリカ大陸、オーストラリア、日本、イギリスの島々、オセアニアを含む）の二つに大別した。規模が小さい後者の島々が機能するには海上輸送が必要となる。一九一八年のドイツ敗戦にもかかわらず、マッキンダーは「シーパワーに対するランドパワーの戦略的な機会がますます増大する」危険性が残っていると考えた。そこから導き出したのが「ドイツ人とスラブ民族」を離間させたままにするという提言だ。マッキンダーの分析は三つの格言を生み出した。「東ヨーロッパを制する者はハートランドを支配する。ハートランドを制する者は世界島を支配する。世界島を制する者は世界を支配する」。[32]マッキンダーが鉄道と自動車によって変容しつつあるとみていた距離の重要性は、やがて大陸と海をまたがって飛ぶ飛行機の力によって、さらに大きく変化した。意外なことに、マッキンダーはエアパワーの可能性にほとんど注目しなかった。一九〇四年、画期的な論文を発表したそのわずか数週間前に、ライト兄弟が世界初の有人動力飛行に成功していたのだったが。

マッキンダーの考え方にはマハンと共通する点が多くあった。二人とも、当然の流れとして拡大をめざす大国のあいだで絶え間なく続く競争、という観点から国際関係を理解していた。マッキンダーはさらに地理的な側面を加味した考え方を取り入れ、大陸と海洋を同じ世界システムの一部として、また（政治的、技術的変化によってその関連性がいかに変化しようと）連続性の源としてどうとらえうるかを示した。ただし、何もかもを地理的側面から断定しようとはせず、パワー・バランスは「競い合っている国の人口、力強さ、装備、組織の相対的な差」にも影響されると認めていた。[33]マッキンダーが提示したのは、より高度な戦略論を、諸国家とそれらを取り巻く環境の永続的な特徴との相互作用に結びつける方法だった。

マッキンダーが「地政学」という用語を使ったことはなかった。この用語を生み出したのは、初めて政治地理学に取り組んだ地理学者フリードリヒ・ラッツェルの教え子で、スウェーデン人のルドルフ・チェレンである。チェレンの著作はドイツ語に翻訳され、ドイツの元将官で地政学派を創始したカール・ハウスホーファーに受け入れられた。[34]ハウスホーファーはナチスの党員ではなかったが、経済的自給自足（アウタルキー）のために特別際立った民族集団が十分な空間を占有するのが当然、という世界観を取り入れた。「生存圏（レーベンスラウム）」

（人間が生存するために必要とする空間は拡張される必要がある）という論理は、ナチスのイデオロギーの一部となった。こうした思想との結びつきによって、地政学は信頼を失った。[35]マッキンダーのより繊細なアプローチは、各国家の狭量な関心事項に関する背景を説明するだけでなく、敵対勢力がやがて世界征服を成し遂げる道があるのではないかという不安（イギリスの場合、この可能性は当てはまらなかった）を増幅させた。こうした考え方は、二〇世紀の大規模紛争に影響をおよぼした。国際政治の構造から生じる不変の原則は数多く存在するが、各国は危険を覚悟でそれを無視している、という見方を支えたのだ。その結果、戦う目的や、同盟の構築や維持にふさわしい相手を決める際に、イデオロギーや価値観こそが最も重要な要素となっていたかもしれないにもかかわらず、国籍や領土に関するより保守的な概念が重視され、イデオロギーや価値観についての考察が軽視されるようになった。したがって地政学は、戦略を作戦技術に焦点を合わせたととらえる場合よりも高い次元へと引き上げたようにみえるが、より広い意味での政治的背景への関心を失わせるという弊害ももたらしたのである。

第10章　頭脳と腕力

無口な人々は朝、外に出て、航空隊が頭上を通りすぎるのを目にする。すると空から死がぽたぽたと落ちてくるのだ！

——H・G・ウェルズ『空中戦争』（一九〇八年）

一九一四年八月のドイツの攻撃計画ほど、軍事計画の限界があらわになった例はない。ドイツ参謀本部は可能なかぎり主導権を握ったが、とくに兵站（へいたん）線と後方連絡線が長くなるなかで、フランスがそうした計画を阻止するためにどのような行動をとりうるか、という点にあまり注意を向けていなかった。ベルギーが軍事的に抵抗したこともあり、やがてスケジュールどおりに計画を進めるのは不可能だと判明した。この影響で、民間人に対して強制労働、食料供給の遮断、理不尽な破壊行動など、過酷な仕打ちがなされた（こうした行動パターンは大戦が終わるまで繰り返された）[1]。数週間でドイツの攻勢は阻止された。ただ、フランスを降伏させることができず、また（ベルギーに侵攻したために）ロシアとイギリスを相手に戦う必要が生じたにもかかわらず、ドイツは戦争目的や戦略の原則を根本から見直そうとはしなかった。自分たちは気質でまさっており、臆病さとは無縁である、そして新技術によって形勢を一変させることができるという信念のもと、なおも決戦での勝利をめざしていた。新技術に関しては、まず毒ガス戦を導入した。次の大きな動きとして、無制限潜水艦作戦を実行した。その背景には、民間船舶は潜水艦の攻撃に対処できないという楽観的な見方があった。だが、この作戦はアメリカの参戦という予期しえた事態をもたらした。最後の賭けは、長距離の進撃によってドイツ軍が無防備な状態にさらされる結果となった一九一八年三月の春季攻勢であった。

ハンス・デルブリュックは、ドイツの最初の攻勢を称賛し、それが成功するとみていたが、やがて行き詰まりの様相を呈すると即座に考えを改めた。交戦国の経済におよぶ相対的な打撃を読むのは容易ではなかったが、ドイツが敵国を殲滅（せんめつ）できない場合、敵を消耗させる必要が生じる。デルブリュックはロシアとの戦いに集中するために、イギリス、フランスと和平交渉を行うべきだと説いた。妥協を許さないドイツの政治家と軍部の姿勢にデルブリュックは失望した。一九一七年の著作ではこう書いている。ドイツは「ある意味、全世界連合を敵に回している……ドイツの専制に対する恐れは、われわれが考慮しなければならない非常に重大な事実の一つであり、敵戦力におけるきわめて強力な要素の一つである[2]」。

砲撃と歩兵による突撃の組み合わせという無益で大きな犠牲をともなう戦法を続けるよりは

かに、これといった打開策はまず見つからないような長い膠着状態のなか、ドイツの計画はより無鉄砲な戦略に基づいて策定されるようになった。どの計画にも、敵の戦意をくじくために、新技術（戦車や飛行機）の潜在能力を実戦で生かすという意図があった。いずれの場合でも、新兵器が物理的にだけでなく、心理的にも大きな打撃を与えると見込まれた。目的は、敵側を事実上の集団神経衰弱におちいらせることにあった。これは、決定的な勝利を収めるには敵軍を殲滅する必要がある、という前提を真っ向から覆す行為であった。どちらの計画も現実的ではなかった。技術はまだ揺籃期にあり、生産能力は限られ、戦術も未熟だった。にもかかわらず、どちらの場合でも、こうした初期の計画が第一次世界大戦後に繰り広げられた将来の戦略に関する激しい論争の土台となったのだ。

エアパワー

ドイツは長距離爆撃の価値や、勝利のカギは物理的な損害の規模よりも敵の戦争続行の意志にあるという考え方に視点を移すのが早かった。一九一五年に初めてツェッペリン飛行船による空襲が行われた際、実際の損害は小さかったが、ロンドンでは頭上を飛ばれること自体が屈辱的な行為で、士気に悪影響をおよぼすとみなされた。イギリスが飛行船への対抗策を習得すると、ドイツはかわりにもっと破壊力の大きい航空機を導入した。すでにイギリスの士気が低下していた一九一七年の夏、ドイツ軍はロンドンで航空機による最初の空爆を行い、死者一六二名、負傷者四三二名の被害を与えた。このころまで、イギリスは自軍の航空機をフランス駐留の陸軍の支援のために集中して使っていた。イギリスは引き続きこの任務を優先したものの、ロンドン空爆後、政府は報復と一般大衆の保護を誓った。当時、イギリス陸軍航空隊は主にフランスの塹壕（ざんごう）を越えて、前線への補給を行うドイツ軍の補給線を攻撃することに使われていた。選んだターゲットに決定的な打撃を与えるだけの継続性をもって、十分な規模の集中攻撃をしかけることができる独立した戦力とするには、航空隊はまだ希少な資源であった。指揮官のヒュー・トレンチャードは、これを最大限に生かすための構想を築こうとしていた。トレンチャードは、いずれはより飛行距離の長い爆撃機を使ってベルリンを攻撃目標にすることが可能になると判断したが、イギリス空爆後の最初の報復行動は、ドイツでのきわめて限定的で、どちらかというと無差別の爆撃にとどまった。

トレンチャードの構想は、ドイツによる空爆の直後、自国が参戦したために訪れたアメリカの航空関係者の集団に強い影響をおよぼした。このなかの一人で、アメリカの航空機生産における要件を設定する責務を課されていたナップ・ゴレル陸軍大尉は、空爆作戦の計画を練りはじめた。トレンチャードと同じく、ゴレルは「敵を攻撃する際の新しい方針」が必要と唱え、それをドイツから前線への補給の流れを妨げる「戦略的爆撃」と定義した。そこでは、ドイツが戦争継続のために依存する一連の産業拠点の目標が少数の重要目標を含めて存在すると想定されていた。また、そうした拠点を攻撃すれば、そこで働く民間人が意気消沈し、仕事に戻るのを躊躇するだろうとも見込んだ。さらに、空爆に耐えきれなくなった民間人が政府に和平交渉を迫る圧力をかける可能性もあると考えた。ゴレルは、何千機もの航空機からなる大航空部隊が昼夜を問わず出動し、一つのターゲットから次のターゲットへと体系的に動いて攻撃することによって、この計画が実現すると予想していた。だが計画は成就しなかった。前線で戦う陸軍を早急に防御、援護する必要があったにもかかわらず、計画がかなり非現実的だったこと、航空機の生産能力をあまりにも過剰に見積もっていたことが原因であった。[3]

ゴレルの計画の重要性は、戦後に戦略的エアパワーの必要性を声高に唱えることになる重要人物たちの考え方に基づいていた点にあった。そのなかにはトレンチャードのほかに、のちに空軍独立論を唱えて軍法会議にかけられたアメリカの将官ウィリアム・ミッチェルや、当時、エアパワーに関する自らの革新的な考え方をイタリア軍部に認めさせようと躍起になっていたジュリオ・ドゥーエがいた。ゴレルは友人のイタリア人航空機設計者ジョヴァンニ・カプロニを通じてドゥーエと知り合った。ミッチェルが上層部ともめた原因は、その革新的な構想ではなく、むしろ組織の独立を執拗に訴えたことにあった。アメリカの工業力を背景に、ミッチェルは「戦術的な」目標のために「戦略的な」目標への関心がそがれることをそれほど懸念してはいなかった。ドゥーエは、世界初の航空攻撃として知られる一九一一年のリビア爆撃についてイタリア陸軍に報告し、一九二一年に画期的な著書『制空』を刊行した。[4]構想自体は決して特異ではなかったが、ドゥーエは誰よりも体系的に（そして、とりわけ同書の第二版が刊行された一九二七年以前の時代では誰よりも声高に）はっきりしたエアパワーの戦略的論理を提示した。[5]この論理はまさにマハンの論理を受け継いだものであり、そのマハンの論理はジョミニの論理を受け継いだものであった。マハンは海上での決戦が制海権をもたらすと考えていた。ドゥーエはこの考え方を空に応用し、決定的な勝利が制空権を生み出すとみなした。

アザー・ガットが論じているように、陸上であろうと空中であろうと、戦争の新しい原動力に対する熱狂の背景には、機械を中心にして築かれる技術家主導の超効率的な合理主義社会の可能性に対する近代主義者の強い興味があった。これは政治理論におけるエリート主義や芸術における未来志向と結びついており、自然な成り行きとしてファシズムに溶け込んでいった。[6]ただし、これらの兵器に関連する新しい戦略理論を構築した者すべてが、こうした流れに乗ったわけではなかった。そうではない者も数多く存在した。みな、はるか彼方ではないかもしれないが、現在を大幅に超える能力を備えた未来を想像していた。そして、技術に関する楽観的な見方と人間性に関する悲観的な見方に基づいて理論を構築した。

多少のばらつきはあるが、第一次世界大戦後にエアパワーの重要性を唱えた者たちは、五つの核となる前提を論拠としていた。最も重要な第一の前提には、エアパワーを適切に運用すれば、それだけで勝利が手に入る道が開けるという信念があった。この信念は必然的な流れとして、エアパワーには独自の指揮系統が必要であり、陸軍や海軍のニーズに従属すべきではないという考え方を生み出した。こうした考え方は「戦略的」航空、つまり長距離爆撃の任務は単なる「戦術的な」支援活動よりも優先される、という概念に反映された。エアパワーは独自に戦争の目的を達成できる、というわけである。

第二の前提は、陸上戦においては防御が引き続き主体となる公算が大きいというものだ。これは、戦闘で敵軍を倒すという伝統的な勝利への道筋が、いまや人的にも物的にも途方もなく多大な犠牲をともなうことを意味していた。幸い、航空機が前線を越えて敵の心臓部まで飛んでいくことが可能になったため、もはや敵軍を打倒する必要はなくなった。トレンチャードはこう説明している。「空軍の場合、敵国を打ち負かすためにまず敵軍を倒す必要はない。エアパワーはこの中間段階の手間を省くことができるのだ」[7]。

第三の前提は、地上戦の場合とは対照的に、空では防御よりも攻撃のほうが優勢になるというものだ。ドゥーエが言ったように、航空機は「際立ってすぐれた攻撃兵器」だった。この考え方を最もわかりやすく表現したのは、一九三二年に「路上の人」は「地上において爆撃から身を守る術をもたない。誰に何を言われようと、爆撃機は必ず突破してくる」と警告したイギリス首相のスタンリー・ボールドウィンだ。一九三七年の段階になっても、イギリス空軍戦闘機軍団の司令官ヒュー・ダウディングが、ロンドン空爆は「二週間のうちに」敗戦をもたらしうるパニックを引き起こすと発言している[8]。

第四の前提は、このように勝敗を決めうる空爆の効果は、実際の人や資産の破壊ではなく、そうした破壊が政府の機能と戦争を遂行する能力に与える影響によって生じるというものだ。大衆からの圧力によって、敵は和平交渉を求めざるをえなくなる。トレンチャードは一九二八年に、航空活動の目標は「最初から、敵のありとあらゆる軍需物資を製造する拠点を麻痺させ、すべての連絡網、輸送網を断ち切ること」だと記している。敵の「重要拠点」を攻撃するほうが、それを守ろうとする敵軍を攻撃するよりも大きな成果をあげられる。[9] より人道的な方法としては、きわめて重要なインフラを破壊し、敵が戦争遂行能力を維持することがしだいに困難になるよう仕向ける。また非人道的な方法としては、一般大衆の士気や意欲の喪失、さらにはパニックを引き起こすほどの打撃を与え、政府が戦争を放棄せざるをえなくなる状況に持ち込む。

第五の前提は、先に攻撃をしかけた側が優位に立つというものだ。ドゥーエは、「制空権」は「自軍の航空機を飛ばす能力を確保しつつ、敵が航空機を飛ばすのを防ぐ」ことが可能な場合に得られると考えた。これは敵の航空機基地や工場を積極的に爆撃する（「相手の巣にある卵を破壊する」）という、可能なかぎり早く、あるいは敵機が飛び立ってしまう前に攻撃をしかけることを優先する戦術によって達成される。正式な宣戦布告をしている余裕はない。陸上戦に関して論じてきたように、このようなリスクをとる主な理由は、最初の一撃が決定的な勝利につながりうるという期待にあった。

実際には、これらすべての前提にかかわる問題が存在した。長距離を飛ぶ爆撃機には爆弾だけでなく燃料を積む必要があり、より飛行速度が速く俊敏な戦闘機の攻撃には弱い可能性があった。爆撃機が昼間に飛行すれば、目標に向かう途中で発見される危険性は高まる。夜間の飛行なら日中よりも安全かもしれないが、正確に攻撃目標を爆撃することは難しくなる。さらに報復のリスクもあった。ドゥーエは、戦争は敵の社会に可能なかぎり大きな被害を与える競争によって始まり、攻撃で先に相手を屈服させたものが勝者になると考えていた。だが、とくにどちらの側も決定的な一撃を与えることができなかった場合、恐ろしい先行きが見込まれた。この相互破壊という見通しは、相互抑止につながった。おそらく両陣営とも報復攻撃から自国民を守ろうと躍起になるためである。一九一七年に連合軍が長距離爆撃機による攻勢について議論していたさなかにも、ドイツの報復攻撃に対する自分たちの脆弱さについて考えたために、爆撃に対するフランスの熱意は冷めていった。最初の一撃が戦争経済の物理的な破壊につながるという想定が現実的でないのであれば、早い段階での勝利は一般大衆の士気への影響によってもたらされる、という見方に大きく頼らざるをえなかった。

ドゥーエは、攻撃への対処方法を訓練されていた兵士と異なり、民間人は無力だと考えていた。

空からの容赦ない攻撃にさらされた国では、社会構造の完全な破壊が避けられなくなる。

それは、やがて自己防衛本能にかられた人々が自らの手で恐怖と苦しみを終わらせるために立ち上がり、戦争の終結を要求することで起きる。[10]

ドゥーエは早期の最大規模の攻勢を妨げるものに対して否定的だった。陸軍や海軍を支援する補助的な任務に備えることはもちろん、防空や戦力の温存に投資することは何の意味もなさないと考えていた。このため、攻撃目標を正しく選定することが重要になると認識していたが、攻撃目標の優先順位に関する姿勢はきわめて曖昧だった。攻撃目標の選定は「物的、精神的、心理的」状況に大きく左右されるため、「厳格なルール」は存在しえないとみていた。[11]

また、ドゥーエや他の支持者は、ドイツに爆撃されたイギリスとフランスの最初の反応から推定する以外に、その主張の論拠をはっきり示すことはなかった。その結果、概して軟弱な下層階級、不屈の精神をみせたイギリス、ドイツそれぞれの労働者、パニック状態におちいった外国人に関する、ある種の奇妙な社会理論が生まれた。開戦前は、とりわけフランスの心理学者ギュスターヴ・ル・ボンの理論が主なきっかけとなり、群衆心理に強い関心が集まっていた。大衆が政治にかかわることを恐れる人々や、大衆の感情を利用できる可能性に大きな期待をいだく人々向けにル・ボンが提示した疑似科学的な原理は、当時きわめて真剣に受け止められていた。この件については本書の第22章でさらに詳しく論じる。ここで触れておくべき重要な点は、群衆のなかで個人は固有の人格を失う、そして集合体となった群衆はきわめて暗示にかかりやすい、というル・ボンの主張である。ただし、元来、非理性的な群衆が降伏を要求するであろう理由については、特定されていなかった。群衆心理が逆の方向へ動く可能性も考えられた。イギリスの作家H・G・ウェルズは、ル・ボンの説も十分に意識しつつ、一九〇八年にSF小説『空中戦争』を著した。ウェルズは、群衆（この作品の場合はニューヨーク市民）がさほどパニックにならず、むしろ極度に好戦的になるとの想定でこの物語を書いた。同書では、政策当局が降伏を望む一方で、怒りに駆り立てられた大衆が反発する。空爆によってニューヨークは頭が「うちのめされ、茫然となる」一方、体は頭による統制から「解放された」状態におちいる。

ニューヨークは頭のない怪物になり、もはや降伏の総意は形成できなくなっていた。怪物はいたるところで反抗的に立ち上がり、自発的に行動できる当局や役人も、いたるところでその午後の興奮に身を委ね、武装し国旗掲揚する人々の輪に加わった。

その結果、空爆をしかけたドイツ軍は攻撃を本格化せざるをえなくなる。そして、「占領を許すには強すぎ、破壊を免れるために降伏するには規律を欠き、気位も高すぎた」ニューヨークは無残な姿と化す[12]。

政府が戦争の放棄を余儀なくされる実際の仕組みについて、ドゥーエやその支持者が説明することはなかった。この点で、こうしたアプローチの提唱者たちは、エリート層はヒステリックになった大衆の意見に耳を貸さざるをえなくなることを想定する心理学と民主主義の双方にかかわる誤謬（ごびゅう）に悩まされた。パニックの結果としての降伏以外にも、考えられうるシナリオは常に幅広くあった。第二次世界大戦が示したように、衝撃を受けた大衆は観念して禁欲的になり、新しい状況に順応し、敵に怒りを向ける以外に道はないという運命論を受け入れる可能性もあった。もし心から戦争の終結を望むのなら、有効な政治的反対勢力の存在が必要だった。さもなければ、圧政的な政権によって口を封じられる苦しみを味わう公算が大きかった。社会的一体性や政治構造といった基礎的要因や、戦争政策とその遂行に対する理解と支持の度合いにかかわるより具体的な要因も、同様にきわめて重要な要素であった。政権を交代させたり、現行の政権の考えを変えさせたりするには、政治的手段と代替的な政策の両方が必要だった。

これらの問題は、敵社会の物理的な占領以外の形での目的達成を試みる、あらゆる紛争アプローチの特徴を物語っている。そうしたアプローチをとるには、敵側の脆弱性と潜在的な弱点を示す確実な指標を提供する、社会経済および政治体制についての概念が必要だった。このアプローチによって犠牲の大きい交戦ではなく、勝敗を決定づける行動を導くには、工業生産であれ、政治的支配であれ、大衆の士気であれ、狙いを定める点が見つかれば、その体制全体を崩壊させることができるという想定が必須であった。この仮説は影響をおよぼしつづけたが、その根拠はひいき目にみても憶測に基づくものでしかなかった。

機甲戦

前述の想定の理論的な根拠となりうる考え方は、イギリスの陸軍将校ジョン・フレデリック・チャールズ・フラーによって生み出された。ナポレオン・ボナパルトに容姿が似ていることなどから「ボニー」というあだ名で呼ばれたフラーは、一九一六年に創設されたばかりの戦車隊に配属されると、すぐにこれが画期的な進歩であることに気づいた。当時の戦車にもある程度の威力はあったが、ひどく扱いにくく、攻勢用の基盤的戦力として頼りにできなかった。

一九一八年、フラーは「一九一九年計画」として知られる戦争に勝つための攻勢計画を策定した。この計画は翌年に新型戦車が大量生産されることを当てにしていた。空爆を計画したナップ・ゴレルと同様に、フラーも自身の大望をかなえるために使える兵器の能力について、過度に楽観的だった。ゴレルの場合と同じく、その構想の真の重要性は将来戦における有用性にあった。

フラーは戦車の開発に自らかかわったわけでも、戦車を攻撃の手段とすることを初めて考案したわけでもなかったが、新たな戦車軍団のドクトリンを構築したという点で傑出した人物であった。戦車が歩兵隊の援護よりも大きな役割を果たせることをひとたび確信すると、フラーはもっと走行速度が速い戦車を、より長い距離にわたって大量に配備しうる場合に達成できそうなことを説きはじめた。まもなく機械化戦争が人間対人間の戦争に取って代わると考えたのだ。人の手や馬で火器を運ばなければならない時代は終わろうとしていた。蒸気機関によって海戦に大変革が起きたのと同じように、ガソリン・エンジンにより陸上戦は激変しようとしていた。フラーは、最初はおそらくドイツの戦線を急襲するといった程度の試験的な使い方にとどまると考えていたが、将来的には一〇〇〇台の戦車からなる軍隊を、従来どおり敵の防衛線を攻撃する部隊と、敵の指令系統を攻撃する部隊に分ける構想を思い描いていた。この構想は、一九一八年のドイツの春季攻勢で連合軍が後退したのを受けて改良された。フラーはこの後退の原因が上級司令部の機能麻痺にあったとみなした。そして、「軍隊の潜在的な戦闘能力は属する組織にあるため、その組織を破壊できれば目的を達成しうる」と結論づけた。フラーは「頭脳戦争」、つまり敵の精神機能を混乱させ、抵抗する意志を確実に打ち砕くことを目的とした攻撃の支持者となった。敵の軍隊を目標とする必要はなく、むしろ狙うべきは指令系統だった。フラーの計画では、ドイツの陸軍司令部が重要な目標とされた。目的は、敵の体に多くの傷を負わせて命を奪うのではなく、頭を撃つことにあった。文字通り頭脳を失った敵は混乱し、兵は烏合の衆となる。のちにフラーは、一九一九年計画は「とてつもないドラマ、戦争に勝つうえで唯一の申し分ない方法」によって勝利を約束するものだったと振り返った。

この軍隊を身体に見立てたたとえでは、司令部は脳、前線の部隊は筋肉で、連絡線はそこに指令を伝える神経系である。システム全体が機能するには、絶え間ない補給が必要だ。とはいえ、これはあくまでもたとえであった。ブライアン・ホールデン・リードが指摘したように、構成部位がそれぞれ独立して存在することができる軍隊は、生き物と同じではない。「脳と勇気と戦闘能力は区分されておらず、危機を通じて、それまで上層部から指示を受けていた比較的下位の将校が指示を出す力を身につける可能性もある」。戦車による師団司令部への攻撃が一九一八年のドイツ軍の崩壊に拍車をかけたのはたしかだが、これは長期におよぶ消耗戦の末期の話であり、両陣営で士気は低下していた。このことは、衝撃を与えれば必ずなんらかの形のパニックをもたらすという見方を後押しし、敵の消耗を促したかもしれない他の要因を軽視する傾向を生み出した。ここでも、フラーが親近感をいだいていた初期のエアパワー理論家たちとの類似性が見いだせる。フラーは一九二三年に、空爆でロンドンが「狂乱者であふれる広大な精神科の病院」に変わり、ウェストミンスターにある政府は「暴徒の波に押し流される」だろう、と記している[13]。フラーはギュスターヴ・ル・ボンの著作も熟読していた。フラーが革新的だったのは、群衆心理の概念を用い、民間人に限らず軍隊も圧力に屈する可能性があると考察した点である。

　奇妙なのは、フラーがかねてより温めてきた幅広いアイデアをもとに生み出した軍事理論に、豊富だが風変わりな自身の読書歴が反映されていた点だ。フラーは神秘主義やオカルト現象に手を染め、モダニズムを熱烈に支持する一方で民主主義を蔑視し、やがてファシズムに傾倒した。既成宗教に進んで異を唱える姿勢は、当然のように(と本人は認識していた)既存の軍事理論に進んで異を唱える姿勢につながった。ル・ボンだけでなく、社会ダーウィン主義や哲学的実用主義もその思想に影響をおよぼした。フラーは、戦争の研究に対する自らのアプローチは科学的だという、おなじみの主張をした。実際の手法はこの主張に矛盾していたが、時代や場所を問わず繰り返されるパターンを特定したという自身の確信を反映していたことはたしかだ。フラーは自分の分析が、素人くさく、愚かで、いまいましい存在と考えていた上層のイギリス将校たちのものよりすぐれていることを少しも疑っていなかった。第一次世界大戦中に露呈した上層部の無能さは、フラーの見識を評価しそこなったことであらためて浮き彫りになった。ただし、フラーのアプローチは大仰な主張と、自身がフランスで見たような大量殺戮(さつりく)を避ける戦闘の形を編み出したいという非現実的な欲求に基づいていた。どういうわけか性格に難があり、魅力的とは言いがたい傲慢な権威主義者で、軍事の領域を超えて風変わりで往々にして理解しがたい理論を展開していたフラーは、機甲戦の原型となる概念を打ち出した。この概念は、興味深いが限定された専門家向けと広くみなされていた考え方を、新種の戦争の基盤へと転換させた。フラーは、敵の物理的な力を排除するのではなく、「頭脳」を混乱させることの可能性を初めて重視した人物となった(14)。

戦後、火力に固執した「太鼓腹で頭は空っぽ」の軍隊の運命について熟考したフラーは、戦車と飛行機を用い、物理的な破壊ではなく心理的な混乱によって勝敗を決定づける戦闘の可能性をさらに広げようとした。当時、技術の発展を楽観視していた多くの者と同様に、フラーは自分の構想にともなう兵站上の問題を軽視し、第一次世界大戦時のような大規模な軍隊や工業社会の莫大な資源は必要としないと過信していた[15]。その理論の根底には、人間性に対する懐疑的な姿勢があった。最初の主要著作『戦争の再編成』では、エリート主義むき出しで人間を主人（超人）と奴隷（超猿）の二種類に区分し、後者については精神に障害があり、生まれつき臆病で、女性的（当時は感情的でヒステリックな性格を表す言葉だった）になりがちだと説いた。その次に発表した主要な理論書『戦争科学の基礎[16]』では、群衆の性質について、より入念に考察した。群衆の性質は、軍隊や社会全般は強い指導力によって動かせる生命体だというフラーの見解の中心にある要素だった。フラーは群衆心理を理解することを「指導力の基礎」とみなした。最初の段階で同質性があるか否かにかかわらず、群衆は「魂」の支配を受けて一つの「心」を形成する傾向がある、そして「魂」自体は本能によって支配されると考えた。群衆がそれぞれ理性的な個人の集合としてではなく、一人の非理性的な個人のように行動する、と唱えたのはル・ボンだった。フラーは、群衆が「指示者の意志で動くただのロボットで、知能がないためにその行動は常にバランスを欠き、受けた指示の性質によって、個人での行動より極端に劣ったり、質の高いものになったりする」と説いた。

フラーにとって、群衆とは病的なほど熱狂的で騙されやすく、衝動的で激しやすい、感情に支配される存在であった。群衆に対抗するには、流れに身を任せることを拒む「天才」が「自分の望む方向へ強引に流れの向きを変える」必要がある。もし、ナポレオンが言ったように精神力が肉体的な力の三倍重要なのだとすれば、天才は凡人の一〇倍重要である。したがって凡人は一台の機械とみなすべきだ。フラーはこう呼びかけた。そのような凡人のために、「何も考えなくても、おそらくわれわれの意図を知らなくても、手を動かすだけでわれわれの頭脳が考えたことを成し遂げられるような簡単な形で」提供できる「正確なシステム」を考案する必要がある。[17] こうした考えは、おおかたフレデリック・テイラーの影響を受けたものであろう。テイラーの科学的管理法については本書の第28章で論じる。

ル・ボンが言うところの「それぞれの個人の思いが一つの考えへと集中することで生まれた気によって支配された群衆」を、フラーは「軍事群衆」と表現した。うまくいけば、勝ちたいという意志がその気になるが、予想外の事態やなんらかの災難によって乱れると、自己防衛本能に取って代わられる。軍隊は訓練と共通の目的によって団結し、方向づけされた組織だった群衆だが、群衆であることに変わりはなく、圧力を受ければ変容しかねない。強い「心」と「魂」によって軍隊は持ちこたえうるが、ひとたび大敗を喫すれば、士気は低下し、恐怖心がこれに取って代わる恐れがある、と説いた。

戦いの場が炎に包まれると、創造的な理性が支配力を保つ場合もあれば、理性そのものが吹き飛んでしまう場合もある。想像力によって転がされたサイコロの目に従うか、狩りをする動物のように本能に任せて行動するか。自己犠牲の精神は人に前進を促し、自己防衛本能は後退を促す。どのような形でも勝負がつかない場合、義務感が勝ちたいという意志を一歩、目標へと近づける。このように、戦いは必ずしも進撃する人の波によってではなく、むしろ死がもたらす空虚な空間によって展開される[18]。

戦闘においては、打撃を受け、指導力を失った軍隊が、統制と前進する姿勢を失う可能性がある。民間人は実際の戦いとは無縁の生活を送っている。感情的になり、衝動にかられた群衆は、おちいるべくしてパニックにおちいるのだ。

第11章　間接的アプローチ

戦略家は敵を殺すという観点からではなく、麻痺させるという観点から考えるべきだ。

――バジル・リデルハート

バジル・リデルハート卿も、第一次世界大戦での経験と、そこで目にした容赦なき大量殺戮（さつりく）のような事態を今後の戦争では避けなければならないという決意に基づき、自らの思考を形にした人物であった（リデルハートはソンムの戦いで毒ガス攻撃を受け、負傷した）[1]。ジョン・フレデリック・チャールズ・フラーの思考はより独創的で押しが強かったが、とてもわかりやすいといえるものではなかった。フラーの友人だったリデルハートの思考はもっと明快で、第二次世界大戦にいたる過程ではあまり顧みられなかったものの、戦後になって評価を高めた。その一因は、新世代の民間戦略家と軍事史家を惜しみなく支援し、自身のようなフリーランスの立場ではなく、大学という比較的安定した環境で研究できるように仕向けた点にあった。さらに、熱核兵器の登場で総力戦に新しい意味が生じたことで、制限戦争に関するリデルハートの考え方に支持が集まった。しかも、リデルハートは自らの思想をはばかることなく宣伝した。第二次世界大戦の悲劇は、機甲戦に関する自分の考えをイギリスの将官たちが無視する一方で、ドイツの将官たちが電撃戦に応用したために起きた、と説いたほどだ。一九七〇年に他界したあと、その業績や自己宣伝に対する異議や批判が生じたが、[2]「間接的アプローチ」という中心思想は、軍事関係者のあいだだけでなくビジネスの世界でも信奉者を集めつづけた。

初期のリデルハートの著作はすべて模倣から派生したものであった。フラーと自分が非常に似たような考え方を構築してきたと主張したがるようになる前は、フラーの『戦争の再編成』を「二〇世紀を代表する一冊」と公言していた。トーマス・エドワード・ロレンスが一九二〇年発行のザ・アーミー・クォータリー誌に寄稿した初期の著作の抜粋からも、アイデアを借用したことがある。また確証はないものの、ジュリアン・コーベットの著作についても同じようなことをしていたふしがある。このようにリデルハートはかなり気軽に盗用行為を行っていたが、その相手から異議を申し立てられたことはなかった。ロレンスがこの件について何か述べたという記録はなく、のちに自分と良き友人リデルハートの考え方が似ていることに感銘を受けたと伝えていたぐらいであった。[3]コーベットは一九二二年に他界しており、フラーの場合は妻がリデルハートの盗用行為を非難したものの、フラー自身は無頓着だった。リデルハートはフラーにならい、敵の連絡線と司令部に対する攻撃を示す際に、肉体に指令を出す頭脳というたとえを用いた。「間接的アプローチ」は「きわめて有望で経済的な戦略の形式」であるという主張は、暴力よりも知恵が好ましいと信じる者たちの心の琴線に触れた。さらにフラーと異なり、リデルハートは間接的アプローチをより直接的なアプローチ、つまり自身がクラウゼヴィッツの悪しき遺産と断言するものと比較することで、独創性を主張した。

リデルハートはクラウゼヴィッツ、あるいは少なくともその信奉者を批判した。正面攻撃で敵軍を撃破するという唯一の目的のために、決戦に総力を尽くさなければならないと説いたから、というのがその理由であった。リデルハートは、自身が忌み嫌った第一次世界大戦の西部戦線での無益な大規模攻撃とおぞましい殺戮が、すべて「軍事思想の邪悪な天才」クラウゼヴィッツのせいで起きたと考えていたようだった。そして、まるで血に飢えて絶対戦争以外の戦争は考えられなくなったクラウゼヴィッツが、できるだけ早い段階での戦闘を切望し、適切な戦略ではなく圧倒的な数的優勢による勝利を求めたかのように、戯画的にクラウゼヴィッツのことを語る傾向があった。初期の著作の一つ『ナポレオンの亡霊』では、激しい論調でクラウゼヴィッツを批評している。[4] リデルハートは機械的かつ非戦略的なアプローチを痛烈に非難し、クラウゼヴィッツの「教義は戦略から栄誉を奪った」と述べた。

そのうちリデルハートは、クラウゼヴィッツと自分の戦争観にさほど大きな違いがないことを悟った。戦争が政治の延長であり、武力だけでなく心理が影響するものだと理解していた点で二人は共通していた。[5] リデルハートは『戦争論』の内容の濃さと哲学的な複雑さを認めた。その結果、『戦争論』は、より有利な状況においてではなく、戦争の初期段階での戦闘を促す書として読まれる傾向が強まった。リデルハートが生涯の終盤で、クラウゼヴィッツの信奉者が単純化したスローガンを抜き出し、ぞんざいに援用したという見解をもっていたことは、有名なサミュエル・グリフィス英訳版『兵法』の序文として書いた文章に如実に表れている。リデルハートはこう書いた。孫子が説く「現実主義と中庸性」は、「クラウゼヴィッツが強調しがちな論理的理想や『絶対性』」と好対照である。こうしたクラウゼヴィッツの姿勢が、信奉者たちを「あらゆる分別を超えた総力戦の理論構築と実践」へと動かした、と。興味深いことに、リデルハートは中国滞在中のある人物の紹介で、一九二七年に初めて孫子の存在を知ったと述べている。「本書を読み、わたしの考え方と重なる部分が多くあることに気づいた。とりわけ、孫子が奇襲や間接的アプローチの追求を繰り返し強調している点である。そのおかげで、戦術的な面も含め、より根本的な軍事思想には不変の価値があると悟った」。[6] ある伝記作家によれば、リデルハートが実際に孫子を読んだのは一九四〇年代初頭になってからであり、一九二〇年代に考案した間接的アプローチにその直接的な影響はおよんでいない。[7] だとすると、一九二七年という時期を明言しているのは、とりわけ（孫子と類似する要素が数多くある）「間接的アプローチ」をその後二年間に構築しはじめたことになっている点を考慮すると、奇妙な話だ。リデルハートは修正を重ねながら、核となる概念を発表しつづけたが、その初版である『歴史上の決定的戦争』では、孫子についてまったく触れていない。だが最終版の『戦略論――間接的アプローチ』では、冒頭で孫子の言葉を幅広く引用している。当時、最もよく読まれていたライオネル・ジャイルズ英訳版『兵法』には、このような訳文がある。「あらゆる戦いにおいて、戦いを始めるにあたっては直接的手段が用いられ、勝利を決定づける際には間接的手段が必要とされる」。だが、のちのいくつかの英訳書では、元の中国語でそれぞれ「正」と「奇」という文字が示す二つの言葉が、正攻法と奇策、通常の手段と特別な手段、正統的手段と型破りな手段といった対比で表されている。

リデルハートは孫子にならい、戦略が実際にどのような結果をもたらすかという点よりも、こうあるべきという戦略の理想形を示した。リデルハートはクラウゼヴィッツの戦略の定義が狭すぎ、それが戦略目的を達成する唯一の手段であるかのように戦闘に的を絞りすぎていると考えていた。そこで、自身の戦略の定義を「政治目的を達成するために軍事的手段を配分し、適用するアート（技芸）」とした。政治目的の決定は軍事上の責任ではない。それは上の次元の大戦略（グランド・ストラテジー）で決定され、伝えられる。大戦略の策定においては、あらゆる手段が比較検討されるが、そこでは戦争の先にある平和まで見越す必要がある。「軍事的手段を実際の戦闘で用いる際に、そのような直接的な行為を取り仕切り、制御する」のが戦術であり、これは戦略の下の次元に位置する。

リデルハートは総力戦の時代に制限戦争を追求した。核兵器の発明後、それは一段と差し迫った課題になった。リデルハートは手段に制限をかけるために戦争の目的を制限するよう提唱した。だが、手段と目的の釣り合いをとろうとすることは、敵の戦力ではなく、政治的な利害に応じた軍事的手段が用いられうる、という重大な誤謬（ごびゅう）をはらむ。小さな利害のために大規模な戦争が始められる可能性もある。リデルハートはこれについて、予想されるコストが見込まれる利得にまったく釣り合わなければ、戦争全体の価値が疑問視されるべきだと説いただろう。戦略というアートには、あらかじめ決められた目的を達成するための手段を見いだすことだけでなく、現実的で望ましい目的を特定することも必要とされる。リデルハートの手法は、実績を評価する際に照らし合わせる理想形を定義するものであった。したがって、戦争の目的は「自国の人的、経済的損失を最小限にとどめつつ、敵の抵抗する意志を抑え込むこと」だった。損失の回避は大規模な戦闘の回避を意味したが、この基本原則は、戦闘が避けられない場合においても適用されることになっていた。「戦略の完成とは、したがって、本格的な戦闘をせずに勝敗を決めることだ」という考え方には、明らかに孫子と共通する部分があった。

待ち受ける敵と衝突するというわかりやすい直接的アプローチと異なり、間接的アプローチは「敵の抵抗の可能性を低下させる」手法である。敵の物理面ではなく心理面に決定的な衝撃を与えるのだ。そのためには、敵の戦意に影響をおよぼす諸要因を考慮する必要がある。物理的に敵を奇襲するには機動がカギとなりうるが、敵の心理を揺さぶるには奇策がカギとなる。「攪乱（ディスロケーション）」が戦略の目的である。攪乱は、敵が崩壊する、あるいは戦闘で敵が混乱におちいりやすくなるという効果をもたらしうる。敵を崩壊させるには、部分的な戦闘行為が必要となるかもしれないが、これは本格的な戦闘とは性質を異にする」。フラーとリデルハートは思想面で双子のようにみなされがちだが、この点について意見の相違があったことは特筆に値する。フラーが敵を心理面から崩壊させることを狙っていたのはたしかだが、望ましい効果が得られるのであれば、直接的なアプローチをとることも辞さなかった。間接的アプローチは「基本的に必要悪」であり、直接、間接いずれのアプローチをとるべきかは「兵器力」の状況で決まる、とフラーは説いた。教義主義のリデルハートに対して、フラーは実用主義だった。リデルハートは戦闘の回避を望んだが、フラーにとって戦闘は勝利の源と考えうるものだった(8)。

物理的領域において戦闘を避けるには、突然の「正面変更」を強いることによって敵の配備を混乱させる必要がある。これは、敵戦力を分断する、敵の補給を危機におとしいれる、撤退のルートを脅かすといった行動を単独で、あるいはいくつか組み合わせて実施することで達成しうる。心理的領域において敵を攪乱するには、これらの物理的な効果を指揮官の心に強く印象づけ、「罠にはまった感覚」を生じさせる必要がある。正面から直接当たれば、敵がバランスを崩すことはない。せいぜい重圧を与える程度であり、それがうまくいったところで、敵を「予備兵力、補給物資、増援兵力」のある場所へ後退させるにとどまる。したがって、「最小抵抗線」を見つけることが目的となる。心理的領域においてこれと同じ意味をもつのが「最小予期線」である。また、常に複数の選択肢を用意しておくことも重要だ。代替目標をもつことで、敵に不透明感を与えつづけて「ジレンマをかかえた状態」へ追い込む。そして、こちらが選んだルートへの警戒を敵が強めた場合に備え、柔軟性の余地を残す。「樹木と同じように、計画には実を結ばせるための枝が必要だ。目標を一つしか設定していない計画は、結実しない幹だけの木になりかねない[9]」。

リデルハートは、軍事史全体を緻密に研究することによって自らの理論を構築したと主張した。残念ながら、その歴史に対するアプローチは、自身が信じたがっていたような「科学的」なものではなく、直観的で折衷的だった。軍事上の勝利には狡猾さ、奇策、イノベーションといった要素がつきものであり、間接的な手法は「戦略的、戦術的なものもあれば、心理的なものもあり、『無意識のうちに』行われる場合さえ」ありえた。ブライアン・ボンドが説くように、リデルハートの論理展開はきわめて循環論法に近かった[10]。「決定的勝利」とは「間接的アプローチ」によって確保されるもの、と定義していたからだ。孫子と同様に、リデルハートの魅力は武力よりも巧妙な知性を賛美している点にあった。だが、やはり孫子の場合と同じく、両陣営がともに間接的アプローチを採用した際の成り行きや、現実的な調整の問題、運や摩擦の影響に関する疑問が生じる。リデルハートはのちに機動を推進する論者の一人としてたたえられるようになったが、自身が称賛の対象としていたのは多くの場合、敵を疲弊させることを必要とする消耗作戦であった。

理想の間接的戦略は、戦闘が始まる前に、敵が敗北は不可避という結論を下さざるをえない状況を生み出すことだった。この戦略は、より融和的になることを敵に促すような力関係を作る知略に依存していた。こうした論理は抑止の概念を示唆していた。高い確率で戦闘の結末が予測できる場合、とるべき最良の方策は、そもそもの挑発行為を避けることか、（その対極にある）完全なる先制奇襲攻撃をしかけることであった。リデルハートは、力関係がはっきりせず、結末が予測しにくい、あるいは間接的手段でも直接的手段でもコントロールしにくい状況に注意を向けた。もし戦闘が回避できるのであれば、陸上戦の役割を限定し、そのかわりに海戦と空中戦に依存すべきだった。海上封鎖や空爆は、軍隊の士気や兵站（へいたん）システム、そしておそらく国家を支える基本的な経済、社会構造に打撃を与えることで、敵の戦力を低下させうる。したがって、当然のようにリデルハートは生涯を通じ、その二つの種類の戦争を支持したが、海上封鎖と空爆のどちらを重視するのかは時と場合によって変化した。問題は、領土を奪わないかぎり、敵は抵抗を続けられるという点にあった。

リデルハートが戦略的エアパワーを支持していた時期はきわめて短かった。だが群衆心理にも手を出し、空からの攻撃にさらされた一般大衆が「狂乱し、襲いかかる衝動にかられる」恐れがある、と警告を発したこともあった。[11]陸上戦での間接的アプローチに関する分析では、フラーにならい、機械化の影響を重視した。そしてやはり同様に、うまく組織化された防御には機動による攻撃よりも高い潜在力がおそらくある、との結論を（第二次世界大戦前夜に）下した。こうした防御は、現状打破をめざして攻撃してくるであろう相手の態勢や能力を弱めると期待したのだ。このように、間接的アプローチを熱烈に唱えながらも、リデルハートはその実践に際して、とりわけ（自軍よりも強い相手はもちろん）同等の戦力と戦術的知性をもった敵に対する場合において、きわめて現実的な制約に何度も直面した。間接的アプローチは理想的な戦略の形であったが、非常に特殊な環境下でしか実現する見込みのないものだった。社会やその軍隊が、この上なく強い抵抗力を発揮する可能性もあった。断固たる姿勢で圧力をかけ続ける立場になるには、陸、海、空を問わず実質的な軍事的優位性を得る必要があった。そのためには、まさに直接的かつ決定的な敵戦力との接触は避けられないと考えられた。こうして、最終的にリデルハートは、戦争において有益な形で目的が達成されることはまずない、という結論にいたったのだ。

チャーチルの戦略

同盟国を戦場に呼び込む作戦行動は、大会戦での勝利をもたらす作戦行動に等しい価値がある。重要な戦略拠点を手に入れる作戦行動は、危険な中立国をなだめたり、威圧したりする作戦行動よりも価値が低いかもしれない。

——ウィンストン・チャーチル『世界の危機』

ドイツの電撃戦の背景にあった現実については、あらためて後述する。ドイツ国防軍が機甲戦に習熟していたために、同国が第二次世界大戦初期にいくつかの大勝利を収め、ヨーロッパを事実上、支配するにいたったことは疑いない。だがその支配は完成せず、最終的にドイツは敗戦した。戦争を終結させた要因には、戦場での武勇だけでなく、同盟の論理もあった。ドイツは戦場で常に優勢だったが、結局はアメリカ、ソビエト連邦、大英帝国の合同戦力に太刀打ちできなくなった。この「三大国」の一つしか実際に参戦していなかった一九四〇年春の時点では、そのような結末になることはほとんど予想できず、状況は切迫しているようにみえた。一九四〇年五月一〇日、ドイツ軍はベルギーとオランダを経由して、一〇日間でフランスの海岸部まで侵攻した。まもなくフランスは敗れ、イギリスは取り残された。だがイギリスは絶望的にみえる戦況でも戦い続けた。そして、ヒトラーと交渉すれば、権威は低下しても独立国の地位は確保できるかもしれないという状況で、その可能性を退けた。

リチャード・ベッツは、戦略の役割を問うにあたり、この例を引き合いに出している。戦い続けるというイギリス政府の決断は、この時点では戦略的な意味をほとんどなさなかったものの、二〇世紀屈指の「画期的」決断であった(12)。これが戦略的な意味をもつには、ドイツがイギリス海峡を渡れず、バトル・オブ・ブリテン（英本土航空戦）に敗れ、ついには大西洋の戦いで負けることをウィンストン・チャーチル首相があらかじめ確信している必要があった。さらに重要な点として、チャーチルは一九四一年末までに、ソ連とアメリカが味方として参戦することを見込んでいなければならなかった、とベッツは説く。

だが、戦略の観点からこの決断に注目するうえでこうした方法をとるのはまちがっている。より良いアプローチは、第二次世界大戦中の諸大国の意思決定に関するイアン・カーショーの分析にみられる。カーショーは、いかに最終目的を達成するのが最良かという点からではなく、有効な選択肢がいかに設定され、どのような考えがその選択に影響をおよぼしたかという点から、戦略に関する問題を提起した。その分析は、政治指導者がどのようにしたいか決めるところではなく、自分の置かれている状況に気づくところから始まっている(13)。

ドイツがフランスへと侵攻し、イギリスの同盟国が危険にさらされるなかでウィンストン・チャーチルは首相に就任した。就任するやいなや、チャーチル政権はフランスが戦闘を続行できるか、もしできなかった場合どうすべきかについて、議論漬けとなった。このときのチャーチルは、まだ戦争指導者としての名声を築いていなかった。それまでの経歴のなかで判断ミスを繰り返してきたことが問題視されていたのだ。チャーチルはここで、もし妥協してヒトラーと和平を結び、イギリスの独立と一体性が保持できるのであれば、不要な苦しみを味わうことはない、という外務大臣ハリファックス卿の主張に対処しなければならなかった。まだ参戦していないイタリアを仲裁役に使うという選択肢もあるようにみえた。だがチャーチルは、その道をとる価値はないと閣僚たちを説得した。

チャーチル政権が直面していたのは、戦争に勝つための選択ではなく、敗戦と屈辱的な講和条件を避けるにはどうするのが最良かという選択だった。状況のいかんにかかわらず交渉を拒否することではなく、きわめて切迫した状況で交渉として得られるものがあるのかどうかが問題だった。交渉するという選択肢は却下されたが、それはチャーチルが好戦的だったからではなく、その選択肢を支持する主張に説得力がなかったためだ。交渉の成否はイタリア首相のベニート・ムッソリーニにかかっていたが、親ドイツ的な姿勢やヒトラーに対する影響力の欠如から、仲裁役の適任者とは考えにくくなっていた。検討の結果、提示される可能性があるとみなされた講和条件は、受け入れられそうにないものだった。難航する閣議のなかで、チャーチルは妥当ともいえる態度をみせた。「窮地を脱する」ために、イギリスの勢力圏での権益に関する譲歩や、一部の植民地の割譲を検討するのはやぶさかではないが、統治体制の変化や強制武装解除を含む、立憲的独立という核心に触れる要求は許容できない、と自ら公言したのだ。[14] その時点で提示される条件は、敗戦後に課される条件よりもましかもしれなかったが、断定はできなかった。状況がさらに悪化し、イギリスがドイツの支配下に置かれる恐れもあった。一方で、そうならない可能性も残っていた。どのような交渉が行われるにしても、まだ戦闘余力のある敵と交渉しているのだとドイツに思わせておくほうが、イギリスにとって都合がよかった。さらに、交渉の道を探っている姿勢が明らかになれば、諸外国からは弱腰とみられ、国内では士気の低下が起きる。この時点ではイギリス本土は攻撃されておらず、軍もドイツの侵攻に対して強力な抵抗体制を組織できると考えていた。こうした議論はダンケルクの「奇跡」が起きる前に交わされた。当初は、敗戦したフランスからイギリスに脱出できる兵は多くて数万人と見込まれていた。だが実際には、容赦ない空爆にさらされるダンケルク海浜から三三万人もの兵が救出され、戦い続けるという決断を早くも正当化する根拠の一つとなった。

戦争がどう展開しそうか、当時のチャーチルにわかっていようはずもなかった。エリオット・コーエンによると、チャーチルは戦略を勝利への青写真と考えてはいなかった。チャーチルは、戦争の行方は予測できず、勝利への方策はそれが講じられる直前まで認識できない可能性があるとわきまえていた。どうすれば戦争に勝てるかという「月並みな計算」は信用していなかった。チャーチルにとって戦略はアート（技芸）であって、科学ではなかった。むしろ、絵画に近い芸術的なものだった。「瞬間的に得た印象がずっと根強く心に残るように、始まりから終わりまで、全体から細部までを包括的にとらえる視野が必要だ」。一握りの重要なテーマを常に前面に置きつつ、背景を把握することで、新たな機会に乗じて新たな展開を引き寄せるための枠組みを作る。コーエンが論じるように、これは「許容範囲を狭めて正確な設計図を描く」ための機械でも、「関連性がなく、日和見的な決断の無秩序な寄せ集め」でもなかった。[15]

純粋な軍事問題には性急に対応することもあったチャーチルだが、同盟を組んで行う戦争に関する心得は自然と身につけていた。同盟は、常にイギリスの戦略の核となる要素であった。第二次世界大戦で多大な人的、物的貢献をしてきたイギリスは、特別な支援の提供を必要としていた。ヨーロッパでの対立関係が微妙な段階に突入するなかで、アメリカは局面を変えるだけの絶対的な力をもっていた。首相就任のほぼ直後に、チャーチルは戦争を満足な形で終わらせる唯一の方法は「アメリカを引きずり込むこと」だと考え、これがその後の自身の戦略の柱となった。前首相のネビル・チェンバレンは、アメリカのフランクリン・ローズベルト大統領と親密な関係を築こうとしなかった。チャーチルはすぐにローズベルトと頻繁かつ緊密に連絡をとるようになったが、イギリスがかなり危機的な状態にあるようにみえる一方、アメリカでは反戦の世論が根強く、ワシントンからの支援はほとんど期待できなかった。それでもチャーチルは、ローズベルトに最初に送った手紙で、イギリスの敗戦がアメリカの安全保障におよぼす影響を必死になって警告した。もしイギリスがあきらめずに訴えつづければ、何かのきっかけでアメリカの世論は変わるかもしれない。チャーチルは、本国が侵略されることがそのきっかけになる可能性すら考えはじめていた[16]。

一方、このころのヒトラーがなすべき選択はイギリスの場合に比べると好ましく、簡単にみえるものだった。ドイツの勝利は、疑う余地のない軍事的天才というヒトラーの評価を確かなものにした。それでもヒトラーは、フランス敗北後にイギリスに侵攻することの難しさを感じていた。海峡を越えての侵略は一筋縄ではいかず、危険も大きいと考えられた。イギリスを戦争から締め出すという別の選択肢も複数あった。そのうちの一つは、地中海周辺地域から手を引かせることで、イギリスの名声と影響力を一段と低下させ、また原油の調達を妨げるというものだ。この方法が望ましい効果をあげるかどうかにかかわらず、ヒトラーは同地域のドイツ寄りの政権（イタリアのムッソリーニ政権、スペインのフランコ政権、フランスのヴィシー政権）を警戒していた。これらの政権は互いに反りが合わず、どれも信頼できそうになかった。たとえば、ムッソリーニはドイツの勝利に乗じ、二の足を踏む自国を参戦させた。そのうえで無謀にもギリシャに侵攻し、ヒトラーの支配下にはないことを示したが、ムッソリーニの権威低下とヒトラーの激怒を招く結果に終わった。ギリシャと北アフリカで苦戦するイタリア軍を救援する必要に迫られたドイツは、ソ連侵攻というヒトラーの最重要プロジェクトに集中させるはずの神経と資源を大幅に割くはめになった。

ヒトラーはソ連との戦争を、不可避であるうえ自身の大望を成就させるものだと考えていた。大望とは、大陸ヨーロッパ全域におけるドイツの支配を確立し、ユダヤ人と共産主義の双子の脅威(ヒトラーはこの二つが密接につながっているとみていた)にきっぱりけりをつけることだった。なんにせよ、ソ連と戦うのであれば、ソ連が一九三〇年代のヨシフ・スターリンによる軍人と共産党員の大粛清の痛手から立ち直れずにいるうちに動くのが最良だった。[17]早急にソ連を打ち破れば、ヒトラーの最重要目的を達成でき、イギリスを完全に孤立させられる。だがヒトラーには、戦争が進展するであろう方向もみえていた。イギリスがソ連参戦という一縷の望みにかけて、ひたすら抵抗すると見込んだのだ。当然のように、早く勝たなければ国家の資源がしだいに逼迫するだけでなく、(有能な戦略家が避けるべきと考える)二正面の戦争という恐ろしい事態にヒトラーは直面する。戦争を続けるにはソ連を征服し、食料と原油の供給源を手に入れる必要があった。ソ連が敗れれば、イギリスはゲームの終了を悟り、講和の道を探るだろう、とヒトラーは考えた。もしヒトラーがソ連は倒せないと認めていたならば、イギリスとのあいだで限定的な和平を探る道しか残らなかっただろう。だがそれは、ヒトラーがそれまで成し遂げてきた軍事的功績にそぐわない道であり、また追い求めてきた政治的野望が成就しないことをも意味していた。

アメリカがいつかは参戦する公算が大きかったことも、早急に行動すべき理由の一つであった。ただし、ヒトラーはそれが早くても一九四二年になると見込んでいた。ソ連を手早く排除してしまえば、英ソ米の対独大同盟が構築される可能性は限られる。この点で、ヒトラーはスターリンに助けられた。スターリンは、ヒトラーの計画について警告しようとした人々の声をことごとく無視した。ドイツ軍による攻撃が差し迫っている兆候がみられてからも、自分が描いてきた台本（スクリプト）どおりにヒトラーが動くと考えていたのだ。チャーチルが発した警告も、ヨーロッパ二大国間の戦争を勃発させ、イギリスにかかる負担を和らげようとする利己的なプロパガンダだとしてはねつけられた。一八一二年の皇帝アレクサンドル一世と異なり、スターリンは国境に軍隊を配備していたため、ドイツ軍がそれらを分断して侵攻する道筋を立てるのを容易にし、事態を悪化させた。その結果、ソ連は軍事的に崩壊寸前の危機におちいった。それでも、厳しさで知られるロシアの冬と、前進の時期と場所にかかわるドイツ軍のいくつかの決定的な判断ミスが重なり、ソ連は最初の打撃から立ち直った。敗北を免れると、ソ連の工業力は緩やかながらも確実に回復した。そして、その領土は侵略するには広大すぎた。指揮官たちの手腕によってドイツは敗北を先延ばしできたが、欠陥のある大戦略がもたらした容易ならぬ制約を克服することはできなかった。

ドイツがソ連に与えた第一撃は（日本がアメリカに対して行ったのと同様に）奇襲頼みだったが、敵をたたきのめすにはいたらなかった。最初の段階で優勢になっても、長期的な勝利につながるとは限らなかった。一九四〇年春のドイツの大勝利と、同年秋に始まったイギリス都市部の空爆は、フラーやリデルハートやエアパワー理論家たちが想定した可能性に近い成果をあげたが、勝敗を決することはなかった。戦争はどんどん次の段階へと移行し、そのたびに残虐化と長期化の度合いは強まった。戦車戦では大規模化と消耗戦化が進み、ついには一九四三年のクルスクの戦いへといたった。大衆は空爆でも全滅せず、すさまじい荒廃のなかで耐えた。その結果、日本の広島と長崎に二つの原子爆弾が投下され、第二次世界大戦は衝撃的な幕切れを迎えた。本書ではこのあと一九七〇年代から一九八〇年代にかけてのアメリカの軍事思想について論じるが、そこからわかるのは、アメリカがドイツの作戦技術を高く評価していたこと、だが戦争に勝つにはそれだけでは不十分だったことである。

勝利において最も重要な要素は、いかに同盟が形成され、団結あるいは分裂するかであった。同盟は戦闘に意味を与える。枢軸国が脆弱だった背景には、イタリアの軍事力が精彩を欠いたこと、スペインが中立を保ったこと、そして日本が自国の戦争に集中し、ソ連との衝突を避けようとしたことがあった。同盟国フランスが敗れたとき、イギリスは最大の危機に見舞われたが、ドイツのソ連侵攻によって危機は和らぎはじめた。チャーチルはアメリカに望みを託した。アメリカはイギリスの信念に共感を示しはしたが、すぐに参戦する気配はなかった。実際にアメリカが参戦したのは一八ヵ月後のことである。アメリカ参戦の報にチャーチルは狂喜した。「結局、われわれはすでに勝っていたのだ!……この戦争がいつまで続くのか、どのような形で終わるのか、誰にもわからなかったが、もうわたしは気にしなかった。……われわれは抹殺されずに済むだろう。われわれの歴史に終わりは来ないのだ[18]」。

第12章　核のゲーム

たとえて言えば、瓶のなかの二匹のサソリだ。それぞれ相手を殺す力をもつが、そのためには自らも生命の危険を冒さなければならない。

――J・ロバート・オッペンハイマー

戦争は通常、新しい平和と正義の時代を求める声とともに終わる。第二次世界大戦もその例外ではなかった。だが残念ながら、アメリカとソビエト連邦、そしてのイデオロギーで対立するそれぞれのブロックのあいだの緊張が高まるなか、楽観的になれる根拠はほとんどなかった。ドイツの占領から解放された地域の命運をめぐり、米英とソ連のあいだに潜んでいた敵意が表面化したことで、第三次世界大戦の可能性は今すぐにも起きそうなほど高まっていた。こうした状況は、まもなく「冷たい戦争（冷戦）」として語られるようになった。この言葉は、一九四七年にウォルター・リップマンが発表した、まさにその題名の著書によって広まった。[1]

リップマンは、一九三〇年代末にフランスに対してヒトラーが展開した神経戦を表すのに使われていたla guerre froide（フランス語で「冷たい戦争」）を想起し、流用した。[2]したがってリップマンにとっての冷戦とは、ゴングが鳴る前からリング上で互いに弧を描いて動く二人のボクサーのように、警戒の目で見つめ合いながら相手と自分の力を品定めする二国による戦争を示した。決して熱い戦争には突入しない数十年にわたる対立関係を予想していたかのように、楽観論をまったく含まない概念であった。[3]

実際には一九四五年一〇月にリップマンよりも早く、原爆が外交におよぼす影響を評価しようとしたイギリスの作家ジョージ・オーウェルが、この言葉を用いていた。オーウェルは、「たった数秒で数百万人を消し去るような兵器をそれぞれ保有する二〜三の超大国が世界を分断する」という見通しを示しつつ、次のように論じた。そのような戦争は起こりうる一方で、保有国が「お互いのあいだでは原爆を使わないという暗黙の協定」を結ぶことで、回避される可能性もある。その場合、報復手段のない国に対してのみ、原爆が脅しとして使われるのではないか。したがって、この新しい形の最高権力は、国家間のきわどい力の均衡だけでなく、被搾取階級を一段と効果的に抑圧する方法をも生み出しかねない。大規模な戦争には終止符が打たれるかもしれないが、そのかわりに訪れるのは「恐ろしいほどに安定した奴隷帝国」のあいだでの「安寧なき平和」だ。[4]政権が支配下の人々に対して大量殺戮兵器をすぐにも使おうとする近年の例をみれば、原爆が「抵抗する力すべて」を奪うという発想も、それほど現実離れしてはいなかったと考えられる。

この新兵器をどのような戦略目的で使うかという問いを最初に真剣に投げかけたのは、もとは海洋戦略を専門としていた歴史家のバーナード・ブローディである。原爆の投下を知ったブローディは妻に「これまでわたしが書いてきたことはすべて時代遅れになった」と語った。[5] 既成の戦略理論が使い物にならなくなったのだ。ブローディはこう論じた。「原爆に関しては、それが存在し、途方もなく大きな破壊力をもつという二つの事実に尽きる。これまで、われわれの軍部の主たる目的は戦争に勝つことだった。今後は戦争を回避することが主目的になるにちがいない。それ以外に有用な目的はまずありえない」[6]。つまり、当初からブローディはこの「絶対兵器」に使用を思いとどまらせる性質があることを認識していた。同じような兵器で報復する可能性のある他国に対して大量殺戮兵器を使うことに政治家たちは慎重になる、と考えたのだ。

新しい戦略家

ブローディは自らの経歴によって、民間人が主導的な役割を果たす戦略分野の可能性を明確にした。もともとブローディは軍事思想の質が低いと考えており（そして、それを隠そうともしなかった)、人間の活動の他の領域に比べて戦争の研究が遅れていることを嘆いていた。一九四九年に発表した論文では、このように記している。「軍人の目的はもちろん本を出すことではないが、活字になるという過程をまったく経ずに熟成した思考はないことを知っておかなければならない」。実務上や指揮面の問題を過度に重んじる軍事訓練は、熟考を妨げる反知性的な行為だとブローディは唱えた。戦略についての議論といえば、ジョミニが最初に唱えたような、不変とされる戦争の原則に関することだけだった。だが、そうした原則には「常識を働かせよ、という突き放すような命令」程度の価値しかなかった。

軍事問題は、複雑化しているという点だけでなく、大惨事をもたらす可能性が高まっているという点で深刻化していた。そうしたなかでブローディは、これまでとは違う形で戦略についてもっと真剣に考える必要があると主張した。そして、その考えうる方法の一例として、経済学を引き合いに出した。経済学者が国の富を最大化するために国内の全資源を活用しようとするように、戦略家は戦争における国の全体的な有効性を最大化するために国内の全資源を活用しようとする。すべての軍事問題は手段の経済性にかかわるものなのだから、「古典派経済理論の本質的な部分はそのまま軍事戦略の問題に適用できる」。とくに「経済学のような科学」は「真の分析手法」への道筋を示しうる。(7) 戦略的問題の解決は人物や直観にではなく思考力と分析にかかっている、という考え方は、あらゆる人間の決断を合理性による支配と科学の応用に委ねる潮流になじんだ。核時代に入って判断ミスが破滅的な結果をもたらす可能性が生じたことで、緊急性が高まっていた。

大量の異なるデータを解析する手段としての科学的手法の有用性は、第二次世界大戦中のイギリスで明らかになっていた。対空防御にレーダーを使用するうえで最良の方法を決める目的で用いられたのが、その第一歩となった。このイギリスの計画における重要人物の一人によると、経済学者が直接関与することはなかったが、物理学よりも古典派経済学に近い手法が用いられたという。[8]第二次世界大戦中、オペレーションズ・リサーチという名で知られるようになったこの新しい技法は、潜水艦の攻撃に対して最も安全に護送船団を編成する方法を導き出す、空爆の目標を選ぶ、といった実際の作戦行動の支援において著しい進歩を遂げた。[9]アメリカでは、数学者や物理学者、とくに最初の原子爆弾の製造につながったマンハッタン計画に携わることになった者たちが、より大きな影響力を示した。

戦後、こうした手法を実用的、とりわけ軍事的な問題に応用するうえで中心的な役割を果たしたのは、「シンクタンク」の典型例となったランド研究所である。ランド研究所はアメリカ空軍の資金援助のもと、オペレーションズ・リサーチの開発を行う組織として設立されたが、やがて先端的な分析技術を用いて、防衛やその他の公共政策にかかわる問題に取り組む独立非営利組織へと変わった。当初は自然科学者やハードウェアを扱うエンジニアを採用した。シャロン・ギャマリ＝タブリジによると、ランド研究所は「冷戦アバンギャルド」とも呼ぶべき型破りな研究者集団として形成され、従来型の軍事研究を「まったく無視して」、意識的に試験的、実験的な研究を行っていた。[10]やがて経済学者をはじめとする社会科学の研究者を雇うようになった。コンピューター技術の着実な進歩により、複雑な問題に数学的アプローチを適用することがより現実的になっていた。それまでは経済学ですら、理数系的色彩よりも文系的色彩が強い学問分野にとどまっていたが、ここへきて定量分析が説得力と信頼性をもった手法へと発展した。軍事分野のみならず社会科学全般において確立された思考パターンを変容させたという点で、とくに草創期のランド研究所が重要な役割を果たしたといっても、決して誇張にはならないだろう。最先端のコンピューターをはじめとする利用可能な資源や機器によりイノベーションを生み出す能力を与えられたランド研究所は、強い使命感と自負をもってその力を発揮した。

ランド研究所によって切り拓かれた新たな世界は、観察だけでなく、シミュレーションの対象となった。フィリップ・ミロウスキーは、自身が「サイボーグ科学」と呼ぶものについて論じている。人間と機械の新たな相互作用を反映するサイボーグ科学は、それぞれを分析するモデルが類似してきたために、自然と社会のあいだ、そして「現実」と疑似世界のあいだにある垣根を打ち壊した。たとえば、マンハッタン計画においてデータの不確実性に対処するために適用されたモンテカルロ・シミュレーションは、不確実性をモデル化してカオスのなかの秩序を識別することで、複雑なシステムのロジックを追求しうる、さまざまな実験への道を開いた。[11]ランド研究所の研究者たちは、こうした新しい手法が従来の思考パターンを補完するのではなく、それに取って代わると考えた。構成要素間の相互作用が絶えず変化する動的システムの特性を解析できるようになったため、単純な因果関係で説明する手法は取り残される可能性が出てきた。多かれ少なかれ秩序と安定感があり、戦前に流行の先端を走りはじめたシステムのモデルは、新たな意味をもちうるものとなった。そして、高度な計算処理を必要としない科学分野（自然科学、社会科学双方）においてさえも、接近可能な現実の狭い領域の直接的な観察に基づくモデルだけでなく、はるかに広い領域、あるいは接近不可能な現実に近似したものの試験に基づいた形式的かつ抽象的なモデルをも受け入れる傾向が強まっていた。生身の人間の心だけではとうてい対処できないような方法で、システムのタイプと関係性を分析することが可能となったのだ。

初期のオペレーションズ・リサーチの教科書の一冊には、この種の作業に必要なのは「新しい課題への非人間的な好奇心」、「裏づけのない意見」を拒絶する姿勢、そして、「なんらかの定量的な根拠（たとえそれが概算にすぎなくても）に基づいて判断」しようとする意欲だと書かれている。このアプローチは国防問題への重点的な取り組みから始まったものだが、最も大きな影響がおよんだのは別の分野であった。軍事、とりわけ核の領域では、現実的かつ重大な決断が下されるため、研究と分析は、それが概念として革新的である場合にも、あくまでも根拠に基づいて行われなければならなかったからだ。

前例も実験もありえず、その破壊力の強大さを想像しがたい核戦争の可能性に対しては、シミュレーションをすることしかできなかった。まったく特異と考えられた領域においては、経験は、鋭く整然とした思考力よりも役に立たなかった（ランド研究所の研究者だったハーマン・カーンは、軍事経験がないという理由で自分を批判した軍人に「あなたは何度、核戦争を経験したのですか？」と切り返した）。一九六一年、懐疑的だが鋭い洞察力をもった若きオーストラリア人ヘドリー・ブルは、戦略思考の現状について、ある種の「戦略的な人間」の「合理的な行動」を前提にしていると指摘した。そして、その「戦略的な人間」は「やがて比類なき繊細な知性をもった大学教授という正体を現す」と論じた。[12] ブルは、戦略的な人間が台頭した理由が核兵器にあると示唆した。もはや戦略は、政策の道具である戦争をどう戦うかだけ考えればよいものではなくなり、戦争を脅しの手段として理解する必要も生じていた。実際の武力行使に関する研究に加えて、抑止とリスク操作に関する議論を行わなければならなくなった。戦略思考がもはや軍人の聖域でなくなったのはこのためだ。ブルは、民間の専門家たちが著述面で軍人を圧倒し、抑止と軍備管理に関する問題への取り組みでも目立った活躍をしている、と指摘した。そしてジョン・F・ケネディが大統領に就任したことで、民間の戦略家は「政権の内部に入り、政策上の重要問題において軍人のアドバイザーを上回る影響力を発揮していた」。軍人にも民間人にも核戦争指導の経験はまったくなかったため、戦略思考は大概においては「抽象的で思弁的な性質」を否応なしに帯びることになり、その点でも民間人に向いていた。民間の専門家は「洗練された、技能的な質も高い」仕事ぶりを発揮していた。[13]

こうした新しいアプローチにおいて重要な役割を果たしたのは、主にランド研究所の人々だった。フォード・モーター・カンパニー勤務時代に定量分析導入の先駆者となった国防長官ロバート・マクナマラが、国防総省でこれらの人々を指揮した。マクナマラは軍の予算と計画が正当化できるものかどうか徹底的に問題を洗い出し、軍部に対抗した。その手足となって働いたのは、システム分析局に集められた若い研究者たちだった。みな切れ者で威勢がよく、自信に満ちあふれ、自分たちの台頭を阻みたくても阻めない軍上層部を見下していた。ランド研究所から引き抜かれ、国防総省でのマクナマラの右腕となったチャールズ・ヒッチは、一九六〇年に同僚の一人と共同執筆した著書でこう述べた。「基本的にすべての軍事問題は、ある側面からみれば、資源の効率的な配分と利用という経済学的な問題とみなされる」[14]。マクナマラはデータを要求し、選択の対象となる計画の費用と便益を評価する最良の方法は定量分析だと主張した。そして軍部の優先事項を軽視し、軍が推進しようとしていた計画を中止したり、大事にしてきた信念に異議を唱えたりした。

やがて、マクナマラの手法が戦争、とりわけベトナム戦争のような複雑な政治的背景をもつ戦争を戦うのに不適切であることが明々白々となった。そして、この失敗によってマクナマラの評判は地に落ち、二度と回復しなかった。国防長官としての任期の前半、マクナマラはケネディ、ジョンソン両政権において最も頭が良く有能な閣僚とみなされていた。軍部はマクナマラの存在感にまごつき、作戦にかかわる問題を議論する際にも素人さながらの体をさらした。

マクナマラは「足の生えたIBMコンピューター」と呼ばれていた。断固たる態度で明晰に語り、裏づけとなるデータと分析技術に精通しているという点で、合理的に行動する戦略的な人間そのものだった。[15] マクナマラにまつわる神話と反対勢力の反応は、その手法が実際よりも大きな変化をもたらしたかのような印象を生み出した。しかし、予算編成プロセスに関していえば、アイゼンハワー政権時代に軍部が主導していたことはなく、ケネディ政権時代も民間人による関与は伝えられているほど支配的なものではなかった。それでも軍上層部は、戦闘経験もないのに軍の仕事について尊大に語る民間人を警戒の目で見ていた。ランド研究所で育まれた、自分たちが雇用主である軍人よりも高い知能をもつと信じて疑わない民間人の傲慢さに対し、軍部はもともと恨みをいだいていたが、計画と予算を危険にさらされるとなれば、なおさらだった。その一例として、元空軍参謀長のトーマス・ホワイトがマクナマラ配下のスタッフに向けて放った批判の言葉がある。スタッフメンバーの二人は共同執筆した著書で、この言葉を揶揄（やゆ）するかのように引用している。ホワイトは「パイプをふかした頭脳派変人」タイプの人間について、「こうした自信過剰で、時として傲慢な若い教授や数学者やその他の理論家に、われわれが直面する敵のような相手に対抗できるだけの図太さや士気がある」とは思えないと文句をつけた。[16]

ヘドリー・ブルは、批判精神を欠いている、道徳心がない、あるいは疑似科学的だといった非難を浴びる新しい戦略家たちを擁護する一方で、ある種のうぬぼれを指摘した。こうした者たちの多くは、それまで「軍事分野は科学的研究とは無縁で、二流の人間の場当たり的な注目しか集めていなかった」と考えていた。ブルはまた、文民たちが「時代遅れの手法を排除し、かわりに最新の手法を取り入れる」ことで戦略を科学に変える、という大望をいだいていると論じた。一部の者が望むように、こうした新しい手法が経済学により近づきさえすれば、「われわれの選択を合理化し、われわれの環境を左右する力を強める」一助になりうる、と。バーナード・ブローディも、この肥大化した大望に疑念をいだいた。トーマス・ホワイトの言葉は杓子定規で偏見をもった軍部についての固定観念を裏づけたが、ブローディは新しい研究者とその手法も功罪相半ばするとみていた。新兵器の調達などの点に関する国防総省の意思決定に改善がみられた一方で、経済学を戦略に応用することによる成果には限界があった。経済学者は自分たちの理論の妨げとなる政治的配慮に関心がもてず、また我慢もならなかった。外交や軍事史、そして現代政治に疎いことよりも懸念すべきは、「それらの欠如が戦略的洞察力にとっていかに重い意味をもつか」をまったく認識していない点だった。経済学者が適用する理論構造は、他の社会科学を「技術的に未発達で知的な価値がない」ものとして見下す風潮を生み出した。(17)

ゲーム理論

新しい戦略を象徴する手法と考えられたのはゲーム理論である。第13章で論じるように、ゲーム理論が核戦略に実際におよぼした影響は軽微だった。それでも、ゲーム理論は抽象的で形式的な戦略問題に関する一つの思考方法を示した。そして社会科学に多大な影響をおよぼすようになった。ゲーム理論は、第二次世界大戦中にヨーロッパから移住し、プリンストン高等研究所で働いていた二人の学者の共同研究から生まれた。その一人はハンガリー出身のジョン・フォン・ノイマンである。幼少時からすぐれた記憶力と計算能力で周囲を驚かせたフォン・ノイマンは、ほどなく同時代屈指の数学の天才として知られるようになった。一九二〇年代には、ポーカーについて熟考するなかで、ゲーム理論の基本原則を考えついていた。プリンストンでフォン・ノイマンと親しくなったウィーン出身の経済学者オスカー・モルゲンシュテルンは、フォン・ノイマンのアイデアがより広い分野に影響をおよぼす可能性を秘めていることに気づき、それを形にする手助けをした。二人の共同執筆による大著『ゲームの理論と経済行動』は一九四四年に刊行された。

戦略家のゲームとみなされてきたのが、いつもポーカーでチェスではなかったのはなぜか。

科学者ジェイコブ・ブロノフスキーは、この問いに対するフォン・ノイマンの答えを自著に記している。

フォン・ノイマンはこう言った。「いえいえ、チェスはゲームではなくて、明確に定義された計算の一形式です。実際にはすべての答えは出せないかもしれないけれど、理論上はどんな状況でも、ある一つの解、つまり正しい手が必ずあるはずです。でも本当のゲームはまったく違います。現実の生活はそんなふうにはいきません。はったりや、ちょっとしたごまかしの駆け引きや、こちらの動きを相手がどう読むだろうかと考えることなどからなっています。そして、そうしたことが私の理論でいうゲームなのです[18]」。

チェスでは、相手が頭のなかで考えていることを除き、二人がまったく同じ完全な情報をもってプレーする。ポーカーでは偶然が一つの要素となるが、ゲーム自体は純粋に偶然で勝負が決まるものではない。確率論を応用して、他のプレーヤーの持ち札を推測することは可能だ。常にある程度の不確かさはあるため、同じ持ち札でも、他のプレーヤーが強気なのか、弱気なのかという判断によって違うやり方でプレーすることができる。裏もかける。つまりゲーム理論とは、本質的に不確かな状況で行う頭脳戦略にかかわるものである。

フォン・ノイマンは、ポーカーですべてのプレーヤーがいかに自分の持ち札が周りにわからないようにするか、という点に注目した。はったりは必要不可欠であり、プレーの予測不能性は助けになる。フォン・ノイマンは、合理的なプレーヤーが別の合理的なプレーヤーと対する際の最適な結果が、損を最小限に抑える「ミニマックス」解で得られることを見いだした。このミニマックス定理を証明する論文を一九二八年に発表したことで、ゲーム理論は数学的な信頼性を獲得し、ゲームがどのように展開しうるかを表す理論から、ゲームをどのように展開させるべきかを提示する理論へと変わった。非合理な状況で合理的な手をとる方法を示したゲーム理論は、攻撃、防御双方の目的ではったりをかけることがなぜ理にかないうるのか、また時として無作為に動くことでいかに相手がプレーのパターンを識別しにくくなり、その不確かさが増幅しうるかを論証した。[19]

フォン・ノイマンとモルゲンシュテルンの共著は、「二〇世紀屈指の、きわめて大きな影響力をもちながら、ほとんど読まれていない本」と評された。数式が詰め込まれた六四一ページからなる同書は、刊行後五年で四〇〇〇部しか売れなかった。[20] 同書は賛否両論入り混じった幅広い評価を集めたが、また一部の熱狂的な支持者のあいだで推奨する動きも出ていたが、経済学の専門家はまったく無関心だった。ゲーム理論はオペレーションズ・リサーチの領域で最初に根づき、戦後初期の研究では同領域に特化した数学の一分野として扱われたほどだった。この領域で、フォン・ノイマンはとりわけ多大な影響をおよぼしたとみられる。一九五九年に癌で早世するまで、指折りの科学アドバイザーとして政府に対する発言力をもっていたフォン・

ノイマンは、線形計画法やコンピューター利用の拡大など、科学的データの質を向上させるためのあらゆる手段を奨励した。そしてランド研究所を、新技術を研究し、その成果を示すことのできる機関とみなしていた。[21]

フォン・ノイマンとモルゲンシュテルンの理論を広める者も現れた。奇妙なことに、ジョン・マクドナルドの著書『ポーカー、ビジネス、戦争の戦略』（邦題『かけひきの科学――ゲームの理論とは何か』）はゲーム理論の歴史のなかで、ないがしろにされている。マクドナルドは一九四九年にフォーチュン誌のポーカーに関するある記事を読み、フォン・ノイマンとモルゲンシュテルンの理論を知った。このとき、マクドナルドも同誌にゲーム理論に関する別の記事を書いていた。どちらの記事も本になる前の話である。マクドナルドの著書がないがしろにされてきた理由は、理論に目新しさがなく、また一般読者向けに書かれていた点にあったかもしれない。それでも、マクドナルドは学者たちと広範囲におよぶ対話を重ね、学者たちが達成できそうだと考えていることについて、わかりやすい言葉で記した。数学を用いた証明が一般読者には理解しにくいであろう点を認識しながら、基本的な概念は簡単にわかるような書き方をしたのである。ゲーム理論は軍事戦略だけでなく、戦略全般に関する考え方を示すものであり、紛争、不完全な情報、欺こうとする気持ちなどをともなう関係性すべてにかかわる。ゲーム理論は「形式的かつ中立的で、イデオロギーとは無縁」であるため、「誰にとっても有用だ」。価値や倫理を見きわめるのには役立たないが、「何を得ることができるか、そしてそれはどうすれば得られるかを示してくれるかもしれない」と。

ゲーム理論は戦略的思考にどのような変化をもたらしたのか。非常に重要だったのは、戦略的な行動は、自分には制御できない他者が起こしそうな行動をどう予測するかに依拠する、という考え方が取り入れられた点である。戦略ゲームのプレーヤーは協力はしないが、それぞれの行動は互いに依存し合う。このような制限された状況においては、利得を最大化するためではなく、最適な結果を受け入れるために合理的な戦略が試みられる。マクドナルドはミニマックスについて、「昨今の学界でとりわけよく話題になる斬新な概念」と記した。その応用に関しては、とくに連携の重要性に注意を向けながら、数多くの可能性を指摘した。そして「戦争は偶然に左右されるのであり、ミニマックスがその現代的哲学でなければならない」と締めくくった。一方で、ゲーム理論について「想像力をともなうが、魔法のようなしかけはない」と説明し、「数学的な計算の領域に達しうるような、風変わりなひねりをきかせた論理に基づく行動」にかかわる理論だと述べた。[22]

ランド研究所が熱を入れて進めたゲーム理論の先駆的な研究の背景には、戦略にはなんらかの科学的根拠が存在しうるという信念があった。戦略に関する問題をきちんとした科学的な根拠に基づいて論じようとする過去の試みは、利用可能な分析ツールがなかったためにうまくいかなかったと考えられた。軍事戦略の専門家は数学に疎く、数学者は戦略の概念と計算処理能力を欠いていた。だがそうしたツールが整い、まさに飛躍的な進歩が起きる可能性が生じた。

二人以上の意思決定者が存在することによる問題に真っ向から取り組み、数学的な解を提示するという点で、ゲーム理論は魅力的だった。ゲーム理論に特化した著作や会議も、やがて生まれるようになった。

一九五四年には社会学者のジェシー・バーナードが、ゲーム理論と、より人文的な社会科学のあいだに、広い意味での関連性を見いだす試みに着手した。バーナードはゲーム理論に内在する非道徳性への懸念も示し、「近代化され、合理化された数学版のマキャベリズム」と評した。これは「人間性を低劣なものとみなす考え方」であり、「人間には寛容さも、高潔さも、理想の追求も期待できない。むしろ人間は、はったりをかけ、欺き、はぐらかし、情報を伏せ、自分が最大限の利益を得られるように立ち回り、相手の弱点には可能なかぎりつけこむものだ」と示唆していると説いた。バーナードはゲーム理論が合理的な意思決定を重視している点を認識していたものの、それを戦略を練るためではなく、試すための数学的手段と誤ってとらえていた。戦略を考えつくのに必要な資質はほかにある、とみなしていたことを考えれば、バーナードがこのように誤解したのもある意味当然といえる。「想像力、洞察力、直観、他人の立場になって考える能力、人間の（好悪双方の）動機の源を理解すること、これらが方針や戦略を考え出すのに必要とされる」[23]。したがって、「社会科学者に関するかぎり、ゲーム理論の出番がくるころには、最も困難な部分の研究はすでに終わっているだろう」。ゲーム理論の主旨はとらえきれなかったバーナードだが、ゲーム理論の限界について認識していた点では時代を先取りしていた。ゲーム理論は合理性を前提とするが、それはあくまでもゲームをするプレーヤーの好みや価値観に基づく合理性であった。

囚人のジレンマ

ゲームにおける選択対象の結果にともなう価値を利得という。ゲームの目的は利得を最大化することにある。各プレーヤーはこの点でみな同じ目的をもっていることを認識している。トランプゲームのプレーヤーは、自分たちが確立されたそのゲームのルールに基づいて決定を行うことを受け入れる。ゲーム理論の応用範囲が広がるにつれて、選択は、相互に合意したルールや一般に認められたルールだけではなく、プレーヤーが認識する自分たちの置かれた状況にも基づいて行われうるものとなった。実生活の場合と同様にプレーヤーが難しい選択を迫られる状況を特定することで、ゲーム理論は前進した。その前進においては、フォン・ノイマンとモルゲンシュテルンが研究した、二人のプレーヤーによる「利得がゼロサムな」（つまり一人が勝つともう一人は必ず負ける）ゲームの制約を乗り越える必要があった。比較的単純な問題を解決した数学者は、通常、連携を形成する場合のような、より複雑な問題を解決しようとする。だがゲーム理論、とりわけ新しい段階ごとに数学的証明が求められる場合においては、このプロセスは容易ではないことがわかった。

ゲーム理論が大きく躍進を遂げたのは、非ゼロサム・ゲームの探求においてであった。非ゼロサム・ゲームとは、進め方しだいで全プレーヤーが勝つ、あるいは負けることもありうるゲームだ。「囚人のジレンマ」のゲームを実際に考えついたのは、メリル・フラッドとメルビン・ドレッシャーというランド研究所の二人の研究者だ。ただし、このゲームの最も有名な形が定式化されたのは、一九五〇年にアルバート・タッカーがスタンフォード大学の心理学者向けに講演したときのことであった。囚人のジレンマでプレーヤーとなるのは二人の囚人だ。二人は互いに言葉を交わすことができず、その命運は尋問中に犯行を認めるかどうか、そして二人の答えが一致するかどうかにかかっている。もし両者が黙秘すれば、二人とも微罪で起訴され、軽い刑（懲役一年）を科される。もし両者が自白すれば、二人とも起訴されるが、最高刑よりは軽い刑（懲役五年）に減刑される。もし一人が自白し、もう一人が黙秘すれば、自白した者には寛大な措置（懲役三ヵ月）がとられる一方、黙秘した者には最高刑（懲役一〇年）が科される。二人のプレーヤーはそれぞれ別の部屋に入れられ、身の処し方を考える。

特筆すべきは、この表（利得表）自体が戦略の結果を示す革新的な方法だったこと、そしてその後も形式的分析に不可欠なものとして定着したことである。この表は囚人のジレンマにおける見通しを示す（図表12－1参照）。AとB、二人の囚人がともに自白する。AはBと共謀することができず、もし黙秘すれば、懲役一〇年となるリスクが生じる一方、自白すれば五年の懲役刑で済むとわかっている。さらに、もしBが相互利益が最大になる解決策をとると決め、黙秘した場合、Aは自白する、つまりある意味でBを裏切ることによって、自分の刑を軽くすることも可能だ。ゲーム理論は、Bもこれと同じ考え方をすると想定した。これは最悪の場合の損害を最小にすることを保証するミニマックス戦略だった。このゲームの一つの重要な特徴は、二人のプレーヤーが紛争を強いられる点だ。両者は相談して口裏を合わせ、それぞれが合意した戦略を相手が守ると信じる場合よりも、悪い結果に直面する。囚人のジレンマは、プレーヤーが互いに力を合わせるか、相手の足を引っ張るか（通常、「協調」か「裏切り」か、と表現する）という状況を検討する際の有力なツールとなった。

図表12-1

		B	
		1 黙秘	2 自白
A	1 黙秘	-1 a1b1 -1	-0.25 a1b2 -10
	2 自白	-10 a2b1 -0.25	-5 a2b2 -5

＊表中の右上と左下の数字は懲役年数の見通しを示す。

ゲーム理論は一九六〇年代に勢いづいた。核戦略を形成したと考えられていたからだが、実際に影響をおよぼしたのは東の間のことだった。二極化し、同じような力をもった二つの同盟のあいだで生じた中核的な紛争を利得表で表すことができたため、ゲーム理論に価値があるとみられていた。どのような形であれ核戦争が起きれば、両陣営とも破滅的な損害をこうむる公算が大きいという点で、これが非ゼロサムの紛争であることは明らかだった。したがって、それぞれ別の利益を追求するとしても、平和の維持は共通した一つの関心事項だった。二つの同盟の背景には相反する世界観があったため、確実に紛争を終わらせる方法はなかった。互いに敵意をかかえながら、決定的な対立に事態が進展することを恐れる両陣営の関係には、それなりに安定性があった。

ゲーム理論は、政府がどのような危機的状況に直面しているのかを明確にするのに役立った。問題は、ゲーム理論自体が生み出す政策ジレンマに対処するための戦略を講じるのに、その理論を用いる点にあった。核戦争という身のすくむような事態に直面しても体系的な思考を可能にする手段として、形式的な手法を支持する専門家もいた。抽象的で無機質な議論であれば、なんらかの動きがあった場合に生じる恐ろしい影響に対処するのも容易だった。だが政策に寄与するには、専門家は理論を乗り越える必要があった。やがて、戦争が非常に危険なものである場合にどうすれば惨禍を招かずに重大な利益を守れるのか、あるいは核戦争へと拡大することなく通常戦力に限定して戦争を戦うことは可能なのか、という問題に直面し、ゲーム理論にも限界がみえた。

第13章 非合理の合理性

これは大量殺戮(さつりく)に関する道徳書だ。どうやってそれを計画し、実施すべきか、どのように非難をかわし、正当化すべきかが書いてある。

——ジェイムズ・ニューマン、ハーマン・カーン著『熱核戦争論』の書評より

最初の核兵器は、バーナード・ブローディが名づけたような「絶対」的なものではなく、その破壊力は他の兵器の範囲を超えなかった(広島を焦土にした原爆の破壊力は、B－29爆撃機約二〇〇機が搭載する爆弾と同等だった)。また少なくとも当初は、核兵器の数も限られていた。原爆が大きな変化をもたらしたのは、破壊力の規模の面よりも、効率面においてであった。だが一九五〇年代初頭までに、こうした状況は関連する二つの出来事によって変わった。その一つめは、ソビエト連邦が一九四九年八月に最初の核実験を行い、アメリカによる核兵器

の独占に終止符を打ったことである。核のゲームに参加できるプレーヤーが二人になったことで、ルールも変わらざるをえなくなった。これ以降、報復の可能性という制約を考慮せずに、核戦争の開戦を考えることはできなくなった。

この影響で、二つめの出来事が生じた。核における自国の事実上の優位性を高めるため、アメリカは核分裂反応ではなく、核融合反応の原理に基づいた熱核爆弾を開発した。これにより、潜在的な破壊力に明確な上限がない兵器をもつことが可能になった。一九五〇年、アメリカ政府は熱核兵器の導入によって、同国とその同盟国が、ソ連およびその衛星国と同等の通常戦力を増強する時間的余裕を得たとみなした。

だが、一九五三年一月に大統領に就任したドワイト・D・アイゼンハワーの考えは違っていた。アメリカの核の優位性が続くあいだはそれをうまく利用し、通常戦力の再軍備による財政負担を減らすことを望んだのだ。このころには破壊力も増大した核兵器が大量に備蓄されていた。こうした状況を踏まえて生まれた戦略は、一九五四年一月に国務長官ジョン・フォスター・ダレスが行った演説を受けて「大量報復」戦略として知られるようになった。ダレスは、アメリカがこの先、攻撃を受けた場合には、「われわれが自ら選んだ場所と手段で」報復すると宣言した(1)。

この政策は、世界のどこであれ通常兵器による攻撃が行われた場合、その報復としてソ連と中国の目標地点を核兵器で攻撃すると脅すものとみなされた。大量報復は核の脅威に依存すぎているとして、広く批判された。ソ連の核戦力増強によって、その信頼性は低下していくことになるからだ。もしアメリカが通常戦力をないがしろにしてきたなかで限定的な攻撃が行われれば、「自殺するか、降伏するか」の二者択一をするしかなくなる。敵も同じ脅しの手段をもつ状況で核の脅威に依存するという事態は、知的創造力の開花を促し、のちに戦略研究の「黄金期」と呼ばれる時代をもたらした。[2] その中核にあったのは抑止という重要な概念であり、核時代ならではの課題に対処するために考案されたさまざまな手法により、その探究が行われた。

抑止

強さを見せつければ、敵は手出しをやめる可能性がある、という考え方は別に目新しいものではなかった。英語で「抑止」を意味する deterrence という言葉は、「脅してやめさせる、追い払う」という意味のラテン語 deterre を語源とする。現代の使い方においては、苦痛の脅威をちらつかせることで警戒感を引き起こさせる手段という意味合いを帯びるようになった。脅しなしでも抑止の効果は生じえた。たとえば相手の反応を先読みし、挑発的な行動を慎む場合もあるだろう。だが戦略としての抑止は、意図的で目的のはっきりとした脅しをともなうものだった。この概念は、第二次世界大戦以前の戦略爆撃をめぐる思索のなかで生まれた。初期のエアパワー理論家たちを突き動かした民間人のパニックに関する前提は、政策当局の脳裏に根強く残っていた。この大衆にかかわる懸念は、継続的な攻撃のあとに大混乱が生じる公算が大きいとの考えをもたらした。イギリスは第二次世界大戦前の時点で長距離大規模攻撃を行う力をもたなかったが、防御力に疑念をいだいていたため、報復攻撃の脅しをかけるしか、ドイツを抑える手段はないと考えていた。最終的にイギリスは防御に頼らざるをえなくなり、その防御はレーダーの利用により予想外の成功を収めた。イギリス空爆と、その報復として行われ、より大きな惨禍をもたらしたドイツ空爆は、民間人に多大な苦難をもたらしたが、政治的には限定的な影響しかおよぼさなかった。空爆の最大の効果は、生産活動と燃料補給を阻止することによって戦争遂行能力をそぐ点にあった。戦後に行われた調査は、戦略爆撃の効果が戦前に謳われていたよりも小さかったことを示した。だが、原爆が空爆の恐ろしさを新たな水準へと押し上げたため、この調査結果はあまり意味をもたなくなった。リチャード・オーヴェリーが指摘したように、エアパワーに関しては「技術よりも理論が先行していたが、一九四五年のあと、この二つが初めて横並びになった[3]」。

抑止は、核兵器の登場で突きつけられた問いに対する答えとなった。陸軍や海軍の動きを封じる戦術的な役割ではなく、都市全体を破壊できる力をもつ兵器に、どのような役割を与えることができるのか。戦闘の手段としての役割はアイゼンハワー政権も検討したが、忌むべきものと考えられた。一方、抑止の手段としての役割は、将来の戦争の阻止を約束する、無謀さとは無縁の手堅いものにみえた。抑止は、攻撃を予期して奇襲に備えながら、なおも基本的には受け身の姿勢であると示すことができる。問題は、見るからにはったりである場合に、それでも抑止力が働くとみなされうるかどうか、という点にあった。危機時には「瀬戸際まで行く」覚悟が必要だ、というジョン・フォスター・ダレスの言葉が示すように、抑止力の信憑性は、進んで無謀さを伝える姿勢にかかっているようにみえた。そして、核兵器を使用する可能性が残っているという事実は、まさしく破滅的な結果をもたらすとの理由で恐ろしい印象を植えつけた。

こうした状況は、軍事力の主な恩恵は備蓄されている戦力からもたらされるという考え方を後押しした。西側諸国の軍事力は、すべて使うようなことがあってはならないが、抑止の観点からはその可能性が存在している必要があった。冷戦が熱戦に変わることなく数十年がすぎても、抑止力は働いているようにみえた。幾度かの危機時には、各地で注意深く慎重な姿勢が進んでとられた。戦争が回避されたのは、負けた場合の結末と、圧倒的な軍事力で敵を打ち砕く準備をすることの危険性を、政治家たちが十分すぎるほど認識していたからだ。全面戦争の恐怖は、核兵器と直接関係するものにとどまらず、武力の行使に関するあらゆる考察に影響を与えた。たとえ一時的なものであったとしても、ひとたびなんらかの軍事手段が講じられた場合に、それがどのような事態をもたらすのかはまったく不確実だった。

勝敗を決める戦闘ができないという事態は、米ソ両ブロック間のあらゆる関係に影響をおよぼした。「明白な武力よりも潜在的な武力、直接的なアプローチよりも婉曲的なアプローチ、広範囲におよぶ使い方よりも限定的な使い方が優勢」という状況ができあがっていた。[4] 当時そう考えられていたように、核時代から抜け出す道がなかったのだとすれば、抑止は窮地における最善の策となっただろう。抑止が実際にどれだけの功を奏したのかを説明するのは往々にして難しかったが（そして、歴史家は大惨事の一歩手前という恐ろしい瞬間の例をいくつか挙げることができるだろうが）、第三次世界大戦は勃発しなかった。超大国がそのような戦争の可能性に危機感を募らせたという事実と、戦争が実現しなかったことのあいだには、なんらかのつながりがたしかにあった。

こうした抑止の重要性から、その概念の探究とそれが政策におよぼす影響の検証に多大な努力がなされた。抑止は何も起きなかった場合に成功したといえるが、そのような状態は因果関係を解明する際に問題を生み出す。行動を起こさなかったのは、その意図がなかった場合もあれば、意図はあったものの消滅してしまった場合もあると考えられる。意図されていた行動の抑止は、さまざまな要因によって起きる可能性があり、そこには、抑止しようとした側の脅しと無関係な要因や、関係はあったものの、必ずしもその意図に沿っていたわけではない要因も含まれる。抑止はターゲットとする相手に予想コストが予想利益を上回ると確信させることにかかっている、という最も単純明快な定義に従えば、コストを強いると同時に利益に制限をかけることで抑止は実現できる。ただちに侵略をやめさせるため、確実な手段によって相手が利益を得られなくする方法は拒否的抑止[5]として、コストを強いる方法は懲罰的抑止として知られるようになった。拒否的抑止は、その存在を事前に認識した相手に攻撃をやめさせるだけの説得力をもつ効果的防衛と、基本的に同義であった。したがって概念上、大きな問題となるのは懲罰に関して、とりわけ核報復という何よりも残忍な懲罰についてであった。

抑止と、ソ連のあらゆる対外進出の阻止を意味する「封じ込め」という外交政策との結びつきが強くなるにつれて、抑止しなければならない対象は大規模な戦争から、ささいな挑発行動、それもアメリカに対するものに限らず、同盟国、さらにはソ連の敵国に対する挑発行動にまで広がった。初期の段階で、より難解な抑止の理論を広める役割を果たしたハーマン・カーンは、抑止を三つのタイプに分類した。タイプⅠは超大国同士による核攻撃の応酬に、タイプⅡは同盟国に対する限定的な通常攻撃あるいは戦術的核攻撃に、タイプⅢはその他のほとんどの種類の攻撃に、それぞれかかわるものである[6]。どの段階においても、とりわけ、ひとたび両陣営が核兵器を保有すると、政治的意志に関する要件の厳格化が必要となる。核攻撃を抑止するために核で報復すると脅しをかけることと、核攻撃以外の事象を抑止するために核兵器を使うと脅しをかけることは、まったく別である。アメリカが核兵器以外の手段で他の大国から直接攻撃される公算は常に小さかったため、抑止の対象となる核攻撃以外の事象で最も起きる可能性が高いのは同盟国への攻撃であった。そこで必要となったのが「拡大抑止」として知られるようになった概念である。ソ連の核戦力の増大により、アメリカの抑止手法の信頼性が低下し、非対称的な報復から対称的な報復へ、明確な攻撃阻止手段を設定する手法から攻撃が想定外の結果を招くと警告する手法へ、圧倒的な武力を行使するという確実かつ制約のない脅しから相互破壊のリスクの共有へと変化していった。

トーマス・シェリング

抑止と核戦略という難問を誰よりも深く追究した理論家はトーマス・シェリングである。シェリングはバーナード・ブローディやアルバート・ウォルステッター、ハーマン・カーンと同じく、一九五〇年代にランド研究所にかかわった数多くの人物の一人だ。これらの研究者たちは、見解の違いはあっても、みな核兵器に関する考察の枠組みを構築するのに貢献し、核兵器が生み出した新たな恐怖を認識しつつ、その戦略的可能性を説明しようとした。当時、最も有名だったのは、威勢がよく挑発的で、スタンリー・キューブリックの映画『博士の異常な愛情』に登場するストレンジラブ博士のモデルの一人とみられているカーンだった。その著書『熱核戦争論』には、少なくとも題名においてクラウゼヴィッツとのつながりがみられる。だがカーンの伝記作家は、「どんな戦略理論家にもまったく興味を示さなかった」カーンは、流し読み程度にしかクラウゼヴィッツを読んでいなかったのではないかと述べている。[7] ウォルステッターはカーンの文体について、「拡声装置を使って命令している」ようだと表現した。[8]

カーンはその「存在感とオタクっぽい風貌」から核戦略における「最初の著名人」となり、最終戦争は「狂気の天才」の想像から生じる、という神話の信憑性を高める役割を果たした。多くの統計が示唆する核戦争の性質は、「不運と運用の失敗がなければ」といった、なぐさめにもならない軽い発言によって限定され、そこから数百万人単位の人命損失の可能性が想定される政策オプションが導き出された。[9] 他の核戦略家たちは、核戦争という大惨事でも勝利を収めるというカーンの主張だけでなく、そのショーマンシップや、自分たちの新しい肩書きをおとしめたことにも反発した。民間防衛の熱烈な提唱者であったカーンは、いかなる種類の紛争も、たとえそれが核戦争であってもコントロールが可能だと信じていた。

シェリングはカーンよりも実力のある理論家で、より広い戦略問題とのかかわりを保ちつつ、核問題を中心とする紛争に関する思考方法を構築した。一九六〇年代半ばに、核問題について言いたいことはほぼ言い尽くしたと感じると、その後は犯罪から喫煙まで、その他のさまざまな問題に目を向けたが、その根本的なアプローチに変わりはなかった。シェリングの功績は、「ゲーム理論の分析を通じて対立と協力に対する理解を深めた」という理由で二〇〇五年にノーベル経済学賞を受賞したことで裏づけられた。[10] ただし、シェリングとゲーム理論との関係については、曖昧な部分がある。自らゲーム理論家と名乗ったことはなく、むしろ場合によってゲーム理論を用いる社会科学者であった。シェリングが独自の構想を思いついたのは、それを表現する手法として使えるゲーム理論に出会う前のことだった。シェリングは、純粋主義者をいらだたせるような比喩を使って論じることを好んだ。その名声は、明快で気品のある文章を書く、すぐれた解説者としての才能によって得られたものである。こうした特徴は戦略という分野の研究者にはあまりみられないものであった[11]。

シェリングは、戦略理論において長年求められてきた「科学」を自分が実現した、あるいは形式論理学は原則として数学的解決を導きうる、と主張をしたことはなかった。そして、高度な数学や抽象的なモデルは、潜在的なユーザーが自分たちの研究に手を伸ばすことを難しくする、というオペレーションズ・リサーチ研究者のあいだで広がっていた考え方に共感し[12]、戦略理論は「数学の一分野」である（べき）という意見に異を唱えつづけた[13]。シェリングは「ゲーム理論の研究よりも、古代ギリシャ史について読んだり、販売術に注目したりして」学んだことのほうが多いと打ち明けている。シェリングの考えでは、ゲーム理論の最大の功績は利得表を生み出した点にあった。「二人の人間と二つの選択肢だけで構成される単純な状況」を一つの表にまとめられる方法は、きわめて有用だと述べている[14]。

ゲーム理論についてシェリングが曖昧な表現を使ったのは、とくに珍しいことではなかった。一九五〇年代にランド研究所で働いたほかの核戦略家たちも、ゲーム理論のルールよりも「精神」に従うことについて語る傾向があった。バーナード・ブローディは一九四九年に発表した論文の脚注で、ゲーム理論について「数学的体系化」の源と説き、「さまざまな理由から」、この分野の研究者の「ゲーム理論は軍事戦略の問題に直接、それも有益な形で応用可能だという信念」に自分は共感できないと述べた。[15] あとになって、ブローディはゲーム理論の「洗練化」をほとんど無駄とみなす一方で、「戦争では、こちらの動きに向こうが反応し、その動きにこちらがまた反応する、という関係にある敵に対処しなければならないということを常に思い出させてくれる」点に価値を認めた。[16] 核戦略に関する書籍で、ゲーム理論について深く言及したものはほとんどなかった。こうしたゲーム理論に関する記述の欠如は、同理論の創始者の一人であるオスカー・モルゲンシュテルンの本で顕著だった。[17] バリー・ブルース＝ブリッグスは、核戦略とゲーム理論の密接なつながりは、カーンの『熱核戦争論』への反響によって生じたとの見方を示している。カーンはゲーム理論も数学も用いたことがないにもかかわらず、ゲーム理論を振りかざす軍事至上主義者、つまり、すぐれた技能の持ち主だが道徳心のかけらもない研究者の最も極端な例として非難された。シェリングも、この部類に属する人物とみなされていた。[18] シェリング自身は当時、「ゲーム理論がラテン語の文法や地球物理学よりも強い関連性をもつとは思えないが、得体のしれない、お高くとまったような風変わりな名前が、有効な策略との結びつきを連想させるのだろう」と述べていた。[19]

シェリングには軍事問題に携わった経験がほとんどなかった。経済学者として研究を積んできたシェリングは、戦後のヨーロッパの経済復興を目的としたマーシャル・プランの推進にかかわった。このときの経験から、あらゆる種類の交渉、とりわけ目に見える交渉だけでなく暗黙の交渉をも通じて、解決策の合意へと導きうるポイントを見いだすプロセス全般に関心をいだいた。直接的なコミュニケーションなしに共通の解決策へと着地させる可能性について説いた論文を発表したあとに、[20]シェリングはダンカン・ルースとハワード・ライファの共著『ゲームと意思決定』を読み、ゲーム理論に可能性を見いだした。[21]いかに「国や人々や組織が、交渉する立場において脅威や展望に向き合おうとするか」という点への関心から、一九五六年以降はランド研究所に出入りするようになり、一九五八年から五九年にかけての一年間、同研究所で実り豊かな研究の日々を過ごした。[22]核時代の意味を探しに他の幅広い分野から集まった名だたる研究者たちとともに、シェリングはそこで自身が構築しつつある理論を検証することができた。ケネディ政権内での仕事の打診もあったが、シェリングは独立性を保つ道を選んだ。ただし、政権のアドバイザーは務めた。

シェリングがランド研究所の同僚たちとともに練り上げたアイデアや概念の多くは、広く知られるようになり、戦略分野の専門用語にもなった。だが重要なのは、いかにそれらが奇抜で急進的だったかという点である。ある程度的を射た批判ではあるが、シェリングたちが生み出した手法は、感情を排した言葉で恐ろしい可能性について語ることや、文民の支持が絶対に得られないような行動を検討することを可能にしたという非難を浴びた。そうしたモデルは冷戦の対立を克服する方法を提示するものではなく、イデオロギー上、地政学上の問題を解消することはできなかった。ただ、このような重大な限界があったとしても、対立は協調をも引き出しうるという考え方を生み出したという功績を覆い隠すべきではないだろう。

シェリングはまず、偶然性や技能に左右されるゲームと比較することで、戦略ゲームの特性を明らかにした。「各プレーヤーは相手の行動に関する自身の予測に基づいて最適な選択を行う。そして、相手もこちらの行動に関する予測に基づいて最適な選択を行うことを知っている」。戦略はまさに相互依存的で、「他者の行動を自分の行動を左右する条件として考えること」である。対立と協調が混在するあらゆる社会的関係が、その対象になりうる。いかなる対立関係もなんらかの点で不完全であるように、いかなる協調関係もどこかしら不安定だ。対立と協調の組み合わせがゲーム理論の中核であった。対立と協調のどちらか一方が欠ければ、ゲーム理論は意味をなさなくなる。シェリングはゲーム理論について、「相互に歩み寄る余地がまったくない、つまりお互いに降りかかる災難を回避する場合でさえ共通の利害がまったく存在しないといった極端な状況では役に立たないし、対立がまったくなく、共通の目的を特定し、追求するうえで何の問題もないようなもう一つの極端な状況でも役に立たない」と述べた[23]。

このような考え方は、武力の役割を見直すことを可能にした。従来、武力は国家が求めるものを手に入れ、保持するために使われてきた。「国家は力ずくで他国を撃退する、侵略して占領する、制圧する、壊滅させる、武装解除する、無力化させる、封じ込める、自国に近寄れないようにする、そして直接的にその侵入や攻撃を防ぐことができる。ただし、それは十分な戦力があればの話だ。どれだけあれば十分かは、相手側の戦力しだいである[24]。シェリングは、武力の別の使い道として、とりわけ衝撃的な主張を行った。「敵を軍事的に弱体化させるだけでなく、敵に単純に苦痛を与えることもできる」。不必要な苦痛を回避することを重視する一般的な見解や、そのために確立された国際法に反して、シェリングは、苦痛を与える能力が「軍事力のきわめてすぐれた特質の一つ」だと説いたのだ。その能力の価値は、実際にそれを行うこと（これは戦略の完全な失敗をもたらす）にではなく、相手がそれを回避するために行うであろうことにある。暴力が実際にふるわれる可能性と、歩み寄りによって回避される可能性の両方があるかぎり、そこには強制力としての価値がある。「苦痛を与える力は交渉力であり、それを利用するのが外交だ。悪しき外交ではあるが、外交であることに変わりはない」。こうした考え方のもとで、戦略は征服と抵抗について考察するものから、抑止と威嚇、脅迫、脅しについて考察するものへと変わった。

このように、強制はシェリングの理論の核心であった。与える苦痛が核攻撃である必要はない。経済制裁など、核攻撃よりも懲罰性が低い形態の苦痛でも同じ図式は成り立ちうる。そこでは従来のように攻撃と防御を区別することもできるが、ただそれは、確実に敵の領土を制圧する、あるいは国境で敵の侵略を食い止めることを可能にするという意味においてではない。強制とは、敵の行動をコントロールすることよりも、脅しによって影響力をおよぼすことにかかわるものだ。ここで防御に相当するのは、敵に攻撃を思いとどまらせる抑止であり、攻撃に相当するのは、敵が撤退あるいは黙諾するよう仕向ける「強要」である。抑止は敵が何もしないことを求めるものであるのに対し、強要は行動すること、あるいは反対の行動をとらないことを求めるものである。抑止は現状にかかわるもので、はっきりとした制限時間はない。一方、強要は新しい状況へ進むことにかかわるもので、急を要する可能性もある。抑止のほうが、行動を差し控えることだけが求められるという点で容易である。要求された側は、もともと行動する予定などなかったと否定することもできる。強要されたことを遵守するのは、抑止に従う場合よりも「脅しに屈した」印象が強く、「いずれにせよ、そうするつもりだったと正当化する」のが難しい、より明白な行為である。この二つは混合することができる。抑止のために最初に発した脅しがうまく機能せず、相手が敵対的な行動に出ている場合、次に発する脅しは強要にならざるをえない。両陣営がそれぞれ相手に苦痛を与えうるが、どちらも力ずくで目的を達成することができない紛争において、形勢が絶えず変化している場合には、そのときにどちらの陣営が優位であるかによって、抑止と強要の要件は変化する。[25]

核の脅しには特別な性質があった。脅しを実行に移すことは並外れて恐ろしい行為だが、一つの国家が核兵器を独占している場合、その国は他国を脅すという手段によって戦略的に優位に立つのはさほど難しくないと感じるかもしれない。むしろ核の脅しの特性は、同等に恐ろしい報復が行われる可能性がある場合に現れる。報復のリスクがあるせいで信頼性を欠く脅し、そして最初の段階ではったりだと見破られる恐れがある脅しによって、どうやって利益を得ることができるのか。ここでも、シェリングは既成概念を覆す方法でこの難問に取り組んだ。それまで戦略の目的は、紛争が繰り広げられるなかで最大限の主導権を握ることにあると考えられていた。だがシェリングは別の疑問を投げかけた。主導権の喪失を受け入れて戦略的に優位に立つことはできないのか、と。強制的な脅しは、相手の選択に影響をおよぼすことで機能する。おそらく、こちらの選択に制限を設けることで相手の選択はより困難になりうる。不合理にみえる姿勢に信頼性をもたせるには、そもそも不合理な状況を作り出す努力をすればよいのではないか。

これは決断の責任を相手に押しつけ、相手が戦闘を継続するか、撤退するかという選択をせざるをえなくするという考え方だ。「敵の撤退によってのみ、状況は鎮静化しうる。さもなければ、神経戦へと発展しかねない」[26]。過去の前例もある。ギリシャは自国へ戻るための橋を燃やし、退却せずにペルシャと戦う意志を示した。スペインの征服者コルテスは、アステカ人の前でこれ見よがしに船を燃やし、退路を断った。撤退という選択肢をなくせば、戦う以外に道はなくなる。一方、敵は相手の自信ありそうな様子に気勢をそがれる。

核兵器が存在する世界では、極端なやり方で選択を完全に相手に委ねることもできる。要求に従わなければ、脅しが自動的に実行され、取り返しのつかない事態が生じるようにする、という方法だ。これは「世界を破滅させる凶器」と呼ばれる概念であり、一線を越えてしまえば、爆発と双方に降りかかる惨事を止める手立てがなくなることを示す。すべての選択肢を排除することは許容できないため、シェリングは進行性リスクという観点から問題を提起した。脅された側は、脅す側に別の考えがあったとしても、なおも脅しが実行される可能性はあると考える。こうした状況は「リスクテイク競争」の可能性を生み出し、これによって戦争は「忍耐、神経、頑固さ、苦悩」の戦いへと発展しうる。このような展開は必ずしも「世界を破滅させる凶器」とはいえないが、脅された側は脅しをまったくのはったりとみなすことはできない。脅す側を完全にコントロールするのは不可能だからだ。シェリングはこれを「ある程度まで偶然に任せる脅し」と呼んだ。こうした脅しの特徴は、「それを実行に移すかどうかにかかわらず、脅す側が最終的な決定権を完全には掌握していない」ことにある[27]。クラウゼヴィッツの摩擦に相当する概念として、シェリングはこの種の脅しに信憑性を与える不確かさがいたるところに存在する点を強調した。

暴力、とりわけ戦争における武力の行使は、混乱し、先行きが不確かな状況でとられる、きわめて予測不能な行動である。予測がつかないのは、不完全な政府のなかで過ちを犯しがちな人間が下す決定に基づく行動だからだ。そして政府が不完全なのは、誤りの生じやすい通信手段と警報システム、これまでその能力を試されたことのない人や装備の働きに依存しているためである。しかも、暴力は怒りに任せた行為であり、そのような精神状態においては関与や評判についての意識がどんどん強まる可能性がある。[28]

クラウゼヴィッツが摩擦を、きわめて堅固なものを除く戦略すべての効果を弱めるとみなしていたのに対して、シェリングは、向こう見ずな行動をとる場合に、こうした不確かさが独創的な形で利用されうる点に目を向けた。危機が限定的な紛争に発展し、そこから「少しずつ」当事者の手を離れていって全面戦争へと移行する過程で、不確かさは増大する。[29]これにひるむのではなく、乗じるのが巧みな戦術だ。その根底にあるのは、相手のほうが耐えられなくなるだろうから、「状況がうまくコントロールできなくなっていく」がままにすることに意味がある、という考え方である。抑止が可能となるのは、何か恐ろしいことが起きるかもしれないと思える状況（非合理性によって、人はその信憑性が高いと考える）においてであり、具体的な脅しを受けた状況（合理性によって、人はその信憑性は低いと考える）においてではない。

非合理性に合理性がある可能性については、臆病者ゲームを用いた説明がなされた。二人の不良少年ビルとベンがそれぞれ車を運転し、度胸の良さを示したい一心で相手の車に向かって走行する。先によけたほうが負けとなる。両者ともよけた場合は勝者なし、両者ともよけなかった場合は、すべてが失われる。もしビルがよけ、ベンがよけなかったなら、ビルが屈辱を味わう一方、ベンには箔がつく。図表13－1はこのゲームの利得表である。

ミニマックス戦略では、両者ともよけることが損を最小限に抑える最良の結果となる。この図式は、冷戦期の両陣営におのずから発生した慎重さをも表している。ただし、タイミングによって結果は変わる。たとえば、ビルはよけるつもりでいたが、ベンが先によけたとする。この場合、行動を先延ばししたため、ビルが勝ったことになる。ベンよりも長い時間、冷静でいられたわけだが、もしかすると、ベンが怖気づいてよけると確信していたのかもしれない。では、ベンが自分が弱虫と思われていることを自覚していて、その認識を覆そうとする場合はどうか。ベンは、ビルに自分のことを向こう見ずだと（あるいは、ちょっとイカれているとさえ）思わせようとする。そうした印象を植えつけるには、示威行為をする、大言壮語する、泥酔しているふりをする、などさまざまな策略が使える。策略により非合理性は合理化する。もし自分が常軌を逸しているとビルに思い込ませることができたら、ベンが優位に立つ可能性が生じるのだ。

このたとえは、チキンゲームの論理にともなう基本的な問題を浮き彫りにしている。もし一人が相手にそ

図表13-1

		ビル	
ベン		1よける	2よけない
	1よける	0 a1b1 0	+20 a1b2 -20
	2よけない	-20 a2b1 +20	-100 a2b2 -100

＊表中の右上と左下の数字はそれぞれの選択をした場合の結果にともなう価値を示す。

うした印象を与えるため、いかにも非合理な行動をとろうとしていたとしても、その足はブレーキペダルの辺りをさまよいつづけ、両手はしっかりとハンドルを握っているものだ。二人の個人のあいだで起こりうることが、二つの政府のあいだで起こる可能性は小さい。政府は国民に、自分たちが何をしているのか理解していることを納得させなければならないからだ。たとえ内部の人間が、主導権の喪失を示唆するように練った策略を許容していたとしても、そのような離れ業は危機管理につきものの特徴とはなりえない。ゲームが行われるのが個人間であろうと国家間であろうと、次から次へと繰り広げられるゲームでずっと非合理を装うのは容易ではない。欺瞞的な戦略と同じく、非合理を装うことを繰り返すのは難しい。次の機会がめぐってきた際の行動に関する認識に影響をおよぼすからだ。相手が過剰なほど反対の動きをみせた場合には、むしろ逆効果となりうる。回数が重なるほど、ゲームの危険度は増す可能性がある。あらゆる戦略的衝突の本当の重要性は、当面の問題への影響という形だけでなく、対立する二者の関係に長期的におよぼす影響という形でも表れる。ある特定のゲームで採用された戦略の結果は、その後のゲームで再びそれを用いた場合の成功の可能性を左右する。ゲーム理論は、各プレーヤーが同時に意思決定を行うゲームを説明するものだ。シェリングはそうした動きがしばしば連続して起こり、そのたびにゲームの構造が変化することを理解していた。[30]

相互学習プロセスは、シェリングの理論の枠組みにおいて重要な概念だった。「ほかの人が同じことをしようとしているとそれぞれがわかっている場合に、人はしばしば自分の意志や見通しをほかの人たちに合わせることができる」という事実を考慮してゲーム理論を再構築するのは、使命に近いことだった。数学を使えば均衡点は見いだせると説く理論家たちと異なり、シェリングは均衡点は自明であり、自然な成り行きで決まると主張した。そのためには、「当事者同士が交渉できるようにするなんらかの共通言語」が必要だった。対立関係にある当事者間でこのような交渉を行う場合、とりわけ、そのやりとりが正式な交渉や声明で明らかにされるわけではない場合、繊細さや洗練を追求する余地はない。対話は明白な形だけでなく、言葉そして行動によって生み出され、深められた相互理解をもとに、共有する文化のなかのわかりやすいシンボルや価値に頼る、伝統や先例に従うといった方法で、暗黙のうちにも行われうる。そうした交渉では、「論理よりも想像力が頼みとなる。比喩や先例、偶然の配置、見た目の対称性、審美性あるいは幾何学性、詭弁的な論理、そして当事者が誰でお互いについて何を知っているのか、などに頼ることができる」[31]。やがて、特定の合意点、フォーカルポイントが浮かび上がってくる。フォーカルポイントは単純明快で判別しやすくなければならない。シェリングは著書『軍備と影響力』で、直接的なコミュニケーションがとれない敵対勢力間において、フォーカルポイントとなりうるものの例を挙げている。

国境、河川、海岸線、戦線そのもの、さらには等緯度線、空か陸か、核分裂か化学反応か、戦闘支援か経済支援か、戦闘員か非戦闘員かといった線引き、国籍による線引き[32]。

ひとたび適切なコミュニケーションが可能になれば、そしてプレーヤー同士が直接対話と公然たる交渉を行えるようになれば、そのような「純粋調整ゲーム」は「関心の対象から外れるだけでなく、実質的に『ゲーム』ではなくなる」とシェリングは説いた。[33]

間接的なコミュニケーション、規範や慣例的な行動の影響力、おのずから生じるフォーカルポイントなど、さまざまな可能性はあるものの、これらがどれだけ直接的なコミュニケーションよりも頼りになりうるのかを見きわめるのは難しかった。冷戦期の大部分における二つの対立するイデオロギー圏のように、直接的コミュニケーションの機会がほとんど見込めない場合、間接的な手段によってフォーカルポイントを見いだす可能性に関するシェリングの考察は有益だった。だが、それを過大評価してはならなかった。本当に必要なときに、そうしたフォーカルポイントが見つかるとは限らなかったからである。さらに、両陣営がまったく異なる価値観と信念のもとに行動している状況では、一方にとって目につくものが、もう一方にとってそうではない場合もありえた。合意点が見いだせたことを確かめる直接的なコミュニケーションがなければ、相手が同じ点に目をとめたと思い込む、あるいはそのような問題に関する合意は不可能だと思い込むことによって、判断ミスが起きる可能性もあった。ヘドリー・ブルが『軍備と影響力』の書評で述べたように、シェリングの主張は、超大国同士が「うなずきやウインク程度の合図」で「メッセージのやりとりをし、お互いの理解を調整する」ようになる、ということを示しているようにもみえた。[34]

第一撃と第二撃

シェリングは、交渉と強制という観点から核戦略を考えることができると説いただけでなく、それ以外の方法で核戦略について考えるのは賢明ではないとも論じた。少なくとも核兵器のある地域では決定的な勝利という考え方が意味をなさなくなったと主張することで、この考え方に真っ向から異議を唱えたのだ。とはいえ、これは核による決定的な勝利という概念がまったく存在しないことを意味したわけではない。確実に勝利するには、相手の報復機会を完全に奪う一撃必倒の攻撃でなければならなかった。冷戦期の両陣営は、どちらもこの可能性を完全に排除できるとは考えていなかった。こうした見方は両陣営による軍備拡張競争の原動力の一端となり、リスク計算に影響をおよぼした。「第一撃能力」という言葉は、奇襲によって敵を武装解除する潜在能力を示すようになった。それまでに考え出されたいかなる軍事作戦も、運命を決するものとはなりえなかった。まったく特異なシナリオに基づき、試したことのない兵器を用いてさまざまな種類のターゲットを攻撃する、またあらゆる報復兵器を捕捉するために、やはり試したことのない防御態勢をとるという計画が秘密裏に企てられ、実行に移されたなら、それは空前絶後の出来事になると考えられた。そのような能力を手に入れられるかどうかは、攻撃用そして防御用の兵器を開発する能力の評価にかかっていた。

一九五〇年代半ばに名をはせたランド研究所のある研究では、アルバート・ウォルステッタ一率いるチームが、アメリカ戦略空軍（ＳＡＣ）の基地が奇襲攻撃に対して脆弱である可能性を指摘した。奇襲攻撃に対する報復が不可能であれば、アメリカとその同盟国はソ連の脅しにさらされることになる。[35] これは、核兵器はターゲットにしやすい政治的・経済的中心地への「対価値攻撃」のみに使いうる、という一般的な見方に異を唱えるものとなった。軍事施設をターゲットにする「対軍事力攻撃」は、敵からあらゆる報復手段を奪うことによって、戦略的な決定力をもたらす可能性があると考えられた。ただし、攻撃を受けた国が第一撃に耐え、反撃するのに十分な戦力を保持していた場合、その国には「第二撃能力」があることになる。ウォルステッターは、シェリングの思考よりも「オペレーションズ・リサーチと実証的システム分析の伝統」をはるかに大きく生かしたこの研究が、「戦略部隊の脆弱性」の発見につながったと確信していた。[36]

両陣営に第一撃能力があったとしたらどうか。バーナード・ブローディは一九五四年に発表した論文で、この可能性について以下のように論じた。「どちらの陣営も相手に奇襲攻撃を行う力をもつ」世界においては、「むやみに攻撃したがる」ことが意味をもつだろう。「アメリカのガンマンが行う西部劇の決闘」のように、「拳銃を抜き、狙いを定めるのが早かったほうが快勝する」。だが、どちらの陣営にもその力がなかった場合、むやみに攻撃したがることは自殺行為であり、攻撃を手控えるのが賢明な道となる。[37] 技術進歩の状況によって、政治的な緊張が高まっている時期に先手を打つことを迫る強い圧力が生じ、危険な勢いをもたらす可能性もあれば、核保有国間の敵意を爆発させても何の利益にもならないとの判断から、きわめて安定した状態が訪れることもありえた。このように、安定性に対する信頼は相手陣営の姿勢と行動に関する見方で変わった。シェリングは自身の分析手法の説得力ある例として、「奇襲攻撃の相互的恐怖」を挙げ、どちらの陣営にも先制攻撃をしかける「根本的な」理由がない場合においてさえ、安定しているようにみえた抑止のシステムが突如として不安定化しうることを示した。「密かに先制攻撃をしかけたいという淡い誘惑に両陣営がかられれば、当初は攻撃に乗り出す動機そのものにはならないほど小さかったその誘惑も、それぞれの期待が相互に作用する過程を通じて大きく膨らんでいく可能性がある。『こちらが考えていることについて、向こうが考えていることを、こちらが考えていると向こうは考えている。……向こうは、向こうが攻撃をしかけるとこちらが考えていると考えている。それゆえ向こうは攻撃してくるだろう。だから、こちらから攻撃をしかけなければならない』という連鎖のサイクルが、追加的な動機づけとなるのだ」。

このような思考が生じないようにするためには、どちらかというと脆弱ではなく、どちらかというと精度を欠く第二撃能力に対して的確に備えた核システムを構築すべきと考えられた。現実問題として、これは兵器ではなく、都市が攻撃の脅威にさらされることを意味していた。

抑止の論理は一段と収まりが悪く、逆説的なものとなった。核戦争の悲惨な結果を和らげる努力はすべきではなかった。そのような動きは、先制攻撃に価値があるという考えを後押ししかねないからだ。シェリングはこう説いた。「人だけに危害を加えることができ、相手の攻撃能力に打撃を与えることはできない兵器は、きわめて防御的である。そのような兵器を保有していることは、先制攻撃をしかけるインセンティブにはならないからだ」。危険なのは、「敵のミサイルや爆撃機を目標とした兵器である。そのような兵器は、先制攻撃の優位性を生かすことができるため、それをしかける誘惑を生み出す」[38]。目的は米ソの核の力関係を安定化させることにあった。こうした前提から、シェリングはミサイルを搭載した潜水艦が第二撃用の兵器としてすぐれていると論じた。海中のミサイル搭載潜水艦は、見つけて破壊することがきわめて難しいだけでなく、（シェリング執筆時点においては）それを使って敵の戦力を的確に破壊することも難しかった。このため、アメリカはミサイル搭載潜水艦を独占しようとすべきではないとシェリングは説いた。アメリカに「先制攻撃をする意図も政治的な能力もないのであれば、敵がそれを確信しているほうが多くの場合、有益」だからである。

こうした論法が、軍部にとっては突飛に思える結果につながるのだとすれば、この議論の裏側、つまり抜本的な軍縮措置を求める動きについても同じことがいえる。一方の陣営が保有する兵器の数が増えれば、相手がそれを奇襲攻撃によって一掃することはさらに難しくなる。核の力関係を安定化させるために結んだ協定は、両者が保有する兵器数の水準が低い場合より高い場合のほうが保持しやすくなる。最初の段階での保有数が多ければ、余分なミサイルを隠しもつことによって欺こうとするのがはるかに困難になるからだ[39]。軍部も軍縮論者も、自分たちの活動が相互に補強し合うものだとはとても考えられなかった。実際、「軍備管理」という用語は軍事戦略の新たな必須事項に適合しうる相互理解の形をまさしく特定するために、一九五〇年代に作られたものだった[40]。それは、軍が敵の戦力に対抗する一方で、以下の義務を負うという考え方に慣れなければならないことを意味していた。

両陣営にとって後退が許されないような危機を回避するため、誤った警報や意図の誤解を避けるため、そして受け入れがたい挑戦が行われた場合に抵抗あるいは報復するという抑止の脅しと、潜在的な敵の一部に課される制約と同等の制約がわれわれ自身にも課されることをあらためて保証するために、[軍は]表立ってではなくとも暗黙のうちに、協力しなければならない[41]。

シェリングは、どうすれば直接的なコミュニケーションなしに生産的な合意を形成することができるのか、という点に概して興味をいだいていた。同じような観点から、軍備管理は「それが交渉で成立した条約に基づく場合でも、非公式の理解や相互に一致した制約に基づく場合でも、誘発された、あるいは双務的な『自制心』」にかかわるものと考えられた[42]。

いずれにせよ、技術の発展は第二撃を後押しした。核攻撃に対して効果的な防御態勢を構築する試みは無益だとわかっていた。一九六〇年代半ばになると、恐怖心から、どちらかの陣営が奇襲攻撃をしかけることを促しかねない技術的な軍拡競争に歯止めがかかった。どちらの陣営も、近い将来に相手を近代的な工業国家として存在できなくすることが可能だった。国防長官のロバート・マクナマラは、二つの超大国がそれぞれの相互確証破壊（ＭＡＤ）能力（人口の二五パーセントと工業力の五〇パーセントの破壊と定義された「許容できない打撃」を与える能力）に自信をもっているかぎり、両国の関係は安定すると説いた。特筆すべきは、この定義が、現代社会で容認されるかどうかという判断よりも、それを超える攻撃をすれば限界利益（新たな損害と犠牲者の規模を示す）が逓減する水準に基づいていたことだ。それは、ウィンストン・チャーチルの鮮烈な言葉を借りると「がれきを弾ませるだけ」になるレベルであった。

もし本格的な戦闘が実際に始まれば、インセンティブは変わる。すぐさま核の応酬に突入することはないと見込まれる場合、これから起こりうる事態を考慮して紛争の方向性を定めることはなおも可能である。たとえ戦争の只中でも、都市が破壊を免れているかぎり、新たな交渉を成立させる望みは残る。だが、都市が破壊されてしまえば、失うものは何もなくなる。都市への攻撃は、「捕虜の交換という古くからの慣例が、大規模化して現代仕様になったもの」といえた。価値のあるものを脆弱な状態にしておくことは、相手に良い振る舞いを強要する手段となった。[43] クラウゼヴィッツと同様に、シェリングはむき出しの怒りの感情がいかに制約の効果を弱めるかという点に気づいていた。

紛争が激化し、危険性が増大していくプロセスは、「エスカレーション」と呼ばれるようになった。シェリングが好んで使うことのなかったこの言葉は、制限戦争が全面戦争へと移行する悲惨なプロセスを示すものとして、もてはやされた。最初の決断がいかに悔やまれようとも、一度動き出したら止めることができない点を、エスカレーターにたとえたことから生まれた言葉である。最初のころは爆発、噴火、引き金などと同等の意味で用いられていたエスカレーションは、限定核戦争という考え方に異議を唱えるために使われはじめた。たとえば、ヘンリー・キッシンジャーは一九六〇年に、「制限戦争が知らず知らずのうちに全面戦争へと発展するまで戦力増強が徐々に積み重なること」とエスカレーションを定義した。[44] シェリングはこのプロセスが交渉に利用できること、そして事態のコントロールがきかなくなるにつれてその機会が減っていくことを認識していた。侵略者に攻撃をやめさせ、奪った領土をできれば放棄させて元の状態に戻すには、信頼性の高い本気の脅しが必要だが、そのような状況にいたるのは、事前の抑止の脅しがあまり真剣に受け止められなかったからである。したがって制限戦争の機能は、確実に限定的な状態を保つようにすることではなく、「全面戦争になるリスクを意図的に」作り出しながら、エスカレーションのリスクを「ゼロよりやや高い水準に」とどめておくことと理解する必要がある。[45] 最初の核の応酬が果たすべき役割は、「単に、あるいは主として戦場でのパワー・バランスを是正すること」ではなく、第一に「継続できないほど戦争を苦痛に満ちた、あるいは危険すぎるものにすること」であった[46]。

シェリングがこうした自身の考えを構築したのは、超大国間の対立が相互破壊という思想に支配される前のことだった。シェリングが模索した可能性が現実になることはなかった。どのような形であれ、核の使用は恐ろしい結果をもたらすため、巧妙な策略の手段にはなりえなかったからだ。危機行動は慎重のうえに慎重を重ねるものへと変化した。あとから考えると、シェリングの打ち出した枠組みの大半は、思考を整理する方法とみなすことができる。シェリングが検討したさまざまな可能性は、どれも理論的な仮説の域を出なかったが、少なくとも従来の戦略思考の不適切さを明らかにする役割を果たした。戦争へと傾いていった過去の記憶がまだ生々しかった一九五〇年代に、第三次世界大戦は永久に起きえないと確信していた者はまずいなかった。抑止の論理を追求する重要性、またその論理を否定しようとするのではなく、受け入れることが理にかなっている点を考えれば、抑止への取り組みも十分正当化された。

実存的抑止

核兵器を使わない二つの超大国間での大戦も想定されなかったわけではないが、自制心の持続を頼みにする心づもりの者はほとんどいなかっただろう。アメリカの戦略家たちを悩ませていた中心的な問題は、核をもたない同盟国を支援する手段として核を用いる拡大抑止だった。膠着状態におちいった場合に、同盟国のために核戦争を始めようとするのは無謀にみえた。だがヨーロッパ諸国には、ソ連主導のワルシャワ条約機構による攻撃を食い止めるのに十分な通常戦力はないと見込まれていた。ヨーロッパが蹂躙（じゅうりん）されるのを避けようとする場合、少なくともアメリカが核戦争を始める可能性を排除するわけにはいかなかった。重大な利害を反映したこの政治的な関与が根本になかったなら、シェリングがいう「ある程度まで偶然に任せる脅し」を懸念する必要はなかった。こうした考え方も最もよく表していたのが、いわゆる戦術核兵器である。その価値について適切な説明がなされたためしはなかったが、戦術核兵器は、ヨーロッパでの地上戦に巻き込まれた場合に、合理的な考察を超える形で核戦争を引き起こすリスクをもたらすものだった。

一九六〇年代の初めには、通常戦力を増強して拒否的抑止を構築することで、核の脅しへの依存度を低下させるのがこの問題を緩和する最良の方法だ、という見方がアメリカで広がりつつあった。ただ、通常戦力の増強は高くつくうえ、核への依存度を低下させる取り組みが明白になれば、アメリカはヨーロッパの安全保障を重大な利害とみなしていないのではないかというヨーロッパ諸国の懸念を呼ぶ難しさがあった。その背景には、アメリカのシンクタンクによる形式的な戦略分析と、二つの対立するイデオロギー圏に分断されながらも、ある程度の安定性を保っていたヨーロッパの政治とのあいだの溝があった。ヨーロッパ諸国は、ヨーロッパ大陸が戦争の瀬戸際にあるとはみていなかった。核の脅しは信頼できないかもしれないが、ヨーロッパでまた戦争が起きるという非合理で緊迫した事態が生じた場合に核兵器が使われる可能性が残っているという理由で、抑止は働きうると考えていた。政治指導者たちが管理可能な現状を維持する決断を下すうえで、その可能性がきわめて高い状態にある必要はなかった。こうした状況において、抑止のカギとなるのは連携、つまり核戦力を含むアメリカの国力と、ヨーロッパの安全保障との密接な結びつきであった。抑止を脅かすのは、この結びつきを弱めるものすべてであった。

ここで二つの戦略的枠組みの衝突が生じた。一つは古典的なトップダウン式の大戦略（グランド・ストラテジー）的な展望で、かかわる者すべてにとっての大惨事が予想されうる場合に、戦争の危険を冒さずにすむ強力な根拠を追求するものだ。もう一つはボトムアップ式の作戦分析で、政治家が戦闘に乗り出す価値があると決断した場合に、紛争で優位に立てる分野を検討するものだ。後者の分析は、ヨーロッパにはソ連の通常戦力に対抗する力がないことを示していた。ソ連側がこの脆弱性につけ込んで攻撃をしかける可能性が高まれば、アメリカ側は信頼性が低下してきている核の脅しに頼らざるをえなくなる状況にあった。

この問題は一九六一年に顕在化した。新たにアメリカ大統領に就任したジョン・F・ケネディはベルリンの地位をめぐる大きな困難に直面した。かつてのドイツの首都ベルリンは共産主義の東ドイツのほぼ中心に位置していたが、戦後処理によって二つに分割されていた。西ドイツと細々とではあるがつながっていた西ベルリンは、東ドイツの人々にとって共産主義から逃れる近道だった。このことはソ連側の大きな苛立ちの種となっていた。一九六一年夏、ソ連が西ベルリンを分離し、共産主義の支配下に取り込む恐れが生じた。西ベルリンを通常兵器によって守るのは不可能だったため、これを防ごうとすることは核戦争のリスクをともなった。最終的に、このリスクは共産主義圏の挑発を抑えるのに十分な効果を発揮した。東側は壁を築いてベルリンを分断し、住民を囲い込んだ。

この夏の危機のあいだに、シェリングが限定核戦争に関する自身の考えをまとめた報告書がケネディのもとに届けられた。シェリングはこの報告書で、決定的な勝利を収めるために無益な試みを行うのではなく、敵にとってのリスクを高めることの重要性を強調した。「われわれは戦術的な目標破壊の戦争ではなく、神経戦、デモンストレーション戦、交渉戦の計画を立てるべきだ」と。この報告書はケネディに「強烈な印象」を与えたようだった。シェリングはケネディ政権の国家安全保障担当大統領補佐官マクジョージ・バンディと話し合いをしていた。二人はともに、「通常戦争から大規模な全面攻撃へと飛躍する危険性」について考えることができそうにもない軍部に懸念をいだいていた。[47] ただし、このときのシェリングによる政策への最大の寄与は、意思決定者が直面しうる混乱と緊迫感に満ちた状況と、ベルリンをめぐる緊張が高まった場合に取り組むべき問題をできるかぎり綿密にシミュレーションするための「危機ゲーム」を構築する手助けをした点にあった。シェリングのゲームは、ベルリン危機がどのように展開しうるかを探るものであった。これには、さまざまな側面と主唱者たちの中核的な考え方を明らかにしたうえでの、限定的なシナリオという利点があった。一九六一年九月、アメリカ政府は参加者たちに「軍事危機の交渉的局面」を認識させることを目的としたこのゲームのシミュレーションを何度も行った。一連のゲームは、軍人、文民を問わず上級政策立案者たちに、さまざまな不測の事態への対応を練ることを迫った。政策当局の考え方とシェリングのその後の理論展開の両方に影響をおよぼしたゲームの結果は、事象がもたらす圧力を強く印象づけた。効率的にコミュニケーションをとることは、ふだん想定しているよりもはるかに難しかった。敵は行為のみに注目し、その背景にある意図は考慮しないからだ。そして外交に使える時間は、望んでいるよりもはるかに短かった。

しかも、ゲームでは大規模な通常戦争を引き起こすことが非常に難しくなっていた。核戦争はなおさらである。シェリングの共同研究者アラン・ファーガソンいわく、「戦争を始められないこと」が「唯一にして最大の注目すべき結果」だった[48]。ゲームはベルリン危機のある問題をも浮き彫りにした。「どんな場合でも、どちらの陣営も望んでいない行動を開始することになるのは、抑止される側である。きわめて不安定な状況においては、明白な行為を相手側に委ねてしまうのが良い戦略である[49]」。したがってゲームは、ベルリン危機が深刻化した場合に、たとえ警告目的であれ、核兵器を使うことが北大西洋条約機構（ＮＡＴＯ）にとって現実的な選択肢になるという考え方を後押しする要素とはならなかったが、通常戦争と核戦争の規模の違いを強調する働きはした。ケネディに報告をした側近は、「ソ連との日常的な政治闘争の遂行において、軍事力を戦術目的で柔軟かつ効果的に」使うことの難しさを強く説いた。[50]

翌年、ケネディはさらに大きな危機に直面した。ソ連がキューバにミサイル基地を建設していることが発覚したのだ。アメリカには、起こりうる行動と対抗手段について、指導者たちのあいだで交わされた数多くの議論の記録が残されている。ケネディは危機のあいだ、モスクワに対してある特定の行動をとった場合、どのような影響が生じるかを見きわめようとするのに大半の時間を費やした。そして、そのためにソ連の最高指導者ニキータ・フルシチョフの身になって考えた。ケネディはフルシチョフも同じ刺激に反応し、同じように自国の強硬派からの圧力にさらされ、公約の撤回ができずにいるという点で、自分と同様の立場にあると考えた。ケネディは、キューバをミサイル攻撃した場合に、アメリカが同等の射程と照準能力のミサイルを配備しているトルコをソ連が攻撃することを恐れた。キューバの封鎖は、西ベルリン封鎖の問題の再来を意味した。

ケネディは選択肢について議論するために、主要高官で構成される政府内グループ、通称エクスコムを設置した。選択肢の一つは、キューバの攻撃基地が使用可能になる前に空爆をしかけ破壊することだった。この選択肢を検討するには、特定の標的のみを対象とした小規模な「外科的」空爆で目標が達成できるのか、あるいは継続的な大規模爆撃、場合によってはさらに侵攻をしかけなければリスクは排除できないのか、という点を考慮する必要があった。これよりも漸進主義的なアプローチの選択肢としては、キューバへの軍装備品の配備を防ぐ封鎖によって意思表示をする方法があった。エクスコムの決断は、基地を発見、破壊する能力に対する空軍の自信、相手側の防空技術の質、一部の兵器がすでに使用可能であるリスクといった現実的な要素にある程度、基づいていた。空爆、とりわけ警告なしの奇襲の可能性に直面すると、エクスコムのメンバーの多くは不安にかられた。なんといってもアメリカは、一九四一年一二月七日の奇襲攻撃の被害者であった。大統領のスピーチライターだったテッド・ソレンセンは、封鎖を報じるスピーチ原稿を書くことには何の問題もなかったが、空爆を報じる原稿を書くのにはひどく苦労したと述べている。封鎖には、すぐに結果が出なかったとしても、より強硬な行動をとる可能性はなくならない、という利点もあった。封鎖の場合、他の選択肢を残し、相手をこちらの出方をうかがう状態にとどめておくことが可能だった。

封鎖を実行できるかどうかをめぐっては、なおも不安があった。ロバート・ケネディは、ソ連艦船の反応をうかがう兄の様子を以下のように記している。

　この数分間こそ、大統領が最も憂慮を募らせた時間だったと思う。世界は大惨事の瀬戸際に立っているのか。われわれは過ちを犯したのか。まちがっていたのか。もっとほかにしておくべきことはあったのか。それとも、してはならなかったことがあったのか。大統領の手が顔まで上がり、口を覆った。こぶしは開いたり、閉じたりしていた。表情はひきつり、両目は苦悩のため、ほとんど灰色に見えた。

ソ連側からは、その二日後に指導者ニキータ・フルシチョフの熱のこもった長文の私信がケネディへ届けられた。そこには以下のような記述があった。

人類が英知を示さなければ、最終的には目の見えないモグラ同士のような衝突が起き、お互いを絶滅させる戦いが始まるでしょう……われわれとあなた方は、あなた方が戦争に結びつけてしまったロープの端を引っ張り合うようなことをすべきではありません。お互いが強く引っ張れば引っ張るほど、戦争との結び目はますます固くなるからです。やがてその結び目があまりにも固くなり、結んだ者でさえ解けなくなるときが来れば、結び目を断ち切らなければならなくなります。それが何を意味するのか、わたしが説明するまでもないでしょう。われわれ両国が解き放ちうる恐ろしい力については、あなた自身も十二分に理解なさっているはずですから。[51]

一九六二年一〇月二七日土曜日、モスクワから一貫性のない二つの書簡（前述の融和的な私信と、それとは異なる強硬な内容の書簡）が届いたあと、緊張は最高潮に達した。さらに、キューバ上空でアメリカの偵察機が撃墜されたという知らせが拍車をかけた。想定される反応は、キューバにあるソ連の地対空ミサイル基地を報復攻撃することだった。この策を差し控えるとしても、どこかの時点で偵察を再開しなければならない。だが、そうすればアメリカの偵察機は攻撃されるリスクにさらされるのであり、そのリスクに対処する必要が生じる。ロバート・マクナマラは現実味のあるシナリオを示した。もし偵察機が被弾したら、アメリカは対策を講じなければならなくなる。偵察機を失いながら、「われわれはキューバの空撮を大々的に続ける」。このような状態を非常に長い期間にわたって持続することはできない。「したがって、われわれは即刻、キューバへの攻撃に備えなければならなくなる」。その攻撃は空爆を含む「全面攻撃」にならざるをえない。「それから毎日、空爆を続けることになれば、ほぼ確実に侵攻につながるとわたし自身は思う。確実にとはいわないが、ほぼ確実に侵攻につながる」。

次の段階として想定されたのはフルシチョフによる「目には目を」という報復行為だった。「もしわれわれがこれを実行し、トルコにミサイルを配備したままにしておけば、わたし自身、高い確率でそうなると考えているのだが、たぶんソ連はトルコのミサイルを攻撃する可能性がある」。このことは否応なしに次の問題を導き出した。「もしソ連がトルコのミサイルを攻撃すれば、われわれは反撃せざるをえなくなる。われわれとしては、NATOの軍事行動なしにソ連にトルコのジュピター・ミサイルを攻撃させるわけにはいかない」。マクナマラは、さらに以下のように説いた。

ソ連によるトルコのジュピター・ミサイルの攻撃に対してＮＡＴＯが最低限の軍事行動をとる場合、それはトルコ駐留のＮＡＴＯ軍による通常兵器での報復となるだろう。つまり、トルコとアメリカの航空機で、ソ連の軍艦と黒海地域の海軍基地のどちらか、あるいは両方を攻撃することになる。わたしに言わせれば、これは絶対最小限の報復だ。つまり、ソ連がトルコを攻撃し、ＮＡＴＯがソ連に報復するのは、とてつもなく危険なことだとわたしは思う。[52]

マクナマラは、自身が明らかに無分別だと考えていた選択をアメリカ政府が行うことをこの台本（スクリプト）のなかで自ら想定しておきながら、こうした成り行きをきわめて深刻に受け止め、翌日にも核戦争が始まるのではないかと危惧した。現実には、ケネディにもフルシチョフにもそのような惨事を想定する心づもりはなく、二人は瀬戸際から後戻りする道を見いだした。アメリカがキューバに侵攻しないことを約束する交換条件として、ソ連がキューバからミサイルを撤去するという道であった。この危機のあいだ、両陣営の相手に対する理解がいかに不十分だったかを示す例がいくつも露呈したが、最も根本的な問題に関しては両陣営の見解が一致した。核による惨事を断固として回避しようとしたのである。

ミサイル危機の結末は、核戦争に対する共通の恐怖心によってもたらされた。だがそこから、冷静な判断力と強い意志があれば、そのような危機は対処可能だという一つの結論が導き出された。とりわけ危機を克服したという結末は、エスカレーションの概念に異議を唱える材料として使われた。それまでエスカレーションは避けるべき事態であって、戦略ではなかった。危機後、エスカレーションのたとえは、とりわけ本格的な戦闘が始まる前の紛争の初期段階において段階的な動きが生じることを認識していなかった、という理由で非難された。アルバート・ウォルステッターとロバータ・ウォルステッターの夫妻は、こう説いた。「上りのエスカレーターだけでなく下りのエスカレーターもあり、そのあいだには、降りるか乗るか、上がるか下がるか、そこにとどまるか、それとも階段を使うか、を決めることのできる踊り場がある。ただ自動機能や不可逆性がどこで支配的になるのかが、不透明だが決定的に重要な問題なのである。そのせいもあって、意思決定者は踊り場で一息つきながら次にどうしようか考えたくなるのではないか[53]」。

ハーマン・カーンは、たとえ核の応酬が始まってからでも、終末戦争（ハルマゲドン）を回避しつつ相手陣営に圧力をかけつづけうる作戦をとる方法があることを示そうとした。カーンはエスカレーションを退治すべき竜とみなしていた。人間の行動とは無関係に起きる現象ではなく、知的、物理的な備えが不適切であった場合に生じうる産物と考えていた。カーンは、エスカレーションは故意の行為でもありえるという考え方を導入した。カーンが「自分自身を少しエスカレートさせたいと考えているが、どういうわけか相手側は積極的に一歩を踏み出そうとしないと感じている人々」という表現を使ったことで、エスカレーションという名詞からエスカレートという動詞の派生語が生まれた[54]。エスカレーションは、どうにも手に負えないプロセスから、手なずけ、場合によっては操作することの可能なものへと変容した。一九六五年の著書『エスカレーション論』で、カーンは一六ヵ所の敷居と四四段の横木がある「エスカレーションの梯子」という概念を取り入れた。何よりも特筆すべき同書の特徴は、この梯子の一五段めで初めて核兵器を使用したあとは、誰でも三〇近くの異なる核兵器の使用方法を思いつく可能性がある、と唱えた点にあった[55]。エスカレーションの梯子は「戦争の絶頂（ワーガズム）」に到達し、あらゆる統制が失われると終結する。カーンはこの表現について、フロイト的な含意はないと述べている。イタリアの急進的な作曲家ルイジ・ノーノは、南ベトナム民族解放戦線に捧げる楽曲を、カーンの梯子をテーマに①「見せかけの危機」から㊹「痙攣（けいれん）あるいは無感覚の戦争」へと進行する構成で作曲した[56]。

　ケネディ、ジョンソン両政権で国家安全保障担当大統領補佐官を務めたマクジョージ・バンディも、こうした分析に強い反応を示した。バンディは、軍拡競争が実際の国際政治動向とほとんど無関係に行われるようになったとの結論を下した。両陣営とも熱核兵器を保有してしまえば、事態は膠着する。「報復に関するある種の見通し」とは、「アメリカであれソ連であれ、良識ある政治当局が自覚をもって核戦争を始める選択をする可能性が文字どおりゼロ」であることを意味する。バンディはさらに、「政治指導者が核兵器について本当に考えていることと、戦略戦争のシミュレーションにおいて、相対的な『優位性』に関する複雑な計算から推定されることのあいだには、計り知れないほどの差がある」と説いた。シンクタンクでは、数千万の人命の損失でさえも「許容できる」水準と考えられ、「数十の大都市を失うことも、良識ある人々にとってそれなりに現実的な選択肢」とみなされる可能性があった。バンディいわく、「現実の政治指導者が動かす現実の世界」では、「自国の一都市に一個の水素爆弾が投下されることを招くような決定を下せば、それだけで破滅的な大失敗と認識されるだろう。一〇都市に一〇個の爆弾が投下されることは前代未聞の災厄とみなされるだろうし、一〇〇都市に一〇〇個の爆弾が投下されることはまったく考えられない[57]」。

戦略議論がより難解なものとなり、現実から乖離してしまったというバンディの思いは、一九八三年に新たな説を生み出した。両陣営が「考えられるかぎり最大規模の先制攻撃」を受けたあとでさえ、熱核兵器による報復ができるようになったことで、「何が起こりうるかという点に関する不確実性」に基づく「実存的な」（とバンディは表現した）抑止の形が生じた、という説である[58]。この考え方は、特定の兵器計画や使用準備、ドクトリンの表明に、戦略の効果がおよばなくなることを意味した。どこであれ、超大国の戦争が大惨事を招くリスクが高いかぎり、リスクをとらないことが最善の道である。実存的抑止という概念は、直観的にもっともらしく思えるだけでなく、核政策はあまりに無謀で愚かなものでないかぎり、それらは本質的に何の意味をもたないものになり、核政策の厄介な問題はすべて解決される、という理由からきわめて魅力的なものとなった。ワシントンで新しい兵器システムをめぐって数多くの議論が交わされたことからわかるように、政策決定者たちにとって、実際の核の投げ合いにおいて必要となるものを想定する以外に核戦力の規模と構成を評価する方法を考えることは、依然として非常に困難だった。だが、こうした議論は結局、形式的になり、そこで論じられるシナリオは信頼性を失っていった。現状維持を妨げることの深刻な危険性を警告したという点で、核抑止はアメリカで効力を発揮した。その危機感は核による報復の合理性に根ざしたものではなく、ひとたび戦争の激情が解き放たれれば、核による報復の非合理性を信頼できなくなるのではないかという一抹の疑念に基づくものであった。

第14章　ゲリラ戦

軍隊の力は目に見える
格式張り、時間と空間にしばられている
だが、その力の限界を暴くのは誰だ？
勇敢な人々が、思うがままに
それを白日の下にさらしたり、覆い隠したりするのだ
ただ燃え上がる復讐心から、自由を求める戦いのために
彼らの力と士気は目に見えず、追いかけて絶つこともできない
疾風のように荒れ狂っているかと思えば
恐ろしい洞窟に吹く風のように眠っているのだ

——ウィリアム・ワーズワース（一八一一年）

核兵器が軍事戦略を通常戦争からある方向に引き離したのだとすれば、ゲリラ戦はそれとは

別の方向へ動かしたといえる。核兵器の場合、とてつもなく強大な力で社会を脅かす点に問題があった。ゲリラ戦は、不当な軍事力に激怒した社会による報復にかかわるものだった。ゲリラ戦はのちに急進的な政治運動と密接に結びついたが、弱い陣営の存続を手助けする手法としての根本的な魅力があった。戦争の形態として決して目新しくはなく、近い時代ではアメリカ独立戦争でも行われたゲリラ戦だが、その名前は一九世紀初頭のフランス占領軍に対するスペイン人の「小戦争」（スペイン語でguerrilla）で用いられた待ちぶせ・攪乱戦術に由来する。本章冒頭のウィリアム・ワーズワースの詩は、この戦いについてうたったものである。

つまり、ゲリラ戦は民衆の支援とその土地の知識という強みを生かし、自国領土内で行う防御的な戦いであった。敵の疲弊、あるいは何か別の形での戦況の好転を期待しつつ、時間を稼ぐという消耗戦略向けの戦い方である。このような戦いがそれだけで成功する見込みは薄かった。非正規軍が最も効力を発揮するのは、より伝統的な編成で正規軍とも戦っている敵を妨害するときだ。ナポレオンがスペインで苦戦したのは、イギリス軍とも戦闘していたからである。同様に、ロシアの小作農たちは一八一二年にフランス軍を一段と惨めな状態へ追い込んだ。フランスによるプロイセン占領を経験し、スペイン人の反乱とロシアにおけるフランス軍の崩壊を観察する立場にあったクラウゼヴィッツは、ゲリラ戦を自身の初期の講義と著述のテーマにした。『戦争論』ではゲリラ戦を防御の一形態として扱った。クラウゼヴィッツが同書の大部分を執筆していた一八二〇年代には、ゲリラ戦はあまり使われない戦略になっていた。

民衆のエネルギーは使い尽くされた感があり、保守的な国家が回帰していた。

ゲリラ戦は占領軍に苦難を与えることができる方法だったが、そうしなければ敗北する民衆の「捨て身の最終手段」であった。占領者に対する大衆の反乱は「曖昧模糊」としていなければならない。明確になるやいなや、潰される可能性があるからだ。ゲリラ戦は、戦略上は防御的な概念だが、敵を不意打ちすることを狙った攻撃的な戦術を用いる必要があった。ゲリラ戦が最も高い効果を示すと考えられるのは、自国内の接近しにくい錯雑地で指揮をとった場合である。クラウゼヴィッツは、正規軍が存在しない場合には、非正規の民兵にそれほど価値はないとみなしていた。(1) ジョミニも同じような考えを示した。民兵が占領軍に抵抗する可能性がある、世論が激しやすい状況になれば領土拡大戦争が難しくなる、といった点を理解していたジョミニだが、そのような戦いの見通しを論じることには尻込みした。大衆全体が宗教、国、イデオロギーの違いに駆り立てられてしまっている戦争を、ジョミニは「悪意と残虐性と惨事につながる激しい熱情」を呼び起こす悲惨な「組織的暗殺行為」とみなした。そして、自身は「スペイン中の司祭や女性、子どもまでもが孤立した兵士の殺害に加担した恐ろしい時代」よりも、「フランスとイギリスの兵がお互いに礼を尽くして戦いを始めた古き良き時代」を好むと打ち明けた。(2)

一八三〇年代、ゲリラ戦が反乱の手段となる可能性がイタリアで高まった。ジュゼッペ・マッツィーニの政治結社「青年イタリア」がイタリア統一を企てて失敗し、また義勇軍「千人隊」（赤シャツ隊）を率いるジュゼッペ・ガリバルディが、すぐれたゲリラ指揮官として頭角を現した時代のことだ。こうした例はあったものの、大衆が突如蜂起し、当局に不意打ちを食らわせるというのが、なおも革命的な暴動の典型的な形であった。長引くにつれて暴動は徐々に下火になる可能性があるという考え方は定着しなかった。フリードリヒ・エンゲルスはカール・マルクスのために書いた論文で、スペインのゲリラは同国正規軍の敗北を背景に出現したと述べた。そしてゲリラを、軍隊というよりも「憎しみと復讐心と略奪欲」に駆り立てられた暴徒だと表現した。(3) エンゲルスは革命について考察するときでさえ、伝統的な軍隊編成の観点から考える傾向があり、革命後の社会主義共和国には防衛のための軍隊が必要だとみていた。革命には階級意識の強いプロレタリアートによる規律ある戦闘部隊が必要という前提は、社会主義者の思想に影響をおよぼしつづけたため、ゲリラ戦は無政府主義者と犯罪者、そして暴力的な気質のままに振る舞う飲んだくれの浮浪者の領域に属するとみなされていた。ロシアでも、こうした考え方はある程度、共感を得ていたものの、ウラジーミル・レーニンはゲリラ戦を完全に否定することはなかった。レーニンは、他の手段に従属する闘争形態にすぎないゲリラ戦は主たる闘争手段にはなりえず、これを統制するには適正な党の規律が役立つと考えていた。そして、ひとたび大衆運動が特定の段階まで発展すると、革命的な内乱における「大会戦」の「かなり長い谷間の時期」に、ゲリラ戦は一つの闘争形態として起きうると論じた。(4)

一九一七年のロシア革命のあと、ボリシェビキ政府と反対勢力による内戦が起きたとき、軍事人民委員のレフ・トロツキーもゲリラ戦は役に立つが従属的な戦闘形態だと考えた。ゲリラ戦の要件は厳しく、きちんとした組織と方向性が必要なうえ、素人や冒険主義者の影響と無縁でなければならない。ゲリラ戦では敵を「打倒する」ことはできないが、苦境におとしいれることができる。力の勝る勢力が中央からの指揮で大人数の大規模軍を動かし、敵を殲滅しようとする一方、力で劣る勢力は、それぞれ独自に動く軽装備で機動力のある小部隊を使い、自分より強い敵の組織を混乱させようとする、とトロツキーは論じた。こうした考え方はデルブリュックによる殲滅戦と消耗戦の分類に通じる。トロツキーが殲滅戦を好んでいたのは明らかで、「ソビエトはこれまでずっと力で勝る側にあり、今もそうだ」と書いている。ソビエトの責務は「社会主義構築に向けた解放のために」敵を打ち負かすことにあった。つまり、ゲリラ戦を試みようとするのは敵側だった。これは、プロレタリアートこそが支配階級で帝政主義者は反逆者、という構図への変化が起きたことを反映していた。トロツキーは、陣地戦重視で動きが鈍く、機動性を欠いている、という自身の戦略に対する批判を否定した。[5] ソビエトの赤軍は「志願者、反逆者、粗野で経験の浅いゲリラ」によって始まり、やがて「訓練を積んだ規律ある正規の連隊と師団」へと作り変えられた。それでも内戦の戦況が厳しくなるにつれて、トロツキーは敵の背後を脅かし、「大規模で有力な赤軍」を補助する役割を果たす、機動的なゲリラ部隊を編成しようとした。[6] このようにゲリラ戦は、急進派からも重要度の低い戦略、勝利の源にはなりえない一時しのぎの防御的手段とみなされていた。

アラビアのロレンス

一九世紀におけるヨーロッパの諸帝国の拡大は各地での暴動や反乱の頻発を招き、支配国は正規軍による対応を迫られた。イギリス軍は帝国の警備という名目でこれらに対処した。この点について論じた古典的な著作に、一八九六年に刊行されたチャールズ・E・コールウェルの『小戦争』がある。同書でコールウェルは、概して「遠隔の植民地における反乱の鎮圧は、だらだらと続くばかりで割が合わず、張り合いもない戦争だ」と表現した。(7) ゲリラ戦をいかに封じうるかではなく、いかに戦うべきかという点に関する原則の構築に最も大きく寄与したのは、第一次世界大戦中にオスマントルコの支配に対するアラブの反乱を扇動し、名を上げた考古学者トーマス・エドワード・ロレンスである。ロレンスは驚くべき物語の主人公であっただけでなく、すぐれた文学的才能の持ち主でもあった。ロレンスの影響力は、その鮮やかなたとえや格言を通じて発揮された。アラブの反乱に関する自伝『知恵の七柱』は今なお読み続けられている古典だ。その反乱の簡単な経緯をまじえつつ、ロレンスがゲリラ戦に関する基本理念を初めて発表したのは、一九二〇年一〇月のことだった。(8) 第一次世界大戦後、ロレンスは自らが作り出した神話、そしてアラブの民と交わした独立の約束を連合国の政府が守らなかったことに悩まされた。

オスマントルコへの反乱は、重要な補給線であるメディナ―ダマスカス間の長距離鉄道に対する破壊活動により、一九一六年に始まっていた。頻繁な破壊活動にオスマントルコは苛立ちを募らせていた。鉄道をアラブの民による攻撃から完全に守ることは不可能にみえた。やがてこの破壊活動は本格的なアラブの反乱へと発展し、オスマントルコを大いに動揺させた。ロレンスは一九一七年初頭のある時期について以下のように記している。ロレンスは非正規兵の限界と格闘していた。「敵の軍と中枢部を探し求め、戦闘によって破壊する」という軍隊のなすべき仕事が、非正規兵には実行不可能だった。しかも、ここへきて、ある地点を効果的に攻撃したり、防御したりすることができない点にも気づいた。ロレンスは、非正規兵の強みは「外面ではなく内面」にあり、その攻撃の脅威を用いてトルコ軍を防御にかかりきりにすることができる、という考えにいたった。

その後、病に倒れたロレンスは、休養しながら以後の戦い方について熟考した。軍事理論に「そこそこ通じて」いたロレンスはクラウゼヴィッツに感銘を受けた。だが、敵の戦力を「戦闘という一つの過程」で破壊することだけを想定した「絶対戦争」という考え方には反発した。それは血で勝利を買うような行為に感じられ、アラブの民が望むことではないと考えた。アラブの民は自由のために戦っていた（「人は生きていてこそ喜びを味わえる」）。軍隊が植物のように「全体として動かず、しっかりと根を張り、長い茎を通じて頭まで栄養を取り込むもの」であるのに対して、アラブの非正規兵は「前面も背面もなく、漂う気体のように実体のはっきりしない、壊れにくいもの」だった。とくに、絶対戦争の場合と同じように反乱に対処しようとしたトルコ軍には、「アラブの民の敵意」に立ち向かうのに十分な人員がいなかった。トルコ軍が「反乱軍との戦争が、スープをナイフで口に運ぶように厄介で手間のかかるもの」だと認識することはなかった。オスマントルコの補給線を攻撃すれば、敵の物資不足は続く。そこにあるのは接触戦ではなく、離間戦の可能性だった。つまり、攻撃のチャンスが来るまで敵に存在を知らせず、また「申し分のない」情報活動によって、守勢に立たされるのを避ける戦い方である。こうした戦い方には心理学的な側面もあった。ロレンスは当時の一般論として「大衆」について触れ、「その気持ちが行動を起こすのに適した状態になるように」調整することと、「変わりやすい世論を特定の目的へとあらかじめ誘導する」ことが必要だと説いた。アラブ軍は配下の人員の心だけでなく、（「手の届くかぎり」）敵の心や、味方の国や敵対国、「注目している中立国」の国民の心をも調整しなければならなかった。

そのためにロレンスは、小規模で機動力が高く、装備も充実した部隊を組織し、トルコ軍が兵力を浅く広く分散させている状況に乗じられるようにした。アラブの民は守るべきものをもたず、また砂漠を知り尽くしていた。「力ずくで攻撃するのではなく、一撃を加えては逃げる」のが戦術だった。ある一地点を奪取したら、そこを確保するのではなく、別の地点で再び敵を討つべく移動するのだ。勝利は「スピードと潜伏行動と射撃の精度」を生かすことにかかっていた。「非正規戦は、ただ銃剣で突撃するよりも知力のいる戦いだ」とロレンスは考えていた。こうした戦術によって、トルコ軍の兵力は「無力な状態」まで低下した。だがロレンスは、この非正規戦がオスマントルコ帝国の敗北を決定づける出来事ではないことを認めていた。それをもたらしたのは、エドモンド・アレンビー将軍率いるイギリス軍が行った、もっと従来型の攻撃だった。この点でロレンスの戦いは、きわめて重要な補助的役割を果たしたものの、「余興中の余興」にすぎなかった。勝負を決めるのはアレンビーの軍だとわかっていたロレンスは、正規の戦闘ぬきで戦争に勝てるかどうか確かめる機会を失ったことを少し残念に感じた。ロレンスの戦いは「非正規戦あるいは反乱が厳正な科学であることを実証する」ための「スリルに富んだ実験」だった。ロレンスは反乱軍にとって強みとなる要素を指摘した。それは、難攻不落の基地（ここではイギリス海軍によって守られた紅海の諸港）、占領した空間を管理しきれない異国の敵、そして好意的な住民（「二パーセントの積極的な住民が攻撃部隊に入り、残りの九八パーセントが消極的ながらも共感を示していれば、反乱は起こせる」）であった。ロレンスは以下のように見解をまとめた。

簡潔に言おう。機動力、（敵に攻撃目標として捕捉されることがないという意味での）安全、時間、（すべての主体を友好へと転換させる）ドクトリンがあれば、反乱軍が勝利を決めるだろう。武力の戦略においては代数学的要素が最終的な決定力をもつのであり、それに対して手段や戦意を尽くしたところで、悪あがきにしかならないからだ。

間接的アプローチを具現化したロレンスにバジル・リデルハートが心惹かれたことは驚くに値しない。第一次世界大戦後の一時期、二人は文通し、リデルハートはロレンスの見識を借用した。やがて一九二九年版の『ブリタニカ大百科事典』において、同事典の軍事分野の編集に携わっていたリデルハートがロレンスの思想の骨子をまとめたことをきっかけに、二人は友人となった。ロレンスの功績は間接的アプローチを説明するうえで、説得力のある事例として役立った。またリデルハートは、思想家でも実践家でもあり、軍隊のシステムを経験することもなく、きわめて強い指導力を発揮したロレンスに感銘を受けた。そしてその後、ロレンスをたたえる伝記を執筆した。[9] リデルハートはアラブの民が無血での勝利を望んでいたというロレンスの見解に興味をそそられたのであり、さもなければ急進的な目的での非正規戦に関心を示すことはまずなかった。それどころか、残虐行為やテロ行為につながる場合が多い非正規戦を非難する立場にあった。ロレンスが非正規戦でできることを示した手法が正規戦でも使える可能性がある点に、リデルハートは強く惹かれたのだった。[10]

毛沢東とヴォー・グエン・ザップ

ゲリラ戦は勝利につながる別の道になりうる、という考えに対して、同じような抵抗を示したのは毛沢東の戦略だった。毛は中国共産党を率い、一九四九年に敵対勢力の国民党に対する勝利を収めた。毛はゲリラ戦を守勢にあるときに許容できる戦略とみていたが、それだけで勝利につながるとは考えていなかった。ゲリラ戦に頼るのは、とにかく生き延びることが必要な切迫した状況においてであった。ご多分にもれず、毛のゲリラ戦術に関する著作にはある程度の説得力があったものの、自身は機動力の高い正規軍による戦争を好んでいた。ゲリラ戦に頼ることになったのは、約二〇年にわたり国民党の前身や占領時代（一九三七〜一九四五年）の自分たちより強い日本軍の軍隊に対抗していたからだけではない。農村部に本拠を置いた毛が、都市部のプロレタリアートよりも小作農を革命の戦力とみなすようになったからでもあった。

毛は農村部の出身だったが、一九二〇年代に共産党の活動家として最初に携わったのは労働運動であった。労働者による運動は、共産党の都市部の指導部から求められたものだったが、非常に広大で人口の多い農業国である中国の労働者階級が、どうすれば変革を起こせるのか、毛には見当もつかなかった。その後、湖南省で起きた農民運動の様子を視察した毛は、一九二七年に発表した報告書で、適切に動員された農民が「どれほど大きな勢力でも抑えつけることのできない、疾風怒濤のごとき力」となり、「すべての帝国主義者、軍閥、腐敗官吏、土豪劣紳を墓場に」葬り去る事態を招きうる、と報告した。この年、不安定な状態にあった国民党と共産党の共同戦線（国共合作）が崩壊した。続く国共内戦で毛は武装部隊を率いて蜂起したが、失敗し、逃亡を余儀なくされた。このとき毛は、生き延びるための手段は広大な中国農村部でのゲリラ戦しかないと悟った。[11] 次に毛の思想に変化が生じたのは、一九三〇年に共産党指導部が国民党の拠点都市を襲撃し、大失敗したあとのことだ。毛は農村部を都市攻撃のための拠点としてではなく、革命が起こりうる場所として考えるようになり、新たな革命根拠地「江西ソビエト」を建設した。だが一九三四年、国民党の拠点への攻撃が再び失敗し、その反撃によって江西ソビエトは追いつめられた。毛が率いる共産党軍は「長征」として知られる大規模な避難行動に出た。毛は逃げおおせたものの、その代償は甚大だった。共産党軍は約一年にわたって一万キロメートルほどの距離を移動し、一九三五年一〇月にようやく新たな避難場所を陝西省に見いだした。そのころには、毛の兵力はわずか一万人に減っていた。ユン・チアンとジョン・ハリデイによると、国民党は実際には共産党の逃走を許容していた。それは、国民党の指導者、蔣介石の息子がスターリン率いるソビエト連邦の人質になっていたからである。つまり、毛は兵力でまさる国民党軍との衝突を避けるために、必要以上に長い距離を移動したのであった。[12] 旧来の党指導部が信用を失ったこと、また妥当かどうかはさておき、自身が軍司令官、そして中国農村部の専門家として高い評価を得たことで、毛は共産党指導者の座に就いた。

一九三七年七月、日本が中国に侵攻した。それ以前に毛は、日本に対する共同戦線の形成を呼びかけており、一九三六年一二月には共産党と国民党のあいだで合意が成立していたが、実際にはその結びつきは希薄なままだった。国民党はどうであれ、毛にとっては時間を稼げるという意味でそのほうが好都合だったため、なおさらであった。国民党は守勢に立ち、その指導者や幹部は国内の重要地域から締め出された。一方で、日本は実効的な支配を確立できず、共産党はこの政治的空白を埋める機会に恵まれた。共産党は反日共同戦線の代表として認められ、自分たちがめざす経済・社会改革を推し進めるチャンスを得た。農民に地方の権力構造を変える好機が訪れたのである。一方で、毛は日本への対処においてはきわめて慎重な姿勢をとり、とりわけ一九四一年にアメリカが参戦してからは生き残ることを重視した。第二次世界大戦後の中国で再び国共内戦が始まっても、毛は慎重な姿勢を崩さず、国民党と和平を結ぶことを最良のシナリオと見込んでいた。[13] だが一九四七年には、たとえ国民党が名目上、中国の大部分を占領したとしても、その根は浅く、結局のところ、共産党の攻撃に対する抵抗力は弱いと考えるようになっていた。そして一九四九年、毛は中国の政権を掌握した。

毛はその一〇年前から政権掌握の構想を練っていた。当初の構想は、一般に認識されているものとは異なっていた。このころ、毛は共産党指導者の立場にはなかったため、のちの表現からうかがえるような教義主義的な言葉ではなく、実用主義的な条件つきの言葉で構想を示していた。人民戦争理論に関する最も権威ある言葉は、長征と日本の侵攻ののち、一九三七年に一連の著作と講話の形で発表され、これらが毛のゲリラ戦に関する論考の土台となった。[14]そこには、農民が革命的変化の主体になりうるという毛の信念が反映されている。政治意識を身につけることを当然のように期待されていた都市部のプロレタリアートとは活動をともにしていなかったため、毛は政治教育と動員を人民戦争の中心に据えた。そのためには、大衆に闘争の政治的側面や戦う目的、勝利後に実施する計画を理解させなければならなかった。したがってゲリラ戦術で稼いだ時間は、革命の力を身につけさせるための「大衆への宣伝活動（プロパガンダ）」に有効に用いなければならなかった。それゆえ、政治は常に先導する必要があった。

毛は経済力や軍事力という明らかに自分に欠けている物的要素には重きを置かず、人間の力と士気を重視した。「決定的な要素は人間であってモノではない」[15]。その人生が一〇年にわたり携わってきた武装闘争の紆余曲折によって形成されてきたことを考慮すれば、有名な格言となった「権力は銃口から生まれる」という言葉を毛が強く訴えたのも当然であった。毛はクラウゼヴィッツやロレンスの著作を読んでいた。[16]ジョン・シャイは、「よく似た格言、反復、勧告」や同様の「分析と処方箋の組み合わせ」、「説教欲」など、いくつかの点で毛はジョミニと共通すると論じている。[17]また、戦闘を避けつつ、自軍より強い敵を消耗させる方法（「敵が前進すれば退却し、とどまれば攪乱し、疲弊すれば攻撃し、後退すれば追撃する」）や、諜報や状況をよりよく把握することの重要性（「敵を知り、己を知れば、百戦危うからず」）に関する考え方には、明らかに孫子の影響がみられる。[18]

　ゲリラ戦は毛の構想において必然的に大きな比重を占めていたが、毛はその限界も十分に認識していた。毛は戦争の基本原則を「自己を保存し、敵を消滅させる」ことと述べた。軍事闘争の最後の数年間を除き、毛はゲリラ戦に明け暮れていたが、これは「自己を保存する」の部分にしか適していない戦い方だった。毛は占領軍に対抗するうえで、大衆の支持とその土地の知識という防御に役立つ資産に依存していた。有名なたとえとして、毛は動員した人民が「敵を呑み込む洋々たる大海」となり、それによって自軍は魚のように勢いづく、と表現した。[19]そして、三つの規律（常に指揮に従って行動する、大衆のものは絶対に盗まない、鹵獲品はすべて公のものとする）と、八つの注意事項（寝るために借りた戸板は元に戻す、寝るために借りた藁は元通りに束ねる、言葉づかいは穏やかに、売り買いは公正に、借りたものは返す、壊したものは弁償する、女性の目に触れないところで入浴する、捕虜の私物に手をつけない）を設け、ゲリラ軍と地元の人々の結束を保つことの重要性を強調した。[20]

　兵士を遠出させ、敵の急所となる地点で攻撃する手法をとることができたロレンスと異なり、毛は根拠地から離れすぎた場所で危険を冒すことに慎重だった。自分たちに有利に働く地域に敵をおびき寄せるのが毛の戦略だった。そこでは攻撃的な戦術をとることも可能だったが、戦略的攻勢作戦に出る可能性は限られていた。毛は抗日戦争が持久戦になる公算が大きいと考えていた。その想定される成り行きについて熟考するなかで、最適な戦略が三段階に分かれると特定した。第一段階は防御である。やがて膠着状態におちいり（第二段階）、それから共産党軍が自信と能力を身につけて攻勢に出る（第三段階）。当時、中国は独力で日本と戦っていたが、毛はどこかの時点で日本の優位性を弱めるなんらかの外的要因が生じる可能性があると認識していた。そして、ゲリラ戦と陣地戦（特定の地点を防御あるいは攻撃する戦い）両方の役割に通じていたが、最良の結果を得るには運動戦が必要だと考えた。運動戦だけが、物理的に完全に破壊するのではなく、抵抗できなくするという意味での敵の殲滅を実現しうる方法だった。毛は膠着状態におちいる可能性がある相手と戦っていたが、決して妥協しなかった。このため、第三段階では正規軍が必要だった。ここにいたるまでは不可欠な存在であるゲリラ部隊も、第三段階に入ると補助的な役割しか果たせなくなるのだった。

革命を成し遂げた毛の最も熱烈な信奉者はヴォー・グエン・ザップであった。ベトナムで学校教師を務めていたザップは、フランス植民地政府、それからアメリカの援助を受けた南部の反共産主義政府と戦った。一九四〇年に亡命先の中国で毛沢東主義を知り、その理論と中国における実践にすっかり感化されると、やがてベトナムに戻り、日本軍、それからフランス軍との戦いを指揮した。また、ロレンスの『知恵の七柱』を「決して手放すことのできない戦闘の教典」と表現したとも伝えられている。ザップは毛の三段階の理論を真剣に取り入れた。革新的だったのは、毛が順番どおりに段階をたどることを想定していたのに対して、状況に応じて順番と関係なく三つの段階を行き来するのをいとわなかった点だ。ベトナムは中国に比べると小さい国であるため、より柔軟な対応が必要とされた。たとえば、ザップは空間を確保するために、第三段階に達する前に正規軍を投入する準備をしていた。

ザップが描いたゲリラ戦は、二〇世紀半ばのアジアにおける共産主義闘争の最も成功した事例となった。ゲリラ戦は、経済的に立ち遅れた国の一般大衆が「訓練の行き届いた侵略軍」に立ち向かうための戦いであった。敵の強さには「尽きることのない勇敢さ」で対抗する。前線は特定せずに、「敵のいるところ」とし、「主導的かつ柔軟、迅速に相手の虚や不意をついて攻撃し、撤退する」戦力を一点集中で投入した場合に、急所となりうる無防備な場所が前線になると考える。「小さな勝利を重ねることで、徐々に」敵の戦力は消耗する。「たとえ地歩を失うという犠牲を払っても」自軍の戦力の喪失は避けなければならない[21]。

このように、エンゲルスからザップにいたるまで、共産主義の主流において、ゲリラ戦がそれだけで十分な手段とみなされることは決してなかった。ゲリラ戦は、真の軍事力が身につくまで持ちこたえるための手法だった。どのような場合でも、ゲリラ戦になしえたのはゲームにとどまりつづけることだけだったともいえる。だが権力の掌握を目的とするのであれば、国の正規軍を打ち負かす必要があった。

反乱鎮圧

一九五〇年代には、共産主義者による反乱への対応に苦慮するアメリカの様子を描いた二冊の本が刊行された。その一冊、グレアム・グリーンの『おとなしいアメリカ人』は、一九五〇年代初頭のベトナムでの著者の経験に基づいて書かれた小説だ。題名は、ベトナムに何が必要か、理論上わかった気になっているが、実際には問題の本質をまったく理解していない、生真面目だが無邪気なアメリカ人、オールデン・パイルを表す。パイルは「それなりに誠実」だが、「自分が他人に与えうる苦痛も、自分自身に迫る苦痛や危険も想像できない」男として描かれた。もう一冊は、政治学者のユージン・バーディックと軍人のウィリアム・レデラーの共著である。二人は共産主義に立ち向かうアメリカが東南アジアで犯した過ちについてノンフィクションの本を書こうとしたが、フィクションのほうが自分たちの主張をより明確に伝えることができると考え直し、小説『醜いアメリカ人』を著した。同書にはアメリカン・ヒーローともいうべき人物、エドウィン・ヒレンデール大佐が出てくる。ヒレンデールは南ベトナムとフィリピンでの反共産主義作戦を成功に導く働きをする。この本が発するのは、こうした社会の出来事に影響をおよぼそうとするのなら、アメリカ人は人々のなかで生活し、現地の言葉と文化への理解を深めるべきだというメッセージである。小説のなかでヒレンデールはこう語る。「どんな人間にもどんな国にも、その心を開くためのカギがある。正しいカギを使えば、誰でもどの国でも、意のままに操ることができる」[22]。

この二冊に出てくる主要人物は、しばしば実在の将校エドワード・ランスデールをモデルにしているとみなされる。グリーンは『おとなしいアメリカ人』に関するこうした憶測を決して肯定しなかったが、『醜いアメリカ人』の場合、ランスデールがヒレンデールのモデルなのは明らかだ。一九六一年、ランスデールはケネディ大統領のアドバイザーに就任した。反乱鎮圧の必要性をきちんと理解している数少ないアメリカ人の一人として紹介されたのがきっかけだった。ランスデールは、大衆の支持が得られなければ、「戦いを支援するための政治基盤は築けない」とわかっていた。大衆に、自分たちの暮らしが社会運動と政治改革、そして軍事機密作戦による物理的防護を通じて良くなることを納得させなければならない。そのためには機敏で不正のない政府、規律の行き届いた軍隊、さらに大衆が信じることのできる大義が必要だと、ランスデールは考えていた。

まだ上院議員だったジョン・F・ケネディは、絶望的な状況にある人々はソビエト共産主義の理想と同じように、アメリカ自由主義の理想にも感化されうる、という『醜いアメリカ人』の核にあるメッセージに惹かれ、その実践を後押しした。大統領に就任するとまず、アメリカ軍がもっと本格的に反乱鎮圧に取り組むことを求めた[23]。ケネディはすべての政権関係者に毛沢東とキューバ革命の理論を書いたエルネスト・チェ・ゲバラの著作を読むよう促し、自身は特殊部隊とその訓練用マニュアルや装備に関心をいだいた。「地下戦争」と呼ばれるものを統括するために複数のグループが形成され、まもなく南ベトナム情勢が主な懸案事項となった。課題は、見立て（経済開発や脆弱な政府機関、一般大衆にとって安心の源ではなく抑圧の道具になっている軍隊にかかわる問題に関心を向けること）よりも、それについて何をすべきか解明することにあるとみられた。毛沢東主義の教義に関しては膨大な研究が行われていた。それはアメリカが、北ベトナムの共産主義者が第二段階から第三段階への移行期にあるのか、あるいは共産主義のプロパガンダと戦術に対する反対運動に注意を向けているだけなのかを見きわめようとして、政策面で後手に回りつつあることを意味していた。

ロバート・トンプソンの著書に記されているように、アメリカはマラヤでのイギリスの成功例に感化されていた[24]。イギリスは、ジェラルド・テンプラー卿の指揮のもと、マラヤにおける共産主義者の反乱を封じ込めた。テンプラーは「武力で解決できるのは問題の二五パーセントだけだ。残り七五パーセントはこの国の人々をわれわれの味方につけられるかどうかにかかっている」という言葉を残している。解決のカギは「ジャングルに投入する兵の数を増やす」ことではない。有名になったテンプラーの言葉によれば、「人々の心（ハートとマインド）にある」。テンプラーは市民の行動の重要性だけでなく、勝つという決意を示す必要性も認識していた。そのためには非情になるのをいとわない姿勢が必要だった[25]。テンプラーは成功を収めたが、それはマラヤの共産主義者が主に少数派の中国系住民で貧弱な補給網しかなかった、国の経済状況が悪くなかった、という好条件に恵まれていたからであった。

ベトナムとアルジェリアにおけるフランスの失敗例は、ダビッド・ガルラの著作に描かれた。ガルラは「反乱」の概念を広めた人物で、その著書で共産主義者の戦術への対抗方法について、とりわけ明快な言葉で論じた。ガルラも大衆の忠誠心の重要性を強く説いた。反乱鎮圧を成功させるには、報復を恐れずに協力させることができるように、守られているという感覚を大衆に植えつける必要がある。勝利を収めるには、さまざまな地域を次から次へと鎮圧し、それぞれの地域での鎮圧が次の行動を起こすための堅固な土台になるようにしなければならない。[26]フランス軍の将校だったガルラが実際にアルジェリアで重ねた体験は、明暗入り混じるものだった。現地の住民を味方につけようとする試みに、他の多くの将校は賛同しなかった。ガルラは、フランスのプロパガンダが「どうみても、われわれの敵よりはるかに間のぬけたものだった」と非難している。ほかの反乱鎮圧の専門家と同じく、ガルラは自身の理論が現地の政治構造にも軍隊の文化にもそぐわないことに気づいた。[27]フランス軍上層部は、強い政治性と非情さにおいて共産主義者に劣らぬ反乱鎮圧のドクトリンを築こうと試みた。だが、政府はそうした努力を十分な熱意をもって支えようとはしなかったため、軍部が激しい怒りの矛先をパリに向け、クーデターを企てようとするという事態を招いたのだった。[28]

アメリカは、反共産主義の南ベトナム政府をより正当性のあるものとし、その軍を民主主義と経済発展の担い手にする必要性があると認識していたが、そうした認識は現地の実情からかけ離れた机上の目的を反映したものだった。いかなる戦闘も現地の戦力によって行われるべきだとわかってはいたが、そのせいで、現地の戦力で対処しきれなくなった場合にどうすべきかという問題は解決されずにいた。国際的な共産主義のレトリックに覆い隠された現地の情勢に対する反応として起きている反乱と、まさしく国外の共産主義勢力の後押しによって起きている反乱は、まったくの別物であった。アメリカの軍部は、ベトナムでの闘争を本当に新しいタイプの反乱とみなすことに懐疑的で、従来型の武力侵略として扱おうとした。反乱鎮圧理論が示唆する軍事行動の役割とは、大衆の社会状況を改善する計画を導入するのに十分な安全を生み出すこと、そうして大衆の「ハートとマインド」をつかみ、反乱者が拠点、人員、支援を得るのを絶つことだった。これに対して軍部は、戦争とは敵軍を排除し、その作戦を妨げることによって勝つものだと主張した。この主張は、敵が隠れているとみられる地域を砲撃、爆撃する「索敵殲滅」の方針を後押しした。だが多くの場合、敵がすでに次の場所へ移ったあとに攻撃が行われ、民間人の犠牲と大衆の怒りを生み出した。

こうしたアメリカ国内での議論にかかわったある人物は、「民族解放戦争」の台本（スクリプト）にのっとって反乱の脅威を十把一絡げにした「いくぶん短絡的な」前提について、のちに苦々しく振り返っている。このような前提を設けたために、「内乱の国内的起源と根本的原因」に対する視点は失われた。つまり、反乱は「社会に深く根づいたピラミッド構造の先端部分を示すものではなく、はっきりと明示された軍事力」であるかのようにみなされたのだ。[29] 別の政府関係者は、アメリカが敵を革命家や反政府活動家ではなく「反乱者」と断定して呼んでいたことを問題視した。当事者たちが大衆運動の推進派である可能性を否定する呼称だったからだ。アメリカ人にとって、敵が多くの場合、地方出身者で民衆に支持されており、敵による攻撃の犠牲者が民衆を抑圧する側にいたという事実は理解しがたいものだった。[30] 根本的な問題は以下の点にあった。「不満の深刻な原因となる要素」を改善し、「最も顕著な不平等」を是正するには、現地政府による積極的な行動（場合によっては抜本的な改革）が必要だったが、そのために実行すべき手段は、国の社会構造と国内経済に変化を起こすことによって、政府の足元を揺るがす危険性を秘めていた。[31] さらに注記すべきは、反乱鎮圧方針の原案では、鎮圧活動はアメリカの資源と助言の後押しを受けて、主に現地の兵力が担うことを前提としていた点だ。大規模なアメリカの戦力投入は回避すべきこととされていた。[32] アメリカは一九六〇年代に多くの地域でこのようなスタンスをとっており、南ベトナムのケースは例外だった。それは、反乱鎮圧の理論と実践に関するその後の思考全般に暗い影を落とす例外となった。

一九六五年初頭になると、ベトナム国内の反乱の原因に対処するのがきわめて困難になることがわかってきた。そこでアメリカは、北ベトナムからの補給線に目標を切り替えた。この紛争は、南ベトナム内での権力闘争ではなく、北ベトナム以北の共産主義指導部との戦いという構図として明確にとらえられていた。当時、トーマス・シェリングの交渉と強制外交の概念は、とりわけ大きな影響力を発揮していた。シェリングは主として、ヨーロッパ中心部のきわめて重要な一地域をめぐる、核戦争にも直結しかねない超大国同士の紛争を念頭に、この概念を論じていた。だが、それとは程遠い状況にあるベトナムに関しても、シェリングの概念を交えた議論が行われる場合があった。[33]一九六〇年代にシェリングの影響を最も強く受けていたアメリカ政府の要人はジョン・マクノートンである。マクノートンはハーバード・ロー・スクールの教授から政府高官に転じた人物で、一九六七年七月の飛行機墜落事故で他界した。一九四〇年代にマーシャル・プランにかかわる仕事に携わり、そこで一緒だったシェリングと親友になった。シェリングの影響をうかがわせる例として、マクノートンが軍備管理について語る際に「奇襲攻撃の相互的恐怖」や「非ゼロサム・ゲーム」といった概念への関心を示していた点が挙げられる。[34]また、キューバ・ミサイル危機はシェリングのゲームに現実味があることを示している、と述べたとも伝えられている。[35]マクノートンはアメリカのベトナム政策の立案において重要な役割を果たし、国防長官のロバート・マクナマラや国家安全保障担当大統領補佐官マクジョージ・バンディと緊密に仕事を行った。マクノートンが残したある覚書について、同僚の一人が、現実政治（リアルポリティーク）と、最も洗練されたアメリカのシンクタンクを支配している超合理主義者の信念を組み合わせた、プランナーの技巧が冴えた背理法、と表現したのは有名な話だ。[36]マクノートンが座長を務めたあるワーキング・グループ[37]が一九六四年二月に発表した報告書では、「苦痛は与えるが破壊はしない」よう計画した行動により、北ベトナムの決断に影響をおよぼすことは可能、というシェリングの理論そのままの提案がなされた[38]。ほかにも、シェリングの理論に基づき、「必要が生じた場合に断固たる姿勢で大規模な兵力を配備し、あらゆる手段を用いてわれわれの敵に対し武力を行使する、と決断することは、そうした武力が実際に行使される事態を回避するのに、現状において最良の機会をもたらす」という見解が政権内で生じた。その根底には「はったりでないかぎり、一ポンドの脅しは一オンスの行動と同じ価値がある」〔訳注：一ポンドは一六オンス〕という基本原則があった[39]。

マクノートンのグループが主として念頭に置いていた脅しは、アメリカ空軍の投入だった。アメリカ政府は、この時点ではまだ地上兵力の使用を回避しようとしていた。だがその場合、直接的な軍事介入による効果を十分にあげることはできない。地上兵力に頼らずに敵の補給線を分断するのは困難であり、また民間人を巻き込む大規模空爆は許容されないと考えられたからだ。マクノートンは、政治目的で空爆という強制的な脅しを用いる手法を思いついた。外交的対話と段階的軍事圧力を組み合わせた「少しずつ圧力をかけながら交渉する」手法である。たとえ最終的にアメリカが引き下がるとしても、「約束を守り、毅然とした態度でリスクをとり、血を流し、敵に深刻な打撃を与える覚悟でいる」ことを示すのが重要であった[40]。このようにマクノートンは、実際には最終的な決断を下さないまま、つまり他の選択肢を残しておきつつも、一つの道を突き進む姿勢を印象づける方法を模索していた。

一九六五年初頭、マクノートンはこうした先行きが思わしくない状況で、北ベトナムに対して具体的にどういった強制的な脅しをかけることができるのか、シェリングに助言を求めた。「アメリカは北ベトナムに対し、何かをやめるよう要求する。だが、向こうがその要求に従い、従ったことがすぐにこちらにわかるような何か、そして空爆完了後すぐには再開できないような何かを、どう特定すればよいのか」。一説によると、この問いに対して、二人は満足のいく答えを出せなかった。この件についてフレッド・カプランは、やや満足げにこう述べている。「トーマス・シェリングは、武力をもって警告する、敵をおとなしくさせるために苦痛を与える、さまざまな対話の手立てを講じる、といった強制的戦争の戦術に関する理論を（時として饒舌なほど）自信たっぷりに論じておきながら、現実の『制限戦争』に直面すると、何にまず着手すべきかすら思いつかず、途方にくれたのだ」[41]。実際、シェリングは、北ベトナムに対する空爆作戦に価値があるという見方にかなり懐疑的だった。シェリングは空爆と並行しての控えめの外交に注目し、ハノイとのあいだで、より明確な形で内密に対話が行われていることに期待していた[42]。シェリングの論理的思考は示唆と刺激に富んでいたが、それ自体が戦略を生み出すことはなかった。そのためには、その理論構成では扱えないほどの複雑な要素を取り入れる必要があったからである。

新参の文民戦略家たちは、アメリカの対ベトナム政策に初期段階では、ある程度の影響をおよぼしたが、決定的な影響力を発揮したのはアメリカ軍部の嗜好だった。ある意味、文民戦略家と軍部の思考は同じ出発点に立っていた。それは、政治的背景は切り離し、技巧と戦術に目を向けるというスタンスだ。核戦略と同じく反乱鎮圧理論は、まるでそれが特殊な形態の戦争であるかのように、特殊な種類の軍事的関係について議論する方向で特殊な専門分野として発達した。前述したように、毛沢東とヴォー・グエン・ザップは、自軍が弱い立場にある場合の手段としてしかゲリラ戦術をみておらず、「ゲリラ戦」で勝てるとは考えていなかった。ゲリラ戦での成功は、一般的な正規軍同士による戦闘という次の段階へ進むことを可能とした。政治的教育とプロパガンダに力を注ぐという点が、自分たちのゲリラ戦の顕著な特徴だと毛やザップは考えていた。

ベトナム戦争は、文民戦略家たちが想定していなかった、そして語るべき価値をほとんど見いだせなかった紛争であった。それは、戦略研究の「黄金期」に終止符を打った。相互確証破壊という概念の登場と比較的平穏な時期が冷戦から切迫感を取り除いたのと同じように、ベトナム戦争は「学術研究の泉を汚染した」[43]。コリン・グレイは、「思考の人」である文民戦略家たちが、理論を「行動の世界」で簡単に実践できると過信したと非難し、以下のように論じている。預言者的な立場にあった研究者が宮仕えをし、自分たちの知的資本で生計を立てるようになった。問題解決を求める行政官と、公平無私で「政策に対して中立的」であるべきという学者の規範、その両者への「二重の忠義」で板ばさみになった研究者は、「見当違いの政策アドバイスと稚拙な学術研究の両方を生み出すようになった」[44]。この批判に対してバーナード・ブローディは、研究者が政策に関与したことをたたえ、軍部にその能力がなかったために、新たな核の世界の意味を問う重責を担わされた文民戦略家の小集団を擁護した。ブローディは、エンジニアや経済学者が「驚くほど政治感覚を欠いて」おり、「外交史や軍事史について無知である」ことを嘆いて一九六六年にランド研究所を去ったが、こうした傾向の結果がベトナム戦争であったことを素直に認めていた。[45]

第15章　監視と情勢判断

戦術なき戦略は勝利にいたる最も遠回りな道であり、戦略なき戦術は敗北の前の雑音である。

――孫　子

核戦略に関する議論がほぼ出尽くし、ベトナム問題が辛酸きわまる事態へと発展した結果、アメリカの文民戦略家は現場から身を引いた。シンクタンクは目先の政策課題や、より技術的な問題に重点的に取り組むようになった。それまでにも文民戦略家が正規戦争の典型的な問題について多くを語ったことはなかった。ただし、これはもともと職業軍人が専門的に取り組む分野であった。そして、核戦争とゲリラ戦という非正規戦争に関心が集中していた一九五〇年代から一九六〇年代にかけて、どちらかというと手つかずのままにされた領域であった。

例外的な存在の一人に、フランスの元将校アンドレ・ボーフルがいた。アメリカでは戦略を技術的、実用的問題としてとらえようとする傾向があったが、ボーフルはより幅広く、哲学的なアプローチをとった。このアプローチは、「対立する二つの意志が紛争を解決するために力（フォース）を用いる弁証法のアート（技芸）」というボーフルの戦略の定義に反映された。[1]ボーフルはこの定義によって、戦略を武力衝突だけでなく、軍事力について考えられうるすべての要素を取り込んだ、最も高次の政策と位置づけた。戦略は国家の最高機能のようになり、さまざまな形態の国力を、その効果を確実に極大化するためにどのように調和させて行使するか、という選択を求めるものとなった。勝利は物理的な力以外の手段によっても達成しえた。打ち砕くべき目標は、戦闘を開始あるいは継続しようとする敵の意志であった。したがって、心理的効果がきわめて重要な意味をもっていた。

ボーフルの説く弁証法は、核兵器、通常兵器、冷戦という相互につながりあった三つの要素によって構成されていた。リデルハートの友人だったボーフルは、間接的アプローチの可能性を認めると、その枠組みをさらに広げ、軍事以外の分野における影響力のある行動に目を向けた。通常戦争に関しては、勝利にかかわるものという従来の見方を有していたが、核抑止の時代のなかで関心を寄せる対象としての魅力が低下していると考えていた。一方で、新しいが永続的な現象にみえる冷戦に、ボーフルは惹きつけられた。冷戦は、両陣営の対立が起きうるあらゆる分野へと紛争を押し広げており、そこには経済や文化の領域も含まれていた。この点から、植民地における不満をかきたてることや、人道的支援を訴えることも、同じく戦略を構成する要素となりえた。こうした定式化には、まったく別の原因で起きる出来事も、この特定の「対立する二つの意志の弁証法」によって説明される危険性があった。

デカルト派とヘーゲル派の影響を受けていたボーフルの哲学的アプローチは、アメリカ人にとって賛同しがたいものであった。実用主義的で、戦略を「特定の種類の競争的試みにおいて勝利を追求すること」とみていたバーナード・ブローディは、ボーフルの意味するところがよくわからないと述べた。また、ボーフルが軍事史を顧みないことや、技術的なデータを邪魔者扱いし、その収集に無関心であることを受け入れがたく感じた。このような姿勢は、「技術的変化やその他の変化に対する認識は戦略家にとって最重要の必須要件、という一般的な合意」に反していた[2]。

こうしたボーフルに対するブローディの反応は、ジョセフ・ワイリーの貢献にあまり注目が寄せられなかったことの説明にもなるかもしれない。ワイリーはアメリカ海軍の将官で、一九六〇年代に短いが明快な現代戦略の手引書を執筆した。そのアプローチは当時、ボーフルのものと比較された[3]。ワイリーの著書『軍事戦略』（邦題『戦略論の原点』）は今なお支持を得ているが、その影響力はずっと限定的である[4]。ワイリーが独自の考えをまとめはじめたのは一九五〇年代初頭で、そこには第二次世界大戦での自らの経験も反映されていた。同じような思考の持ち主であった海軍将官ヘンリー・エクレスと共同で研究に取り組み、パワーの問題をその分析の中心対象とした。二人は「コントロール」を可能とする能力とは何か、という疑問をいだいた。マハンの思想の伝統を受け継ぐ海軍将官であった二人は、コントロールすることが戦略の目的だと考えていた。

エクレスは、コントロールの対象が単純に軍事分野にとどまらず、また国内と国外の両方にあることを認識していた。国内においてコントロールする必要のあるパワーは、政治家や一般大衆だけなく、物流や産業基盤からも生じる。対外的には敵国に限らず、同盟国や中立国もその対象となるが、これらのコントロールは対内的な場合よりも難しい。[5] こうした状況において、コントロールは明らかに絶対的なものではなく、程度の問題としてとらえる必要があった。ワイリーは戦略が目的と手段にかかわるものであることを理解しており、「目的を達成するための、一連の手段と一体化した一つの狙い」と定義した。そして戦争を、片方の陣営が、ある行動パターンを敵に押しつけることで優位に立つ、行動パターンをめぐる競争としてとらえた。これは必ずしも実際の戦闘を必要としない。敵を徐々に抑圧する強制的な力を見せつけるだけでも戦争となりうる、と説いた。

ワイリーの理論における最大の独創性は、戦略を二つのタイプに分けた点にあった。発想のきっかけとなったのは、ドイツ系アメリカ人の歴史学者ハーバート・ロジンスキーが一九五一年に「直接的」、「累積的」という表現を使って戦略を二つに分類したことだ。ロジンスキーがデルブリュックを意識していたのは明らかで、おそらく殲滅（せんめつ）戦と消耗戦という戦争の分類法を刷新しようとしていたのだろう。ワイリーはロジンスキーの案を発展させた考えを一九五二年の雑誌記事で初めて発表したが、「当時、まったく反響を得られず、以後ずっと眠らせたままにしてきた」[6]。『軍事戦略』でワイリーはこの件にあらためて取り組み、攻撃によく用いられる直線的な「順次戦略」と、「累積戦略」に分類する考え方を披露した。順次戦略は、一つの段階の結果が次の段階を決定し、その結果がさらに次の段階を決定するという形で進むもので、これらの段階を踏むことで戦争の結果が形づくられる。この戦略は、敵にこちらの望むような結末を強いる可能性を提供するが、あらかじめ計画を立て、紛争の成り行きを予測する能力が必要とされる。ただし、ワイリーも十分に認識していたリスクが存在する。どこかの段階で予測していたものと違う結果が生じれば、それ以降の流れは違うパターンをたどることになり、もともと想定していたよりも望ましくない結末をもたらす公算が大きい、という点だ。これに対して、累積戦略はより防御的である。これは、「積み重なった幾多の行動が決定的な効果をもたらすようなどこかの時点まで、知覚されにくい微小な成果を一つひとつ積み上げていく」ものだ。これらの一つひとつの要素は相互に依存していないため、どこかの領域で思わしくない結果が出ても、必ずしも全体の結果が覆るわけではない。累積戦略は、敵のコントロールを断つことで順次戦略に対抗しうるが、迅速に決定的な結果をもたらすことはできない。実際面において、ワイリーはこの二つの戦略が互いに相容れないものではないと考えていた。むしろ累積戦略は、大胆な計画がうまくいかなかった場合のリスク回避に役立つとみていた[7]。

この分類法は、アメリカでもっと注目を集めた他の手法よりも戦略議論に深みをもたらす可能性を秘めていたが、実際の影響力は小さかった。その理由を説明するのは難しくない。ワイリーの概念は抽象的で、一九六〇年代の主たる関心事項にとくにかかわるものではなかった。正規戦争に関する議論が再び真剣に交わされるようになったのは、一九七〇年代に入ってしばらくたってからのことだ。そのころになって、古典的な軍事問題を再評価する機が熟した。正規戦争は依然として軍事支出と軍事的努力において最も大きな比重を占める分野であり、また新しい技術が既存のドクトリンを揺るがしはじめていた。

新たな関心を呼ぶきっかけとなったのは、現代戦争のなかでとりわけ基本的かつ象徴的な性質をもつ戦闘だった。狩りの感覚と先端技術が融合した空中戦である。朝鮮戦争での実戦経験をもつアメリカ空軍のパイロット、ジョン・ボイド大佐は、この分野について決定版ともいうべき手引書を執筆した。そして執筆中に得たひらめきを、きわめて大きな影響力をもつ公式へと発展させた。ボイドの主張の根底には、アメリカ空軍がスピード重視に傾きすぎたという前提があった。これはベトナムでの航空戦の初期段階で明らかになったことだ。旧式然としたソ連製のミグが、運動性能でアメリカの航空機を上回り、空中戦を支配したのである。ミグを徹底分析したボイドは、カギとなる要素は絶対的なスピードではなく敏捷性だという結論を下した。空中戦における一連の動きのなかで、敵機の背後をとり撃墜することができるのは、最も機敏な戦闘機であった。

ＯＯＤＡループ

ボイドはこうした自身の考えを「ＯＯＤＡループ」という理論にまとめた。ＯＯＤＡとは、監視（observation）、情勢判断（orientation）、意思決定（decision）、行動（action）の頭文字を並べたものだ。一連の流れは、情勢に関するデータを収集する監視〔訳注：情報収集〕から始まる。次の情勢判断でこのデータを分析して意思決定へとつなげ、そこから行動に移す。こうしたプロセスは、とくに情勢判断の重要性が広範囲におよぶことをボイドが認識するようになるにつれ、複雑化していった。行動によって情勢が変化し、同じプロセスを繰り返す必要が生じるため、この流れはループとなって続いていく。情勢判断とその結果としての行動が徐々に改善し、より現実に即した結果をもたらすことが理想とされる。戦闘機のパイロットにとっては、敵よりも速くループの行動段階に到達することが重要な意味をもつ。ボイドは、主導権を維持あるいは獲得する必要がある、あらゆる状況にＯＯＤＡループが適用できると感じた。どのような場合でも、敵の情勢判断を混乱させ、予想外のスピードあるいは形で変化する情勢を把握できないようにし、意思決定ができない麻痺状態におちいらせることが目標となる。

やがて、ボイドの理論やその応用について書かれた本が何冊も出版された。ボイド自身が

OODAループの理論を文章で明確にした著作を発表することはなかった。基本的な考えは『勝敗論』と題した数百枚からなるスライド資料に記された。[8] これらの資料は、二〇年近くにわたり、アメリカ国防機関の大半の高官を含むさまざまな聴衆に対して行われた講義の土台となった。ボイドは厳格な費用対効果分析と幅広い戦略ビジョンを重視していた。それらを本質的に欠く官僚や出世第一主義者を見下し、ボイドの姿勢に共感する熱烈な信奉者たちが広めたことで、ボイドの理論の影響力はさらに強まった。しかも、OODAループには少なくとも一見したところ単純明快な魅力があり、ボイドの理論の複雑さが凝縮されていた。空軍から退役したあと、独学の人であるボイドは幅広い分野の本を読み、工学分野の出身者でありながら数学理論や歴史、社会科学の領域まで手を広げた。

こうした退役後の読書は、主導権を維持することの難しさに関する自身の見解を裏づけた。敵は予想以上に速く動けるかもしれず、監視によって情勢が明確になるのではなく、より不透明になる可能性もある。ボイドはあるすぐれた小論で、数学者のクルト・ゲーデルや物理学者のヴェルナー・ハイゼンベルクの研究について言及した。これらの研究は、監視を予想に適合させようと試みる場合、情勢判断に狂いが生じるリスクが大きくなることを示していた。[9] そこでボイドは、熱力学第二法則を引き合いに出して、閉鎖的なシステムはエントロピーの増大、つまり内部の混乱と無秩序をもたらすと説いた。また、ニュートン物理学から生まれた「法則」に匹敵するものを探求するよりも、均衡に向かおうとするシステムの概念とは相反する、カオスをもたらす新しい形態の理論を理解することが肝要だと訴えた。そして、「敵が、われわれの行動や現実世界の別の側面に適合するパターンを発見あるいは識別する可能性を排除する」必要がある、という基本的な結論に達した。[10]

刻々と変化する現実に対処しなければならない人間は、凝り固まりがちな思考を柔軟に変えていく必要に迫られる。そうして新たに生まれた思考も、やがて融通のきかないものとなり、またほかの思考に取って代わられるのが必然だ。今も変わらぬボイドの理論の重要性は、敵の意思決定を阻害し、不確かで混乱した状態におちいらせることに重点を置いたところにあった。ボイドの影響により、規定化された指揮統制の概念は、情報の収集、解釈、伝達の方法を考慮する形へと改められた。ボイドが他界した一九九七年には、情報通信技術の変革が本格化していた。ボイドはこうした変革を軍事分野に生かすのに必要な条件を整えたのだった。

ボイドは当時の科学文献を幅広く読み、複雑な現象をごく簡単に説明しただけの発展途上の理論を苦もなく理解した。そして、そうした文献から引いた言葉や見識を用いて、自分が関心を寄せる紛争を解説した。ノーバート・ウィーナーが提唱したサイバネティックスからマレイ・ゲルマンの複雑系まで、システム内の要素の相互作用、環境変化への適応、不確定にみえるが説明不能ではない現象、といった重要なテーマを扱う理論が生まれていた。こうした理論から実用主義的戦略家が導き出した主張は、ほとんどの場合、もとの理論を正確に反映しておらず、すでによく知られていることをより印象的な言葉を使って新しくみせているだけではないか、という疑念を生みかねないものだった。新たに登場したテーマの多くは、シェリングの著作などでも取り上げられていた。複雑系理論が果たした最も重要な貢献は、複雑なシステムを構成する個別のアクターの重要性を明確にした点だ。個々のアクターはそれらを取り巻く環境との関連によって評価する必要があるのだが、各アクターは環境に適応して変化し、環境もまたアクターの変化に適応して変わる。問題は適応する能力がない場合に生じる。

「カオス理論」は、そのなかでの因果関係がわかっているとされ、戦略的な計算の信頼性が高いと想定されうるシステムが、どのようにして、明らかにランダムな結果が目立つ秩序のないシステムに転じうるのかを説明する。この理論は、ミクロな要因が予期せぬマクロな結果をもたらしうること、結果として起きた動的相互作用が予測不能であったとしても当初の条件がその後の結果を決定することを明示した。たとえその過程が不明瞭であっても、結果には必ず原因がある。カオス理論の一つの基本的な結論は、目先の誤りを長期において無効にするのは難しいということだ。[11]

こうした新しい科学理論は、官僚組織や定式化された計画立案を支えてきた合理性という基本前提を脅かした。安定性と規則性を求める者は、その対極にあるものに対処しなければならなくなった。結果が不確かなのであれば、とりわけより複雑な状況において長期化する紛争に関し、責任を負うべき戦略家はどのようにして行動の結果を熟考することができるのか。予期せぬ結末と自己充足的な期待に関する社会学的「法則」とともに、フィードバック・ループや非線形性というサイバネティックスの概念が登場した。線形式の場合は、入力値と出力値が比例していれば変数は直線で示せる。だが、非線形式の場合、入力値と出力値の関係が複雑で比例した結果にならないため、そのような形で変数を示すことはできない[12]。

このような理論の登場でまず生じうる考えは、あらゆる戦略は失敗する運命にある、というものだ。次に考えられるのは、プロセスを本当に管理できるのは初期の段階だけであり、最初の優位性を獲得するために力を注ぐのが最良の選択肢になる、ということだ。実際に紛争を素早く決着させることができるのであればそれでよいが、初期段階を過ぎてしまえば、状況は制御不能な形で変化すると考えられる。シュリーフェン計画の失敗など、この推論を裏づける史実は数知れない。

消耗戦と機動戦

ボイドの著作は、敵の意識に不安と混乱を生じさせることが可能かどうか、という点からの戦略評価につながった。これは、敵の戦意を低下させる（「モラル戦争」）、欺瞞あるいは通信手段への攻撃によって敵の現状認識を歪曲させる（「心理戦争」）、敵の戦争遂行能力への攻撃で得た優位性を生かして立ち直れなくする（「物理的戦争」）といった方法で達成できる[13]。最初の戦略の分析から生じた教えは、おおむねナポレオン後の古典的戦略、そしてフラーとリデルハートの戦略の流れをくむものであった。

ボイドが重視した例の一つに、一九四〇年のドイツのフランス侵攻がある。ボイドはここから「電撃戦対マジノ線メンタリティ」という表現を用いるようになった。ドイツがOODAループのなかで作戦行動を進める方法を見いだしたことで、フランスの意思決定機能は麻痺させられた[14]。ドイツ勝利の一つのカギとなったのは、進んで権限委譲を行ったことだ。戦術指揮官は自分なりの使命を心得ていた。これは、何をなさなければならないかという点について共通理解ができていたためだ。物理的領域に重点を置き、破壊力として火力を用いる消耗戦と、精神的領域に重点を置き、曖昧さや機動力、欺瞞によって「意表をつき、衝撃を与える」ことを目的とする機動戦を、ボイドは区別した。ドイツの電撃戦についても、脅しや不確実性にかかわるとして、精神的領域への影響をおよぼしうるものと考えていた。

この例は無作為に選ばれたわけではなく、当時、繰り広げられていたアメリカ軍事政策の未来に関する大論争の流れに沿うものだった。一九七〇年代は、アメリカ軍がベトナム戦争の癒えない傷をかかえたまま、完全志願制化への動きと折り合いをつけようとしていた時期だった。将官たちは、北大西洋条約機構（NATO）の中央戦線を守るという最優先任務に集中することで、軍を立て直せると信じていた。この任務には、反乱鎮圧から逃れ、大戦争への準備という安全地帯に戻れるといった追加的な利点もあった。さらに一九六〇年代以降、アメリカの政策当局は、しだいに脅しの信頼性が低くなっていく核抑止への依存度を低下させたいという意向を表していた。こうしたなかで、ベトナム戦争後期や一九七三年のアラブ・イスラエル戦争は、新たな可能性が生じつつあることを示していた。とりわけ技術の進歩によって通常兵器の精度が著しく向上した結果、地上戦のドクトリンを再考する機会がもたらされたのだ。一方で、ヨーロッパの問題が深刻化しているという懸念も生じていた。ワルシャワ条約機構は依然として大きな数的優位性を確保しているだけでなく、アメリカがベトナムにかかりきりになっているあいだにドクトリンを改訂し、戦力を増強してきたと推測された。

マクナマラ国防長官時代の管理主義に対する反感はなおも根強く、当時の批判的な著述の多くにそれが反映された。マクナマラは、戦士の美徳をほめそやし、一匹狼を養成すべき事業に、体制順応的な慣行や大企業のリスク回避的文化を威圧的に導入した張本人とみなされていた。こうした批判も、官僚化や科学的合理性に対する現実離れした嘆きが生み出したものだ。ただし、複雑系をめぐる科学的思考の傾向は、今突き上げられているのは合理主義者だという見方を後押しした。企業文化に感化された軍事エリートも非難の対象となった。机にへばりつき、実際の紛争の現場から遠く離れたこれらの軍人は、経営学や経済学の学位を誇る一方で、軍事戦略のあり方には無頓着だった。

ベトナム戦争後のアメリカ陸軍によるドクトリン見直しの最初の成果は、一九七六年に発表された陸軍の主要ドクトリンのマニュアルである『野戦教範一〇〇―五：作戦』として表れた。[15] このマニュアルは、現代兵器の威力に触れ、陸・空のあらゆる形態の火力を「積極的防御」を形成するための諸兵種連合アプローチに用いることを示した。これは敵の本格的な攻撃にもひるまず、こちらの反撃に対処できないほどの大打撃を敵に与えることができる戦力を生み出すために、最先端の装備と専門的な訓練に依存する従来型のアプローチであった。

このマニュアルが激しい批判にさらされるまで、長くはかからなかった。これは、NATOの中央戦線についてどう考えるかという難問への対処とともに、軍部全体の改革にかかわるものであった。批判は軍部のなかからではなく、文民の国防専門家を中心とするグループから生まれた。ただし、多くは軍隊経験をもち、ボイドの影響を受けた者たちだった。攻撃の急先鋒に立ったのは、保守派でいながら、当時ある民主党上院議員の立法補佐官を務めていたウィリアム・リンドだ。ドイツの戦闘手法に強い関心をいだいていたリンドは、「電撃戦対マジノ線メンタリティ」という表現に象徴されるボイドの消耗戦と機動戦の二分法を、ある種の熱意をもって取り上げた。消耗戦が敵兵の殺害あるいは敵兵器の破壊を目的とするのに対して、電撃戦型の機動戦は「予期せぬ、あるいは不都合な作戦・戦略状況を作り出し、敵の最高司令部の士気と戦意」をくじくことを「第一目的」とする、とリンドは説いた。[16]

それから五年のあいだに改革派が議論を制したとみえ、一九八二年にはエアランド・バトルのドクトリンが採用されたほか、野戦教範の改訂も行われた。これはヨーロッパでの戦争に限らず、どんな戦争にも幅広く適用される原則を一から策定しようという意図によるもので、戦場をあらゆる角度から見つめることとし、作戦を成功に導くうえで決定的に重要な要素は「主導性、縦深性、敏捷性、同調性」にあると強調した。[17]『野戦教範一〇〇－五』においては、数的に劣勢な戦力で優勢な相手を倒せるように、戦力を集中させて奇襲、心理的ショック、位置取り、勢いを用いることを可能にする戦闘の動的要素が機動だとされた。これは、「優位性を獲得するための、火力の援護を受けた行動による武力の行使」で、これによって敵を粉砕する、あるいは粉砕すると脅すことが可能になるものとみなされた。めざすのは、迅速に動き、防御態勢を探り、成功に乗じ、敵の背後深くに入り込んで戦闘を行うことだった。[18]攻撃的な精神に基づく狙いであり、敵のOODAループのなかに入り込むというボイドの主張に沿っていた。

どのような場合でも敵と遭遇した際の基本的な目標は、行動の独立性を手に入れる、あるいは維持することだ。そのためには、敵よりも素早い決断と行動で敵軍の組織を混乱させ、平静を失った状態にとどまらせる必要がある。[19]

一九八六年には、反政府武装勢力に対する行動を取り扱った『野戦教範九〇－八：対ゲリラ作戦』で、「エアランド・バトルのドクトリンの基本概念は反ゲリラ作戦にも適用しうる」という方針が示された。[20]一九八九年にはアメリカ海兵隊が『艦隊海兵軍マニュアル一』を発表した。これは海兵隊のドクトリンが、「精神的、物理的団結を打ち砕き、抵抗できない状態」にして「物理的に優勢な敵」を打ち負かす「機動戦」を基本とすることを主張するものであった。[21]

作戦技術

「機動戦」はまたたく間に「消耗戦」に取って代わった。こうした流れはすべて冷戦という背景のなかで起きたことだ。冷戦においては、敵はよく知られた強大な勢力であり、取り組むべき課題は、ドイツ内部への国境を越えた侵攻を抑止すること、そして必要が生じた場合には食い止めることだった。したがって、ヨーロッパの中心での大規模な軍隊同士による強大なパワーとパワーの古典的な対立に重点が置かれた。それは、情報化時代向けに刷新された軍事戦略の古典に頼ることを可能にするものだった。

ルーマニア出身の博識家で、賛否両論ある議論を的確に見きわめるエドワード・ルトワックは、アメリカの軍事政策をめぐるさまざまな批判的思考を一連の論文や著書にまとめた。ルトワックは国防総省の肥大化した指揮命令系統と、戦略的思考をなおざりにした兵器調達への傾倒に異を唱えた。[22]普通の民間人の暮らしと違って、軍事戦略にはいくつもの異なる考え方が必要だとルトワックは説いた。相反する力の相互作用は、戦争が「生活の他の領域で適用される通常の線形論理とは相容れない、独自の逆説的論理に満ちた」領域であることを意味している。この通常の論理は「対立の一致、あるいは対立の反転をも促す」ことで崩れる。その結果、直截な論理的行動が妨げられ、「自らにとって致命的な打撃とまではいかなくても、皮肉な結末を生む」一方で、逆説的な行為が報われる傾向が生じる。[23]したがって、巨大な文民官僚組織の管理に長けている者が軍隊を統括する立場になっても、考え方がまったく異なる組織であるため、戦略を把握することは不可能である。画一的な解決方法を探ろうとするが、それがどれだけ敵の行動を楽にさせるのか理解することはできない。ルトワックは、たとえ逆説的な思考の素質をもった国家指導者でも、有権者や政府関係者を不安にさせてはならないため、それをあえて発揮することはないだろう、とも説いた。「時間と場所に関する常識的な制約」から逸脱すれば、「権力喪失」の危険を冒すことになる。[24]国防総省にロバート・マクナマラが持ち込んだ線形計画モデルには、何もかもを予測することはできないという欠陥があり、予想に反した結果を生み出す傾向があった。ルトワックはこうした例から、事実上、混乱と、「逆説的論理の自滅的効果を唯一、避けることのできる一見矛盾した諸政策」を支持するようになった（あるいは少なくとも一貫性を保つ試みに異を唱えるようになった）。そして、この点を過度に誇張し、以下のようにも説いた。戦争に特別な論理は必要ない。特別な背景（コンテクスト）を認識するだけでよい。それは、平和時にたどる道とは異なる道を進むことが、完全に理にかなうような背景である。[25]

ルトワックは、自身が「作戦レベル」と呼ぶ概念の重要性に重点を置いた。この概念、そしてヨーロッパの戦争の古くからの伝統はないがしろにされてきた。ジョミニ、リデルハート、ジョン・ボイドは、この作戦レベルに相当する段階を大戦術（グランド・タクティクス）の一部とみなしていた。ジョミニはこれを「戦場で軍隊を動かすこと、そして攻撃のために複数の部隊に異なる陣形をとらせること」と記している。ルトワックは、作戦レベルが指揮能力にとってきわめて重要な領域だと考え、現代のアメリカ軍事思想にそれが欠けていることを嘆いた。「電撃戦や縦深防御といった戦争方法が発展した、あるいは生かされた」のは、この作戦レベルであった。アメリカは「消耗戦型の戦争」に依存していたために、これを軽視してきたのだ。[26]

戦争の作戦レベルを、政治の干渉を受けずに指揮官が熟練の能力を発揮し、敵との一連の複雑な戦闘のなかで広範囲にわたり大軍を指揮することのできる領域とみなす考え方は、モルトケから受け継がれたものだ。それはソ連の軍事思想の大きな特徴であったことから、その重要性はさらに高まった。ソ連の軍事指導部はソビエト連邦の形成時から、戦術と戦略の中間段階としての作戦レベルについて、そして決定的な殲滅戦と、より防御的な消耗戦の二者択一を迫られた場合にどちらを選ぶべきかについて、理論的論争を行っていた。第二次世界大戦に向けての軍備増強において、ミハイル・トゥハチェフスキー元帥はモータリゼーションとエアパワーの影響に鑑み、殲滅戦で縦深作戦を展開することのできる大規模な機械化戦力を強く重視するにいたった。トゥハチェフスキーに反対する者たちは、戦略上の欠陥だけでなく、それよりもはるかに危険な理論上の欠陥を責められ、処罰された。これはスターリンの大粛清の実態を覆い隠す働きをしたが、トゥハチェフスキー自身も大粛清の波から逃れることはできなかった。戦後、ソ連がまず重視したのは熱核兵器の影響力だった。これにより通常戦力は削減されたが、一九六〇年代後半になって再び増強された。勝利をつかむ最大の機会は、開戦後、アメリカの増援部隊が大西洋を渡ってヨーロッパにたどり着くまでの初期段階である。参謀本部はこうした見方を背景に、最小限の事前動員、最大限の奇襲攻撃、統合部隊によってNATO領内に深く入り込む機動作戦を開始できるようにする必要性を強く説いた。ワルシャワ条約機構の軍事ドクトリンにも反映されたこの流儀は、アメリカ率いるNATO諸国が同じ手法をとるにいたる一つの理由となった[27]。

ルトワックは、火力に頼る消耗戦と行動力に頼る機動戦はほぼ対極にある、という見方を後押しした。消耗戦は、深刻な苦境において忌むべき対応の結果というより、特定の発想を反映した意図的な選択として提示された。ルトワックは消耗戦型の戦争について、「機動と柔軟性を台無しにするほど、過度に火力に依存している」とみていた。一方で、「予測可能性と機能面での単純明快さという大きな魅力」があることも認めていた。すべての軍事的努力は、ターゲット群を体系的に攻撃するために行われうる。この誤解を招きやすい感覚のもとで、戦争は

「ミクロ経済学と同じような論理に支配され」、「あらゆるレベルでの戦争の遂行は、利益を最大化する企業の経営に似せられる」。結局は、たとえ型どおりの反復的な戦術と手順が適用されたとしても、資源の面で優勢な側が勝つ。投入される資源が多ければ多いほど、成果も大きくなる。敵を消耗させようとすれば、ある程度の自軍の消耗も覚悟しなければならず、コストがかかる。また、敵がパワー・バランスで優位に立つために同盟国を引き込めば、そうした計算にも狂いが生じうる。このようにありふれた系統的かつ官僚的な線形式の戦い方に反するものとして、ルトワックは想像性あふれる才能と作戦上の逆説を推した。消耗戦の科学ではなく、機動のアートを追求したのだ。[28]それが、敵の弱点を攻撃するために、敵の強みを回避する相対的機動である。ルトワックは、資源面で劣る側にとって、相対的機動がほぼ必須のアプローチになると提言した。

こうした問題提起を行いながら、ボイドやルトワック、そして同時代の戦略研究家たちは、認知プロセスに対する意識の高まりによって生じたポストモダン的ひねりを反映したうえで、近代の古典的軍事思想へ回帰することを促した。軍事戦略のきわめて重要な問題において、古典はふつう思われているよりも明快さに欠けており、新しい読者によって、もともとの解釈の混乱が助長されることもしばしばあった。軍事戦略の出発地点はいうまでもなくクラウゼヴィッツである。だがよく知られているように、『戦争論』は未完の著作で、クラウゼヴィッツは自分の考えを修正する過程のさなかに他界した。その結果生じた曖昧さは、『戦争論』を出発地点としたすべての者に影響をおよぼした。そして、デルブリュックやリデルハートといった重要人物が自分なりに解釈したクラウゼヴィッツの主張に対して示した反応によって、さらに歪みが生じた。複雑に絡み合った言葉や翻訳の問題は当然のように混乱に拍車をかけた。こうして古典への回帰は、その真意をめぐる激しい議論を引き起こした。まるで、古典の考えを現代の問題に適用しようとして生じた概念的な混乱を解消するのに、そうした議論が役立つとでもいうかのようにだ。議論がかまびすしくなるなかで、ピーター・パレットとマイケル・ハワードによる『戦争論』の貴重な新英訳版が刊行され、またデルブリュックの著書が初めて英訳されたのだった。[29]

こうした流れの背景には、大規模戦闘に代わる勝利への道はあるか、という一つの大きな問題があった。さらに、勝利そのものの意味（そして可能性）についての、より難しい問題もあった。一八世紀に主流だった制限戦争は、一九世紀に入ってからも存在しつづけた。一つの国家が別の国家を支配下に置くことなしに戦争を終わらせるには、なんらかの形で交渉が行われる必要があった。交渉の成立は、対立が終わった時点でのパワー・バランスとなんらかの関係があるとみなすことができる。クラウゼヴィッツはこの可能性を認識していたが、突きつめて探求することはなかった。クラウゼヴィッツは戦闘部隊である敵軍を排除し、敵国を無力化するために戦闘を用いることに重点を置いていた。

これはモルトケによって殲滅戦略という名で知られるようになり、やがてデルブリュックによって消耗戦略と比較されるようになった。デルブリュックは消耗戦略を、たとえ全滅していなくても、敵が戦闘を放棄するように仕向ける戦略とみていた。消耗は、それ以上、戦争に立ち向かえない状態まで敵が疲弊することを意味していた。敵が生き残るかどうかは問題ではなく、利害が限られていて妥協を受け入れる余地がある場合にそうした状況は起こりやすい。消耗戦略では手段をめぐる混乱が生じる。決着のつかない戦闘を続けても消耗が起きるとは限らないからだ。デルブリュックは、戦闘と機動のどちらで目的を達成するか、という指揮官の決断がその時々で変わるという考えを示すのに「二極戦略」という言葉も用いた。

殲滅戦か消耗戦かという選択は、単純な戦略上の好みの問題ではありえず、物質面の状況を反映して行われなければならない。戦闘が避けられないのであれば、勝つのに十分な戦力を有している必要がある。それだけでなく、決定的な戦闘のあとも戦いを続け、敵の領土を占領するための余力を残しておかなければならない。機動戦によって最初に優位に立つことは可能かもしれないが、敵が一つの軍隊を失っても、次に投入する軍隊をもつ場合は、それだけでは不十分といえる。最終的に軍事的優位性を有する自信がないのであれば、殲滅戦略を押し進めるのは賢明ではない。長期戦に備えて戦力を維持する必要があるのなら、これ以上はないという条件が整った場合を除き、綿密な計画に基づく本格的な戦闘は避けるべきだ。こうした理由から、直接的な戦闘を避ける手段として、消耗戦と機動戦のあいだにつながりが生まれた。[30]

機動戦という考え方を取り上げ、主力戦との対比をより鮮烈に示すことで次の段階へと発展させたのはリデルハートであった。第一次世界大戦以降は、デルブリュックが（自分の頭のなかでの定義として）理解していたのとは違う形で、正面攻撃が消耗戦と関連づけられるようになり、混乱に一段と拍車をかけた。第一次世界大戦ほどの大規模で激しい戦闘は、いかにクラウゼヴィッツが基本的な戦略の原則が働くことを認識していたとしても、その思い描く戦いの範囲を著しく超えていた。リデルハートは、甚大な損害を与えて屈服させるのではなく、不意打ちを食らわせて周章狼狽（しゅうしょうろうばい）させることによって敵を打ち負かす可能性を排除しなかった。もっと不透明だったのは、ある軍が別の軍の不意をつくといった場合にうまく機能する方法が、国同士の戦いにおいても通用するかどうかという点だった。戦場で大敗を喫した国が、予備戦力を投入するまでの時間稼ぎをすることができたり、大衆の抵抗活動に的を移したりする場合もありえた。したがって、正面攻撃以外の手段によって戦場で敵を打ち破ることが可能か、という問題と、軍事的勝利をいかに実質的な政治的利益につなげることができるか、という問題は別であった。

ここでわたしたちは、あらためてクラウゼヴィッツへと回帰することになる。それは、（殲滅戦略からの逸脱について満たされずに終わったクラウゼヴィッツの関心の核心を突く）この二つの問題が、その不朽だがとりわけ物足りない概念の一つである「重心」によってとらえられながらも、解決されることがなかったためだ。重心は西側の軍事組織に採用されるようになった概念だが、それによって内在する問題はさらに深刻化した。きわめてなじみ深い概念となったために、英語（center of gravity）の頭文字をとって「COG」と呼ばれるようになったほどだ。クラウゼヴィッツは敵軍に焦点を絞っていたが、パワーと強さの源と同一視されるようになると、「重心」は同盟や国家の意志という意味をも帯びうるようになった。

一九八〇年代後半には、こうしたさまざまな要素が寄せ集められて特異なドクトリンが形成され、西側の軍事組織に根づいた。戦争の作戦レベルにも軍事的な関心が寄せられ、敵の重心に戦力が向けられることになった。これは、敵の降伏という結果をもたらす可能性が最も大きい場所で軍事力が用いられることを示唆した。この新たな考え方は、最も重要な重心は敵の頭脳につながるところであり、敵の物理的な強さを打ち破るよりも、精神錯乱とその結果としての機能麻痺を引き起こすために、敵に衝撃を与え、混乱させるべきだという考えを後押しした。

消耗戦と機動戦は、ほとんど戯画的といえるほどに、はっきりと区別されるようになった。機動戦論者は、消耗戦論者が「敵を体系的に戦い、破壊するターゲットとしてみるため、効率性を重視し、戦争に対して組織的で、ほとんど科学的なアプローチをとる」と、批判的に表現した。消耗戦では、すべてが火力使用の効率性にかかっており、現場での指導力よりも中央からの管理を重視する。作戦の進捗は数量によって明示され、「死体の数」という戦闘による損耗の尺度と占領された地域で評価される。過酷さを強いる消耗戦に頼ることは、自軍もそれを受け入れる覚悟があることを意味する。勝利は「軍事的な能力よりも、兵と武器の純粋な数的優位性に大きく依存する」。つまり人命が犠牲になるのは、想像力と技能が欠如しているからだ。この点で、知力に頼る機動戦はすぐれている。機動戦には以下の特徴がある。

問題に真っ向から立ち向かうのではなく、迂回して優位性のあるところから取り組む。目標は、見定めた敵の弱点に対して自軍の強みを生かすことだ。その名のとおり、機動戦はスピードと奇襲を頼みとする。そのどちらかが欠けても、敵の弱みに自軍の強みを集中させることはできない。

目的は「敵を物理的に破壊することよりも、敵の団結、組織、指揮系統、そして心理的バランスを打ち砕くこと」だ。[31] そのためには、すぐれた技能と判断力が必要になる。そのような戦略とかかわりをもちたくないという者がいるだろうか。

ただし、こうしたアプローチにおける重要な要素はどれも問題含みだった。戦略には複数のレベルがあるという考え方は、確立された階層構造に根ざしていた。そこには、各レベルにおける目的は、上のレベルの目的から派生するという基本原則があった。大戦略のレベルにおいては、紛争が予測され、同盟が構築され、経済活動が促され、人員が配備され、資源が配分され、軍事的役割が定義される。戦略のレベルでは、政治目的が軍事目標へと変わる。優先事項と特定の目的が合意によって決められ、それに従って兵と武器が配置される。大戦術あるいは作戦のレベルでは、特定の会戦について、現状を踏まえたうえでその目的を達成するにはどのような形態の戦いが最適か、という判断が下される。戦術のレベルでは、部隊が今置かれている特定の状況のなかで、会戦の目標に向けて突き進もうと試みる。

これらのレベルは、大国間での通常戦争向けに確立された階層的な指揮命令系統と、現代の慣行における明確な区分をともに反映していた。特筆すべきは、現代におけるシステム理論と情報フローへの強い関心を考慮すると、これらは概してそうした構造とは相容れないものとみなされた点である。似たような考えのもとで、ビジネス慣行はよりフラットな階層構造へと移行していた。あまりにも多くの鎖でつながれた指揮命令系統は、組織の鈍重化をもたらす公算が大きかった。階層構造の底辺で何が起きているかという情報が上部に伝わるのは遅く、また歪みも生じがちだ。一方で、新たな命令が常に上から下へと伝えられることになっている場合、下層部の主導性はそがれかねない。

こうした想定は、戦術の問題を短期的で差し迫ってはいるが長期的には必ずしも重要ではない要因としてとらえる一方、より大きな戦略的な問題を長期的かつ決定的で、存在するだけで大きな影響が生じうるものとみなす議論に引き続き反映された。だが制限戦争では、個々の戦闘で勝負がつく可能性があり、このため現場での戦術要素が大戦略にかかわる問題となり、最上部からの政治的コントロールに従うものとなった。一九九〇年代には現場の要素の重要性が高まるにつれて、「極度のストレスにさらされた状況で、独自に理路整然とした決断、それもメディアと世論という名の法廷の双方から厳しい審判を受けるであろう決断を下す」ことのできる「戦略的伍長」に関する議論がアメリカで交わされはじめた。戦略的伍長は、自分の行動が「目先の戦況だけでなく、作戦レベルと戦略レベル」、ひいては「より広い作戦の結果」にも「影響をおよぼす可能性がある」ことを認識する存在だ。[32]

戦略的レベルと戦術的レベルにも作戦的側面があった。イギリスの歴史家マイケル・ハワードは、戦略には作戦的側面のほかに、三つの側面があると特定した。それは兵站（へいたん）、社会、技術にかかわる側面である。ハワードは、作戦を可能とする兵站や、作戦遂行に際しての社会的背景、作戦に利用するさまざまな技術を考慮せずに作戦に没頭することの危険性を警告した。[33] 戦力の使用に関するきわめて重要な決断すべてが下される作戦レベルが重視されるようになるのは、文民－軍人間の接点から離れて決定が行われるからだ。この接点が存在するのは、概念上もっと重要な戦略レベルである。実地面では、作戦レベルのみに力を注ぐことは、実際の戦闘を職業軍人の管轄下に置き、素人である文民の干渉を避ける効果をもつ。こうした考え方には、文民による「マイクロマネジメント」がベトナム戦争の失敗の一因になったという軍部の主張が反映されていた。

二番めの問題は、重心の概念への注目から生じた。この概念が採用されはしたものの、指揮官が何を探せばよいか、それを見つけるために必要な方法は何か、という疑問に関する合意はほとんど形成されなかった。採用されたのが、決定的地点に最大限の戦力を振り向けるというジョミニの概念だったなら、すべてはもっと単純だっただろう。少なくとも、不適切な比喩という重荷を負わずに済んだはずだ。[34]

たとえば、自前の大規模戦力を用いることのできる陸軍は、重心という概念を、もともと考えられていたような「力で力に」対抗するアプローチとしてではなく、「敵の強みを避けられる一連の決定的地点へ戦闘力を」振り向ける、より間接的なアプローチとしてとらえた。[35]陸軍よりも戦力の規模が小さい海兵隊も、当初から、敵の強みではなく決定的脆弱性を攻撃するのが最良の方法という考え方をした。そして、重心という言葉を使うのは危険だという認識さえ示した。クラウゼヴィッツは力対力の決戦において「完勝するために総力を尽くす」ことを提唱していたからだ。[36]決定的脆弱性は重心よりも特定するのが簡単というわけではなかった。決定的な機会があらわになるまで、「ありとあらゆる脆弱性」を突くことが推奨された。こうした幾分ランダムなプロセスを背景に、海兵隊戦争大学のジョー・ストレンジは、決定的脆弱性は敵の重心を弱体化させる累積的効果をもたらすとして、この脆弱性につけ込むことから始まるプロセスへと導く決定的な能力や要件を重視した。[37]

空軍の立場からこうした考え方を発展させ、影響力を発揮したのがジョン・ワーデンである。ワーデンはクラウゼヴィッツの基本命題を受け入れたうえで、それをエアパワーと関連づけようとし、以下のように論じた。敵の重心とは、「そこを攻撃することで勝敗が決まる確率が最も高くなる、敵の最も脆弱なところ」である。敵の指導部に「こちらが望んでいるような行動をとる」よう促すことができれば、決定的といえる。ワーデンは、敵を相互に関連する複数の要素からなるシステムと表現した。それらの要素は数多くの結節点と線でつながっており、そのうちのいくつかはきわめて重要である。重心は、あらゆる戦略的主体を特徴づける、指導部、基幹要素、インフラ、住民、戦闘組織という五つの構成要素（または輪）のそれぞれに見いだすことができる。ここで重要なのは、順次的あるいは連続的にではなく、同時並行的にこれらの要素を攻撃できるという特徴がエアパワーにはあることだ。そして、それは決定的な効果をもたらすとワーデンは説いた。[38] そこには、物理的な構造物の上に重心が存在するのであり、それらを失った敵はゲームの終了を受け入れる、という前提があった。そこでワーデンは、ターゲットを慎重に分析すれば、消耗戦に用いられるような火力を、機動戦論者がめざす敵を混乱させる手段として使えることを示そうとした。

このように、これらの概念の意味について合意が形成されることはなかった。二〇年にわたり、さまざまな定式化が試みられてきたものの、「重心の概念を発展させたり、採用したりすることに関するドクトリン上の指針が欠けているために、計画立案者の時間が浪費されるばかりで、具体的な成果はほとんどあがっていない」とアメリカ統合参謀本部の季刊誌で評される有り様だった。同誌によると、計画チームは「何が敵の重心で、何がそうでないか、という議論に、数日とはいわないまでも、数時間を費やし」、結局は往々にして、最もすぐれた分析に基づいてではなく、最も強烈な個性をもつ人物によって結論が下された。[39] だがこれは、より良い手法があれば、この課題をこなすことは可能であり、価値のある結論が出る、という考えに基づいて書かれたものだった。真の問題は、重心の概念が意味をなさないところまで拡大されてしまった点にあった。重心という言葉で、一つのターゲットを表すこともできれば、複数のターゲットを表すこともできた。重心は、敵の強みの源と決定的脆弱性のどちらか、あるいは両方を意味するため、特定しえた。そして、物理的、心理的、あるいは政治的領域で見いだすことができた。重心の攻撃によってすべてがうまくいけば、その他の重要な事象が重なるかどうかに左右される可能性はあるものの、決定的な成果か、さもなければ決定的な効果をもたらしうる結末につながる。重心の概念は、元来の比喩から完全にかけ離れた。にもかかわらず、この用語は、適切な攻撃を行った場合に望ましい政治的効果をもたらす、非常に明確な作戦目標の組み合わせが存在しうるという期待を強めた。これは、勝利のカギは敵の軍事システムを粉砕することにある、というクラウゼヴィッツのもともとの見解を反映していた。だが敵の政治的抵抗力の源が別のところにあった場合、この重心とみなされたものは失望を生み出すはめになる。その源が物理的な場所や能力の組み合わせではなく、政治的なイデオロギーや同盟にあったなら、何をターゲットにすべきか導き出すのは困難になるだろう。

三番めの問題は、軍事史が、消耗戦か機動戦かという二分法の考え方や、機動戦が臨時のものではなく全体をつかさどるドクトリンとなりうるという見方を支持する役割をほとんど果たさなかったことだ。カーター・マルケイイジアンは、「目的意識をもって消耗戦を実施した指揮官や消耗戦の概念を発展させた理論家について、機動戦の提唱者が語ったためしはない」と嘆いた。[40]消耗戦は、容赦ない火力の応酬のなかで兵が犠牲になる、凄惨でだらだらと続く戦いだが、マルケイジアンは「徹底的な退却、限定的な地上戦、正面攻撃、哨戒、慎重な防御、焦土戦術、ゲリラ戦、空爆、砲撃、急襲」も消耗戦の手段に含まれうることを示した。消耗作戦の成功例は数多くあり、そのなかでも一八一二年にロシアがナポレオンに対して行った防御戦は「おそらく最も壮大」だった。[41]消耗戦の主な特徴は敵を消耗させることであるため、だらだらと続き、少しずつ徐々に進むプロセスを経る公算が大きい。決定的な戦闘によって終わる可能性もあれば、両陣営がもう戦いはたくさんだと考え、交渉にいたる可能性もある。つまり、消耗戦は控えめな目標を掲げた威圧的な戦略に向いている。ただし、我慢比べになりかねない、いつになったら敵が消耗するのか事前に知るのは難しい、という危険性がともなう。

ヒュー・ストローンは、作戦レベルが「機動戦に関して、またしだいに『機動戦主義』に関しても自分たちに都合のよい語彙」のみで語られる「政治のおよばない領域」になっていることの危険性について、痛烈に警告した。「機動戦主義はほとんど形而上学的であり、その内向きな思考はその提唱者にしか意味をなさない」。[42]ストローンは、作戦レベルに固執した最初の人物をドイツの軍人エーリヒ・ルーデンドルフとみなした。第一次世界大戦以前のドイツ軍は、自分たちが属する軍事領域での問題に頑なに特化して取り組み、文民は議論の対象外としていた。そして、殲滅戦に勝てば、望んでいることは何でも政治的にかなえられる、という想定のもと、軍の行動がどのような政治的影響をもたらすのかについては概して無関心のようだった。ルーデンドルフは、ドイツの一九一八年の敗戦を、自軍の戦場での敗北のせいではなく、文民が「背後から一突き」したせいにしようとした。そして、社会のあらゆる資源を勝利のために投じなければならない、とする総力戦の提唱者となった。政治のために戦争をするのではなく、政治を戦争のために役立てるべきと説いたのだ。したがって、ルーデンドルフの戦略そのものに対する考え方はモルトケの延長線上にあり、第一次世界大戦中に自身が取り入れた作戦最重視の姿勢を反映していた。そして、その姿勢がドイツ敗戦につながったことを認めようとしなかった。このような考え方は、戦間期のドイツで革新的な戦略思考が生まれなかった主な原因となった。一九四〇年、ドイツは西ヨーロッパにおける電撃戦でまず勝利を収めたが、それは第二次世界大戦前のドクトリンではなく、シュリーフェン計画を形成した古い包囲戦のドクトリンに基づいていた。電撃戦がうまくいったのは、ドイツ軍の臨機応変な対応の成功とフランス軍最高司令部の失策が重なったからであった。フランスは、ドイツの脅威が勢いを増す前に、これに対抗する戦略的予備軍や戦術的エアパワーの使用に踏み切ろうとしなかった。

一九四〇年の勝利で電撃戦が戦争に勝つ手段だと確信したヒトラーは、ソ連攻撃の基盤として電撃戦を採用した。ここでもソ連の失策の後押しを受けて、ドイツは序盤戦で勝利したが、やがて攻撃は行き詰まった。対ソ戦に必要な経済的支援も行われなかった。電撃戦提唱者はこれをドクトリンの一つとたたえる一方で、ソ連東部での戦争にあまり関心を寄せなかった。作戦の失敗だけでなく、対ソ戦の方向性を決定づけた征服、略奪、民族支配という目的にも無頓着だった。[43]結局、ドイツは第二次世界大戦でも第一次世界大戦のときと同じ道をたどった。機動戦の勝利によって結果を出そうと試みながら、実際には消耗戦を戦っていたのだ。つまり電撃戦モデルには、第一次世界大戦の歴史的教訓をほとんど考慮していないという欠陥があった。

さらに、一九八〇年代初頭のNATOの中央戦線においては、機動戦の可能性が誇張されていた。迅速で意表をつく行動という言葉は魅力的だったが曖昧でもあり、大規模で扱いにくい現代の軍隊でどう実践できるのかを予想するのは難しかった。機動戦論は基本的に現実離れした懐古的な戦略観を反映しており、政治上、経済上の一般的な制約を度外視していた。また、ソ連のドクトリンとそれが機動戦に対して脆弱であるとの見方、そして機動戦を成功させる西側の能力に対する過信に、行き過ぎた影響を受けていた。[44]提唱された機動戦略は往々にして非現実的だった。無秩序に拡大した都市と入り組んだ道路・鉄道網といった地理的条件を有するヨーロッパにおいて、機動戦はリスクの高い選択肢であり、すぐれた諜報機能と効率的な指揮統制に多大な負荷を強いる。不完全な機動戦は絶対的な惨事をもたらし、背後を無防備にする恐れがある。しかも、新しい攻撃ドクトリンを設ければ、ヨーロッパのアメリカ同盟国は不安定化しかねない。とりわけドイツ連邦共和国は、自国領土を戦場に変えるような攻撃的戦略あるいは防御的戦略とみなされうるものとかかわることを警戒していた。地政学的背景に対する配慮の欠如は、(仮想戦争における才気ばしった機動戦の策定よりも同盟の団結が重視されるであろう）広義の戦略からかけ離れて作戦技術を考案することの問題を示している。

機動戦論者的なアプローチを支持しながらも、ルトワックは慎重になるべき理論的根拠を提示した。ルトワックは、最小予期線に従う必要があるという間接的アプローチをリデルハートから受け継いだ。わかりやすい道、つまり最も有利な地形を経て最短距離でたどり着ける道は、敵の態勢が最もよく整った道である。そして、最も複雑で通りにくい道こそが、敵をとらえるのに最適な道だ。残念ながら、間接的アプローチへの選好を知られてしまえば、敵は予期せぬ事態を警戒する。つまり、通る可能性がもっと低そうにみえる険しい道を見つけるか、敵が裏の裏をかき、もともと考えていた道だけは通らないと見込むと考えるか、どちらかを選ぶことになる。どの道を進むか判断すること自体が一種の奇襲である。奇襲なしに、通りにくい道を苦労して通ることは無意味であり、おそらく危険でもある。奇襲によって、「たとえ戦いが続くとしても、ほんの束の間で部分的にすぎなくても全体的な戦略上の苦境から一時的に逃れること」が可能になる。[45] 奇襲の利点は、敵がしばらくのあいだ反応できず、脆弱な状態になることだ。つまり、敵の意思決定サイクルを妨げるのである。

この論理が、非常に入り組んだパラドックスの連続につながらなかったのには実際的な理由があった。必要となる燃料や補給物資だけしか運べず、武器弾薬を置く場所がほとんどない、といった状況によって、行動は制限されうる。このような場合、最初の戦闘で並外れた成功を収めないかぎり、それ以上長く戦いを続ける余力はない。しかも、奇襲は隠蔽と欺瞞にかかっている。入念に計画した機動戦をしかけても、途中で見破られ、待ち伏せにあったのでは意味がない。したがって、間接的戦略とは「自らを弱体化させる手段」を内在させており、コストとリスクがともなう。さらに、クラウゼヴィッツがはっきりと特定した摩擦がこれらに加わりうる。摩擦とは、車両の故障、命令の取り違え、補給物資の誤配、季節外れの天候、通行不能地帯など、基本計画の円滑な実施を妨げるあらゆる障害の累積的影響だ。敵を摩擦にさらされやすい状態にすることは、戦略の一つの狙いとなる。敵に、直接的な道は守りが堅いと思い込ませ、間接的アプローチをとらざるをえなくしたうえで補給線を攻撃する、という手法を用いるのだ。

ルトワックはクラウゼヴィッツから引用した別のパラドックスにも触れている。それは、当初の戦略がうまくいけばいくほど、軍隊が本拠地からさらに離れて行動するために摩擦のリスクが大きくなる、というものだ。敵がその本拠地のより近くへ後退するにつれ、補給線は弱体化する。進攻する側がなじみのない領域へと入り込むのに対して、敵は新たな増援部隊を投入し、前面に出すことが可能になるからだ。勝利を得た軍は調子に乗って無理をし、失敗する傾向がある。そして、敵に対して最も優位な状態である「限界点」を越えてしまうと、優位性のバランスは変化しはじめる。秩序を失った敵軍は態勢を立て直すことができないため、攻撃する側はその優位性を生かすべきと考えられる。だがこうした状況は、勝負のつかない戦闘という問題を生み出す。完全な降伏を宣言しないかぎり、たとえ国が占領され、反乱軍という形になってでも、敵は態勢を立て直して戦闘に戻る道を探るだろう。このように戦略の最終的な成否は、奇襲がうまくいったかどうかで決まるものではない。結局のところ、奇襲の成否は戦術の問題である。戦略の成功は、望んでいた政治的な成果が得られるかどうかにかかっている。大事なのは、どのような形であれ、ある方式に固執すれば、敵が順応し、対応する機会を与えてしまうということだ。

最後に、これらすべての背景には、「曖昧さ、欺瞞、目新しさ、機動力、そして暴力あるいは暴力の威嚇」の組み合わせが、敵に混乱と無秩序をもたらすのに十分な驚きと衝撃を生み出す、という因果関係の前提がある。ジョン・ボイドは敵の精神的葛藤を生み出す方法について、以下のように説いた。

> **脅威**（自分の幸せや生存が脅かされるという印象）、**不透明感**（常軌を逸している、矛盾している、なじみがない、混沌としている、といった様子の事象から生じる印象あるいは雰囲気）、**不信感**（疑わしい雰囲気と、有機的組織のメンバー間あるいは有機的組織間での人の結びつきをばらばらにする疑念）を作り出し、利用し、増幅させる。

こうした手法の根拠には「非協調的な数多くの重心を生み出すために、恐怖心、不安感、疎外感を表面化させる」という考え方がある。[46]

士気と一体性の相対的な状況が違いを生み出すのは明らかであり、混乱した指揮官が自軍の崩壊をなすすべもなく眺める可能性もある。だがこのストーリーは、司令部が集団神経衰弱におちいる、組織だった軍隊が無秩序な群衆に化す、知的で自制心があるようにみえた個人が突然、暗闇でのたうちまわる無力な衆愚になり下がる、といった極端な変容を示す例で語られる。ボイドは、こうした負の効果に立ち向かえる「精神力」の構成要素として、「勇気と自信と機知」を挙げた。もし敵がまさにそのような精神力に恵まれていたなら、精神的な機能停止を引き起こすために創意工夫して編み出した物理的な効果は得られない。また個人や集団が示す反応はさまざまであり、なかには出来事が意味することを理解し、即座に順応できる者もいる。そうした反応は最適とはいえないかもしれないが、態勢を立て直し、新たな状況に対処するには十分である。

衝撃的な軍事行動（事前に警告を受けていたことではあったが）によって精神錯乱におちいった指揮官の例として有名なのが、一九四一年六月にドイツがソ連侵攻を開始し、急進したときのヨシフ・スターリンである。ソ連では数日にわたり、スターリンからの指示が途絶えた。スターリンが現状を受け入れられずに苦悶しているあいだ、前線の人々はそれぞれ最善を尽くして対処した。後退する者もいれば、果敢に戦闘へ身を投じる者もいた。やがてスターリンは立ち直ると、国民を鼓舞するメッセージを発し、戦闘指揮をとった。ソ連の国土と人口の規模を考えれば、ドイツにとっては速戦即決が必須であった。またヒトラーはスラブ民族の精神力をあなどっており、自軍が強く攻め込めば敵は崩壊すると信じていた。だが、ソ連征服につながるほどの精神的崩壊は実現せず、ドイツ軍は立ち往生し、やがて退却させられた。ソ連の指導部が落ち着きを取り戻すにつれて、最初のショックの効果は徐々に消えていった。

身体は心にコントロールされているため、身体を破壊するよりも精神の機能を混乱させるほうが好ましい、と論じることと、物理的な打撃で身体を崩壊させられるように精神的な打撃で精神を崩壊させられると想定することは、まったく別である。また、認知領域の重要性を認識することと、認知領域が直接的な操作の影響を受けやすいと想定することは、まったく別である。人間の精神は、たとえ極度のストレスにさらされた状態でも、拒絶、抵抗、回復、適応といった、すぐれた能力を発揮しうるのだ。

第16章　軍事における革命

軍事における革命は、戦場にある種の戦術的な明確さをもたらすかもしれないが、それには戦略的な曖昧さの喪失という代償がともなう。

――エリオット・コーエン

前章で論じた戦争に対する作戦的アプローチが、想定していたような状況において試されたことはなかった。一九八〇年代末にはソビエト共産主義体制の崩壊とワルシャワ条約機構の消滅が起き、ヨーロッパの中心で再び大国間の戦争が勃発する可能性はなくなった。やがてアメリカの軍部は、まったく別種の一連の問題に専念するようになった。著しい状況変化は作戦的アプローチに異を唱える格好の機会を生み出したようにもみえたが、むしろこのアプローチは一段と確立され、軍事における革命と呼ばれるようになった。

もはや極端に強大で能力の高い敵を恐れる必要はなかった。アメリカが新技術に力を注いできたことにより、想定されうるあらゆる敵とのあいだで質の格差が生じていた。一方で、作戦上のドクトリンにかかる重圧の高まりを背景に、敵に対処するためにすぐれたインテリジェンスと通信技術を利用することが可能になっていた。ほどなく新たな能力を見せつける機会が訪れた。一九九〇年八月、イラクが隣国クウェートを占領した。翌年初頭、アメリカ率いる多国籍軍がクウェートをイラクの支配から解放した。このときにいたるまで、センサーの精度向上やハイテク兵器、システム・インテグレーションの効果は立証されておらず、仮説の域を出なかった。懐疑派（そのなかにはエドワード・ルトワックもいた）は、概念上、最もすぐれたシステムが、独自の複雑性と軍の古典的な形の無能さのせいで対イラク戦争において真価を発揮できない可能性を警告した。(1) だが「砂漠の嵐」作戦でハイテク兵器はうまく機能した。約一〇〇〇キロメートル離れた場所から発射された巡航ミサイルはバグダッドの市街へと誘導され、目標建造物の正面玄関から突入して爆発した。

このきわめて一方的な戦争は、現代の軍事システムの潜在力を際立たせる形で見せつけた。イラクは自軍の規模の大きさを鼻にかけていたが、大半を構成していたのは武器も訓練も不十分な徴集兵だった。対する相手は、はるかにすぐれた火力を有し、十分な装備を整えた職業軍人からなる軍だった。それはまるで、親切にも敵の軍事力を最大限に目立たせるために自軍を配備したかのようだった。展開された戦闘計画は、制空権を失い、戦力の質も量も完全に劣っていている敵に対する場合の西側軍事慣行の基本原則に従っていた。暫定的な正面攻撃によってイラク軍は崩壊していた。ノーマン・シュワルツコフ将軍は、退却するイラク軍をとらえるための複雑な包囲機動をさらに強行したが、迅速に包囲殲滅することはできなかった。それでもアメリカは、殲滅戦の回避を意図して停戦を宣言した。この戦争を制限戦争にとどめる、またクウェートの解放という公然の目標の達成をイラク全土占領の試みまで無理に拡大させない、という断固たる決意がその背景にあった。外交的、軍事的に道理にかなった決断だったが、結果は決定的な勝利を支持する主張を裏づけるものだった。イラク大統領のサダム・フセインは生き残り、この戦争は中途半端な成果しかあげられなかったと評価されるにとどまったのだ。[2]

軍事における革命を象徴していたという点で、この湾岸戦争は将来の模範になったという見方を最初に示したのは、ランド研究所出身の大御所アンドリュー・マーシャルが率いる国防総省総合評価局（ONA）だったと考えられる。マーシャルは、崩壊の数年前からソ連で通常戦力の効果を新たなレベルに引き上げうる「軍事技術革命」をめぐる議論が交わされていたことを認識していた。そして、新たなシステムが単なる改善にとどまらず、戦争の性質を変えうると確信するにいたった。一九九一年の湾岸戦争のあと、マーシャルは配下のアナリストの一人、アンドリュー・F・クレピネビッチ陸軍中佐に、精密誘導兵器と新たな情報通信技術の融合がもたらす影響を分析するよう依頼した。クレピネビッチは、もはや問題ではなくなった北大西洋条約機構（NATO）とワルシャワ条約機構のあいだの軍事バランスについて研究していた人物である。[3]

一九九三年夏までに、マーシャルは戦争の変化について現実味のある二つの可能性を考えるようになっていた。一つは、長距離精密誘導兵器による攻撃が「主たる作戦アプローチ」になる可能性、もう一つは、「情報戦争とも呼ぶべきもの」が出現する可能性だった。[4]このころから、マーシャルは「軍事技術革命」ではなく「軍事における革命」(RMA：Revolution in Military Affairs)という用語を使うよう呼びかけはじめた。技術的な変化だけでなく、作戦上、組織上の変化の重要性をも強調するためだ。[5]クレピネビッチは一九九四年に発表した論文で、RMAを以下のように説明した。

［軍事革命は］かなりの数の軍事システムへの新技術の応用と、紛争の性質と遂行を根本的に変えるような革新的な作戦上の概念と組織的順応が組み合わさり……軍の戦闘能力と軍事的有効性の（往々にして桁違いの）劇的な向上をもたらすことによって起きる。[6]

RMAの起源はドクトリンにあったものの、その原動力となったのは、情報を収集、処理、伝達するシステムと、軍に応用されるシステムの相互作用から生まれる技術的要因と考えられた。いわゆる「システム・オブ・システムズ」(複数のシステムからなるシステム)が、この相互作用を円滑かつ継続的にした。[7]この概念は、とりわけ海軍に適合していた。空の場合と同じく海では、戦場には戦闘員しか存在しないと考えることができる。第二次世界大戦を振り返っても、航空戦と海戦は系統的な分析に左右されやすい傾向、つまり技術革新の影響が明確であることを示していた。

これに対して、より広範な要因の影響を受ける陸上戦は、常にもっと複雑で流動的だった。RMAは地上戦を変容させると期待されていた。はるか遠くの標的を正確に攻撃する能力は、時間と空間が深刻な制約でなくなりうることを意味した。敵の部隊と外部から交戦することができるのだ。自衛が必要な場合を除き、自前の火力をともなって行動する必要がなくなるため、軍隊は敏捷性と機動性を保てるようになる。一方で、必要な火力は外部に要請できる。遠隔操作の火力に頼れるようになり、自己完結的で身動きのとりにくい大規模師団への依存度と、それにともなって多くの死傷者が出る可能性は低下する。[8] 敵の指揮官がなおも自軍の資源の動員と計画の策定を試みようとしても、その試みは、もはや時間と空間が深刻な制約ではなくなった軍からの破滅的な攻撃によって容赦なく妨げられる。力ずくで敵軍を排除する方法から脱却した行動は、より迅速かつ巧みに動き、抵抗が無益になる状況へ敵の指揮官を追い込む、というボイドの方針に従うことで完結しうる。熱烈なRMA提唱者は、「戦争の霧」が払拭され、摩擦の問題も解消される、と宣言しかけていた。[9] 少なくとも戦争は、烈度の高い戦闘から、必要最低限の戦力で敵の軍事組織を機能不全にすることを目的とした、より抑制のきいた選別的なものに変わりうると考えられた。特定の政治的目標を達成するのに絶対に必要とされる水準を超えて、資源が浪費され、資産が破壊され、血が流されることはなくなるはずだとされた。

こうした考え方はみな、核戦争の破滅性にも、ベトナム型戦争の陰鬱で反乱的な性質にも汚されない、どちらかというと洗練された戦争の見通しを生み出した。それは職業軍人の軍隊によって行われるプロの戦争であり、アンドリュー・ベースビッチが指摘したように「何度も繰り返し再生される湾岸戦争」という展望だった。[10] このドクトリンの要点は、「衝撃と畏怖」という概念を打ち出した一九九六年のアメリカ国防大学の出版物にまとめられている。敵が反応する前に、できるかぎり迅速に敵を物理的、精神的に圧倒することに専念すべき、というのが基本的な主張である。「衝撃と畏怖」は、事態を認識、把握する敵の機能に過剰な負荷をかけ、麻痺させることを意味する。同書の著者たちは、この効果の極端な例として広島と長崎への原爆投下を挙げ、これを理論上の可能性から排除することはできないとの立場をとった。ただし、より強い関心は虚報、誤報、欺瞞の可能性に向けられていた。[11]

これらの考え方の影響は、一九九七年にアメリカ統合参謀本部が発表した「統合ビジョン二〇一〇」に表れた。同ビジョンで情報優位は、「間断なく流れる情報を収集、処理、流布しつつ、敵の同じ機能を逆用、あるいは妨害する能力」と、ほぼ戦闘の観点から定義された。[12]「卓越したセンサー、高速かつ強力なネットワーク、ディスプレー技術、洗練されたモデル化・シミュレーション能力」といった手段によって、情報優位は獲得しうる。部隊は「単純により多くの未加工データを収集する場合よりも、戦場を認識、把握する能力を劇的に向上」させることができる。これによって、数、技術、配置面での不備を補い、指揮命令プロセスを迅速化させることも可能となる。部隊は「指揮官の意図に沿うよう、末端から（あるいは自己同期するために）」組織化し、「敵のとる行動を阻止し、密接に連関する事象による衝撃をもたらす」ことができる。敵には、いまや有名となったボイドのOODAループを実行する時間的余裕はない。アーサー・セブロウスキーとジョン・ガルストカは、ビジネスへの情報技術の応用で経済が効率化するのと同じように、「ネットワーク中心の戦い」という形態によって戦闘を効率化できると説いた[13]。プラットフォーム中心の戦いからネットワーク中心の戦いへの移行が論じられるなかで、国防総省はこの定式化をおおむね支持し（ガルストカはその起案者の一人だった）、戦争には、物理領域、情報領域のほかに認知領域があると認識した。

［認知領域とは］戦闘員と戦闘員が支援する大衆の精神である。多くの戦闘と戦争は認知領域で勝負が決まる。統率力、士気、部隊の団結、訓練と経験の水準、状況認識、世論といった無形物がこの領域の要素であり、指揮官の意図、ドクトリン、戦術、技術、手段がこの領域に属する[14]。

この戦争形態はアメリカに合っていた。労働集約型というよりも資本集約型といえる、敵の裏をかくことへの選好を反映している、しかける側と受け止める側双方の過剰な犠牲を回避できる、ほとんど苦もなく優位性を築けるという雰囲気を伝える、といった点で、アメリカの強みを生かせるとみられたためだ。かなり虫のよい見方だが、まったく的外れでもなかった。情報通信技術は軍事慣行を否応なしに変えるからだ。ただし、RMAの構想では、アメリカの優位性が同技術の高度化だけでなく、意のままに使える火力（とりわけ空中投下兵器）の純粋な量にも依存している点を過小に評価していた。また、特定の種類の戦争におけるアメリカの軍事力の歴然たる優位性は、他の国に別の方法で戦うことを促すと考えられるが、そうした軍事力は敵の野心を抑制する働きもする。とりわけ一九九一年の湾岸戦争でその実力を見せつけられたあと、アメリカと通常戦争を行うことは愚かな行為だとみなされるようになっていた。このため、かつて相互確証破壊の見通しから核戦争が現実的な政策上の選択肢ではなくなったときのように、通常戦争でアメリカの優位性に対抗する可能性は排除された。

それでもRMAの体裁は、アメリカが望むタイプの戦争に対する政治的選好によって整えられた。甚大な被害発生のリスク、あるいはベトナム型の戦争のリスクを低下させたいという願いと、戦争において民間人と軍人との区別、および比例性〔訳注：敵の武力攻撃と比例した形の武力〕を重んじる西側の倫理的伝統とがうまくかみ合う形に設計されたのだ。高性能兵器によって数の相対的重要性が低下し、きわめて能力の高い兵員が重視されるようになったため、職業軍人による通常戦力が前提とされた。犠牲者と巻き添え被害を出すことを認めない姿勢は、罪のない民間人ではなく軍事的アセットをターゲットとすることを意味していた。また大量破壊兵器の使用も除外された。軍人は民間人から、戦闘員は非戦闘員から、戦火は社会から、組織的な暴力は日常生活から隔絶される。敵は大量殺戮によってではなく、混乱と前後不覚によって敗北する。自らのOODAループから抜け出すことがまったくできなくなるからだ。もしこのような流れを十分に押し進めることができれば、そのうち、きわめて精度の高い長射程兵器を使用し、リスクを負う人間を可能なかぎり少なく（なるべくならゼロに）した楽な戦争を思い描くことも可能になる。目的は、みるからに「会戦」といった形の戦闘を減らすことであった。一方的で、認知の混乱を引き起こすことに狙いを絞るのが理想の戦い方だった。真の革命には程遠かったが、RMAは、国家（実際には文明全体）の命運を決める決定的な軍事的勝利、という以前の理想型を思い起こさせた。ただし、そこには、史上最大の軍事大国であれば、いまや実質的に痛みをともなわずに決定的な勝利を達成できる、という違いがあった。

将来の戦争に関するこの見方には、非現実性があった。問題となっている利益と敵の人間性とのあいだのバランス感覚を維持できるのは、恐怖心や絶望、復讐心、怒りと無縁な状態の政治的主体だからだ。そうした紛争と暴力の源に対する超然たる姿勢は、当事者そのものというよりも利害関係のある傍観者としての態度といえた。戦争特有の性質、そして暴力と破壊へ向かいやすい性質は、ないがしろにされた。確実かつ容易な勝利が見込まれる紛争にのみ用いられるのであれば、それは軍事における革命とは到底いえない。一九九一年の湾岸戦争はこの見方の正当性を示したが、サダム・フセインが軍事バランスの実態について無知だったことに助けられた面があった。この点で、こうした正当性の主張は、むしろ自ずと反論を生み出した。一流国家の攻撃に対して二流の通常兵力が脆弱であることが証明されたため、将来の敵はアメリカとの戦争を起こすにあたって、より慎重にならざるをえない。一九九一年以降、誰がそのような戦争を行うのかは不透明になった。アメリカの軍事関連の文献では、同国と同等の軍事力をもつ「同格の競争相手」という言葉が使われたが、具体的にどの国を示しうるのかは不明瞭だった。また、そのような形で行われる戦争では、交戦国は同等の軍事力だけでなく、共通の道徳的、政治的観念を有していなければならない。RMAはアメリカの強みに適した形で作られたモデルであり、だからこそ、性急で多大な犠牲を出すことに耐えられないというアメリカの弱みに乗じようとする敵国が、それにならう公算は小さかった。敵は人々のあいだで不均衡感が生じるのを促し、多国籍連合を揺さぶる狙いで、損害を与える手法に傾くであろう。

精密戦は損害の限定化だけでなく、極大化をも可能にした。精度の向上により、原子力発電所や病院、集合住宅への攻撃を回避できるようになった一方で、ターゲットを直撃することも可能になった。アメリカのモデルにおいても、エネルギーや運輸関連など、軍用と民生双方の目的で使われている施設が必ず存在していた。軍事目的の一環としてそうした施設をターゲットとすれば、やはり民間人の生活に混乱をきたす。別の観点からみると、新技術は民間分野と軍事分野のあいだで徐々に重複が進むのを促す。高度な監視、情報、通信、ナビゲーション技術は消費者用機器の形で広く使われるようになり、予算の限られた未熟な小さな組織でも利用できるようになった。さらに、核兵器と長距離ミサイル（これが登場した当時、やはり「軍事における革命」といわれた）は、破壊の手段と潜在的な応用範囲を広げた。対ミサイル防御の向上などを通じてこれらの兵器の効力を低下させる試みも、めざましい成果はあげていなかった。一個の核爆弾によって何十万人もの命を破壊する力は消滅したわけではなかったのだ。

非対称戦争

追いつめられ、通常戦争での敗北に直面した国は、敵の社会を攻撃することが唯一残された選択肢だと考えかねない。軍事力はそれ自体の効力によって制限されると信じる者にとって、二〇世紀の戦争の歴史が大きな失望材料であったのはそのためだ。力で劣る国が強い相手に対して講じることのできる手段はいくつもあった。戦闘に勝つことではなく苦痛を与えることに専念する、戦いを終結させようとするのではなく時間を稼ぐ、敵の前線の軍事力だけでなく国内政治基盤もターゲットにする、甚大な損耗や利権の縮小を受け入れてまで紛争解決を実現したくはないという敵の気持ちを頼みとする、などだ。つまり、軍事力で勝る側は当然のように戦場での決定的な勝利を好むが、劣る側は公然たる戦闘を避けつつ、民間分野を紛争に引きずり込もうとしがちである。

アメリカの通常軍事力に対抗できない国（ほとんどすべての国）にとって最適の戦略は、紛争を「非対称戦争」と呼ばれるようになったものに変える試みだ。この概念は、ベトナムでの経験を背景に一九七〇年代あたりから存在していたが[15]、同等ではない軍事力のあいだでのあらゆる戦闘を示す言葉として、一九九〇年代半ばに再び使われるようになった。すべての紛争は、軍の構造やドクトリンだけでなく、地理的条件や同盟関係など、何かしらの面で異なる軍事力をもつ国のあいだで発生する。戦略には、特別なチャンスや脆弱性を生み出すこうした違いを特定する側面が必ずあった。比較的釣り合いのとれた状態で始まった紛争でも、確実に勝つために不可欠な強みとしてきわめて重要な非対称性を特定し、明示することが戦略の目的となる。核戦争の領域において相互確証破壊という形で対称性が機能したのは、それがある程度の安定性を生み出したからにほかならない。通常戦争の領域では、対称的な軍事力は相互消耗を招く原因になりかねなかった。

この種の多くの概念と同様に、非対称の定義は一貫性がないまま広範囲におよんだ結果、意味をなさなくなった。アメリカの一九九九年の「統合戦略見通し」では、非対称アプローチは「アメリカが予期する作戦手法とは著しく異なる手法を使ってアメリカの弱みに乗じつつ、アメリカの強みを回避あるいは弱体化する」試みと定義された。こうしたアプローチは「戦略面、作戦面、戦術面といったあらゆるレベル、あらゆる軍事作戦の領域で」適用可能とみなされた。この定義によって、非対称アプローチはアメリカと戦うためのあらゆる妥当な戦略と同義になり、なんの特異性もなくなってしまった。[16] 非対称戦争とは本来、両陣営がまったく異なる種類の戦争を行おうとしている状況にかかわるもので、とりわけ正規戦争をやり遂げようとするアメリカに対して、敵国が大量破壊兵器を用いた戦争へとエスカレートさせるか、非正規戦争の形態を採用するか、どちらかの道を選ぶ場合に当てはまる。

最も大きな危険をともなうのは敵が大量破壊兵器を保有している場合だが、最も可能性が高いのは非正規戦争に引きずり込まれるシナリオだった。ベトナム戦争以来、アメリカ軍は非正規戦争への備えを強化するよりも、泥沼化しそうな紛争を避けるのが最良という見方を採用してきた。こうした傾向は、ベトナム戦争に関する最も有名な説が陸軍の関係者から出てきたことで促進された。陸軍大学校の教員ハリー・サマーズは、アメリカが反乱鎮圧に注力したせいで本質的な通常戦争としてのベトナム戦争の性格に気づかなかったことを説明するのに、クラウゼヴィッツを引き合いに出した。サマーズの主張は、一九七五年の南ベトナムに対する北ベトナム軍の最後の勝利からさかのぼった分析に基づいていた。通常戦争での勝利の可能性は常に北ベトナムの戦略に内在していたが、だからといって、それに先立つ南ベトナムでの反乱が無意味だったわけではない。一九六〇年代の反乱鎮圧に深くかかわったある人物は、サマーズの著書の書評で、問題はアメリカ陸軍が敵の「主力」をないがしろにしたことではなく、ゲリラ戦争で求められるものについても熟慮していなかった点にあったと反論した。[17]

ベトナム型の戦争に対する根強い抵抗は、アメリカ軍が対象とする戦争、いわゆる「大規模な戦闘作戦」と、「戦争以外の作戦」を区別する考え方に反映された。後者には、はるかに優先度の低い示威行動、平和執行や平和維持を目的とした作戦、テロ対策、反乱鎮圧が含まれた[18]。非正規戦争に対する慎重な姿勢は、それに対処するためのドクトリンと訓練体制の構築に消極的であることを意味した。大規模な通常戦争に最適化された軍事力は、どうしても必要となった場合に、その他のあまり厳しくないとされる任務を成し遂げることも可能とみなされていた。一九九〇年代によくみられるようになった比較的小規模な紛争は、副次的、副産物的な事態として事実上、無視された。それらはアメリカの最も死活的な国益とまったく関係のない些細な政治的活動に関与させるものであり、軍を束縛し、危険な戦闘に巻き込む傾向があるという点で、武力を用いるには不適切とみなされた[19]。

二〇〇一年九月一一日、アメリカは予期せぬ異例の攻撃を受け、それは非対称の概念を極端に変えることになった。世界有数の貧困地域に本拠を置くイスラム急進派の小集団が立てた低予算の計画が、アメリカの経済力、軍事力、政治力の象徴をターゲットとして実施されたのだ。航空機二機がニューヨーク世界貿易センターのツインタワーに、一機がワシントンの国防総省本庁舎（ペンタゴン）に突撃した。また別の一機がホワイトハウスか連邦議事堂に突入していたはずだったが、乗客が起こした行動によって墜落した。これらがイスラム過激派組織アルカイダの犯行だと特定されるのに、時間はかからなかった。アフガニスタンに拠点を置くアルカイダは、同国のタリバン政権内にいるイデオロギー同調者に保護されていた。

アメリカ政府は「対テロ戦争」を宣言し、タリバン政権の転覆とアルカイダの粉砕を目的とした軍事行動を開始するという反応をみせた。アルカイダがアルカイダ式の方法で挑発したのに対し、アメリカはアメリカ式の対応をしたのだ。タリバン政権は、アフガニスタンの反タリバン派（北部同盟）を味方につけることができたアメリカとの準正規戦争に敗れて崩壊した。北部同盟が歩兵部隊を動員する一方、アメリカは通信技術や航空戦力を投入し、また時として敵側の諸派閥に寝返りを促す買収工作も行った。こうした経緯を踏まえ、ジョージ・W・ブッシュ大統領は、この軍事行動が「革新的なドクトリンとハイテク兵器で非通常紛争を有利に進め、そして支配することができる」と証明したと結論づけた。それは、指揮官が「戦場の全体像をリアルタイムでとらえ」、「センサーから得たターゲットの情報をほぼ瞬時に射手に送ることができる」情報時代の戦争の勝利であった。このとき、空爆のターゲットを特定するために馬で現地を移動していたアメリカ特殊部隊の現実離れした姿が映像として残っている。ブッシュ大統領は、この紛争が「一〇年分の有識者会議やシンクタンクのシンポジウムよりも、アメリカ軍の未来に関する多くのことを教えてくれた」と主張し[20]、このアプローチが二〇〇一年末のアフガニスタンの特殊な状況に限らず、より広い範囲で適用されることを示唆した。そして、こうした認識を反映して次の行動がとられた。アメリカは、イスラム急進派の活動に対処するための計画を練るのではなく、イラクのサダム・フセイン政権を打倒する軍事行動に着手した。フセイン政権が大量破壊兵器を保有しており、アメリカにより深刻な損害を与えることを望むテロリスト集団への供給源になりうるのではないか、という疑念がその理由だった。フセイン政権はほどなく崩壊し、アメリカはまたもや通常軍事力における揺るぎない優位性を見せつけた。

アフガニスタンとイラクでの軍事行動は、いずれも決定的にみえた。アメリカの軍事力に圧倒され、敵対的な政権がすぐに崩壊したからだ。ただし、どちらの場合においても、政権崩壊は問題解決につながらなかった。ドナルド・ラムズフェルド国防長官は、それまで慎重と考えられていた規模よりもはるかに小さい戦力で戦争を行い、勝利できることを訴えようとしていた。[21]たしかにそれは証明されたが、あくまでもほとんど抵抗できない敵を相手にした場合の話だった。アメリカ軍が反乱への対処に悪戦苦闘すると、人員不足はやがて無分別とみなされた。イラクが秘密裏に大量破壊兵器を開発している、という侵攻を正当化する政治的主張が誤りだとわかると、イラク旧政権から新政権への移行はなおさら混迷した。これは、イラクの民主主義への移行を手助けするという新たな理由づけの作成を促したが、人員不足からアメリカ主導の多国籍軍が治安の悪化を防げなかったことで、この課題は一段と厳しいものになった。最も激しい抵抗を示したのは、旧政権上層部の主要人物が輩出していた国内少数派のスンニ派だった。スンニ派は、イラク占領によって屈辱感を味わった人々、そして自らの権力の喪失を恐れる人々の支持を得ており、その数は解体された軍の元兵士と多くの若年失業者で膨れ上がっていた。なかには「旧政権分子」や、ヨルダン出身のアブー・ムスアブ・アッ＝ザルカーウィーが率いる強力なアルカイダ系組織も含まれていた。アッ＝ザルカーウィーはアメリカ軍を追い出す目的で、国内多数派のシーア派との内戦をさかんにあおっていた。シーア派は当然のようにイラク政権崩壊の恩恵を受けていたが、ムクタダー・アッ＝サドル率いる同派内の過激分子が、やはりアメリカに対して反抗的な態度をとっていた。苦もなく得られたかにみえた勝利のあとにアメリカ軍が直面したさまざまな闘争は、戦闘での勝利が必ずしも円滑な政治的移行につながらないことを示した。また、アメリカが正規戦争でどれほどの強さをみせたとしても、非正規戦争にはうまく対処できない点も明らかになった。

政策当局が絶えず試練にさらされ、現地の部隊が奇襲や路上爆弾の犠牲になるなかで、アメリカにはイラクでの存在感を薄めること、そして強引に力を見せつけることを迫る、相反する二つの圧力がかかった。多国籍軍はやがて軍事的に伸び切り、政治的信頼性も欠いた。治安の悪さが経済と社会の再建を妨げ、その遅れが治安の問題に拍車をかけた。三〇年にわたり反乱鎮圧をないがしろにしてきたアメリカ軍は苦戦した。町や村を移動し、力を見せつけて反乱分子を排除したものの、駐留するアメリカ兵の数が十分でなかったために、敵はすぐに戻ることができた。これは、現地住民にアメリカ軍に協力する気がなかったことを意味していた。現地の治安部隊を組織する試みもなされたが、民兵が潜入する事態もしばしば起きた。アメリカ兵は、交戦を避ける、挑発に乗らない、警戒する現地住民に手を差し伸べる方法を探る、といった訓練を受けていなかった。反乱分子を罪のない民間人と見分けるのは難しかったため、やがて誰に対しても懐疑的になり、それがお互いの疎外感を一段と強めた。どっちつかずの人々を味方に引き込むことよりも、敵を威圧することに、より多くの労力が費やされていた。二〇〇三年から二〇〇五年にかけての軍事行動に関するある分析は、その大半が「反乱分子を捕えようとする反乱行動対応型」で、「とりわけ住民のために安全な環境を生み出す目的での」行動はほとんどなかったことを示している。[22]こうしたアプローチは、「包囲・掃討」戦略は、領土を保持し、敵を殺すことを責務としていた。こうしたアプローチは、軍事的にどれほどの効果を生み出そうとも、政治的には悪影響しかもたらさなかった。

このような複雑な状況に直面したことで、アメリカ軍のなかで反乱鎮圧を再検討する動きが生じた。その中心にいたのは、非正規戦争との関連性を否定するために設けられた制度の障壁に不満を覚える将校たちだった。カンザス州フォート・レブンワースの諸兵科連合センターが発行するミリタリー・レビュー誌では、二〇〇四年以前の号で反乱鎮圧が取り上げられることはほとんどなかった。だが、やがて一号につき平均五つの記事でこの問題が論じられるようになった。[23]そしてT・E・ロレンスからダビッド・ガルラまで、ゲリラ戦の古典が再評価されはじめた。ジョン・ネイグルなど、過去の反乱鎮圧の実例に関する知識を有した将校は、そのイラクへの応用について助言を行うようになった。[24]オーストラリア軍将校でアメリカ軍に出向していたデイビッド・キルカレンは、アルカイダやそれと同様の考えをもつ集団による国境を越えた国際的な反乱形態確立の試みを取り入れることで、時代を超えて通用する反乱鎮圧の教訓を新たに書き換え、植民地独立後の反乱鎮圧を専門とする理論家の草分けの一人となった。キルカレンは、いかに普通の人々が、過激派のイデオロギーへの賛同からではなく、自国の出来事に干渉する他国への憤りから「偶発的なゲリラ」に変わるか、について検証した。アルカイダが国際的な反乱組織へと発展するのを防ぐには、対処可能な別個の小集団に分解する必要があった。そして、情報環境においてアルカイダが成功するのを妨げるには、物理的環境と同じぐらい情報環境が重要であることを鎮圧する側が認識しなければならなかった。[25]

新たな反乱鎮圧活動のリーダーとなったのは、デイビッド・ペトレイアス陸軍大将だった。ペトレイアスは、アメリカが備えのできていない戦争に巻き込まれたために問題が生じたと論じ、この問題には軍事的技能の領域にとどまらない、政治的な側面があると強調した。「反乱鎮圧戦略には、何はさておき、反乱分子への賛同を減らし、どのようなイデオロギーを信奉していようとその魅力を損なわせるための政治環境を確立する取り組みをも含める必要がある」[26]。二〇〇七年初頭、イラクは今にも内戦に突入しそうな状況になり、アメリカもなすがままに任せようとしているかにみえた。だがブッシュ大統領は、最後の一押しをする決断をした。ペトレイアスは、「サージ（増派）」として知られるようになった作戦の責任者に指名された。ただし、これは新しい戦略というよりも、数の重要性を誇張する呼び名であった[27]。同年のうちに明らかな状況改善の兆しが現れた。イラクを自由民主主義の国にする、という当初のアメリカの大望は果たせずとも、内戦勃発の圧力を和らげたという意味で、これがイラク紛争における転換点とみられるようになった。

兵力増強とそのために用いられた情報は重要な役割を果たしたものの、状況改善の主な要因となったのはこれらではなく、イラク人が内戦の論理に背を向けたこと、とりわけスンニ派がアルカイダの残虐性に強く反発したことだった。シーア派拠点に対する攻撃の回数が少なくなるにつれて、スンニ派に対する報復攻撃の口実も減った。こうした流れを後押しするためにアメリカの軍事力を使うには、その能力があろうとなかろうと、治安維持の責任をできるかぎり早くイラク政府にただ戻すのではなく、イラクの政治に対してより繊細なアプローチをとる必要があった。これは、アメリカがイラク政治に異を唱えるのではなく、順応していくことを意味していた。

第四世代の戦争へ

二〇〇〇年代の経験は一つの潮流だったのか、それとも繰り返される見込みの薄い特殊な状況にすぎなかったのか。前者の見方をする者には、それを国際テロリズムに容易に適用することができるという、それなりに信頼性のある理論的枠組みがあった。この枠組みは「第四世代戦争」という大まかな分類で語られるようになった。ＲＭＡと同様に、この枠組みはＯＯＤＡ

ループと機動戦を起源としていたが、正規戦争から一線を画すという大きな方向転換があった[28]。第四世代戦争という概念の起源は、ジョン・ボイドの信奉者で精力的な改革論者であるウィリアム・リンドを中心とするグループが発表した論文にある[29]。この枠組みによると、第一〜第三世代の戦争は、お互いの出方に対応する形で発展してきた（第一世代は横隊と縦隊、第二世代は大規模火力、第三世代は電撃戦）。第四世代は精神・認知領域で始まった。これらの領域では、物理的に強力な主体でさえも衝撃、前後不覚、そして自信と一貫性の喪失の犠牲になりうる。この原則はやがて社会全体に適用された。第四世代戦争では、共通の規範や価値観、経済運営、制度構造など、社会的一体性の源への攻撃が行われる。これは人為的な作戦レベルから、大戦略の形態への上下逆転した移行を示しており、敵のイデオロギーや生活様式、そして必ずしも戦闘をともなわない紛争の形態が問題となる。

大惨事をもたらす大国の衝突が過去のものになったとみられるなかで、新たな戦争はみな弱小国のなかや周辺で生じるという考え方は根強く残っていた。内戦に苦しむ諸国にかかわる国際企業の数は増大しているようにみえた[30]。ただし、そうした紛争への西側大国の関与は、一任されたものとみなされ（しばしば「選択の戦争」という表現が使われた）、人道的な見地から苦痛を和らげるために行われた。このような紛争への関与は、経済再建や国家樹立といった軍事作戦以外の問題を提起したが、それらは第四世代戦争の理論にぴったりと当てはまるものではなかった。むしろ、より熱烈な第四世代戦争の理論家にとっては注意をそらす邪魔な存在であった。

ＲＭＡは第四世代戦争と同じ起源をもっていたものの、正規戦争の一つの形態だけを示していた。そして、アメリカ向きの形態の戦争であったため、実際に行われる公算は小さかった。一方、第四世代戦争はその他のほとんどすべての戦争を示す概念で、そのために理論の著しい多様化が起きた。リンドとのかかわりが最も深い一派は、制約のない移民と多文化主義の結果、アメリカの国民性が徐々に浸食された点を重視していた。リンドは、これを社会的な潮流の反映ではなく、「文化的マルクス主義者」の意図的な計画の結果によるものだと論じた。文化面でのダメージは敵の意図的かつ敵対的な行動の産物と考えられる。その敵を後押ししているのは、無邪気で誤った考えをもつ国内の分子であって、より広範囲におよぶ社会的潮流や経済的な必要性ではない、と説いたのだ。アメリカ海兵隊大佐のトーマス・Ｘ・ハメスとかかわりの深い別の一派は、非正規戦争、とりわけ二〇〇〇年代に大きな苦悩をアメリカにもたらしたテロと反乱に重点を置き、より強い影響力をもった[31]。

第四世代戦争に関する著作には五つの中心的論旨があった。一つめは、どこで戦争の勝負が決まるかという点で、精神・認知領域を重視するボイドの見方を受け継いでいる。二つめは、国防総省がハイテクを駆使した短期戦争に的を絞るという過ちを犯したとの確信である。三つめは、グローバル化とネットワーク化の流れが、従来の戦争と平和、民間と軍事、秩序と混沌の境界を不鮮明にしたという見方だ。戦争は時間や空間の面で制限することができない。第四世代戦争は「人間の活動の領域」で起きるものであり、「(技術的というよりは) 政治的、社会的なネットワークで結ばれ、長期化する」。四つめは、敵を発見し、識別するのは容易ではない、という考え方だ。かつてボイドの同僚だったチャック・スピニーは、第四世代戦争の当事者について以下のように論じた。

通常攻撃に対して脆弱な重要ターゲットは、あったとしても非常に少なく、その信奉者たちはたいてい自分たちの大義のために進んで戦い、死のうとする傾向がはるかに強い。制服を身に着けていることはほとんどなく、一般の人々と見分けるのが難しい場合もある。常識にとらわれる傾向ははるかに弱く、自分たちの目的を達成するために、新たに革新的な手段を見いだす可能性は高い。(32)

五つめは、こうした紛争が精神・認知領域で起きることから、あらゆる軍事行動はコミュニケーションの一形態とみなされなければならない、という点だ。リンドは最初に発表した論文で、「心理的作戦はメディア・情報介入の形態において、作戦上、戦略上の有力な武器となりうる」と説いている。(33)

第四世代戦争は一貫性のある理論とはなりえず、やがて消えた。多種多様な説が入り乱れていただけでなく、土台とする歴史的構図の認識に問題があったからだ。戦争が正規戦だけで成り立っていたためしはなく、第一〜第三世代の戦争では、その中心に正規戦が位置していたと考えるべきであった。さらに、T・E・ロレンスや毛沢東など、非正規戦の達人でさえも、正規軍だけが国家権力を掌握できることを認めていた。テロや反乱など、非正規戦に頼る集団が数多く登場したかもしれないが、それらの集団は自分たちの非力さゆえにそうした形態をとっていたのであり、現代社会における新たな技術や社会・経済的構造の影響が特殊な要因として働いたわけではないだろう。物事が好ましくない方向に進む原因を一つのことに求める風潮もみられた。

同様にラルフ・ピーターズは、西側の軍隊は「戦士」と相対する準備をしなければならないと説いた。ピーターズは、「社会秩序とのかかわりをもたず、暴力に慣れきった、日和見主義的で常軌を逸した粗野な輩」と、言葉を連ねて「戦士」の特徴を挙げた。そして、その戦争に対するアプローチを、ゲリラ戦の研究者にはなじみ深い表現で示した。戦士が正面切って戦うのは、圧倒的な優位性があるときだけだ。「そのかわりに、狙撃、待ち伏せ、欺き、裏切りといった手段を使い、自分たちにぎこちなく立ち向かう兵士を騙して現地住民や味方から遠ざけようとする。さもなければ、身を潜め、相手の組織だった軍隊よりも長く生き延びようとする」[34]。だが、この説は問題を誇張している。戦闘そのものを楽しむ者もなかにはいるかもしれないが、最も恐るべき戦士は、自分たちが大事にしている大義や生活様式のために戦うと考えられる。ゲリラ集団、民兵、市民軍の戦いぶりは、控えめにいってもまちまちであった。

情報オペレーション

非対称戦争に関する議論の重点は、「情報オペレーション」という不親切な名のついたものに置かれていた。不親切というのは、関連するがそれぞれ異なる一連の活動を意味していたからであり、情報の流れにかかわる場合もあれば、情報の内容にかかわる場合もあった。その潜在的な範囲はアメリカの公式文書によって示され、「アメリカと同盟国の情報優位」を獲得し、維持することが目的とされた。そのためには「われわれ自身の人的および自動化された意思決定を保護しつつ、敵のそうした意思決定に影響をおよぼし、それを混乱、破壊させ、侵害する」能力が必要だった。自動化された意思決定と人的意思決定の組み合わせは、心理的作戦と欺瞞だけでなく、電子戦とコンピューター・ネットワーク・オペレーションにも言及した点に反映された[35]。これらすべての背景には、二つの異なる考え方があった。一つは他者の認知に変化を起こすことにかかわる従来型の考え方であり、もう一つはデジタル化情報の影響にかかわる考え方だった。

情報が希少な資源であった時代には、燃料や食料など、他の重要資源と同じようにとらえることができた。質の高い情報を獲得し、保護することで、敵や競争相手に一歩先んじた立場を維持できるようになった。そのような情報には、知的所有権、極秘の金融データ、政府機関や民間企業の計画や能力などが含まれうる。こうして諜報機関の存在意義が生じた。クラウゼヴィッツは諜報の重要性を否定していたかもしれないが、敵が隠蔽しようとする情報を収集するための手段が発達するにつれ、諜報の価値は高まった。諜報活動はスパイによって始まり、それから暗号解読能力に頼るものとなった。電信が使われるようになると、それを傍受することによって敵の位置だけでなく、通信内容についても情報が得られるようになった。第二次世界大戦では、ドイツの暗号を解読することによって、連合軍が数多くの戦闘において重大な優位性を獲得した。やがて空、さらには宇宙からの撮影が可能になった。敵が軍事上のシステムや配置に関する重要な詳細情報を獲得するのを防ぐことは、しだいに難しくなっていった。

デジタル化が進み、情報の作成、伝達、収集、保存が容易になるにつれて、そして通信の即時化が進むにつれて、情報が希少ではなく、むしろ潤沢なために問題が生じるようになった。公然と、あるいは不法な手段でアクセスできる情報源は大量に存在した。部外者は、極秘情報の獲得、個人情報の盗用、資金の悪用などの目的のために、パスワードの解読やファイアウォールの突破を試みようとした。ウイルス、ワーム、トロイの木馬、論理爆弾（ロジックボム）など、デジタル的侵入という陰湿な形態を通じた情報の破壊、改竄（かいざん）の試みに対して、情報の整合性を維持することも課題となった。これらの試みは遠隔のサーバーから、はっきりとした目的もなく行われることが多いが、明らかに悪意からなされる場合もあった。こうした活動の大半は犯罪、詐欺行為だが、国が雇ったハッカーによって政府や企業の機密情報が大量にダウンロードされる、サイバー攻撃で政府のシステムがダウンする、謎のウイルスの影響が兵器開発計画におよぶ、ソフトウェアの損傷で軍装備品が正常に機能しなくなる、といった例もみられた。ソフトウェアの達人からなる軍隊が陰湿な電子手段を用いて、運輸、銀行、公衆衛生などの現代社会を支えるシステムを混乱させることが起こりえるのだろうか。

サイバー攻撃が不便さや苛立ち、場合によっては大きな変化をもたらしうることは明らかだった。軍事作戦中に攻撃が行われれば、防空システムが機能しなくなる、ミサイルがコース外にそれる、現場の指揮官に情報が届かなくなる、画面が真っ白になって上級司令官が混乱する、といった事態が生じかねない。データの素早い流れによって戦争の霧は払拭できると考えていた者にとっては、突然の激しい衝撃となりうる。敵の介入がなかったとしても、かつてのような情報の不足ではなく、過多であることによって情報をふるいにかけ、評価し、消化するのが困難になり、戦争の霧が発生する可能性がある。新しい情報環境が、情報コントロールへの期待や、ニュースの題材に影響をおよぼすための取り組みという点で、政府にとって問題をもたらしたのはたしかだった。一般の人々が携帯電話で画像を拡散することが可能になり、往々にして不正確で消化不良のニュースがソーシャル・ネットワーキング・サイト（SNS）で広まるようになるなかで、政府は依然として何が起きているのか解明し、対応を練ろうとしていたのだ。(36)

こうした流れは、一九九三年にジョン・アキーラとデイビッド・ロンフェルトが「サイバー戦争が到来する！」という論文で明確にした危機をもたらしたのだろうか[37]。二人は将来の戦争が知識を中心に展開すると主張し、軍事システム限定の「サイバー戦争」（ただし、この用語はその後、広い意味で使われるようになった）と、より社会的なレベルにおける「ネット戦争」を分類した。ここでも、新しい戦争の形態が生じるたびに繰り返されてきたように、それだけで勝敗は決するのか、という点が問題になった。これはスティーブン・メッツの言葉を借りると、「戦場に配備された軍隊を打ち破るという段階を経ずに、勝利を獲得」できるだけの打撃を「敵の国家基盤あるいは商業基盤」に与えるような「政治的に有効な方法」が見つかりうるか、という疑問になる[38]。

決定的なサイバー戦争の攻撃がありうるという推定は、攻撃する側が優勢に立ち、広範囲にわたり永続的で抑え込みようのない影響をおよぼすことを想定したものであった。企業や、より認知度の高い国防総省などの組織のネットワークがハッカーに攻撃される頻度の高さは、サイバー戦争の脅威の信憑性を強めた。ネットワーク内の最も脆弱なリンクを執拗に探査する高度な敵から、極秘情報を守り、管理することが優先課題となった。だが、効果的な攻撃を行うには、敵のネットワークへの侵入ポイントだけでなく、そのデジタルシステムの厳密な構成について相当量の情報を得る必要があった。匿名性が保たれる可能性と攻撃の意外性という魅力はあるものの、サイバー攻撃を検討する際には、警戒する相手に対して成功を収める確率や、実際に与えうる打撃、回復のスピード、そして報復の危険性（同種の手段とは限らない）に関する疑問が当然のように生じた。実際に打撃を受けた相手は、デジタル手段ではなく、物理的手段で報復攻撃してきてもおかしくない。トーマス・リッドは、サイバー戦争の問題は誇張で満たされつつあると警告した。「サイバー」攻撃はその意図と効果において非暴力的なものが大半であり、全体としても、代替的な手段より概して暴力性は低い。妨害工作、諜報、転覆活動といった古典的な活動の最新形態といえる。「サイバー戦争」は、新技術が生み出す現実的な問題への対処を妨げる「無益な比喩」だと、リッドは結論づけた。[39]

アキーラとロンフェルトは「ネット戦争」のことを「従来型の軍事的戦争にはいたっていない、顕在化しつつある社会レベルでの紛争（と犯罪）の様式で、参加者が情報時代に適合したネットワーク型の組織や、それに関連するドクトリン、戦略、技術を利用するもの」と表現した。過激派がしばしば模倣する、警察業務や軍事業務をつかさどる大規模で階層的な独立型の組織と異なり、ネット戦争の参加者は「分散型の組織、小集団、個人で構成される傾向が強く、しばしば中央からの指揮なしに、相互につながったネットワークを通じて連絡、協調し、作戦を実施する」。[40]テロリストや反乱者、そして非暴力的なラディカル・グループでさえも、正面攻撃や階層的な指揮系統に頼らずに「群集する」ことができる。つまり、携帯電話やウェブでつながったネットワークにおける多様な手法を用いて、複数の小集団がさまざまに異なる方向から行動を起こすことが可能である。現実面では、経済や社会的一体性を脅かすのではなく、政治的あるいは文化的主張を行う「ハクティビズム」という手法によって、より目立ちやすいマニフェストの表明が行われた。たとえ断固たる態度の敵が大々的な攻撃をしかけようとしていたとしても、「大量破壊」ではなく「大量混乱」という、恐怖と崩壊よりも不便さと前後不覚の混迷が際立つ結果が生じる公算が大きかった。[41]

二〇一一年の「アラブの春」が始まったころのフェイスブックやツイッターなどのソーシャル・ネットワーキングの利用は、いかに群集行動が、急拡大する世論への対処方法に関する不安感を政府に与えつづけうるかを示した。こうした戦術は、情報時代前に根づいた原則を踏襲していた。とりわけ初期段階におけるラディカル・グループは、個人同士の緩やかな結びつきに基づいている場合が多かった。こうした集団は、政府当局の目を避けるため、お互いのあいだでの連絡や指揮の共通化を必要最小限にとどめ、半ば独立した形で活動したほうが安全と考えた。インターネットをはじめとするデジタル化された通信手法により、連絡を取り合うのが容易になったのはたしかだが、電話や電子メッセージが追跡されることで機密がもれる状況が数多く存在するため、これらの集団はあまりにも公然と、あるいは具体的に連絡を取ることをなおも躊躇していた。さらに、ラディカルのネットワークを築くには、根本的な社会的一体性か、多様な個人を団結させるための明確な運動目的への執着が必要だった。成功するには、それぞれが個別に行動する形から脱却して動かなければならなかった。そのためには、激しい攻撃を行うのに十分な戦力を動員し、指揮することのできる統率力が求められた。権威をもった意思決定が行われないなかで、敵を苦しめる厄介な存在にとどまらずに、支配を確立するまで行動を進めるのは容易ではなかった。二〇一一年から二〇一三年にかけてのアラブの反乱が示したように、深刻な対立に直面した政権は自らのソーシャル・ネットワーキングを用いてではなく、抑圧と武力によって対応する。そして最終的には、武装蜂起の可能性と、政権を守る軍の態勢がきわめて重要な要素となった。

当初は、通常の軍事作戦の支援、意思決定の迅速化、より精確な物理的効果の確保において情報の流れが果たす役割が重視された。やがて二〇〇〇年代の非正規戦争によって、より従来型の情報戦に重点が移り、アメリカはそうした紛争や自分たちの利害関係、行動に関する認識の面で、粗野に思われた敵よりも不利に立たされたかのようにみえた。敵は物理的な力を欠いていたが、影響を受けやすいマインドに変化を起こす方法を心得ていたようだった。物理的な環境における優位性は、情報環境における優位性に転換できなければ、ほとんど価値をもたなかった。敵によって「選ばれた戦場」で戦うことになったアメリカは、敵を殲滅する決定的な戦闘の形ではなく、時間をかけて認識を形づくっていくことによって自国の勝利を思い描けるようになる必要に迫られた。[42] 問題はデータの流れよりも、人々の考え方にあった。

イラクとアフガニスタンにおける反乱鎮圧の苦戦をきっかけに、個人や広範におよぶ社会集団が特定の世界観にとらわれることを許容する、直観的で根強い思考パターンが、ほぼポストモダン主義的な形で受け入れられるようになった。ロバート・スケールズ陸軍少将は、イスラム諸国の軍の西洋式の通常戦闘における敗北と、非通常戦争における圧倒的な勝利との対照性について説明しようとして、「文化中心の戦い」という概念を生み出した。[43]「忍耐と死ぬ覚悟を身につけ、狡猾さ、言い逃れ、テロを用いる」敵に対して、「精確さやスピード、データ送信量の微々たる向上」の実現のために行き過ぎた労力が費やされる一方、「それと同時進行で認知や文化認識に基づく変革」を促す努力はほとんどなされなかった、とスケールズは論じた。戦争に勝つには、「同盟を結び、軍事面以外の優位性を生かし、他者の意図を読み、信頼関係を築き、世論を変化させ、認識をコントロールするといった、人々とその文化、動機を理解する並外れた能力を必要とする任務」が求められる。「口頭と路地裏を行きかう伝令」を通じて連絡を取り合い、「ネットワークや高度な技術的融合など必要ない」単純な武器で戦う「分散した敵」が相手になる、とスケールズは説いた。

文化的要素に対する認識の高まりを反映する動きとしては、軍事作戦とイラク社会とのあいだの相互作用を考慮するために、国防総省が文化人類学者のモンゴメリー・マックフェイトを雇ったことが挙げられる。マックフェイトはそれまでの過ちの一つとして、確立された文民の権力構造が崩れた状況での部族の忠誠の役割や、公の情報よりも大きい喫茶店でのうわさ話の重要性、手振りなどの些細なものの意味を認めてこなかったことを指摘した。[44]他者の世界観に影響をおよぼす力の重要性に対する認識の高まりは、容赦も見境もない軍事作戦によって政治的に失われるものに関する警告のなかで、「ハートとマインド」という表現が頻出するようになった点に表れた。この表現は、善行と気配りを通じて、治安部隊が住民の真の味方だと人々を納得させる必要がある場合に、必ず使われるようになった。それは、過激派を人員、情報、食料、武器弾薬、避難所など、その支持の源となりうるものから引き離す、より広義の戦略の一環として行われた。これに対しては、「愛されるよりも畏敬されるほうがよい」というマキャベリの思想を用いた反論がなされた。敵は物理的な力に恐れをなし、士気を失いうるが、歩み寄られると逆に勢いづく可能性がある、という主張だ。

それよりも問題は、「ハートとマインド」の概念に対する安直すぎるアプローチにあった。ほかの文脈においては、「ハート」と「マインド」は、強い感情と冷静な計算、価値観と象徴に訴えかけるものと知性に訴えかけるもの、というように相反する概念である。このことは、一七七六年に独立を宣言したアメリカに対するなかで、同じような問題に直面したイギリス軍少将ヘンリー・クリントン卿が用いた言葉にも表れている。クリントンは、イギリスは「アメリカ人のハートをつかみ、マインドを支配する」必要がある、と論じた。[45] 実際には、反乱とテロ両方への対抗に関する議論において、武力行使に反対する者たちが、モノやサービスを提供すれば絶望した人々の支持が得られるとでもいうかのように、マインドを支配するよりもハートをつかむことを訴える傾向がみられた。

問題は三つあった。第一に、現地の政治的忠誠は、前述したように現地の権力構造に依存しているのであり、いかなる手段もそうした権力構造におよぼす影響という観点から評価する必要があった。第二に、道路の修復や学校建設、電力と公衆衛生の確保に利点があったのはたしかだが、治安がきわめて悪く、外国兵と現地住民が密接に交流し、相互に信頼を育むことができない状況では、こうした取り組みははかどらなかった。このような方針は状況の悪化を防ぐ働きをしたかもしれないが、ひとたび失われたものを取り戻す助けにはなりにくかった。よりマインドに根ざしたアプローチを採用し、継続中の政治的・軍事的紛争で誰が勝利を収める可能性が大きいかという点や、さまざまな当事者の長期的な課題に関する問題に対処すれば、相互の信頼を確立しえたかもしれない。反乱者は、現地住民のなかで誰が信頼できるのか、何が真実で何が嘘なのか、誰が本当の味方で誰が味方のふりをしているのか、といった疑念を植えつけることができた。現地の支持を得るための心理戦を繰り広げるなかで、反乱者と反乱鎮圧者は、寛大さを見せつけると同時に自分たちが勝つ公算が大きいことを示すために、優しさだけでなく強さも印象づけたいと切望する可能性があった。戦略の認知的側面という点からみれば、これは善行によって気分がよくなる効果と同じぐらい重要である。両陣営とも、現地住民と現地指導者の実体験と、それを受け止める精神構造に依存することになった。第三に、こうした戦略は、ところ変われば文化も変わると単純に認識すること以上に、かなりの繊細さを必要とした。他者の世界観や、自民族中心主義を避ける必要性について、より敏感になるべきと考えるのはもっともなことだった。文化はそれ自体が意味をつかみにくい言葉であり、個人をひとまとめにし、否応なしにそれらの人々の行動を形づくるものという意味で使われる場合も多い。現実的な利益の絡む事項を表す言葉では説明できないもののほとんどが、その意味に含まれうる。したがって、他者の戦略文化を定義しようとすると、きわめて一貫性が高くて矛盾がなく、ほとんど変化しようがないものと考えてしまいがちだ。少なくとも学術研究者のあいだでは、こうしたアプローチがとられることはない。情報を読み取り、事象を見分ける手助けにはなるものの、きちんとした修正を受け、発展が求められる、ある程度受け入れられた考え方を参照する手法が実践されている。本書では、最終章で「スクリプト」という概念について論じる際に、こうした考え方についてあらためて触れる。[46] 文化的要因を過大視する見方に関して重要なのは、異質な態度や非協力的な行動は、現代的な影響を受けずに続いてきた古くからの生活様式を反映しており、どのような状況であっても顕在化する、という考えにつながりうることだった。

個人は暗黙の了解、あるいは当然のこととされうる（そして、部外者には通用しない）前提や規範、行動様式、相互理解の形態を共有する強固な文化に順応する、という見方への反論としては、コミュニティが新たな働きかけや課題に直面している動的な状況において、文化が発展、順応し、それによって人々が結びつく効果が弱まる可能性が指摘された。パトリック・ポーターは、復古派のイスラム教理学者や戦士、文化の違いにあおられた反乱者たちに関する文献で、人々は「自らの意志で行動するのではなく、文化の命じるままに個人を超えた歴史の力に動かされているかのようであり、戦いの様式も先祖の慣習によって固定化された独特なものとなる」と論じた。実際には、人々は自分たちの文化のなかで、新種の武器や紛争形態について学んだり、それらに順応したりすることができる。憎悪の持続性や文化的象徴の喚起への言及は、すべての人は自分を西洋風に変えたがっていると考える者と同じぐらい有害な、根源的なものや異質なもののステレオタイプ化を促しかねない。人々が問題行動を起こすのは、それぞれに既に決まったやり方があるからだと説くことは、他者を見下しているというだけなく、介入軍の兵たちが敵対的な反応を誘発しかねない行動をとることを容認する行為だった。また、長引く紛争の当事者同士が影響をおよぼし合い、お互いに相手の考え、武器、戦術を流用するという事実を過小評価していた。[47] 支援すべき民衆に寄り添おうとする一方で、凶悪な敵に対処する方法を模索している士官たちは、説得力のあるストーリーの必要性を痛感していた。デイビッド・キルカレンは、反乱者の「有害な影響力」は「たった一つのナラティブ（物語）」の形で広まる、と論じた。それは、簡単に伝えられる単純で一貫したナラティブで、経験を体系化し、事象を理解するための枠組みを提供することができる。これに対抗するには、「反乱者が登場しない既存のナラティブ」、人々が自然と耳を傾けることのできるストーリーを利用するのが最良の策であろう、さもなければ新たなナラティブを作り出す必要がある、とキルカレンは説いた。[48] 複雑な構成の多国籍軍において、多様な聞き手を満足させられるナラティブを作り上げるのは容易ではなかった。あるイギリス人将校は、ナラティブの価値はなすべき行動を説明する手助けになる点だけでなく、「たとえば大使、軍の中隊指揮官、援助専門家、本国の首都で仕事をする政治家など、権限や機能のあらゆるレベルにわたってチームを」結束させる働きにもあると考えた。そして、ストーリーがさまざまに変化していく可能性があると認識しながらも、根本的な一貫性があれば、必ずしも問題にはならないと説いた。ただし、自由民主主義の世界においては、一貫したストーリーを作り出すこと、あるいは遠く離れた首都のニーズとは異なる現地の前線のニーズを的確にとらえることは難しかった。(49)

海兵隊が編纂した全般的に嘆き節の小論集は、アメリカが「自ら誇る膨大で圧倒的な商業情報インフラを、国家の安全という目的に素早く適応させる」能力に欠けていることを示唆した。(50)厄介なことに、攻撃面での凶悪さに加え、メッセージの発信においてもふてぶてしさを発揮するアルカイダにより、アメリカは窮地に追い込まれた。ナラティブ戦争ともいうべきものにおいて、アメリカは守勢に立たされ、自らのメッセージを訴えるどころか、相手のメッセージに異を唱えるだけで手一杯になった。どのように受け止められているのか、よくわからないままに、概念上は感じがよいとされるコミュニケーションを行う試みがなされた。新たなターゲット層を相手にする場合、西側の話し手はうわさ話や伝聞、公的な情報源からの報告に対する大衆の不信感、外国人に考慮すべき点を指図されることへのためらい、他の数多くの情報源との競争などに対処しなければならなかった。人々は、自分たちが信用していない情報や無関係と感じた情報をふるい落とす一方で、奇妙な断片情報や本当に伝えたいメッセージからそれた情報を、自分たちの先入観や枠組みに沿うように解釈したり、合成したりして受け止めた。

何よりも深刻だったのは、軽はずみな兵士の行動や、軽はずみな政治家の政治的発言がもたらした印象を操作することがまったくできなかった点である。情報オペレーションという名目で働いていた専門家集団も存在したのだろうが、大衆は何であろうと自分たちの興味をそそられるものから手がかりを得ることができた。アメリカはマスコミと現代的な広報業界を生み出した国といえるだろうが、こうした問題は通常のマーケティング技術の範疇を超えていた。政治キャンペーンやマーケティングの専門家で、イラクとアフガニスタンにおけるメッセージの発信について助言を求められた者たちは、多くの場合、持続的な効果をもたない短命のプロジェクトを勧める傾向があった。しかも、これらの者たちは、自分たちの売り物が自国の大衆にどう受け止められるかによって評価されることをわきまえており、これらの層をターゲットにキャンペーンを展開した。このような行為は作戦の目的から逸脱しているだけでなく、自らのプロパガンダを信じ込むという罠にはまりがちな政策立案者の目を曇らせる可能性があった。ジェフ・マイケルズは、政治的に心地よく、同意が得られる言葉を使ったキャンペーンのせいで政策立案者が重大な変化を見過ごす、という「話法の罠」の概念を編み出した。たとえば、イラクにおける初期のテロ攻撃が同国の旧政権関係者以外によるものである可能性から目をそむけたせいで、政策立案者は穏健なスンニ派を遠ざけ、シーア派急進主義の増長を食い止めることができなかった、とマイケルズは説いた[51]。

違った角度から世の中をみて、考えを変えるよう人々を説得することはとても難しく、それぞれに異なる経歴や性格、関心事に関する見識が必要とされた。きわめて重要な国内的動向や、外部の者が気づかないほど些細な違いが存在する、なじみのない文化のなかで育った人々すべてに対してそうするのは、なおさら困難だった。軍事作戦を実施する際には、その影響が物理的なものにとどまらず、紛争に巻き込まれた人々の思考にもおよぶ点を理解することが重要だった。紛争がどのような道をたどりそうか、そして何が問題なのかについて人々が考えるなかで、忠誠心や共感が打ち砕かれたり、育まれたりする可能性があるのだ。こうした流れを理解していれば、大衆のなかの重要な層をないがしろにするような深刻な過ちは避けられたかもしれない。だが、人々の信念におよぼす影響を測って特定することは難しかったため、当然のように指揮官たちは火力がもたらす、より明確な結果に頼った。[52]人々の政治意識を変え、力をもった外国人の考え方に同調させることが課題であったのなら、軍の能力の限界に直面するのは必至だった。人々の信念体系全体を変えるのはもちろん、自分たちにとって好都合なイメージを精密兵器のような正確さでターゲットとする層の思考に植えつけることは不可能だった。一つ慰めとなることがあったとすれば、アルカイダの成功も誇張されていた点だ。現代的なコミュニケーション・メディアが、劇的で説得力のある画像や映像をほぼ即時に伝達する機会を生み出したことは疑いなく、現代のあらゆる革命家にとっては「行動によるプロパガンダ」の絶好の機会が生じていた。[53]とはいえ、当局による「情報オペレーション」の成功を妨げた要因は、過激派にとってもマイナスに働きかねなかった。日常の出来事と無関係な無差別暴力やメッセージは、繰り返し報じられたせいで飽きられていった。[54] ベネディクト・ウィルキンソンはイスラム急進派集団に関する研究で、真の問題は、単純明快なメッセージを欠いていることにではなく、自分自身と支持者に最終的な勝利を確信させるうえで前提となるはずの因果関係に信憑性がない点にある、と説いた。こうした問題は、人為的な力の役割を過大評価して、偶然や予想外の出来事が生じる余地をほとんど認めず、「悪しき類推、誤った仮定、誤解や誤謬(ごびゅう)」にとらわれて道を踏み外す事態をもたらす。このような状況は重度の「ナラティブによる妄想」を生み出す。[55] ラディカルな戦略家は、大望と手段の格差が大きいために、「ナラティブによる妄想」におちいる危険性がとりわけ大きいといえる。ただし、その危険性はどんな戦略家にもつきものである。

第17章 戦略の達人という神話

……一七九三年には想像を絶する巨大戦力が出現した。突如として戦争は、国民、それも公民と自認する三〇〇〇万の国民の事業へと再び変わった。……いまや用いられる資源と努力にはいかなる限界もなく、戦争の遂行を可能にする活力を阻むものは何もなかった。

――カール・フォン・クラウゼヴィッツ『戦争論』

ナポレオンから着想を得て、クラウゼヴィッツが最も示唆に富んだ形で発展させた戦争と戦略に関する思想の枠組みは、簡単に取って代わられるようなものではなかった。クラウゼヴィッツの書は鋭い洞察と説得力のある明確な論述に満ちていたため、ほかに有効な戦争の研究方法があるとは考えにくかった。クラウゼヴィッツが想像できなかった過去の戦争や戦略の発展について、より多くの知識を有していることを重視する者もいたが、その論点は的外れだった。クラウゼヴィッツの分析の枠組みがもつ不朽の力は、政治と暴力と偶然の動的相互作用にあった。軍事戦略の著作家たちが、この偉大な達人への忠誠を主張しつづけている理由はここにある。そのうちの一人コリン・グレイは、なぜ現代の戦略思考が『戦争論』に大きく劣るのか、疑問に思った。ナポレオンのように、すぐれた解釈理論を引き出す能力をもつ戦争指導者はほかに存在しなかった。また、理論に精通した軍事実務家や、実務に詳しい文民理論家がいない点もグレイは指摘した。組織に属さない理論家が現代の戦争の複雑さという壁にぶつかる一方で、国家戦略に携わる者たちは目先の政策課題に重点を置きすぎていた。

戦略家とは、どこに注力するのが最も有効かを特定するために、複合的な相互依存関係や影響力をもつ多様な要因を考慮し、システム全体を見渡すことができる存在だ、という崇高な考えをグレイはもっていた。著書『現代の戦略』では、考慮すべき一七の要因を特定した。それは大衆、社会、文化、政治、倫理、経済および兵站（へいたん）、組織、行政、情報とインテリジェンス、戦略理論およびドクトリン、技術、作戦、指揮、地理、摩擦・偶然・不透明性、敵対者、そして時間である。適切な戦略をとるには、これらの要因を総合的に、つまり個別にだけでなく、他の要因とのかかわり合いも含めて考慮する必要がある、とグレイは説いた[1]。

アメリカ陸軍士官学校で教鞭をとるハリー・ヤーガーは、この考え方を受け継ぎ、さらに発展させた。「戦略的思考とは徹底的なものであり、包括的な思考である。各要素とそれらのあいだの関係、つまり過去、現在、そして予測される未来においてお互いにどのような影響をおよぼし合うかに目を向けることにより、各要素の相互作用がいかに全体を構成するのかを理解しようとする思考だ」。こうした包括的な見方をするには、「今の戦略環境のなかでほかにどんな事態が生じているか、また戦略家の選択が自身のレベルやその上下に位置するレベルにどのような一次的、二次的、三次的影響をおよぼしうるか、という点に関する幅広い知識」が必要とされる。そして、目先の展望や短期的な利益を視野に入れるだけでは不十分だ。「戦略家は、長期的な利益のために、その場しのぎの短期的な解決策を採用することを拒まなければならない」。真の戦略家に求められる条件は数多くある。それは、必ず過去に意識を向けながら現在の研究をする、将来の可能性に敏感になる、偏った見方におちいる危険性を意識する、曖昧さやカオスに注意を向ける、別の行動をとった場合の結果について熟慮する心構えをもつ、そして、これらすべてのことについて、その対処策を実践しなければならない者に対して、十分正確に言葉で伝える能力をもつことだ。[2] これは完璧を求める提言であった。だが、個人が蓄積し、消化し、生かすことのできる知識の量には限りがある。そして、不透明性と複雑性とカオスに満ちたシステムにおいて、起こりうるさまざまな事象の結果を検討し尽くす能力には限界がある。

コリン・グレイは自身も高望みしすぎていたことを認めつつ、こうした考え方は行き過ぎだと論じた。そして、ヤーガーが「不可能なことを奨励、あるいは要求してさえいるようにみえる」と述べた。[3] これらの要素を考慮しようとするだけでも、技術面、概念面でかなりの量のことを把握する必要がある。それでもグレイは戦略家を、「きわめて要求の多い」職務に携わり、「大局」を見る能力をもち、戦争のあらゆる側面に通じた、どちらかというと特殊な人物と、なおも表現した。また、国家戦略に関してすぐれた仕事をするには「豊かな知性と円満な人格」が必要だ、というフレッド・イクレの言葉を引用し、賛同の意を示した[4]。同様にヤーガーも、戦略を「堅固な知性、生涯をかける学究、ひたむきな専門家、不屈の自我の領域」に属すると表現している[5]。

これほどまでに物事を把握する特異な能力をもった戦略の達人は存在しうるだろうか。もしいるのであれば、その人物こそが引く手あまたの貴重な資源となるだろう。そして、将来を厳しく見通す作業と、その結論をそれらに従う人々に明確な形で伝えるために時間を費やす必要性とのあいだで板ばさみになるだろう。そのような体系的で将来を見据えた思考は、数多くのリスクと可能性をもたらすため、実践する者にとってなんらかの価値を生み出すには、焦点をはっきりさせる必要がある。情勢に関する包括的な見方は、大がかりな取り組み、それも先手を取るつもりの行動に着手する前の政府には歓迎されるだろうが、どういうわけか予期しえなかった突然の事態に対処する際には、余計なものとみなされる可能性がある。そして、戦略はより即興的でその場しのぎのものになるかもしれない。そのような状況に置かれれば、戦略の達人は少し無防備な感覚にとらわれるのではないか。

包括的とされる戦略の達人の見方も問題含みだった。「システム効果」、つまり、それぞれ独立してみえる活動領域のあいだのつながりがもたらす予期せぬ結果に注目すべき理由があった。大胆な行動を促す際に、予期せぬ効果が生じる可能性に目を向け、実施してからはそれがもたらす事態を注意深く監視するのは当然のことだった。より広い環境のなかで生じる関係性の範囲と多様性を探ることは、間接的な影響力を生み出し、敵の最も脆弱な結びつきに的を絞る、あるいは意外な同盟関係を築くことで創造的な可能性を見いだす手助けになりえた[6]。とはいえ、これはシステム全体を見渡すことを必要とせず、むしろなんらかの境界線が求められた。基本的にあらゆるものは、その他のあらゆるものと結びついている。だが実際には、局所的な活動の影響はすぐに消えてしまいかねない。また、包括的な見方とは完全なシステムを外部からみつめる能力を意味するが、実際的な戦略家は、より近視眼的な見方にしばられ、まったくかかわる必要がないかもしれない遠くの事象についてよりも、より近くの明らかに重要なことに注目した。時間の経過とともに、注目の対象は変わりうる。だからといって、万事をあらかじめ予測するよう試みることが大事なのではなかった。むしろ、自信と確信と明確さをもって、長期的な目標を確実に達成するための一連の手順の決定を重視するのは非現実的と認識すべきだった。

社会とそれにかかわる軍事システムは複合的なシステムと理解されうる、という思考は、敵のシステムの急所を攻撃すれば、その影響が相互に結びついたあらゆる要素へとおよび、システムの急速な崩壊をもたらす、という見方を後押しし、これが敵の重心を探す困難な試みへとつながった。この試みは頓挫したが、それは、決定的に重要な中心部から放射状に影響がおよんでいくわけではないからである。社会は衝撃に適応することができる。システムとは、より存続能力のあるサブシステムに分割されうるものであり、障壁を築いたり、依存度を低下させたり、代替的な存続形態を見いだしたりすることが可能である。常に複雑な形でフィードバックが行われるものなのだ。

クラウゼヴィッツが戦争を動的なシステムと表現したのはたしかだが、それはきわめて自己完結型のシステムでもあった。クラウゼヴィッツは戦争理論家であって、国際政治の理論家ではなかった。[7] 戦争の政治的な源に目も向けたのも後年になってからのことで、それが原点だったわけではない。のちに大戦略（グランド・ストラテジー）と呼ばれるようになった国家政策のレベルにおいては、どうすれば最適な形で目標を達成できるのか、という問いが生じるのが必然だった。軍隊はその手段から除外されるか、あまり重要ではない役割を与えられる可能性もあった。あらゆる軍事作戦の成否を判断し、勝利の裁定を下すことができるのは、このより政治的なレベルにおいてだけであった。戦争の現象に関するクラウゼヴィッツの分析の質と不朽性は、その源泉となったもの、つまりフランス革命によって引き起こされた激変という背景を置き去りにした。クラウゼヴィッツは決定的な勝利に重点を置いていたため、政治的背景の変化という観点から再評価することが必要となった。クラウゼヴィッツは制限戦争を再評価しはじめていたと指摘されたときでさえ、決定的戦闘の概念は職業軍人のあいだで根強く残った。軍隊に特別な役割と責任をもたらす、というわかりやすい魅力があったからだ。国の命運は軍隊が握っているという考え方は、新たな資源や政治的支援を求める際に強調された。決定的な戦闘なしに事態を収拾することができるのなら、参謀本部は重要性と影響力を失いかねない。だが、火力がより広い長距離でさらに威力を発揮するようになり、またより多くの兵を戦闘に動員できるようになると、戦闘はしだいに問題含みとなっていった。勝利を決める可能性を維持するには、なんらかの新しい決定的要素を見いださなければならなくなった。第一次世界大戦の前の段階では、高い士気と勇敢な国民精神による動機づけの効果がその要素となった。その後は、敵を攪乱し、その破滅的な火力の効果を克服することを目的とした奇襲や機動の可能性が重視されるようになった。こうした奇襲や機動への関心は、二〇世紀後半のアメリカで再び生じたが、通常の軍事行動がもたらす結果は、すぐれた知力を生かした作戦に頼らなくても、純粋な軍事力のバランスから予測できるものとなっていた。

そのような場合にも、通常戦争が非正規戦へと発展することによって、決まったかにみえた勝利が危うくなる可能性はあった。これは別に目新しい話ではなかった。クラウゼヴィッツも、スペインでナポレオンに対抗した最初のゲリラの威力に言及していた。占領軍が言うことを聞かず反抗的な大衆による嫌がらせにあうのは常だった。こうした現象は植民地主義に対する抵抗においてもはっきりとみられた。正規戦が膠着状態におちいりそうになると、政府は海上封鎖や空爆によって民間人を力ずくで抑えつけることで行き詰まりを打開しようとする可能性が高かった。大衆の士気は軍人の士気に勝るとも劣らぬほど重要になった。したがって、核抑止というマクロレベルだけでなく、反乱鎮圧というミクロレベルにおいても、ある軍隊が敵の軍隊におよぼす効果ではなく、敵の政治的、社会的構造に対しておよぼす効果が重大な意味をもつものとなった。

ひとたび文民の領域の重要性が認識されると、認識にかかわる問題と、それにいかなる影響を与えられるかという点が重視されるようになった。抑止においては、攻撃行動を検討しているかもしれない者に対して、それがなぜ良くない考えなのか認識させ、その見通しに変化を起こさせることが必要だった。非正規戦の場合は、それが敗北をもたらす原因になるものであり、仮に成功してもほとんど利益は得られないと示すことによって、武装勢力を支持者となりうる人々から引き離す必要があった。そこに科学の要素はほとんどなかった。核戦争の危機感をあおるのに意味ありげなメッセージを送る必要はなかったが、戦争に巻き込まれ、どちら側を支持するか決めかねている人々の見方を形づくる試みは、たった一つの劇的な事象や、現地の関心事項に対する理解不足によって、簡単に頓挫しえた。核戦争の場合のように、よほど強力なメッセージを発するのでなければ、「情報オペレーション」を通じて他者の行動にあらかじめ影響を与えることは難しい。それに比べれば、後づけで他者の行動を説明するのはまだ容易だった。二一世紀初頭の反乱鎮圧作戦においてはナラティブが重要視されたが、ナラティブは問題解決よりも、問題の存在を浮き彫りにする役割を果たすものだった。振り返ってみればわかるように、ある集団のなかで支配的な見方が変わりはじめる過程を見定めることは可能だが、それが将来を見据えた戦略の根拠となるわけではない。

こうした文民と軍部の両領域のあいだでの複雑な相互作用にかかわる現実的な問題は、上位の指揮系統において二つの領域が政治的に分断されていたために悪化した。モルトケが断言したように、伝統的な軍事観では、ひとたび政治指導者によって戦争の目的が達成されれば、その後の戦争遂行は軍部の責任で行われるものとなり、文民は表舞台から引き下がらなければならないとされていた。だが、とりわけ通信技術の発達にともなって文民が常に戦闘に関与するようになると、軍人は果敢でしたたかな敵と戦うだけでなく、パニック状態の文民の相手もしなければならなくなった。また、国のトップと前線の最も地位の低い指揮官とのあいだで直接的な連絡が可能になれば、指揮系統全体で熟考して下された判断が、素人による一握りの的外れな意見によって台無しになりかねない。政治的方向性の急激な変化と、偉大な指揮官を演じようとする素人の試みという組み合わせは、いかなる状況でも職業軍人の苛立ちに必ずつながる要因となった。

これは、作戦技術は軍の指揮官に委ねるのが最適だという信念に表れていたように、軍が戦闘を重視したために生じた盲点であった[8]。実際に軍事力を配備、行使することはおおむね軍部の責任だ、とするこの政軍関係のあり方は、まったくもって不適切だった。この二つの領域は常に対話する必要があった。軍事的な実現可能性を考慮することなく政治的な目的について論じるのは不可能だ。外交活動は軍事上の選択肢とリスクによって形づくられる。外交面で譲歩するかどうか、第三者からの資源や拠点の提供を求めるか、あるいは同盟を築くかという判断は、軍事的な評価にかかっている。そしてその評価が、敵の同盟形成状況や、長期戦に耐える、あるいは各拠点から勢力範囲を広げる能力の有無に関する推定へとつながる。軍事戦略と政治戦略は別個のものであるという考え方は、誤解を招くだけでなく、危険でもあった。

文民は、軍事戦略とかかわりがある作戦上の問題とみなされるものを無視することができなかった。戦争がそれを行う目的に整合する形で戦われているかどうかを検討し、これから起きる戦闘の先にある和平まで見越す必要があったからだ。そして大衆と、現在の、および潜在的な同盟国を味方につけておかなければならなかった。そのためには、社会が受け入れられる負担や、他国に合法的に与えることのできる損害、そうした制約を受け入れるため、あるいはそれから逃れるために政治機構をどのように動かすのかといった点を考慮する必要があった。作戦に関していえば、ほとんどの軍事組織は、過去の戦争で得たと考えている「教訓」がなんであろうと、どこかの段階で場当たり的な行動をとらなければならなくなる。その際、どうやって敵を倒すのが最適かという議論において、将官たちの見解がまったく噛み合わないことが多々、生じた。一致した軍事的展望というのは、常態というよりも例外的なものであり、見解の相違が基本的に政治的な評価を呼び込むのが常だった。情勢は変化し、古い計画は役立たずになるため、軍部は政治的な立場からの指針を絶えず得る必要があったのだ。

　したがって、戦略の科学を構築する試みは、軍事特有の予測不可能性に妨げられた。そしてその予測不可能性は、政治のさらに大きな予測不可能性によって一段と増幅された。戦争は、熟練した職業軍人だけが理解できる、なんらかの公式を当てはめれば勝てるわけではない。たとえば、ひたすら火力に頼る消耗戦略ではなく、敵に不意打ちを食らわせる頭脳的な機動戦略を押し進めれば勝利するというものではない。軍事作戦は状況に応じて計画しなければならない。すぐれた指揮官は作戦上の決定において柔軟性を示す。戦争の勝敗について説明するうえで作戦技術を軽視してはならないが、多くの場合、すぐれた戦略のカギとなるのは、自らは同盟を築きつつ、敵が同盟を組むのを阻むのに必要な政治的手腕であった。

　軍事戦略特有の概念の起源は、支配（コントロール）を求める衝動にあった。そしてこれは、本書の第III部と第IV部で論じるように、政治戦略（そして革命戦略）とビジネス戦略の起源にも影響をおよぼした要因だった。この衝動は、敵軍の完全排除によって戦場を支配するための戦略を形づくった。作戦領域を軍事の特権的領域にしつづけるという決意にも、こうした衝動は表れた。完全な支配という考えは、どのような場合でも思い込みにすぎなかった。あったとしても一時的な勝利の感覚であり、状況の変化でまた別の問題が生じれば、すぐに消えてしまうものだった。国が消耗紛争から抜け出すには、厄介な交渉を行う必要があった。そして見事に勝利を収めた国も、持続可能な和平の概念と、敗戦国にどう対処すべきかという問題に向き合わなければならなかった。したがって、戦略の達人という概念は神話にすぎなかった。

この概念は、複雑で動的な状況の全体を把握するという、ありえない全知や、遠くの目標に向けて信頼性と持続性のある道のりを築く能力を求めた。その一方で、戦略構築という往々にして切実で切迫した必要性は考慮されなかった。戦略構築とは、現状で最も重要な緊急課題への対処方法について合意を形成し、状況を著しく改善させる手段を講じるために、多種多様な関係者を協働させることを意味した。

戦闘の流れを支配しようとする試みは、兵站上の複雑性が増大し、国民軍が誕生し、政治的混乱が頻発した時期に始まった。すでに論じたように、こうした動きは、それにともなう制約が明らかになった場合にも、またそれを実践する際の情勢が一段と厳しくなった場合にも揺るがない、二つの核となる原則を生み出した。一つは、完全な支配は敵軍を排除することによってのみ確実に達成できる、という論争の余地のない論理をともなうものだ。もう一つは、完全な支配を実現するには、作戦領域を軍の特権的領域としつづける必要がある、というものだ。この原則によって、軍事戦略の議論における焦点は鋭く絞られたが、同時に狭くもなった。政治的な側面は、目標と最終的な和平を生み出すものの、作戦の遂行にはかかわりのない別個のものとみなされたのだ。

殲滅(せんめつ)戦における軍事目標は、当然のことながら征服という政治目標をともなったが、それは必ずしも達成可能なわけではなかった。紛争の構造をより広範に分析すると、状況をある程度、政治的に支配する能力は、敵軍の能力だけでなく、大衆がどれだけ征服に反抗する心構えでいるのか、そして敵対的な大衆や、資金や必需品の調達、相手側の同盟の力や団結に関して、どのような手段を講じることができるのか、という点にもかかっていた。クラウゼヴィッツはこれらの要素が潜在的に重要であることを認めていた。そして「重心」の概念で、的を絞った軍事面での試みによってこれらに対処することは可能だと示唆した。だが現実には、これらの課題に関しては、譲歩や交渉を提起する、市場に手を伸ばす、プロパガンダを行う、といったそれぞれの課題に即して対処するのが最良である場合が多かった。したがって偉大な戦略家は、軍事的そして政治的な紛争の最も顕著な特性と、それらにどのような影響を与えられるかを特定する能力を持つ者である傾向が強かった。その才能は、自分たちの見解を他者に納得させる能力と、その能力を裏づける行動手法にあった（リンカーンやチャーチルはその好例である）。こうした戦略家たちは、しばしば運や敵の失策のおかげで有能とみなされるようになった。やがてその運が尽き、過ちからはやはり逃れられないことが明らかになる場合もあった（たとえばペリクレスがそうだった）。

　したがって、コリン・グレイやハリー・ヤーガーが描くような戦略の達人は神話にすぎなかった。軍事の領域だけで活動する戦略家の場合、その視野は狭すぎる可能性がある。政治の領域で活動するには、複雑で動的な状況の全体を把握するという、ありえない全知や、幸運や敵の無能さに頼らずに遠くの目標に向けて信頼性と持続性のある道のりを築く能力が必要とされる。戦略の達人となりえるのは、将官や閣僚をはじめ、外交官、技術的な専門家、緊密な同盟国、味方になりうる国など、さまざまな関係者の差し迫った、そして往々にして相反する要求に対処しなければならない立場にある政治的なリーダーだけである。最もすぐれた政治的リーダーであっても、そして最も単純明快な状況にあっても、関連するあらゆる要素とそれらのあいだの相互作用を把握しきれない場合がある。そのような際には、現状で最も重要な緊急課題を特定し、状況を改善させる手段を講じ、また予期せぬ方向へ展開した事態に臨機応変に対処するうえで、自らの判断の質に頼らざるをえないのだ。

第Ⅲ部　下からの戦略

第18章 マルクスと労働者階級のための戦略

哲学者たちは、世界を解釈したにすぎない……だが、問題は世界を変えることだ。

——カール・マルクス「フォイエルバッハに関するテーゼ」

第II部では、決定的な勝利という概念がもはや重要とみなされなくなり、局所的な激しい戦争が中心的な問題となるなかで、非正規戦争への対処方法を探るアメリカの姿を描いた。アメリカはテロリストの残虐行為と奇襲に対処しようとする試みを通じて、戦争の大義名分である一般大衆から（積極的な支持とはいわないまでも）黙諾を得るための競争の渦中にあることを認識した。軍隊はそうした人々に手を差し伸べ、話しかける方法を見つけ、自分たちが本当の味方であると納得させるよう仕向けられた。だがそのような努力も、言語と文化の違いに起因する理解の壁や、説得をなおさら困難にする過去の行動、政策、方針表明という壁に直面しつづけた。人々、とりわけ同じ方向性をもつ大勢の人々の考え方をどうすれば変えられるかという問題は、この第Ⅲ部でも重要な意味をもつ。大衆の代理として、既存の権力構造の転覆に強い決意で取り組む急進派や革命派にとって、これは最大の関心事であるからだ。ただし大衆自体は、そうした取り組み全般に積極的な敵対心をいだくまではいかないとしても、自ら参加することには消極的であった。

第Ⅲ部では、望ましい結果と利用可能な手段のあいだの大きな隔たりに直面した弱者、あるいは弱者でなくても、その代理として行動することを自任していた者の立場から、戦略をみつめる。これらの者たちにとっての戦略とは最も困難な類いのものだった。抑圧を招かずに済む方法で、支持を集める必要があったからだ。抑圧を受ける可能性が高い場合には、身を隠しながら生き延び、自ら暴力的な反応をすることすら考えなければならなかった。共通の目標に向けて結集するよう、みなを説得できるかどうか、あるいはなんらかの妥協が必要かどうか、そして妥協が必要なら、どこまで許容できるか、という問題があった。夢想的な目標を掲げる急進派のグループは、他から距離を置いて純潔を保つことに安心感をいだく場合もあった。一方で、成功を味わった者たちは、他者の見方を受け入れることの価値を認めた。こうした者たちが行動の計画を立てる段になると、忍耐と奇襲、殲滅か消耗か、直接的な戦闘か間接的な圧力か、といった軍事上の議論の中心にある論点のすべてが浮上した。しかも、それらが軍事由来のものであることが明らかにわかる場合が多かった。

第Ⅲ部では、理論、とりわけ工業化社会における権力と変化という大問題に取り組む理論が大きな位置を占める。急進派は、より良い世界とそれを実現しうる歴史的な力について説明する理論を生み出した。一方、保守派の理論は、変化に対する思い込みと、新たなエリート層が生まれ、従来のエリート層と同じ特性を示す可能性について警告しつつ、新しい世界が実現しないかもしれない理由と、実現したとしても何も良くならない恐れがあることを説いた。暴力を支持する者たちは、概念上、国家に強みがあろうとも、老いぼれた国家を武力で一掃することが、社会のみならず個人の解放につながりうるという理論を打ち出した。これに対して、非暴力を訴える者たちは、慎重に振る舞うことだけでなく、モラルを高く保つことの利点も唱えた。大衆がいだく不安と、大衆はもっと奮起すべきだと考える者の不満は、信念の順応性や大衆の被暗示性、プロパガンダの影響力、確立したパラダイムと支配のナラティブに（多くの場合）不満を示す、意識にかかわる理論を生み出した。

効率的に計画、実行される戦略を提示し、革命的な政治においても専門化と堅固な組織が必要であることを説明するこうした理論は、官僚化と合理化が進む過程を如実に示した。このことは、とりわけ左翼勢力にとって、政治生命にかかわる問題における一つの試金石となった。権力を保ちながら、権力者の悪習におちいらずに済むことは可能か、という疑問を突きつけたからだ。規律ある組織の上に立つ党官僚は、そうした存在が人間の精神の真正さを否定すると考える者たちから絶えず非難された。たいていの場合、強固な組織が自発的な行動の高潔さに打ち勝った。第Ⅲ部の結びとして、政治の世界では周辺的ではなく中心的な主題であるアメリカ大統領選挙を社会変革の理論や政治的な信念を参照しつつ取り上げる。政治だけでなく、理論においても専門化は進んだ。この流れのなかで重要な役割を占めるのは、社会科学の出現だ。党利党略に染まることのない普遍的な妥当性に関する発見によって、社会科学は自然科学と同じように真剣に受け止められることを求めた。この第Ⅲ部と第Ⅳ部では、社会科学が（まったく価値判断と無縁なわけではなかったが）時として公共政策の源となり、賢明な国家にひとたび受け入れられれば、政治、ひいては戦略を不要にすることも可能だった点を論じる。

職業革命家

ここではまず、既存の社会秩序を覆す戦略を生み出した自称反乱者を取り上げる。そのためには、第Ⅱ部の冒頭あたりまで再びさかのぼる必要がある。一七八九年のフランス大革命の結果、ナポレオン戦争とともに革命の専門家が生まれたからである。フランス革命はその後のあらゆる革命を触発する要因、そしてそれらの基準となったが、策謀が生み出した結果でも、意図的な戦略が成就したものでなかった。フランス革命は、旧体制（アンシャン・レジーム）の硬直性と不条理に対して起きたのであり、思想と思考様式の革命である啓蒙主義によって形づくられた。実際に起きた出来事は、指導者の地位へと突き動かされた者をも含む、すべての人の意表をつくものだった。公民権と人権の核となる概念、そして恐怖政治を推進したジャコバン・クラブは、革命が起きた直後に形成された。当初は穏健派だったが、その計画と手法はしだいに急進的になっていった。やがて革命は内向化し、ナポレオンの権力掌握によって終結した。国際的にも国内的にも、この時期の出来事に触発されて生まれた権力、暴力、変化に関する理論は、軍事戦略だけでなく革命戦略にも強い影響力を発揮しつづけた。

革命の熱と戦場での大量殺戮が新たに生じることを防ぐという決意のもと、一八一五年に開かれたウィーン会議には、各国を支配する保守派のエリートが集結した。なかには民主主義の拡大を認める心づもりの者もいたが、ほとんどの支配者は家父長的な君主制でなければ秩序は維持できないと確信していた。だが、時はまさに社会的、経済的な激変の時代だった。ヨーロッパ社会は不満で沸き返っていた。農民は従来の生活様式に絶望し、労働者は時に緩やかな、時に強力な組織を作りはじめた。自由主義の中産階級は自分たちの自由や世の中への影響力、カネ儲けを阻む障壁への不満をあらわにした。土地を保有する貴族社会から引きずり出された支配階級のエリートは、権力が維持できるかどうか懸念した。一八四〇年代に景気後退と凶作が重なると、これは革命の前触れであり、何かが起ころうとしているという見方が広がった。革命を切望していた者が計画を立てるべき時が到来していた。

マイク・ラポートが説くように、それは「暴力による保守的な秩序の打破を精力的に企てる職業革命家」が生まれた、特筆すべき時代であった。[1]職業革命家は、予期せぬ大衆感情の高まりが腐敗した国家構造を転覆させる事態を待たなくても、革命は意図的に始められると考えていた。一七八九年の革命により、革命の概念は幻想ではなくなっていた。既存の秩序は神の啓示によるもので人は介入しえない、という主張におびえる必要はなかった。一度起きたことは、また起きる可能性がある。革命家は、いかに大衆のデモと不満を適切な反乱へと変えるかについて構想を練り、議論した。大きな可能性があるという感覚に駆り立てられて戦略を論じ、折に触れて自分たちの理論を実行に移した。

最終的にこれらの考え方の多くは広く知られるようになり、また役に立たなくなったことで陳腐化した。そして特定の、それも多くの場合、派閥色の強い大衆政治組織のスローガンとなった。だが一九世紀の最初の数十年においては、斬新で柔軟性があり、知的で政治的な興奮を反映した刺激的なものであった。それは急進主義におけるイノベーションの時代だった。政治的な立場を表す「左翼」と「右翼」という用語は、革命後のフランス立法議会における議席の位置から生まれた。「社会問題」に取り組む必要性に言及した「社会主義」は、一八三二年に初めて使われた。そして、完全な平等と土地や資産の共有を信念とする「共産主義」は、一八三九年に登場した。

革命の理論家は戦争理論家を引き合いに出し、苦闘、攻撃、戦闘といった戦争の言葉をたとえとして使った。そして反乱において、決定的な戦闘の場合のように誰が勝利するのか明らかになる瞬間を見いだそうとした。ジグムント・ノイマンとマーク・フォン・ハーゲンによると、「クラウゼヴィッツが重視した決定的行動と、たとえ戦略的に防御的であっても戦術的に攻勢に出る手法は、革命戦略の常用手段となった」[2]。権力は支配者層のエリートから奪い取らなければならなかった。そのためには、国家の組織的暴力を打ち破る必要があった。純粋な要求や、自国民への攻撃を迫られることへの恐怖に直面した軍が屈服する形が望ましかったが、必要とあらば直接戦って倒さなければならなかった。したがって、反乱は戦闘の一形態であり、同じルールが適用されるものだった。とはいえ、強力な火力を相手にした革命では、数がきわめて重要だった。貧しい者、持たざる者、農民、労働者といった幅広い一般大衆を、どうにかして結集させ、動かす必要があった。現在の惨めな状態から抜け出すためだけでなく、より良い新しい社会、今よりもずっと素晴らしい、高潔で公正で調和のとれた豊かな社会を作るために、大衆は戦わなければならなかった。

したがって、職業革命家という新たな階層は、まず闘争派、組織役、指揮官として登場してきたといえるが、大衆のまとまりのない願望をはっきりと言葉で表し、何が問題なのかを分析し、すべてを正しい状態にする方法について展望を示す思想家として名を上げる必要もあった。革命家はその思想の力と、新聞やパンフレットや本を通じてそれを広める能力によって知名度を高めた。輝かしいが幾分夢想的な目標と、それを達成するための手段の乏しさの折り合いをつけるには、当然のように頭をめまぐるしく働かせ、また壮大な信念を掲げることが求められた。その結果、さまざまな現実性のない戦略の優劣について、敵意むきだしの論争が繰り広げられた。良い社会について定義することと、大がかりな大衆運動によってそれを当たり前のように実現する方法を説明することは、まったく別であった。革命でいかに望ましい結果が達成できるかを説く論理一貫したナラティブを作り上げることと、実際に革命の機が訪れた際にそれに従うことも、まったく別だった。壮大なドラマに革命家たちは、自分たちが達成しようとしていることすべての断片を垣間見ることができた。問題は、断片よりも大きなものがありうるかどうかだった。それを見いだす機会はあまり多く得られそうになかった。

こうした職業革命家の大半は、一七八九年よりもだいぶあとの一八〇〇年代に誕生した。それからほぼ二世紀が経過した今でも、その多くが左翼の代表人物という評価を維持している。極左の人物としては、衝動型のフランス人活動家ルイ・オーギュスト・ブランキが挙げられる。人生の大半を獄中ですごしたブランキは、きわめて組織的な謀略を好んだ。革命は大衆のためという名目で起こされたが、実際に大衆が参加することは期待も歓迎もされなかった。その名前を冠した「ブランキ主義」は、革命を達成する最良の方法は一揆あるいはクーデターだという左翼界での思想を意味するようになった。無政府状態（アナーキー）を最初に推進したのはピエール・ジョセフ・プルードンだ。プルードンは一八四〇年に「支配者、主権が存在しない状態」をアナーキーと定義した。「私有財産とは何か」と問いかけ、「盗みだ」と答えたのは有名な話である。無政府主義（アナーキズム）は、のちにロシア人ミハイル・バクーニンによって、まったく異なる色彩を帯びるようになった（バクーニンの革命的な信念と思考は、一八四〇年代の段階ではまだ発展途上だった）。より国家主義的な思想は、イタリア人のジュゼッペ・マッツィーニによってもたらされた。分裂していたイタリアを社会主義の共和国へと統一する活動を行ったマッツィーニは、愛国心と国際主義は矛盾しないと主張した。ハンガリーでは、同じような考え方のコシュート・ラヨシュがオーストリアからの独立闘争を指揮していた。

そしてカール・マルクスである。革命家仲間は、その並々ならぬ知性の面でマルクスを畏敬する一方で、とくに自分たちのことをひどく見下していたことから、あからさまに嫌ってもいた。一八一八年にプロイセンのトリーアで、キリスト教へ改宗したユダヤ人家庭に生まれたマルクスは、法律家になることを期待されていた。だが大学で哲学に、とりわけ青年ヘーゲル派として知られる急進的なグループに魅了されるようになった。同派は偉大な哲学者ゲオルク・ヴィルヘルム・フリードリヒ・ヘーゲルの核となるテーマ、とりわけ理性と自由の賛美を受け継ぐ一方で、当時のプロイセンにおいて歴史の発展が申し分のない最終段階に到達した、とするヘーゲルの考え方を退けた。マルクス自身は、歴史的変化の物質的要因に目を向ける重要性を主張したことで、青年ヘーゲル派と袂を分かった。マルクスは一八四三年にプロイセンよりも検閲が緩いフランスへ移住し、ジャーナリストとして働いた。そこで出会ったのが、終生の協力者となるフリードリヒ・エンゲルスである。工場経営者であるドイツ人の父をもつエンゲルスは、産業革命の中心地だったイギリスのマンチェスターで活動しており、一八四四年に著書『イギリスにおける労働者階級の状態』を刊行したところだった。二人はほどなくパートナーとなった。エンゲルスはマルクスに金銭的な支援を行っただけでなく、とくに造詣が深い軍事史や軍事理論に関する記事の起草も手伝った。二人は共著『ドイツ・イデオロギー』で自分たちの基本哲学を確立した（同書は一八四五年から一八四六年にかけて執筆されたが、一九三二年になるまで刊行されなかった）。「道徳、宗教、形而上学、その他のイデオロギーおよび、それらに照応する意識の諸形態」が独立して存在する可能性を否定した同書で、二人は唯物論的主張を公然と行った。そして「意識が生活を規定するのではなく、生活が意識を規定する」と説いた(3)。実際には、やがて当人たちも気づいたように、この意識と生活の相互作用が革命戦略家にとって最も厄介な問題の種となりえた。

革命の領域においてマルクスが果たした役割は、軍事の領域でクラウゼヴィッツが果たした役割に匹敵するものだった。クラウゼヴィッツが戦争の理論を提示したように、マルクスは、さほど抽象的な形ではなかったものの、革命の理論を提示した。実際にマルクスがクラウゼヴィッツから受けた影響は小さかった。エンゲルスはマルクスよりも丹念にクラウゼヴィッツを読んだが、それも一八五〇年代に入ってからのことだった。影響がうかがえるとすれば、それは三人が同じ歴史観に基づいて活動していたからと考えられる。こうした点で三人は、密接な形ではなかったものの「歴史の面、知性の面で同族の関係」にあった(4)。マルクスの理論は、生産様式の変化にともなう階級闘争によって生じた歴史の激動のなかで革命が果たす役割を示した。その理論は革命家たちに希望を与えたが、何をなすべきかを伝えるという点ではあまり役に立たなかった。戦争での実体験をもとに理論を編み出したクラウゼヴィッツと異なり、マルクスは実際に革命を経験する前に理論を構築した。そしてすぐに、それを応用するにあたって問題がある点に気づいたのだった。

とはいえ、マルクスの並外れて強力な理論は、同時代の反対派にさえも強い影響を与え、社会主義者の構想に対して支配力をもちつづけた。二〇世紀の革命家の戦略と政治プログラムのほとんどは、マルクスを起源としていた。マルクスの著述分野は、本格的なジャーナリズムから難解な哲学まで広範囲にわたっていた。重要な著作のなかには、存命中に刊行されなかったものもある。学者や活動家は一様に、かすかに記憶されている出来事や無名の哲学者に関するマルクスの解説を手がかりに、重要な文言の意味や含蓄を探った。心もとない提案も、マルクスの言葉を適切に引用すれば、もっともらしくみえた。一方で、マルクスが「本当に意味した」ことについて解釈の対立が生じる余地があったため、マルクス派を自認する者のあいだで数多くの分裂が起きた。クラウゼヴィッツの思想の解釈に関する問題は、本人が死の間際に唯一の大著の修正に取り組んでいたために生じた。これに対してマルクスの思想の解釈に関する問題は、本人がなんらかの修正を加えていると示唆することなく数多くの著作を残したために生じた。

一八四八年

マルクスは、自分と相容れない同時代の急進的な考えをことごとく退けた。宗教上の義務、愛国的な訴え、文明化の価値と人権に関する主張、反動的政治、改革論者の漸進主義はすべて、現在の支配階級の露骨な利害か、かつての支配階級のイデオロギーの残余を反映した幻想であり、大衆に自らの奴隷状態を正当化させるもの、とみなした。マルクスにとって、自身の理論はそれ自体が必要不可欠な武器であり、プロレタリアートの自信の源、労働者にその可能性と命運について説明するための手段であった。

戦略は階級闘争に根ざしたものでなければならなかった。善意や公正、平等、人間の意志の限りない可能性を訴えて、相容れない考えをもつ者たちと和睦しようとすることに意味はなかった。革命のプロセスとは、現在の経済・社会情勢に沿う形で権力を握ることにかかわっていた。マルクスの理論は、歴史が必然的な結果へ到達するのを待つことを推す経済決定論に傾いていた。だがマルクスは活動家であり、決して運命論者ではなかった。その目標は常に労働者階級の力を高めることにあった。自らにプロレタリアートのための戦略家という役割を課し、他の階級は、それぞれの能力がプロレタリアートの前進を助けるか妨げるかによって、潜在的な味方あるいは敵とみなした。

革命が起きた一八四八年の直前、まだ三〇歳になっていなかったマルクスは、自身のことを同時代のパンフレット制作者よりも明らかに上手の、独自のアプローチを用いる政治指導者だと主張していた。その力強い著述と、痛烈な皮肉をともなう思考の厳格さは、社会主義的思想をもつ定評ある指導者たち、とりわけ夢想家たちを引きつけ、マルクスのより科学的なアプローチへと方向転換させた。ただし、マルクスは天性のリーダーではなかった。むしろカリスマ性と他者への共感を欠いており、大衆から圧倒的な支持を得ることはなかった。雄弁家というよりも講演者であり、懐柔的ではなく議論好きのマルクスは、感情よりも分析を重視した。左翼にありがちなように、プロレタリアートの団結を訴えるメッセージは、自身が唱える道以外のあらゆるものを軽視する姿勢と一体化していた。マルクスは分裂を恐れていなかった。誤った考えや曖昧な考えの持ち主と形ばかりの折り合いをつけるよりも、革命を明確で活力あるものにすることが重要だとみていた。マルクスもエンゲルスも、個人レベルで協調体制を構築する才能にはまったく恵まれていなかった。

マルクスが最初に政治的な連携を行ったのは、正義者同盟として知られる秘密結社の体裁をとった伝統的な左翼グループであった。マルクスとエンゲルスはほかの者の助けも借り、一八四七年にこれを共産主義者同盟という名前のより開かれた組織に改編し、ドイツ、フランス、スイスに支部を開設した。スローガンは正義者同盟の「人間はみな兄弟だ！」から「万国のプロレタリアよ、団結せよ！」に変えられた。マルクスとエンゲルスは、共産主義者の正式な綱領を発表するための権限を求め、獲得した。主にマルクスが執筆に没頭した六週間を経て、一八四八年二月に『共産党宣言』は完成した。冒頭の有名な「一匹の妖怪がヨーロッパを徘徊している。共産主義という妖怪が」という文言は、皮肉の意味で書かれた。共産主義は姿のはっきりとしない妖怪ではなく、いまや公然たる真の力である、として「従来のあらゆる社会秩序を暴力的に転覆する」ことを呼びかけた。政治綱領にありがちな一連の独自の主張は、発行の締め切りが迫っていたために、寄せ集めのような形で慌ただしくまとめられた。最も重要なのは、理論に一貫性をもたせる書き方をしている点だ。共産党宣言は以下のように説く。「これまで存在したあらゆる社会の歴史は階級闘争の歴史である」。この時代に、階級対立は「ブルジョワジーとプロレタリアートという敵対する二大陣営、互いに直接対抗する二大階級」という構図へと単純化された。共産主義者特有の長所は、誰よりも「先進的で毅然として」おり、「プロレタリア運動の進路や条件、究極の一般的成果」を明確に理解している点にある。これは国家や国民、政党、組織のための戦略ではなく、もちろん個人のための戦略でもなかった。生産手段との関係によって定義される一つの階級のための戦略であった。

一八四八年に革命は疫病のようにヨーロッパ中で広がった。とりわけ重大な革命が起きたのはフランス、ドイツ、ポーランド、イタリア、オーストリア帝国においてであった。流行の口火を切ったのはシチリア島だったが、反乱の激しさと深刻さから主導的な役割を果たしたのはフランスだった。ナポレオンの失脚後、フランスは建て前上は立憲君主制の王政に復古していた。一八三〇年、実権を握ろうとしたシャルル一〇世に対して大衆が起こした革命が成功し、大衆の抗議活動によってヨーロッパの一国家にも必ず変化が起こせるという見方を一段と後押しした。だが、シャルル一〇世にかわってルイ・フィリップが即位しても状況はさほど好転せず、特権階級のエリートによる支配が続いた。一八三四年には再び暴動が起き、これがヴィクトル・ユーゴーの『レ・ミゼラブル』を世に送り出す背景となった。この暴動は鎮圧されたが、一八四八年二月には軍隊が大衆に向けて発砲したのをきっかけに暴徒が宮殿に押し寄せた結果、ルイ・フィリップは退位してイギリスに亡命した。やがて臨時政府がフランス第二共和政を宣言し、普通選挙への男性参政権と貧困層の支援を打ち出した。

しかし、ほどなく経済的、政治的混乱に直面して革命は行き詰まった。富裕層は逃げ出し、事業は立ち行かなくなり、新政府内では意見の対立が起きていた。言語の面でも、大志の面でも一七八九年の革命にとらわれたままのフランスの社会主義者は、唯物主義者というよりは理想主義者で、資本主義よりも人権と公正さに関心をいだいていた。農村部では、政府が都市部の生活向上を進めるために身勝手な新税導入を行っているとみられていた。やがて秩序の向上を求める声が高まった。保守派が政府の主導権を握り、軍隊はバリケードの撤去に取りかかった。中産階級は満足していたが、労働者階級の怒りは収まらないままだった。同年六月には、見捨てられたと感じたパリの労働者が再びバリケードを築いた。政府軍は冷酷で有能だった。

労働者は四日間にわたって戦ったが、軍による大虐殺に発展し、敗北した。

　このめまぐるしい数ヵ月間、マルクスとエンゲルスにとっての主要舞台であったドイツでは、固有の問題によって状況が複雑化していた。分裂による自決ではなく秩序だった力の均衡を重視したウィーン会議で、緩やかな結びつきのドイツ連邦が成立していた。同連邦はオーストリアを盟主として、プロイセンと三八の中小国で構成されていた。さらに事態を複雑にしていたのは、オーストリア帝国の支配下にありながら、ドイツ連邦には属していないハンガリーの存在だった。こうした不安定そのものの体制は、各国家の権威主義的な性質が組み合わさった場合に、状況悪化が避けられない構図になっていた。国家主権を礎としてドイツを統一するという大義は、民主主義の拡大を望む声と密接につながっていた。

　革命は一般的な傾向をなぞる形で起きた。大衆のあいだで広がった怒りから大規模なデモが勃発する。投石が行われ、軍隊が反撃する。デモ参加者に死者が出て大衆の怒りが膨れ上がり、バリケードが築かれる。バリケードは、狭くて混雑した通りでは国家の統制を実際に妨げる障壁となるが、大通りや広場では役に立たない。大衆が密集する都市の中心部で統制力を失った当局は、流血沙汰を続けるか、政治的に譲歩するかの二者択一を迫られる。内部分裂を経て、当局は大衆を満足させるに足る譲歩を打ち出し、態勢を整え直すために引き下がる。したがって、とりあえずは革命家たちが「社会的、政治的分裂を超えて団結」し、優勢に立つ。[5] だが暴動で事が終わるわけではない。革命を守り、前進させるための軍隊など、新たな国の組織を作る機会も生じうるが、むしろ新しい状況における不透明感が急進派と穏健派のあいだでの緊張を生み出す。中産階級は改革を望むものの、革命と混乱の持続を恐れる。左翼は行き過ぎた行為に走り、中産階級の不安をあおる。要求が過大か、不十分かをめぐり議論が起きる。そうこうしているうちに支配者とその政府は冷酷さを取り戻し、軍を組織する。多くの場合、流血をともなう戦いのなかで急進派は敗北し、その指導者は投獄されるか、追放され、大衆は服従させられる。フランスの場合、ルイ・フィリップが退位したため、このような流れにはならなかった。だがそれは、戦争の場合と同じように革命でも、相手側の連立の質と団結が決定的な違いを生み出すことを示す例外にほかならなかった。

ヨーロッパ全体、そしてとりわけドイツに対するマルクスとエンゲルスの最初のスタンスは、労働者は社会主義のための闘争に備えて民主的革命を支持すべき、という刊行されたばかりの『共産党宣言』の論理に従うものだった。古い秩序を覆すための連立が大規模であればあるほど、成功の確率は上がる。普通選挙への参政権と言論の自由を手にすれば、労働者階級が自ら革命を計画する能力は高まる。最低でも、次の歴史的段階へ向けた動きが（たとえ達成するのに時間がかかるとしても）労働者階級の人数、意識、組織、闘争心の増大を可能にするだろう。[6] リスクがあるとすれば、勝利を収めたブルジョワジーがすぐに共産主義者の活動の抑圧に動くことであった。これに対抗するために、共産主義者は、民主的革命で協力していたとしても、ブルジョワジーとの関係は非友好的で敵対的なものにならざるをえないことを労働者階級に常に言い聞かせる必要があった。こうした点から、民主的革命の第一段階で成功しても気を緩めるいとまはなく、すぐにプロレタリア革命という第二段階へ移らなければならない、という「永続革命」の概念が生まれた。

事態の素早い展開は革命家を高揚させた。フランスは革命の伝統が強固な国であり、階級闘争は急激かつ圧倒的に進んだ。パリから二月革命の知らせが届くと、エンゲルスは「この輝かしい革命によって、フランスのプロレタリアートは再びヨーロッパの運動の先頭に立った。パリの労働者に栄誉あれ！」と叫んだ。(7) その後の失望は、六月の蜂起の知らせを受けて、より大きな興奮へと変わった。マルクスは素晴らしい瞬間が訪れたと考え、こう書いた。「反乱はこれまでに起こったもののうちで最大の革命へ、プロレタリアートによるブルジョアジーに対する革命へと発展している」(8)。この蜂起が鎮圧されたことですら、ある種の前進とみなされた。階級闘争の厳しい現実を知らしめることによって、共産主義者の意識はより徹底されると考えられたからだ。二月革命が「美しい革命、万人が共感する革命」であったのに対して、六月革命は「空文句のかわりに事実が姿を現した醜い革命、いまわしい革命」だった。労働者階級が失敗によって絶望したり、宿命論的な考えになったりするのではなく、より残忍になり覚悟を強めるとみなした点で、マルクスは他の革命家たちとくに変わらなかった。

このころまでに、マルクスとエンゲルスはケルンに移っていた。ケルンはマルクスにとって土地勘のある地域で、労働者階級がかなり多く住み、政治的情勢が緊迫していた。折よく手にした遺産を使い、マルクスは急進的な大義を推進するための機関紙、新ライン新聞を創設した。六月一日に創刊された同紙は、すぐに六〇〇〇人ほどの読者を獲得した。同紙には、プロレタリアートはブルジョワジーに対して単独で行動するには層が薄すぎるため、農民や中産階級の下層（プチ・ブルジョワ）と団結しなければならない、というマルクスの信念が反映された。小規模の資産所有者に社会主義を呼びかけたところで、この団結が得られるとは考えにくかった。このため、『共産党宣言』を刊行した数週間後、マルクスとエンゲルスは比較的おとなしめの要求、統一共和国の樹立と男性普通選挙権にいくつかの社会問題への対策を加えた標準的な民主化計画を打ち出した。マルクスが最初に主催した集会は、労働者と農民を団結させるために農村部で開かれた[9]。

当時最大の労働者組織はケルン労働者協会で、八〇〇〇人ほどの会員がいた。同協会の創設者アンドレアス・ゴットシャルクは、より広範な政治行動よりも、社会、労働状況の改善に力を注いでいた[10]。ゴットシャルクはマルクスについて、最終目標の面では過度に急進的で、手段の面では穏健すぎると考えていた。そして、順序立てて段階的に革命を進めることにはほとんど共感を示さず、民主的革命にも関心をいだかなかった。マルクスは選挙で民主派候補者を支持するよう訴えた。民主化を推進しなければ、「小さな地方紙で共産主義について説き、行動的な大規模政党ではなく、小さなセクトを作るよりほかなかった[11]」。ゴットシャルクは選挙をボイコットし、社会主義を一気に推し進めようとした。

一八四八年七月にゴットシャルクが逮捕されると、マルクスとエンゲルスはケルン労働者協会を引き継ぎ、民主化運動支持への路線変更を行った。この新しい方針は、とくに会員からの寄付金徴収を求めたこともあって、あまり歓迎されなかった。会員数は急減し、革命は困難な仕事へと変わっていった。労働者は必ずしも進歩主義ではなかった。社会状況について懸念をいだき、大資本家に苛立ちを感じてはいただろうが、一方で前工業化時代の労働を懐かしく思い、本格的な階級闘争への意欲はもっていなかった。こうした革命熱の欠如にマルクスは失望した。のちに、ドイツの革命家が駅を攻撃するとしたら、まず入場券を買うだろう、と苦々しく論じている。[12]マルクスはパリの六月革命がドイツの革命を勢いづけると期待したが、実際に活気づいたのは反革命主義者だった。

ドイツの諸政府が取り締まりに動くと、マルクスはいっそう急進的になった。一八四九年初頭からは、社会主義共和国の樹立という純粋にプロレタリア的な要求を主張した。一八五〇年になると景況の悪化で勢いを得た。一八五〇年春に発表した論文「フランスにおける階級闘争」では、失敗から学び、革命の歴史的プロセスを加速させる覚悟ができたプロレタリアートのあいだで新たな革命意識が浸透する、という展望を示した。その前年に起きた幾多の出来事によって、「フランス社会のさまざまな階級は、それまで半世紀単位でとらえていた自分たちの発展の段階を、週単位でとらえなければならなくなった」[13]。支配階級が窮余の策を打ち出すなか、革命のプロセスが勢いと激しさを増し、理想主義的な幻想を打ち砕く一方で、階級の利益が運命に関する人々の意識を高まらせる可能性が生じた。それまでマルクスは労働者の権利の要求を支持していたが、ここへきて資本主義を放置する労働者をあざ笑うようになった。

だが、マルクスの楽観的な見方は早計だった。さらなる暴動や流血に反発する風潮が生じ、警戒感が広がっていた。ヨーロッパの景況は回復し、革命の機運は衰えた。マルクスとエンゲルスは政治的に孤立し、期待外れに終わった事態について、しばらく熟考した。そうしているうちに状況はさらに悪化した。一八四八年一二月、フランス皇帝ナポレオンの甥であるルイ・ナポレオン・ボナパルトが首尾よく選挙で当選し、おぼろげに進歩的な綱領を掲げて新しい共和国の初代大統領に就任した。就任後は保守的な議会と協力したが、就任前からの関心事項であった社会改革で行き詰まりが生じた。一八五一年一一月、ルイ・ナポレオンはクーデターを決行し、その一年後に第二共和政を廃止して、自ら皇帝の座に就いた。

エンゲルスはマルクスへの手紙で、いかにルイ・ナポレオンのクーデターがブリュメール(フランス革命暦の霜月)一八日の茶番であったかを知らせた(この日は初代ナポレオンがクーデターによって政権を握った日だった)。これは「一度目は大悲劇だったものが、二度目は下劣な茶番として」再現された出来事であった。(14) マルクスはこの事件をテーマに、歴史にかかわる自身の著作のなかでもとりわけ秀逸で皮肉のきいた『ルイ・ボナパルトのブリュメール一八日』を著した。プロレタリアートは革命活動に惑わされるがままになり、「先走って、当時の状況や教養水準やさまざまな関係のもとではすぐには実現できないような策を打ち出した」。

その結果、道を見失い、おびえるプチ・ブルジョワに見放された。一方、農民はなおもナポレオン伝説に魅了されていた。保守派だけが、自分たちの真の利益に基づいて行動した。さまざまな暴動が起きるまで、マルクスとエンゲルスは、無秩序に対する恐れが革命的な労働者階級を他の階級から切り離すくさびになる、と認識していた。だが旧来の社会民主主義と決別したマルクスは、革命の失敗の責任が急進的な活動の指導者にあると考えるようになっていた。

「人間は自らその歴史を作る。だが好き勝手に、自分で選んだ状況のもとで歴史を作るのではない。与えられ、また過去から受け継いだ既存の状況のもとで作るのだ」。『ルイ・ボナパルトのブリュメール一八日』でマルクスはこう説いた。この有名な一節は、単純明快だが深みのある戦略的洞察を示している。個人は自らの運命を決めるために行動するが、その選択は、自分が置かれた状況やその状況に関する自身の考え方によって左右される。「あらゆる死んだ世代の伝統が、生きている人間の頭の上に悪夢のように重くのしかかる」。革命に携わろうとして「それまで存在しなかったものを作り出す」とき、人は想像力の欠如という問題に直面し、未来よりも過去に目を向ける。「不安そうに過去の亡霊を自分のために呼び出し、その名前や戦いの合言葉や衣装を借り、そうした由緒ある装いと借り物のせりふを使って世界史の新しい場面を演じるのだ」。最初のフランス革命では、まずローマ共和国、それからローマ帝国をイメージした装いが用いられた。そして一八四八年の革命では、その一七八九年の革命のイメージをまねすることしかできなかった。「一九世紀の社会革命」では、なんとかして過去ではなく未来をうたう「詩」を紡がなければならない、とマルクスは訴えた。

革命が過去の模倣になった責任はマルクス自身にもあった。ジョン・マグワイアが論じるように、「あらゆるところに広がっていた一七八九年のフランス革命の影響が、マルクスの思想におよばなかったとは考えにくい[15]」。同革命は、バスティーユ襲撃の騒乱、その後の革命的正義、そして世界をトップダウン式ではなくボトムアップ式に作り変えるために暦からあいさつの仕方まで何もかもを見直す心構えなど、ほかのあらゆる事象を評価する基準を定めた。これは同時代の革命にとっての手本や原型となった。一八四八年にケルンの労働者を革命へ導こうとしていたとき、マルクスはジャコバン派による独裁を「あらゆる革命的出来事にとっての灯台」と呼んだ。このころのマルクスは、農民の役割から指導者像やヨーロッパ戦争の可能性にいたるまで、一七八九年革命のイメージや教訓を絶えず引き合いに出していた。一八四八年のドイツでの革命のためにマルクスがいだいていた戦略は、「急進化したフランス革命」という表現に要約された[16]。『ルイ・ボナパルトのブリュメール一八日』自体が、一七八九年革命との比較に基づいた著作だった。

マルクスは、一七八九年革命よりも前に築かれた革命理論の構成概念にもとらわれていた。この概念は、マルクスにとって初めての革命の現場で、政治の実践にはあまり役立たないことが明らかになった。マルクスの理論は、プロレタリアートに対してその真の利益と歴史的役割について説くうえで、ほかの者たちよりも優位に立ち、凌ぎつづけるという説得力あるナラティブを提示していた。だが一八四八年に、数が少なく政治的に未熟なプロレタリアートはより広い層の一階級にすぎず、なんらかの形で前進するには連携の必要があることがわかると、この理論は破綻した。マルクスの概念には四つの基本的な問題があった。

第一に、階級というものは、単なる社会的あるいは経済的区分ではなく、その構成員に快く受け入れられるアイデンティティでなければならなかった。プロレタリアートはそれ自体が階級であるというだけでなく、政治上の一勢力という自覚をもった自分たちのための階級である必要があった。これは意識の問題だった。マルクスは「この階級が社会と親しく結びついて溶け込む熱狂の瞬間」という表現を使った。だがこうした階級のアイデンティティは、単に経験と苦難を共有すればできるのか、あるいは共産主義者が絶え間なく鼓舞することで作られるのか、それともマルクスが一八四八年に考えていたとみられるように、革命の実体験を通じて形成されるのか。

第二に、一つの階級としての意識を高めるには、対立する国や宗教の主張を覆す必要があったが、多くの労働者にとって社会主義者、愛国者、キリスト教徒であることは矛盾ではなかった。当時とくに重要な存在であった革命的な人物のなかには、ジュゼッペ・マッツィーニやコシュート・ラヨシュのように、何よりもナショナリズムを土台とした主張を行う者もいた。ロシアからの解放というポーランドの大義は、マルクスを含む多くの者に広く受け入れられていた。「共産党宣言」では「国家の別にかかわらないプロレタリアートの共通の利益」をうたったが、マルクスは経済構造や政治構造の面で国によって違いがあることも認識していた。それでも、今日なら強引とみなされるであろうやり方で、そうした違いなどないかのように国民性を一般化して語ることを辞さなかった。エンゲルスのほうが、民族的な固定観念にとらわれる傾向がより強かった。

第三に、「共産党宣言」で主張された階級の二極化と異なり、一八四八年の階級構造はきわめて複雑だった。歴史的には消滅したことになっているかもしれないが、当時ははっきりと存在していたグループがいくつもあった。こうした状況において、さまざまな政治構造や結末がもたらされる可能性が考えられた。マルクスは「小工業者や小商人、金利生活者、手工業者、農民、これらすべての階級はプロレタリアートに転落する」とみていた。[17] しかし、これらのグループは必ずしも都市部の労働者階級と同一視されるものではなく、それぞれに固有の利害があった。エンゲルスにとって、「普段は大言壮語と騒々しい主張を繰り出し、時として過激な物言いをする」が、危険に直面すると「怖気づいて腰が引け、計算高くなり」、やがて事態が深刻化すると「驚愕し、すくみあがって、動揺する」プチ・ブルジョワは腹立たしい存在だった。[18] 農民はとりわけ立ち上がらせるのが難しい層だった。貴族と同じく、いまや消滅しつつある旧来の封建的秩序に郷愁の念を覚えているか、農地所有権の新しい概念によって急進的になっているか、のどちらかだったからだ。農民は反動的で古い思考の持ち主だと指摘しておきながら、ドイツにおける労働者と農民の連帯を呼びかけた「共産党宣言」には、そうした葛藤が如実に表れている。手工業者、プチ・ブルジョワ、商人、地主も、みなかなりの人数で構成される層であって、それぞれ独自の政治的見解をもっていた。一八四八年当時の労働者階級でさえも多種多様であり、大規模工場に勤める者よりも、小工場で働く者、つまり機械化を進歩の象徴ではなく問題の一端、経済発展において不可欠な段階ではなく一層の困窮の源とみなす者のほうがはるかに多くみられた。革命が失敗すると、マルクスは堕落したルンペン・プロレタリアートが民兵に加わり、パリ六月蜂起の鎮圧に加担したと責めた（ただし、実際の遊撃警備隊の社会構成は、より広い労働者階級を反映していた）。

第四に、最大の混乱は、「共産党宣言」が、プロレタリア革命の前に必ずブルジョワ革命が起きることを前提としている点にあった。ブルジョワ革命は、プロレタリアートの発展と、工業化社会で主導権を握ることへのプロレタリアートの意識を促す条件を整えるだろう。だが、その実現には時間がかかる。さしあたっての戦略的含意は、労働者階級に革命を起こす中産階級を支援するよう促すことにあった。ブルジョワの進むべき道ははっきりしていた。ブルジョワには、その企業家的創造性を通じて既存の秩序を転覆したり、回避したりすることが可能だった。やがて政治情勢が追いつき、この活力に満ちた階級の居場所ができる。そうなれば、民主主義の拡大という形でプロレタリアートも恩恵を受けうる。しかし、もし理論が正しいのだとすれば、ブルジョワ革命がもたらすのは労働者階級の漸進的な発展ではなく、一層の搾取と窮乏化であった。アンドレアス・ゴットシャルクは、マルクスが労働者の窮乏と貧困者の飢えを単なる「学問上、教義上の関心」事項としてとらえていると非難し、問いを投げかけた。なぜ「プロレタリアートに属する人間」は、「老いさらばえた資本主義支配の煉獄に進んでわが身を投げ落とすことによって中世の地獄から逃れ、貴殿の『共産主義信条』の朦朧たる天国にたどり着くために」革命を起こし、血を流さなければならないのか、と[19]。

蜂起の戦略

一八四九年に切望していた不況は実現せず、マルクスとエンゲルスは、軍隊が国家に忠誠を尽くしたままでいるかぎり、蜂起しても成功する見込みは薄いと判断した。もしどこかで（ことによるとフランスで）蜂起が成功したとしても、それが他の国での反応を引き起こし、そして何よりも重要なことに、反革命的な軍隊を打破するための革命諸国の連帯を促さなければ、長続きしないと考えられた。マルクスが腰を据えて政治経済学を学ぶ一方で、エンゲルスは革命国と反革命国の潜在的な戦力バランスを評価するための軍事研究に力を注いだ。エンゲルスのアプローチは感傷を排した機械的なものだった。「戦争を学べば学ぶほど、勇敢さという言葉に、まっとうな兵士は決して口にしない、この勇敢さという愚劣な言葉に対する軽蔑の念がますます強まる」[20]。エンゲルスは、ナポレオンが若くして成し遂げた成功を一国のみで再現できるとは考えていなかった。機動力と規模の大きさを土台とした現代の兵術は、いまや「世界周知」であった。そしてフランスは、もはやこの伝統の「卓越した担い手」ではなかった。エンゲルスは、戦略と戦術における優位性は革命に必ずしも有利に働かない、という楽観的とはいえない結論に達した。プロレタリア革命は独自の軍事的様相を呈し、階級の差異の消滅を反映した新たな戦争手法を生み出すだろう。だが、軍隊の大規模性と機動力の重要性は低下するのではなく、むしろ向上する公算が大きい。そしてそれらを獲得するには何年もの時間がかかる、とエンゲルスは考えた。第一に、国内の敵から革命を守る状況が生じれば、兵の大半を「下層民と農民」から募らなければならないだろう。そのような場合、革命には現代戦争の手段と手法が用いられることになり、その結果、「強大な大隊が勝利する」だろう、と。マルクスはエンゲルスの軍事知識を尊重していたが、エンゲルスのように、ほかの要素よりも軍事的要素を重視しようとはしなかった。こうした違いはアメリカの南北戦争中に明らかになった。北軍に苛立ちを募らせていたのは二人とも同じだったが、北部の物質的な優位性が最終的に勝利をもたらすと当初からより強く考えていたマルクスに対して、エンゲルスは南部連合の軍事戦術技能面での優位性に懸念をいだいていた。一八六二年の夏、エンゲルスは「万事休す」と思い込んだが、マルクスは同意せず、エンゲルスが「物事の軍事的側面に少々とらわれすぎている」と指摘した。[21]

一八五一年六月、エンゲルスは同年後半にアメリカに移住した元士官の親友ヨーゼフ・ヴァイデマイアーへ手紙を書き、自分が求めているのは「軍事的性質を帯びた史実を理解し、正しく判断することを可能にするために必要な基礎知識」だと説いた。そこには地図や手引書も含まれていた。エンゲルスはさらに、クラウゼヴィッツや「フランス人にもてはやされているジョミニ氏」に関する意見を求めた。[22] クラウゼヴィッツは読んでいたが、ジョミニのほうが頼りがいがあると感じていたのだ。一八五三年にまたヴァイデマイアーに宛てて書いた手紙では、プロイセンの軍事関連文献を「まったくもって最低」と評し、「生まれながらの天才クラウゼヴィッツには良いところもたくさんあるが、わたしはどうも好きになれない」と打ち明けた。[23] だがその後、クラウゼヴィッツに共感を寄せるようになり、一八五七年には「哲学的な思考の面では変わっている」としながらも、戦争における戦闘は商取引における現金支払いのようなものだ、というクラウゼヴィッツの考え方に賛同の意を示した。[24]

エンゲルスの軍事への関心は、共産主義者同盟内での分裂にも影響をおよぼし、この同盟は短命に終わった。分裂は、一八五〇年にマルクスが近い将来の革命はないと考えたことで生じた。それに対して先頭に立って反対したのは、元士官のアウグスト・フォン・ヴィリヒだった。エンゲルスが「戦闘においては勇敢で冷酷で有能」だが、「退屈なイデオロジスト」と評した人物だ。[25] このころ、共産主義者同盟のメンバーの多くがロンドンに集結していた。酒場での生活と、戻ってドイツを解放するという楽観的な思いを共有する亡命者のあいだでは、ヴィリヒのほうが人気だった。マルクスやエンゲルスのような、エリート主義で横柄な「文才肌」

に対して、ヴィリヒはせっかちな行動型の人間というイメージを押し出していた。革命よりも読書に関心を向け、自分たちの仕事を教育とプロパガンダに限定しているようにみえる、そして民主化支援の姿勢をとる二人とは異なり、ヴィリヒの支持者たちはブルジョワ層が力を得るための支援への関心はなく、自分たちがただちに最高権力を握ることをめざしていた。そして、演習や射撃練習、階層的な軍隊型組織による革命戦争への準備を始めていた。

物質的な条件に加えて、意志と軍事技能があれば革命は起こせるという、とりわけルイ・オーギュスト・ブランキに近い考え方に、マルクスは常に敵意をいだいていた。人々を勝ち目のない戦闘に駆り立てることに意味はなかった[26]。マルクスはヴィリヒに対して次のように語った。「われわれは労働者にこう言う。『状況を変えるためだけでなく、自分自身を変革し、政治支配力をもつ者にふさわしくなるために、今後一五年、二〇年、五〇年にわたって内乱と民族的闘争を経験しつづける必要がある』と。ところが諸君はこう言う。『われわれはただちに政権を握らなければならない。それができないのなら、寝てしまったほうがましだ』と[27]」。一八五一年九月、マルクスはエンゲルス宛ての手紙で、ヴィリヒ派の一員であるグスタフ・テヒョウが一八四九年の革命の教訓として述べたことについて報告した[28]。テヒョウは、革命は一つの派閥、あるいは一つの民族の範囲内で行ってもうまくいかず、全体に広がらなければ成功しない、と説いた。バリケードを築いても、大衆に反抗の合図を出し、それに対する政府の意向をうかがうことしかできない。それよりももっと重要なのは正規戦のための組織であり、規律ある軍隊が必要とされる。「規律ある軍隊によってのみ、攻勢が可能となるのであり、攻勢に出ることなしに勝利は得られない」からだ。内部分裂した憲法制定議会には、こうした組織づくりを担う力はない。勝利を得たあとでしか事実上、決定できないことばかりを議論し、また愚かにも民主的な軍隊を求めている。熱情にかられた義勇軍が、規律と統率の行き届いた兵士に勝つ見込みはほとんどない。革命軍には強制力、つまり「鉄のように厳格な規律」が必要である。こうした見解を示したテヒョウに対してエンゲルスは、階級闘争や、戦いのあとをも視野に入れた展望から目を背けている、と否定的な評価を下した。軍事独裁が実現すれば、国内政治は抑圧されるだろう。だが、そのような大規模軍の兵士を集める方法について、テヒョウは考えていなかった[29]。翌一八五二年に革命が起きるとすれば、守勢を保たざるをえないか、「空虚な宣言」あるいは絶望的な軍事遠征に限定されるか、のどちらかになるだろう、とエンゲルスは説いた。

一八五二年九月、エンゲルスは一八四九年五月からフランクフルトで開催されたドイツ国民議会について振り返った記事を書いた。左翼と民主主義者が中心となった同議会は、オーストリア、プロイセン、バイエルンの三大国に事実上の宣戦布告を行った。そして、ドレスデンや（エンゲルスがヴィリヒとともに戦った）バーデンにおける蜂起をはじめとする激しい大衆運動が展開された。国民議会は武器をとって運動を支援するよう人々に呼びかけることもできたが、実際には鎮圧されるがままに各蜂起を放置した。こうした事態によって、エンゲルスは以下の考えをいだくようになった。

ところで、戦争やその他のものとまったく同様に、蜂起は一つの技術（アート）であり、特定の手続きのルールに従うものである。ルールを無視すれば、その当事者には破滅が訪れる。……第一に、その報いを受ける覚悟が十分にできていないのなら、決して蜂起してはならない。蜂起は、日々変わりうる、きわめて不特定の数値を用いて行う計算のようなものだ。相手の軍勢は、組織、規律、伝統的権威のすべての面で有利な立場にある。その相手に対して相当の優勢を得られなければ、敗北し、破滅する。第二に、ひとたび蜂起したなら、最大限の覚悟をもって行動し、攻勢に出よ。守勢はあらゆる武装蜂起の死を意味する。守勢をとれば、敵と戦力を比べるまでもなく、蜂起は失敗する。敵の兵力が分散しているうちに不意をつけ。どんなに小さくても、日々、新しい勝利を得るよう心がけよ。蜂起の最初の勝利によって得た精神的優勢を維持せよ。強い衝動にかられやすく、常に安全な側を探し求める動揺分子を味方に引き入れよ。敵がこちらに対して兵力を集結できないうちに、退却に追い込め。歴史上最も偉大な革命政策の達人であるダントンが言ったように、大胆なれ、さらに大胆なれ、常に大胆なれ！(30)

エンゲルスが伝えたかったのは、ひとたび革命のプロセスが始まったら、そのまま突き進まなければならないということだ。そのためには勢いと、攻勢を保つことが必要である。躊躇すれば、すべては無に帰す。最初の蜂起だけでは不十分である。反革命の動きを完全に封じるところまで見越して戦わなければならない。当然のことながら、反革命諸国との全面戦争が必要となる可能性もある。軍事対決の道を選んだ場合に、殲滅戦の論理を完全に追求することをエンゲルスは受け入れていた。

だがこうした考え方は、その道がなんらかの形での敗北をもたらした場合にどうすべきかという疑問を生み出した。冷静な計算に基づく革命戦略においては、慎重さと忍耐強さが物を言う。しかし、根本的変革に今すぐ本気で取り組まなければならないという激情に基づいた革命戦略においては、自制は耐えがたいものと感じられるだろう。どちらにしても、つまり、変革を起こしうる瞬間を待ち望みながら不条理の日々をすごすにせよ、大義が実現する見込みがない状況であっても不条理に立ち向かうにせよ、次章で論じるように、急進的な政治行為は激しいフラストレーションをもたらす恐れがあった。

第19章 ゲルツェンとバクーニン

歴史がジグザグに進むから、民衆がバスティーユを襲撃するわけじゃない。耐えきれなくなった民衆がバスティーユを襲撃するから、歴史はジグザグに進むのだ。

――アレクサンドル・ゲルツェン（トム・ストッパード『コースト・オブ・ユートピア』より）

アレクサンドル・ゲルツェンは、無謀な行為の報いにおびえながらも急進的な変革に取り組んだ稀有な人物だ。劇作家トム・ストッパードはゲルツェンを主人公として、すぐれた三部構成の戯曲『コースト・オブ・ユートピア』を書いた。同作では、一九世紀半ばにゲルツェンの人生にかかわった急進的なロシア人亡命者を中心とする人々が描かれている。ゲルツェンは一八一二年、ボロジノの会戦が起きる数ヵ月前にモスクワで生まれた。貴族の非嫡出子だったゲルツェンは、話上手で鋭い観察眼をもった才気あふれる著作家となり、亡命後もロシア変革の扇動者として影響力を発揮した[1]。ゲルツェンの公私におけるさまざまなドラマが絡まり合って話が進行するストッパードの三部作では、妻とドイツ人革命家との不倫も描かれている。知的な主題は、いかに急激な政治的変化を引き起こし、導くかという絶えることのない疑問に根ざしている。この戯曲では、当時の偉大な革命家たちが熱情とともに未来へ目を向けている。現実のゲルツェンに不吉な予感をもたらしたような、来るべき革命へのためらいはみられない。

ストッパードは、やはりゲルツェンの支持者である哲学者アイザイア・バーリンの評論を引き合いに出し、ゲルツェンのことを「集団よりも個人を、理論よりも現実を」を尊重し、「現在の犠牲と流血は未来の幸福によって正当化される」という考え方を受け入れることのできない人物として描いた。ストッパードによれば、ゲルツェンは「台本や行き先は存在せず、未来には過去と同じように多くのものが常に待ち受けている」と考えていた[2]。戯曲では、ある急進派が「『歴史の精神』だ、絶え間ない『人類進化の行進』だ」と発言したのを受けて、ゲルツェンがこう叫ぶ。「その御大層な用語に呪いあれ！　われわれは民衆に血を流せと言っているのだ。せめて、民衆が抽象概念を延々と実行しているなどと思い上がらせるのはやめてくれ[3]」。

リベラルな懐疑主義者であり、使命を負った知識人全般に対して不信感をいだくストッパードは、ゲルツェンの自由主義的社会主義を公平には評価していない[4]。一八六一年の農奴解放まで、ゲルツェンはロシアにおける変革の圧力を生み出すうえで重要な役割を果たしていた。ゲルツェンが発行した新聞コロコル（鐘）は、ロシアの知識人やエリート層の必読紙だった。ゲルツェンは親友で詩人のニコライ・オガリョーフと共同で同紙を作った。エリート層を含む多くの読者は、いまだに封建制から抜け出せず、当時の経済的、社会的、政治的躍動に加わることのできないロシアがヨーロッパのなかで立ち遅れている、というゲルツェンの屈辱感を共有した。スキャンダルを暴き、検閲を揶揄（やゆ）し、不正を告発しつつ、改革を達成する方法ではなく、改革が必要な理由を重点的に訴えるのがゲルツェンの手法だった。そして、皇帝アレクサンドル二世に望みを託す構えすらみせ、直接訴える形式の記事も書いた。このように、革命を呼びかける気配を感じさせずに政府を激しく糾弾するのは、当初においては政治的に巧妙なやり方だった。

こうした姿勢は、皇帝を信頼する理由を見いだせず、計画性を欠くとゲルツェンを非難する革命家たちとのあいだで論争を呼んだ。とくに口論の相手となったのは虚無主義者（ニヒリスト）だった。ニヒリストとは、ゲルツェンの仲間の一人である作家のイワン・ツルゲーネフが、一八六二年に発表した小説『父と子』で描いた一派のことだ。同書によると、ニヒリストとは「いかなる権威の前にも頭を下げず、いかなる原理も、それがどれだけ尊重されているかにかかわらず、信頼して受け入れることのない人」を意味する。ニヒリストは断固たる唯物論者であり、実在すると証明できないものは決して信じない。したがって、あらゆる抽象的な思考や美意識を非難の対象とした。ニヒリストの唯一の関心は、新しい社会を作ることに向けられていた。その知的指導者の一人にニコライ・チェルヌイシェフスキーがいた。チェルヌイシェフスキーが一八六二年に獄中で書き、手違いによってたまたま検閲を免れた小説『何をなすべきか』は、文学作品としては概して不評だった。にもかかわらず、前途に待ち受ける闘争のために革命家がいかに覚悟すべきかを説いた同書は、狂信的な若者たちの手引書となった。ゲルツェンの個人的な見解がどうであったにせよ、そのロンドンでの出版活動は、ニヒリストたちの重要な教本の多くが秘密裏に出版されるという効果をもたらした。

一八五九年に実現したゲルツェンとチェルヌイシェフスキーの直接会談を、ストッパードは戯曲で以下のように描いた。チェルヌイシェフスキーは、かつて敬服していたゲルツェンのことを、今では癪にさわる「革命思想の好事家」だと思っている。富と社会的地位があるために、闘争に携わらないアプローチをとり、権力はそれ自体を蝕むものだという改革の妄想を受け入れてしまっているのだと。チェルヌイシェフスキーは「斧だけが物を言う」と主張するが、ゲルツェンはそのような考え方は対立を招くとみなしている。改革派が保守派にぶつかっても政府に資するだけだ。そのようなやり方を認めるわけにはいかない。「知識階級の独裁政権下で暮らせるようにするために、民衆をくびきから解き放つというのか？」。排水溝に血を流すよりも、平和かつ段階的な前進を選ぶほうが賢明だとゲルツェンは説く(5)。

転換点となったのは、一八六一年のアレクサンドル二世による農奴解放令の発布だ。ゲルツェンはこれを受けてロンドンの自宅で盛大な祝宴を催したが、祝賀ムードはすぐ立ち消えになった。詐欺ともいうべき解放令の具体的な内容が明らかになり、大きな失望をもたらしたうえ、そのほとんど直後にロシア軍がワルシャワでデモ隊に発砲し、大量の死者を出すという事態が生じたのだ。農民とポーランド人に共感を寄せていたゲルツェンは激しく憤った。改革のために手を組もうとしてきたゲルツェンだが、もはやそれはかなわなくなった。裏切られたという思いは強烈だった。ゲルツェンはロシア国内の不穏な情勢とポーランドにおける暴動の両方にたじろぐ自由主義者と決別した。そして一八六一年一一月発行のコロコル紙にこう記した。「うめき声が広がり、不平のざわめきが強まっている。これこそ、退屈きわまりない凪のあとの嵐がもたらした、わき立つ波の最初の咆哮だ。『人民のなかへ！　人民のなかへ！』という叫びである[6]」。政治的な意図ではなく激しい怒りから書いたのかもしれないが、これは革命の呼びかけと受け止められた。実際に、ゲルツェンは革命を支持するかどうか、しばし思案した。だが民衆のためと主張しながら、明らかにその民衆を見下している革命指導者たちを支援する気にはなれなかった。そして、農民の無知蒙昧さを強調する声を受け入れず、人民主義へと近づいた。知識人よりも一般大衆の知恵を信頼するようになっていったのだ。「マナは天から降るものではなく、大地で育つものだ」とゲルツェンは説いた〔訳注：マナとは旧約聖書に出てくる食物で、神がモーセの祈りに応えて天から降らせたとされている〕。自らの急進的な信念も、革命家を自称するエリート層を支持することへのためらいも捨てられず、穏健派と過激派の双方から軽蔑されたゲルツェンは、目的と手段のあいだに隔たりがあることを痛切に感じた。

物語に登場する、道に迷った遍歴の騎士のように、わたしたちは十字路で逡巡していた。右へ進めば、馬を失うが自分は無事だろう。左へ進めば、馬は助かるが自分が命を落とすだろう。前へ進めば、世の中から見放される。そして後退することは、もはや不可能だった[7]。

バクーニン

ストッパードの戯曲には、カール・マルクスが特別出演のような形で口汚い不作法者として登場する。ゲルツェンが見る一連の夢のなかで、マルクスは一八五三年当時のほかの有力革命家たちを、絶妙な罵り言葉で形容する。「胃袋の腐ったガス腹野郎」、「わたしの尻のイボ」よりも役立たず、「調子がいいだけのまぬけ」、「恥知らずのほら吹き」といった具合にだ[8]。たしかに、このころのマルクスとエンゲルスは同時代の多くの革命家たちに幻滅しはじめていた。後年、エンゲルスは革命失敗後の様子をこう記した。「さまざまな色調の党派がグループを作り、しくじったことや裏切りや、その他のありとあらゆる大罪について、お互いを非難し合う。……当然のように幻滅が新たな幻滅を生み……非難合戦が積もりに積もり、あまねく罵り合うことになる[9]」。

ゲルツェンの生涯、そしてストッパードの戯曲において、より大きな存在感を示したのがミハイル・バクーニンである。バクーニンは、絶えずカネを無心し、自らの夢見る世界に生きる男、だが紛うことなきカリスマ性をもった愛すべきならず者、矛盾だらけの目立ちたがり屋として描かれている。遍歴の革命家バクーニンは一八四八年にロシアで収監され、やがてシベリア流刑の身となった。そこからの脱走に成功すると、以前と同じく革命が成功しそうな地を転々としながら、独自の無政府主義者（アナーキスト）教義を作り上げていった。バクーニンとマルクスには、不自由のない身分から反乱分子になった、自己形成期にヘーゲル哲学に魅了された、一八四八年の騒乱にかかわった、よく知りもしない労働者階級に熱心に肩入れした、といった多くの共通点があった。どちらも一八四〇年にベルリンで哲学を学んでいたが、一八四四年になるまで対面することはなかった。それから二人は激動の一八四八年を含め、幾度となく顔を合わせた[10]。バクーニンは物知り顔のドイツの知識人を信用していなかったが、マルクスのロシア人に対する不信感はもっと強かった。マルクスがゲルツェンとまったくかかわろうとしなかった一因はそこにあった。

バクーニンは独創的な鋭い理論家となりうる人物だったが、せっかちで物事を中途半端なままにすることもしばしばだったうえ、矛盾した発言をしがちだった。政治経済学に関してはマルクスの信奉者で、『資本論』のロシア語訳をしようと考えていた（そして翻訳の前払い金を受け取っていた）ほどだった。マルクスがバクーニンの精力と取り組みを評価することもあった。一八五三年には、ロシアの諜報員だとしてバクーニンを非難する報道が行われ、バクーニンがそれをマルクスのせいだと考えたが、二人の関係は修復された。だが最終的に、革命活動の方向性をめぐって激しい論争を繰り広げたことで、二人の実質的な政治生命は終焉した。バクーニンはこう述べている。「マルクスはわたしのことを感傷的な理想主義者だと言ったが、そのとおりだった。わたしはマルクスのことを不実で狡猾な見栄っぱりと言った。それもまさにそのとおりだった」[11]。

ゲルツェンがバクーニンについて語ったなかでもよく引用される言葉は、その身体的特徴を強烈に印象づけるものだ。バクーニンは「その行動力、怠け癖、食欲、そして巨大な体やひっきりなしにかいている汗といったあらゆる点で、とにかく人間離れしていた。ライオンのたてがみのようなボサボサ頭をした巨漢だった」[12]。職業革命家としての当時の姿については、こう伝えている。「プロパガンダや扇動、そして気が乗ればデマゴギーに精を出し、絶えず権謀術数をめぐらせたり、関係を取り結んだりしてはそれらに重大な意義をもたせようとしていた」[13]が、「命がけで取り組む覚悟や、どんな結果も受け入れる無鉄砲さ」も、もちあわせていた。当時も今もバクーニンの支持者は、当人が精神錯乱の一歩手前だったという見方に異議を唱え、狂気じみた破壊的衝動の原因が、貴族家庭の牧歌的な環境で一風変わった幼少時代をすごした点にあると説いている[14]。バクーニンに好感を覚え、一目置いていたゲルツェンは、別の種類の葛藤を指摘した。それは、野心的な目的と乏しい手段の板ばさみになったすべての革命家が直面する葛藤が、一段と激しくなったものである。舞台はバクーニンが望む役割を演じるには小さすぎ、ほかの者が加わる余地などないほどだった。ゲルツェンはバクーニンのことを、こうみていた。「英雄の特質をもちながら、歴史の流れのなかで、なすべき仕事を与えられぬまま放置されていた」。そして、「求められてもいない壮大な活動の芽を育てた」と。バクーニン自身も、「奇想天外なものや、並外れた前代未聞の冒険、その先に何があるのか誰にも予見できない、果てしない地平を切り開く試みに対する愛着」があることを認めていた(15)。あらゆる国家に敵対し、自由な大衆には健全な自発性が宿ると信じる一方で、バクーニンは階層制に基づく秘密結社のための計略を企てた。そして、実績の乏しい陰謀家でありながら、大衆、そして革命後の社会に対して「目に見えない力」をふるう「影の指導者」になることを思い描いていた。

第一インターナショナルとパリ・コミューン

マルクスもバクーニンも、国際労働者協会（IWA）の創設に直接かかわってはいなかった。のちに第一インターナショナルとして知られるようになったIWAは、各国労働者組織の協調を促すために、「労働者階級の保護、進歩および完全な解放」を目標に掲げて一八六四年に創設された。特定のセクトに属さない幅広い基盤をもつ組織で、ロンドン在住の多くの亡命者や、民主主義者からアナーキスト、国際主義者、ナショナリスト、理想主義者、唯物論者、穏健派、過激派まで、当時広まっていた多種多様な思想の持ち主を引き込んだ。

マルクスにとって、これは政治の現場に戻る好機であった。マルクスは国際的な連携とプロレタリアート中心の考え方に賛同していた。より強い階級意識を培うのに格好の機会であり、IWAの大衆の支持基盤の狭さや、イデオロギー面で疑わしさのある同志に関する懸念をいったん脇に置くだけの価値があると考えたのだ。マルクスはほどなく、内部のさまざまな見解の動向に気を配りながら、言葉を巧みに操るIWAの起草家となった。マルクスはエンゲルス宛ての手紙に、自身の見解を「労働運動の現在の考え方に沿う」ような形で「表現」しなければならなかった件について書き、「再び目覚めた運動で、かつてのように大胆な言葉が用いられるようになる」のには時間がかかるだろうと説いた。IWAの規約を起草する際には、前文に「義務」と「権利」、そして「真理、道徳、正義」という決まり文句を入れるよう求められたが、「ほとんど害をなさないような形で組み込んだ」とも報告した。[16] その結果、完成した規約は控えめかつ慎重な内容で、自己主張の激しい「共産党宣言」とはまったく異なっていた。集団主義と中央集権化に対するマルクスの意欲は鳴りをひそめていた。前面に立って指導するのではなく、当面は後方から支援することにしたのだ。

監獄と流刑地で長い歳月を過ごしたバクーニンは、一八四八年以後の亡命者たちを取り巻いていた陰鬱さとは無縁であり、ＩＷＡにも創設後四年間はほとんどかかわらなかった。この時期に、バクーニンはアナーキストとしての立場をよりはっきりと打ち出すようになっていた。ＩＷＡに初めて参加したのは、マルクスが欠席したバーゼルでの会議だった。そこで強烈な印象を残したために、マルクスはバクーニンのことを遍歴の同志ではなく、危険なライバルとしてとらえた。一八四〇年代にプルードンを批判して以来、マルクスはアナーキストと論争を繰り広げてきた。その結果、同じ運動における二派のあいだで、決して修復されることのない亀裂がはっきりと生じた。戦略判断の面で常に問題含みだったプルードンの強みは、その著作にあった。プルードンは著作家、演説家として一八四八年のパリ蜂起に携わっただけでなく、短い期間ながら国民議会議員も務めた。だが、議員時代は報われずに終わり、そこで味わった疎外感とほかの議員が示した大衆に対する恐怖心に不満をいだいたプルードンは、政治的進歩よりも経済的進歩に熱心に取り組むようになった。一八五二年には、ルイ・ナポレオンの統治によってフランスは革命の道を進みうるという主張をしたが、のちにこれを撤回した。フランス国内では一定の支持を保っていたプルードンだが、しだいに外国人嫌いの傾向を強め、思想を右傾化させていった。直接行動を起こすことを嫌悪し、労働者階級のストライキに反対したり、選挙の棄権を呼びかけたりした。国家を転覆させるために、いかに大衆を動かすかという点に取り組むのではなく、あらゆる形態の組織化された政治を排し、自由な個人がお互いを支え合うようになるための大衆の教育に力を注ぐよう訴えた。(17)「労働者が資本家の力を借りずに自分たちで団結し、世界征服のために足並みを揃えれば、荒っぽい蜂起に走る必要はまったくなくなり、あらゆるところに押し寄せ、原理の力を通じて、あらゆることができるようになる」[18]。このように、プルードンは戦略を必要とする道筋を提唱することなく、戦略の問題に取り組んだ。

バクーニンはプルードンとまったく異なるアナーキズムのあり方を示した。あらゆる種類の集団主義を否定しつつ、創造のための破壊を主張して、熱狂的なまでに革命に取り組んだ。「あらゆる政府中心主義的、教条主義的な束縛から解き放たれ、完全に自発的な行動の自由を得た生だけに創造力は宿る」。説得力のある雄弁家であったバクーニンは、プルードンよりはるかに強いカリスマ性をもっていた。また、活動家の国際的なネットワークを独自に築いていた。マルクスは、IWAとは別に活動する秘密組織を保持していた点について、バクーニンを非難した。この非難には一理あった。バクーニンは、活動全体を自分が望む方向へと秘密裏に押し進めるために自身のネットワークを維持していたからだ。一方で、マルクスによるバクーニン批判には偏りと悪意があった。二人の対立は結果的にIWAの崩壊をもたらした。一八七二年、マルクスはIWAからのバクーニンの除名と、総評議会のアメリカ移転の両方を実現させたが、これが実質的にIWAの解散へとつながった。

二人の見解の相違は、その重大性と不成功に終わったという点で、革命家にとって一八四八年の革命に匹敵するほどの決定的な出来事となった一八七一年のパリ・コミューンで危機的状態に達した。パリ・コミューンは普仏戦争後に形成された。ルイ・ナポレオンの敗戦を受けてフランスを支配した急進派が第三共和政発足を宣言し、抵抗を続けた。五ヵ月後の一八七一年一月にパリは陥落したが、騒乱はまだ終わらなかった。熱狂に包まれたパリで市民は武装し、急進派が主導権を握った。中道右派政府のアドルフ・ティエール大統領はベルサイユに退避し、そこで急進派側につかなかった軍人、警察、行政官を再編成した。パリでは中央委員会がコミューンのための選挙を準備し、多種多様な急進派と社会主義者が名乗りを上げた。一七八九年の栄光を取り戻そうとする者もあれば、共産主義者の新しいユートピアを築こうとする者もいた。政府側で囚われの身となっていたルイ・ブランキがコミューンの大統領に選出されたのは、多分に象徴的な成り行きであった。パリでは赤旗が掲げられ、古い共和暦が再び用いられ、教会と国が分離され、緩やかな社会改革が実施された。男女同権主義者（フェミニスト）や社会主義者は自分たちの思想を活発に説いてまわり、アナーキスト、革命的社会主義者、多様な共和主義者たちがほどほどに協力し合ってコミューンを導いていた。だが、こうした状態は長く続かなかった。ティエールが新たに編成した軍隊が、やがてパリ突入に成功し、コミューンの衛兵を圧倒した。勇敢だが、中央による調整や指揮を欠いていた衛兵側に勝ち目はなかった。パリを奪還した政府軍による報復行動が始まり、当初だけでも推計二万人におよぶ犠牲者が生じた。

マルクス主義者もバクーニン主義者も、パリ・コミューンで重要な役割を果たすことはなかった。「マルクス主義者やバクーニン主義者がコミューンから受ける恩恵のほうが、コミューンが彼らから受ける恩恵よりも大きかった」[19]。パリ・コミューンは、マルクスの著作『フランスにおける内乱』において、革命政府の原型となる「プロレタリアート独裁」（のちに、より後ろ暗い意味合いが付加された言葉）だと断言された。同コミューンにより、労働者階級が権力を掌握できることが証明された一方で、既存の国家機構をその目的に用いるのは困難である点も明らかになった。パリ・コミューンは、ただちにベルサイユ政府の完全な打倒に動くのではなく、民主的選挙を実施することによって「貴重な時間を失った」。マルクスは、壮健な市民を徴兵し、中央からの指揮体制を設ければ、ベルサイユ政府の打倒は実現可能だったと考えた。一方、バクーニンの見解はまったく異なっていた。その自発性と労働者評議会への分権化にこそコミューンの意味があるとみていたのだ。中央からの強力な指示のもとで堅固な国家を作るというマルクスの考え方に、バクーニンは愕然とした。バクーニンは、「少数派が、自らがもつと主張する優秀な知能の名において多数派を支配すること」について警告を発した。あとから振り返れば、新たなエリートの台頭と社会主義のもとで国家が果たす圧制的な役割に対するバクーニンの警鐘には先見の明があった[20]。こうした警告は、国家は諸悪の根源であるという信念と、誰かがほかの者を支配する立場になることへの反感から自然と生じたものであった。

マルクスは未来永劫にわたり強力で威圧的な国家が必要だと考えている、という見方を、マルクス自身は否定していた。エンゲルスが説いたように、国家はやがて「死滅する」。マルクスとエンゲルスの理論によれば、プロレタリアートの解放は全人類の解放を意味する。階級支配の手段としての国家は不要になる。こうした理論には心地よさがあったが、マルクスは政治権力の行使に関して感情的になることも、階級闘争がどれだけ激化するかという点について幻想をいだくこともなかった。ブルジョワジーが進んで権力を委譲することはなく、仮にそれを奪われた場合には取り戻すために戦うだろう。そのような状況になれば、反動的な諸国との戦争が起きうるし、そうなる可能性は高かった。したがって、当面はプロレタリアートが権力を維持するために戦わなければならないということを、マルクスは少しも疑っていなかった。これはパリ・コミューンから得た教訓だった。中央からの指示や強制力なしに革命を続けられると考えるのは甘かった。エンゲルスにとって、革命は「まちがいなく何よりも権威主義的なもの、大衆の一部が、銃や銃剣や大砲といった手に入るかぎりの威圧的な手段を用い、残りの者たちに自分たちの意志を押しつける行為」であった[21]。

バクーニンにしてみれば、しっかりと構築された国家がやがて死滅する、というマルクスの考えこそ甘かった。国家は階級だけでなく、あらゆる部門や領域の利害を反映した形として存在しうる。たとえ善意のエリート革命家であっても、権威主義的になり、自らの地位を守り、向上させるために国家権力を行使する可能性はある。バクーニンはこう説いた。「わたしは共産主義者ではない。共産主義は国家における社会のあらゆる権力を集中させ、吸収するからだ。そして必然的な流れとして、資産は国家の手中に集まる」。むしろバクーニンは、「国家の廃止、権力と国家の監督に関する原則を根本から除去すること」を主張し、「権力を用いたトップダウン型の組織ではなく、ボトムアップ型の自由な結社」を求めた[22]。政治権力を行使する者に対してではなく、政治権力という考え方そのものに対して異議を唱えたのだ。バクーニンは、革命が「いまや何ひとつ尊重せず、もっとも悲惨な破壊兵器で武装した軍事力」に対抗しなければならないことを認識していた。そのような「野獣」を相手にするには、それにひけをとらず荒々しいが、より公正な別の野獣、つまり「人民による組織された蜂起、軍事的反動と同じように容赦がなく、決して止まることのない社会革命」が必要だと訴えた[23]。

これは「権力の本来的な価値を究明することを可能とする」アプローチだが[24]、そこには、革命とは、政治権力を奪取して移転させることではなく、捨て去ることで遂行できるという前提があった。バクーニンにとって、権力とは人造物であり、人間には不必要な、つまり道義に反した強制力であった。権力が存在しなければ、人間は元来もつ調和的な性質を反映した法を備えることによって、より本来の姿に近づく。混沌や無秩序、潜在能力を発揮させる効果の小さい解放、より慢性的な情勢不安といった意味合いが無政府状態に含まれるのを防ぎうるのは、こうした楽観主義だけであった。だが、革命が権力に異を唱えるものであるのなら、どうやって成功させることができるのか。バクーニンは、それは偽善だという批判も辞さない構えをみせながら、職業革命家の役割を限定することによって、この疑問を自ら解決した。原理上は権力に反対しながらも、常にそれにまつわる謀略の中心にいたバクーニンは、自らも権力に魅了されているようだった。たとえば、一八七〇年には、「七〇名以内で構成する秘密結社の創設」を検討していた。これはロシアでの革命を支援し、「秘密結社の集団的独裁」を形成することを目的としていた。この結社は、「誰かに公認されたものでも、押しつけられたものでもない、目に見えない力を通じて」、「人民による革命を指揮する」。そして、その力が「不可視で公認されていないものであればあるほど、あらゆる公的な合法性や重大性と無縁であればあるほど、われわれの結社の集団的独裁はなおさら強力になる」とバクーニンは説いた。

当然のことながら、バクーニンは政府の諜報員がそこかしこにいる環境で活動していたのであり、その意図とネットワークを隠匿しなければ活動は継続できなかった。たいていの場合、謀略はバクーニンの旺盛な想像力の産物であった。その計画のうち、本格的に実施する段階まで近づいたものはほとんどなかった。にもかかわらず、バクーニンは職業革命家の特別な役割を定義づけることに力を注いだ。たしかに、職業革命家は「献身的、精力的ですぐれた知能をもつ、そしてとりわけ重要なこととして、誠実で野心や虚栄心をもたず、革命思想と大衆の本能のあいだの橋渡し役をすることができる個人が集まった、革命参謀本部のようなもの」を構成する並外れた人物でなければならなかった。[25] 参謀本部というたとえ自体が、結局は通常の軍隊における戦略決定機関と同様のものであることを表していた。さらにバクーニンは、正統な政治活動について、「最もすぐれた、純粋で知能が高く、公平無私で寛容な者でも、必ず「政府という」地位によって腐敗する」と常に批判していた。バクーニンが選挙への参加に反対していたのは、こうした姿勢からだった。善良な人ならばよいわけではなかったのだ。

こうした論理の泥沼から抜け出すには、何を意図しているかにかかわらず、職業革命家がいかに限定された役割を務められるか、という点を強調する必要があった。マルクスにとって革命は、基本的な経済状況の変化から自然に生じる、前向きで建設的な出来事だった。一方、バクーニンは革命を、それを後押しする者やそれに反対する者がコントロールすることも、必然的に認識することもできないほど根深い原因をもつ、きわめて予測不能な出来事だと考えていた。革命は「時の勢いに流された大衆の動きによって自然発生的に生まれ、そして多くの場合、どうでもいいような要因が引き金となって爆発する」。革命は「歴史の流れ」のなかで発生する。それは「絶えず緩やかに地下へ流れ込み、目に見えぬまま大衆の地層のなかを通り、徐々にその地層を取り込み、突き抜け、弱体化させたのち、大地から湧き上がり、その奔流によってあらゆる障壁をつき破り、行く手を阻むあらゆるものを破壊する」。このように考えると、革命は個人や組織が起こせるものではない。むしろ、「あらゆる意志や陰謀とは無関係に、自然の成り行きによって起きるのが常なのだ」とバクーニンは主張した。(26)

興味深いのは、こうした歴史観がトルストイのものと近い点だ。二人とも、予測も操作もできなかったような状況に対する大衆個々人の反応から事象は生まれる、という感覚を伝えた。二人が影響をおよぼし合っていた可能性は十分に考えられる。トルストイの『戦争と平和』は一八六〇年代に連載小説として書かれ、一八六九年に完結した。トルストイとバクーニンはプルードンの影響を受けたという点でも共通していた。プルードンは一八六一年にブリュッセルでトルストイと会った際に、自身の新著『戦争と平和』を見せていた。トルストイはプルードンに敬意を表する形で、自分の小説にこの題名をつけた[27]。農民の純粋な信仰心に感化されたトルストイ流のキリスト教的アナーキズムは、下層から新しい社会を作るというプルードンの構想に近いものだった。

トルストイやプルードンと異なり、バクーニンは革命を方向づける人為的作用の余地をささやかながら認めていた。大衆の本能（人は無自覚な社会主義者である）と革命思想を結びつける役割というものが存在する。この二つが結びつかなければ、独裁をめざし、大衆を「自分たちの栄誉のために踏み石」として利用する者に、大衆は騙されかねない、と。ある伝記作家が論じたように、「この過程において、どう動くかという台本を書くのは大衆自身の仕事であり、知識人が演じるのは協力的な編集者という下っ端の役割がいいところだ[28]」。これは受け入れられやすい前提だったが、プロレタリアート独裁は一つの過渡期にすぎない、というマルクスの主張と同様のごまかしでもあった。きわめて純粋かつ自然であるために、人為的で圧制的なものとは異なる権力や影響力の形がある、という考え方は、過度に単純化された権力観に基づいていた。政治家は、自らが人民の下僕にすぎないことを訴え、指導するだけでなく人民の声に耳を傾けると主張するのが常だが、バクーニンが説くように、物事はたいてい、現実には違う方向へと動いていくものだ。

こうした二つのアプローチの違いは、プロイセンがフランスを占領した一八七〇年の出来事に対する反応からみてとることができる。ＩＷＡの起草家だったマルクスは、侮蔑的な表現を使ったものの、第二帝政の終焉とドイツによる征服戦争へとつながった軍事行動について、事情に通じた緻密で鋭い分析を行った。マルクスは、この戦争を支援していたドイツの労働者階級に対して、フランスと栄誉ある和平を結ぶよう訴えることを求める一方で、フランスの労働者階級には、過去への執着を捨てなければならないと説いた。そして、労働者階級が受け身の姿勢をとりつづければ、「さらに破滅的な国際抗争が生じ、現在の激しい戦争も前触れにすぎなかったことになる」と予見した。面倒見のよい傍観者としての大局的な見地を示したのである。

バクーニンが宛先を特定せずに書いた『あるフランス人に宛てた現状の危機に関する手紙』は、冗長でとりとめがないものの、この問題に真剣に向き合った著作である。バクーニンは中心的なテーマとして、ドイツ軍が敗れる可能性や、そのために労働者階級と農民が手を組む必要性について記した。さらに、「世界にいかに強力で、きちんと組織され、とてつもない武器を装備した軍隊があろうとも」フランス国民が征服されることはありえないと説いた。ブルジョワジーがそこまで無能でなかったなら、ドイツを相手に「ゲリラ、あるいは必要とあらば盗賊による力強い暴動」がすでに起きていた可能性がある。いまや頼みの綱は農民だ。農民は無知で利己的で反動的かもしれないが、「生来の活力と素朴な習俗」を維持しており、「都市部の労働者たちに熱烈に支持されている思想やプロパガンダ」に対して拒否反応を示すだろう。だが、都市部の労働者と農民のあいだの隔たりは、実は「誤解」にすぎない。労働者がそのために努力しさえすれば、農民をその信仰や皇帝に対する献身、私有財産へのこだわりから目をそらすように教育することは可能だ、とバクーニンは訴えた。

革命の機は訪れているのであり、組織を作ったり、「教条的社会主義の大仰で学術的な語彙」を用いたりするには手遅れだ。むしろ、「革命の荒ぶる海に漕ぎ出し、今この瞬間から、言葉ではなく行動によってわれわれの原理を広めなければならない。行動で示すというやり方が、いちばん大衆に向いており、最も効果的で、何よりも抗しがたいプロパガンダの形だからだ」。ひとたび扇動してしまえば、農民を「直接的な行動によって、あらゆる政治、司法、民間、軍事機関を破壊し、田園地帯全体におよぶ無政府状態を生み出し、組織するよう」駆り立てることができる。それは「まるで電流が社会全体を刺激して、気質上、異なる個人の感情を一つの共通感覚へと統合し、千差万別の思考と意志を一体化させるかのようだ」。そのような流れにならなければ、「あらゆるものから、世間や個人の良心の枯渇を予兆するような退廃と消耗と死の臭いが漂う、陰鬱で気が滅入るような悲惨な時代」が訪れかねない。「それは歴史的な大惨事のあとに生じる引き潮である」とバクーニンは論じた。

行動によるプロパガンダ

「行動によるプロパガンダ」という概念は、バクーニンの、理論に対する苛立ちの強まりと、混乱した大衆のおぼろげな良心に入り込むことができるのは劇的な行動だけだ、という信念を反映していた。その目的は、農民を足かせから解き放ちうる方法を示すことにあった。既存の秩序のもろさに気づかせることさえできれば、農民の最もすぐれた本能が働き、蜂起へとつながるだろう。大衆を扇動するためにアナーキストが選ぶ類いの行動は暗殺にかかわる場合が多かったため、バクーニンは急進派テロの知的な父とみなされるようになった。マルクスのバクーニン批判の中核にあったのは、バクーニンとセルゲイ・ネチャーエフとの関係だった。冷酷で禁欲的かつ好戦的なネチャーエフは、虚無主義（ニヒリズム）を破壊的なほど極端な形で実践し、（革命に関することだけに限定されない）大義の名のもとで、あらゆる権利と義務を主張した。一八六八年末にスイスでバクーニンと会ったネチャーエフは、自分は脱獄者であり、ロシアの革命委員会の代表を務めていると説明した。これを信じたバクーニンは、世界革命家同盟ロシア部のメンバー（第二七七一号）と名乗るにいたった。[29]

その後の数ヵ月はバクーニンにとって悲惨な日々となった。のちにバクーニンは、ネチャーエフの残忍な哲学を拒絶した。ネチャーエフと共同で著作活動を行ったと疑われているバクーニンだが、「毒薬、ナイフ、ロープ」の役割を賛美し、「火と剣」の浄化作用について説いたネチャーエフのより過激な著作は、おそらく共同執筆によるものではなかっただろう。ネチャーエフはこう主張した。「地位の高い有力者の虐殺」は支配階級のあいだでパニックを引き起こす。権力者の脆弱さが明らかになればなるほど、それ以外の者たちの血気はより盛んになり、大衆による革命につながると。ネチャーエフの最も悪名高い著作『革命家の教理問答書（カテキズム）』は、以下の文章で始まる。「革命家は死を運命づけられた人間である。自分自身の利害も、感情や愛着や所有物もなく、名前すらない。その内面は、唯一の特別な利害、唯一の思想、唯一の情熱――つまり革命で満たされている」[30]。革命のみが善と悪とを分け隔てる。未来への希望をもたらす活力と好戦性を備えた一人の若者に騙されたバクーニンが、ネチャーエフとの絶縁にいたらなかったのは、その哲学に魅了されたからではなく、親切心を悪用されたためであった。ネチャーエフは、バクーニンのカネを手にして姿を消す、バクーニンの利益になるように出版社におぞましい脅迫状を出す、ゲルツェンの娘を誘惑しようとする、自分の評判を守るために学友を殺害する、といった悪行を重ねた。

一八七五年、革命の活力を失い、夢を打ち砕かれたバクーニンは、疲れ果て、幻滅のうちに他界した。バクーニンはロシアだけでなくイタリアやスペインの運動にも大きな足跡を残したが、すぐに影響力を発揮した遺産は「行動によるプロパガンダ」の追求であった。暴動の起爆剤として行動を重視するやり方は言葉の重みを失わせ、説得術に向けられる関心の低下も招いた。たとえば、一八七一年にバクーニンの著作に出会ったイタリアの運動家エッリーコ・マラテスタは、その五年後に以下のように説いた。「人民の自発的な運動が勃発するとき、革命は言葉よりも行動に宿る。革命社会主義者にとっての責務は、生じつつある運動との連帯を表明することにある」。後日、マラテスタはアナーキストによるテロに反対することになるが、あらゆる既存の体制を破壊しようとして流される「血の川」は運動を未来から遠ざける、と語るこのときの言葉には説得力があった。[31] アナーキスト・インターナショナルに関して暴動的なアプローチをとることを呼びかけたうえで、マラテスタは行動によるプロパガンダに乗り出した。武装部隊をともなってカンパーニア州の村々に赴き、徴税台帳を焼いて君主制の終焉を宣言した。マラテスタとその信奉者はやがて逮捕された。ただし、マラテスタは分析能力と弁論術に長けており、政治裁判では陪審員の判断を左右するほどの手腕をみせた。ある警察関係者は、マラテスタが「乱暴な言葉は絶対に使わず、穏やかな調子で説得」しようとしていたと語った。「仲間のアナーキストや社会主義者の多くが常套手段としていた疑似科学的な言葉づかいや、暴力的、逆説的な言い回し、罵詈雑言（ばりぞうごん）」は意図的に避けていた。[32]

その後、マラテスタはヨーロッパにとどまらずアルゼンチン、エジプト、アメリカへも飛び回って、機会があれば反乱を扇動し、良き社会のあり方について、また権力を用いたり、その場で新たな権力を生み出したりすることなく古い秩序を覆す方法について議論した。その長い人生の後半には、正当と認められる暴力しか自由を支えることはできないと主張して、無差別テロを非難した。一八九四年に寄稿した新聞記事では、「一つたしかなのは、どれだけナイフで攻撃しても、ブルジョワジー社会のような、山積みになった私的な利害と偏見の上に築かれ、さらに武力と大衆の無気力と服従癖によって支えられている社会を覆すことはできない」と説いている[33]。

だが、こうした革命に関する力のこもった言葉も、武力の行使に制限をかけるという考え方を広める効果はもたなかった。一八八一年にロンドンで開催された国際社会革命家会議では、「すべての統治者、国務大臣、貴族、聖職者、きわめて著名な資本家やその他の搾取者を殲滅する」ために、化学の研究や爆発物の作成をとくに重視し、あらゆる手段を模索することが呼びかけられた。ドイツ人アナーキスト、ヨハン・モストは、ジャコバン派の観点から有産階級の根絶を訴えた。『革命戦争の科学：ニトログリセリン、ダイナマイト、ニトロセルロース、雷酸水銀、爆弾、信管、毒薬等々の使用と作成に関する解説書』という題名の自作パンフレットに、モストはこう書いた。「科学は、世界中の数百万もの抑圧された人々にダイナマイトを提供するという最高の仕事を成し遂げた。一ポンドのダイナマイトは数多くの投票を帳消しにする」。暗殺は常套手段となった。一八八一年のロシア皇帝アレクサンドル二世をはじめとして、フランス大統領、スペイン首相、イタリア国王、アメリカ大統領（ウィリアム・マッキンリー）が暗殺された。ドイツ皇帝の暗殺も試みられたが未遂に終わった。一九一四年八月のオーストリア皇位継承者フランツ・フェルディナントの暗殺は、第一次世界大戦の引き金となった。アナーキズムの信奉者たちは、より寛大で人道的な側面を強調するためにそれなりの努力をしてきたが、アナーキズムとテロの結びつきは確立され、今日まで続いている。

小説家のジョゼフ・コンラッドは、鋭い視点からアナーキストたちと彼らが活動していた社会を描いた。著書『西欧人の眼に』の作者ノートでは、このように述べている。専制支配の「残忍さと愚かさ」は、「人間が作ったあらゆる制度を壊しさえすれば、人の心も根本的に変革できるという奇妙な信念に基づき、とりあえず手に入った手段で破壊活動を行う純然たるユートピア的革命主義者の、それに劣らず残忍で愚かな反応」を誘発する。[34]当時の革命家がいかに無益な存在であったかを描いたことでとくに有名なのが、一九〇七年刊行の『密偵』である。そのなかで最も悪名高い登場人物は、完璧な起爆装置の完成を切望する「プロフェッサー」というあだ名の爆弾製造者（実のところは学校の化学助手のポストを追われた男）だ。自爆用の装置を常に身につけているプロフェッサーは、自分が警察にとって手出しできない存在になったと考えている。それでも、その「不吉な孤独」の裏には、既存の秩序を覆すには人々の意志は弱すぎる、という「ぬぐうことのできない恐怖心」がある。プロフェッサーは「大勢の人々からなる反対勢力、攻撃しようのない大群衆の鈍感さ」に苛立ちを感じ、「この国の人々の社会精神は良心的な偏見で包み込まれているが、それはわれわれにとって致命的だ」と嘆く。そして「法の遵守という信仰」を打破するために、弾圧を引き起こそうとする。

こうした姿勢に賛同するのが、登場人物のなかで最も腹黒いウラジーミルだ。ウラジーミルはアナーキストではなく、某国の大使館員である。国の名は伏せられているが、ロシアであることは明らかだ。ウラジーミルにしてみると、イギリスはテロとの戦いへの関心が薄い。「個人の自由に感傷的な思いをもつこの国はバカげている」と不満をもらすウラジーミルは、必要なのは「本当の恐ろしさ」を思い知らせることであり、今がその「絶好の機会」だと考える。では、どうするのが最も効果的か。国王や大統領の暗殺はもはや衝撃的とはいえず、教会やレストランや劇場を攻撃したところで、適当な説明で片づけられてしまう可能性がある。ウラジーミルは「あまりにもバカげていて、理解することも説明することもできない、とうてい考えられないような破壊的凶暴性を帯びた行為、言ってみれば狂気」を望む。「狂気そのものこそが本当に恐ろしい」のだと。そして、この理由から、ターゲットを「本初子午線」に特定し、不運な密偵アドルフ・ヴァーロックにグリニッジ天文台の爆破を命じる。この小説は一八九四年に実際に起きた事件をもとに書かれたものだ。事件では、天文台には傷一つつかなかったが、爆破犯人が木っ端みじんに吹き飛ばされた。コンラッドはこの件について「どう理屈をこねても、あるいは理屈抜きに考えても、その原因を推し測ることができないほど愚劣で無意味な流血事件」と表現している。小説では、プロフェッサーもウラジーミルも求めていた弾圧を引き起こすことができず、話は個人的な悲劇へと発展していく[35]。

アナーキズムは個人によるテロだけを引き起こしたわけではなかった。とりわけ、二〇世紀はじめの一〇年間には、スペインで正真正銘の人民による大衆運動が展開された。スペインの左翼のあいだでは、共産主義よりもアナーキズムが圧倒的な存在感を示していた。アナーキズムは多種多様な形に発展し、労働者のあいだでは労働組合主義者（サンディカリスト）的な傾向が強まった。一九一一年には全国労働者連合（ＣＮＴ）が結成され、その一〇年後には加盟者数が一〇〇万人を超えた。ＣＮＴは政治を避け、経済の領域での直接的な行動に力を注ぎ、あらゆる形態の権力を非難した。とはいえ、政治とまったく無縁なわけではなかった。全加盟者に、支部での適切な議論ののち、多数意見に従うことを同意させる力をもった組織ができていた。これだけの規模の運動における当然の流れとして、やがて暴力による反乱を起こそうとする過激派と、雇用主や国と交渉しようとする穏健派が生まれた。一九三〇年代前半には、ＣＮＴ内でバクーニン型の効果的な謀略を実践するために組織化された過激派が、穏健派から主導権を奪った。当時は社会不安が高まっている時期で、運動は切実な選択に直面するようになった。その行動は、理論的な結果だけでなく、目に見える結果をも生み出した。

一九三三年の選挙を棄権して右派政権の誕生を許したＣＮＴ加盟者の多くは、一九三六年の選挙で左派の人民戦線を支持する票を投じた。その後、フランシス・フランコ将軍が共和政府に対するクーデターを起こした。ＣＮＴ主導での抵抗運動が展開され、加盟者たちは共和政府が管理してきた集産主義的原則を守るために前面に出た。だが、力をめぐる厳しい現実が押し寄せはじめていた。最初に迫られたのは、カタルーニャの自治政府を解体して事実上のアナーキスト独裁とするか、それまでずっと非難してきた種類の体制と手を結ぶか、という選択だった。指導部は協調の道を選んだ。フランコの勢力が地歩を築くなかで、CNTの指導部は社会主義者と共同戦線を張る必要性を受け入れ、加盟者に党の方針に従うよう、ただちに要求した。政権に参加するにあたり、CNTの機関紙はアナーキストが閣僚入りすることでスペインはもはや圧制の国ではなくなるとの見方を報じた。だが徴兵制が実施され、厳格な軍事規律が求められる一方で、社会的な実験（その一部は成功していた）は中止された。実際には、軍隊はそれぞれ独自の政治的後ろ盾をもつ民兵で構成されており、常に内部での派閥抗争へと発展しかねない状況にあった。より規律の整った集団として、また共和政府がしだいにソビエト連邦からの援助への依存を高めるなかで、やがて共産主義者が将校団を支配するようになった。[36]そして、ソ連を後ろ盾にした共産主義者がアナーキストの反発を招いた結果、内戦のなかでの内戦が勃発した。こうしたスペインの経験により、アナーキズムにはテロとの結びつきに加えて、無益で無力という印象がつきまとうようになった。

アナーキストは、権力の誘惑やそれがもたらす歪み、そして自分たちが理想とする社会との不適合性を明確に認識していたかもしれないが、権力に頼らずに社会をうまく成り立たせる術を示すことはできなかった。人の処遇をめぐって影響力を行使する機会を得た場合には、権力の座に就くことを非難してきた過去を忘れるか、権力に対する嫌悪感がさほど強くない他者にその機会を譲るか、そのどちらかを選ばなければならなかった。アナーキストは用いる手段によって達成すべき目的が決まることを理解していたものの、腐敗を招きかねないという理由であらゆる有効な手段を排除した結果、自分が支援できるような形で大衆が主導権を握るのを待ち望む立場に置かれた。カール・リービが論じるように、こうした権力を握ることへの抵抗は、アナーキストが「制度的な継続性を維持しようとして」、何よりも「(地方や国内、そして国際社会における)自分たちの指導者に頼る」というある種の矛盾を生み出した。[37] だが、自分が指導的立場にはないことを装わなければならなかった指導者は、戦略的な方向性を示せなかった。それどころか、権力を握る可能性に真っ向から取り組むことを拒絶し、本格的に戦略を練る機会を排除した結果、アナーキストは怒れる批評家の役割を演じるよりほかなくなった。その後も指導者の問題にともなう左翼の分裂は続き、極端な二極化が生じた。一方の極は、大衆が正しい方向に向かうよう誘う以外にはほとんど何もしない純粋主義者、もう一方の極は、変革の前衛として自ら断固たる立場をとり、自分たちが決めた以外の道はないと主張する者たちであった。

第20章 修正主義者と前衛

奇襲の時代、意志をもった少数者が意志の希薄な大衆の先頭に立って革命を起こす時代は過ぎ去った。

——フリードリヒ・エンゲルス、一八九五年

一八九五年に死去する数ヵ月前に刊行されたエンゲルスの最後の著作は、エンゲルス版「聖書」とも呼ばれている。エンゲルス自身の見解を表したものではないが、マルクスの一八五〇年の著書『フランスにおける階級闘争』の出版にあたり、その序文として一九世紀後半における労働者階級運動の趨勢（すうせい）変化について解説した思索的な作品である。この著作の政治的な重要性は、ドイツの社会民主党（SPD）の指導部が、これまで進めてきた議会戦略を正当化するため（それはある程度の成功を収めた）、そして暴力革命を牽制するためにこれを利用した点にあった。エンゲルスの頭抜けた権威のせいで、革命に関してより軍事的なアプローチをとろ

うとしつづけた者たちは困難に直面した。転覆防止法の導入が検討されている状況下で、エンゲルスは論調を抑えるようにという圧力をSPD指導部から受けていた、とある程度の正当性をもって訴えることもできた。ただし、武力行使を否定するわけではない、そしてドイツで採用されているのは自身の分析のより楽観的な側面だけだと主張しつつも、エンゲルスは社会主義戦略に関する自らの見解が一八四八年以降に著しく変わったことを認識していた。一八四八年当時、革命は、ひとたび始まったらどれだけ時間がかかろうと、どれだけの苦難に直面しようと、「プロレタリアートの最終的な勝利」によって決着するまで続く「大決戦」とみなされていた。だがそれから約五〇年後、市街戦で反乱者が正規軍に勝利することは、きわめて異例の事態としてしか想定できないものとなっていた。

過去数十年に展開された軍事をめぐる議論がエンゲルスの思考に影響をおよぼしたのは明らかだった。エンゲルスは反乱者の一群が軍隊として勝利を収めうる方法について考えようとしていた。力のバランスを革命軍に有利な方向へ傾かせるには、戦う大義に関する正規兵たちの疑念につけ込み、自国民を攻撃しないよう訴えかけるしかなかった。それ以外の状況では、よりすぐれた装備と規律をもつ正規軍が優勢となる。ほとんどの場合、装備で劣るデモ隊のほうが人数は多かったが、いまやどこで問題が起きても、鉄道を使って予備軍を急行させることが可能となっていた。しかも、その装備ははるかにもっと強力になっている。都市計画者の仕事も革命にとって不利な方向に働く。いまや「長くて幅の広いまっすぐな道」が整備された都市部は、「新型の大砲や銃が真価を発揮するのにおあつらえむきだった」。

革命軍にとっては、都市全体はもちろん、一区画を防御することすら困難だった。

当然のことながら、戦闘力を決定的な一地点に集中させるのは無理な話だ。したがって、受動的な防御が主たる戦闘形態となる。攻撃はあちこちで時折、突撃や側面攻撃をしかけるといった例外的な形をとるが、基本的には退却する軍隊が放棄した地点の占領に限られるだろう(1)。

バリケードは物質的な効果ではなく、軍隊の「堅固さ」に揺さぶりをかける手段として精神的な効果を発揮するものにすぎなかった。これも、「意志をもった少数者が意志の希薄な大衆の先頭に立って」革命を起こすことができない一因だった。大衆が直接かかわらなければ、成功の目はなかった。

一方で、男性の普通選挙権は実際に変化を起こす機会を生み出した。そして労働者階級はSPDを通じ、その機会を最大限に生かしていた。着実な得票の増加が続けば、同党は「国内の決定的な勢力に成長し、他のすべての勢力は望むか否かにかかわらず、これに屈しなければならなくなる」。ドイツにおける社会主義の台頭を阻む危険性があるのは、「軍隊との大規模な衝突、一八七一年のパリにおけるような流血」だった。これを避けるために行うべきは、資源を蓄えておくことだった。この点でエンゲルスは、合法的手段を用いるほうが「革命家」と「転覆者」の威勢がはるかによくなることを皮肉ととらえていた。「自分たちが作り出した法治状態のもとで滅びようとしている」のは「秩序の党」と謳っている諸党のほうだ。運動が「相手にとって都合のよい市街戦へと駆り立てられるほど、狂気じみていなければ」、非合法的な行動を検討しなければならなくなるのは相手側だった。

エンゲルス自身は、武力行使の完全な禁止を主張することはできない、という点において頑なだった。そして、自分が「いかなる場合でも穏健なる合法性の崇拝者」とみなされることに閉口していた。(2) エンゲルスは、権力掌握が正当化されるほどの票の力を社会主義者が獲得すれば、政府は弾圧に動くと考えていた。その場合、街頭で抗議活動を行う必要が生じうる。SPD指導部があまりにも扇動的だと懸念したエンゲルス版聖書には、戦力を「小競り合い」で浪費するのを避け、「決戦の日まで無傷のまま保っておく」必要性に触れた箇所がある。支持を喚起するために市街で革命に乗り出すよりも、革命への大衆の完全な支持が得られてから始めるべきだ、というのがエンゲルスの見方だった。そうなれば、政府軍の意志力がどん底まで落ち込むと考えられるからだ。その数年前に書いた著作では、SPDが多数派になって権力を握るとは考えがたい、とエンゲルスは説いていた。そうなるよりもずっと前に、「われわれの支配者たち」が十中八九の確率で「われわれに対して武力を用い、その結果、われわれの目標は多数票の獲得から革命へと移るだろう」とみていたのだ。(3)

修正主義

マルクスの理論は経済決定論を暗に示すものであったが、活動家としてのマルクスは、政治の領域においては行動のありようで結果が決まる可能性がある点を否定することはなかった。『ルイ・ボナパルトのブリュメール一八日』などの著作は、階級的利害と政治行動との結びつきが拡散してまとまらず、成果を生まない場合がありうること、そして選択の誤りが革命機会の喪失につながる点を認識していなければほとんど意味がないことを示していた。マルクスは、労働者階級の大義を後押ししうる議会選挙など、あらゆる状況をはねつけるつもりはなかった。自身の根底にある理論に関しては独善的な態度をとりつづけたものの、その政治判断においてはきわめて実用主義的になることもあった。

社会主義の科学的根拠を示し、それが単なる想像の産物ではなく、因果関係に基づく理論であると強く訴えることで、すべては、労働者階級が自分たちの置かれた状況を理解し、それを打破するために戦うようになるかどうかしだいとされた。プロレタリアートがただの分類上の階級から、自分たちの能力と潜在力を十分に把握した、自覚ある階級へと変わったときに、その重要な瞬間は訪れる。マルクスの思想に関する一つの解釈によれば、それは、なぜ自分たちが悲惨な立場にあり、どうすればそれを変えることができるのか、という点に大衆の目が向けられれば、ほとんど無意識のうちに自然と起きるはずであった。だがそれが実現した場合、政党にはどのような役割が残されるのか。大衆が怒りを募らせ、より良い暮らしを切望しても、希望を打ち砕かれ、さらに厳しい迫害と窮乏に直面する結果となることがほとんどだった。過激な運動は、徐々に衰えるか、突如として模範的な振る舞いに変わるか、どちらかの道をたどり、体制を覆す手段から体制の一部へと変化していった。

このことはマルクス自身も苦しめられた災いの種だった。避けることのできない漸進的変化にかかわる理論だが、活動家を葛藤に追い込みうる一面をもつ。正当な物質的基盤がないかぎり、政治は決して正当化されえないのだとすれば、革命政治家はどうすればよいのか。一つの答えは、状況が整うまで待つこと、やがてその機が訪れ、労働者階級が覚悟を決めるまでのあいだ、力を強化しておくことだった。もう一つの答えは、変化のスピードを加速させる方法を見つけること、階級意識をより速く培える状況を生み出すことであった。あらゆるマルクス主義政党のなかで最も支持者が多く、自信に満ちていたSPDは、妥協点を見いだしたという見解を示した。階級意識の高まりは、党員数の伸びと選挙で着実に成功を収めてきたことからうかがえる。社会主義への転換期がいつ訪れるのかは明らかだ。SPDが有権者の大多数から支持を得たときである。それを脅かすリスクは、労働者を取り巻く環境が改善する結果、SPDが体制内で地位を獲得する一方で、革命の熱情をともなう労働者運動が衰えることにあると考えられた。

マルクスとエンゲルスは、常に特定の戦略よりも正当な社会主義プログラムにはるかに強く重点を置いていた。SPDは、マルクス派のアウグスト・ベーベル、ヴィルヘルム・リープクネヒト、ヴィルヘルム・ブラッケが中心となった社会民主労働党と、フェルディナント・ラッサール率いる全ドイツ労働者同盟が統合する形で一八七五年に創設された。このときマルクスとエンゲルスは、改革主義で非科学的という理由で自分たちが非難してきた全ドイツ労働者同盟とベーベルらが手を組んだことに激怒した。マルクスは両党の協調は許容していたが、共同プログラムを打ち出すことについては認めなかった。階級闘争の原因が不幸な誤解にあるかのようにみなし、ブルジョワジーとの共通点を見いだそうとする試みと感じられたからだ。「階級闘争を運動から抹消」する、あるいは労働者があまりにも無教養なせいで自らを解放することができず、ブルジョワジーに頼らざるをえなくなる可能性をほのめかすようなことがあってはならなかった[4]。エンゲルスはその三年後、マルクスとエンゲルスの決定論に異議を唱え、自治的共同体を提唱した盲目の社会主義哲学者オイゲン・デューリングの漸進主義論に関する批判の書を刊行した。『反デューリング論』として知られるこの著作は、新世代の社会主義者にマルクス主義を手に取りやすい形で伝えるという重大な役割を果たした。同書は労働者に、次善の策に甘んじてはならない、そして自分たちが権力掌握に値するのなら慈善に依存してはならないと訴えた。

一八九一年、前年の社会主義者鎮圧法廃止を受けて、SPDはカール・カウツキーとエドゥアルト・ベルンシュタインによって起草されたエルフルト綱領を採択した。これは以前の綱領から引き続いて資本主義の終焉を想定していたが、平和的手段による社会主義の追求も掲げていた。エンゲルスの死後、革命理論を社会改良主義者の実践に沿う方向へと修正しはじめたのは、エンゲルスの遺作管理者だったベルンシュタインである。ベルンシュタインはマルクスの予測とは裏腹に、労働者階級を取り巻く環境は悪化ではなく、改善していると説いた。一八九八年に刊行した著書『社会主義の諸前提と社会民主主義の任務』(英語版表題：*Evolutionary Socialism*)では、「漸進的社会主義」という書名が示すように、革命は不要であり、協同組合、労働組合、代議制の組み合わせによって社会を漸進的かつ穏便に変容させることができると論じた。そして革命とは対照的な、立法活動に依拠する合理的で秩序だった緩やかな歴史的発展の過程について説いた。より速い前進をもたらす革命活動は、感情に基づき、自発性に依存して行われるものだ。ベルンシュタインにとっては「運動がすべてであって、最終目的は無意味」だった。

かつての協力者で、正しい教義の番人を自任するカール・カウツキーは、こうしたベルンシュタインの思想に与(くみ)しなかった。マルクスを信奉するSPDにおいてマルクス主義の主導者であったカウツキーは、科学的社会主義に関する見解の形成にきわめて大きな影響をおよぼした。カウツキーは頑固で融通のきかないアプローチをとり、マルクス主義の本質的な正しさとその広範囲への適用について、まったく疑念を示さなかった。第一次世界大戦の混乱やボリシェビキ革命のあとでさえ、若いころに身につけた物の見方から逸脱することは決してなかった。マルクス主義はカウツキーに、社会主義は資本主義が成熟し、階級が二極化することによって発展するという考え方を植えつけた。カウツキーは、問題は労働者の窮乏化よりも階級対立の鮮明化にあるとして、ベルンシュタインに反論した。やがて資本主義は成熟して崩壊し、プロレタリアートが権力を掌握できるようになる。機が熟す前に行動すれば、資本主義の崩壊は起こらない。だが、どうすれば機が熟したときを正しく認識できるのか、そしてプロレタリアートによる権力掌握はどのように実現するのかについて、カウツキーがはっきりと説いたことはなかった。それこそ革命なのだろうが、それがどのような形態の革命なのか、あらかじめ判断するのは困難だった。革命前の闘争において労働者階級の覚悟が強固になればなるほど、革命が平和裏に終わる可能性は高くなる、とカウツキーは期待していた。この点から、カウツキーはSPDのことを、実際に革命を起こすうえでは役に立たない革命政党だと批判した。

基本的にこの批判にほとんど意味はない。長い時間をかけて段階的な権力掌握をめざす政党にとっての教育面、組織面での責務は、「一度かぎりの暴力行為」を狙う政党の場合と著しく異なる。(5)だが政治戦略の面からみると、この批判はもっともだった。SPDの中心的理論家だったカウツキーは、エンゲルスの主張に沿った公式を思いついた。それは教条的マルクス主義と慎重な政治姿勢の組み合わせである。これにより、革命という手段を温存しつつ、権力者に抑圧の口実を与えないようにすることができた。成果をあげたものに反論するのは困難だった。一八八七年には一〇パーセントにすぎなかった帝国議会選挙におけるSPDの得票率は、一八九〇年にその二倍近くに達し、一九〇三年には三〇パーセントを超えた。プロレタリアートの階級意識の成熟度を知るには、SPDへの支持の拡大に目を向けているだけでよかった。(6)

ローザ・ルクセンブルク

ローザ・ルクセンブルクは修正主義者を激しく批判したが、その一方で労働者の大義を党の大義と完全に一致させることにも慎重だった。ロシア支配下のポーランドで生まれたルクセンブルクは、急進的な政治思想のせいで母国での生活が困難になり、チューリッヒへ亡命した。そこで博士号を取得するとドイツへ移住し、ほどなく才気煥発だが過激な思想の持ち主という評判を確立した。ルクセンブルクはロシアとドイツの政党間の結びつきを独自に築き、時と場合に応じて両方の国で活動したが、それは、どちらの国においてもアウトサイダーとして扱われる可能性があることを意味していた。「女性でユダヤ人で身体障害者という三重苦」を負ったルクセンブルクは、資本主義が経済的に存続できなくなる理由について複雑な論拠を示した知識人だった。ただし、とくに大きな影響力を発揮したのは、社会主義者の戦略と戦術の理論家としてであった。才気あふれる著作家であり、その鮮烈な言葉づかいには、読者が自著に引き込まれて触発されることへの確信や、党の出版物の「陳腐で堅苦しい紋切り型の……エンジン音のように退屈でおもしろみのない論調」への失望が反映されていた。[7]

ルクセンブルクの思想は、労働者は闘争と経験を経て徐々に社会主義者になっていくという考え方を原点としていた。こうした変化が生じる後押しをすることが党の責務だが、上からイデオロギーを押しつける必要はないと考えていた。そして、中央集権化した官僚的な政党という概念そのものに反対した。実際の戦術的なイノベーションは党指導部が組織的に発明したものではなく、「沸き立つ運動の自然発生的な産物」だった。運動の盛り上がりにおいて、「構想、意識の面で社会民主主義的組織は些細な役割しか果たさなかった」。ルクセンブルクは、『フランスにおける階級闘争』の序文でエンゲルスが示唆したことが問題含みである点を認識していた。その序文でエンゲルスは合法的な闘争を支持し、やみくもにバリケードを築くことを否定した。だがルクセンブルクは以下のように主張した。エンゲルスは、実際に権力を掌握するためにプロレタリアートがいかに戦うべきかではなく、資本主義国家に封じ込められたプロレタリアートがいかに戦うべきかについて論じている。「勝利を収めるプロレタリアートではなく、抑圧されたプロレタリアートに道を示している」のだ。機が熟せば、プロレタリアートは何であれ、社会主義の未来を保証するために必要なことを行う。「ブランキ主義」に乗せられて安易にクーデターを起こした場合にのみ、機が熟す前に権力を掌握するリスクが生じる。権力掌握の機が到来するのは、「階級意識を身につけた大多数の一般大衆」という基盤ができてからだ。これは、当然のことながら「ブルジョワ社会の解体」が実現することによってのみ起きるためである。「資本主義社会から社会主義社会への移行といった大転換が、一つの行動が成功するだけで実現しうる」と考えるのは不可能だ。変革に向けての闘争は、まちがいなく挫折を繰り返しながらの長期戦になる。国家権力に対する攻撃なしに、その闘争をいかに前進させうるのか、あるいは勝利の瞬間をどう見きわめるのかは、ルクセンブルクにとって想像しがたいことであった[8]。

ルクセンブルクは、時期尚早の反乱にすべてを賭けることなく、かつ議会主義的な修正主義の落とし穴を避けるには、大衆ストライキが最善の方法だと思いついた。その発想の源はドイツではなくロシアにあった。一九〇五年一月、ロシアで一八七一年のパリ・コミューン以来初めての本格的な大衆蜂起が始まった。日露戦争でのロシア敗北を背景に、そしてサンクトペテルブルクの皇宮に向けて請願行進する丸腰の労働者に軍が発砲した事件を引き金に、経済、政治に対する大衆の積年の怒りが路上にあふれ出た。社会不安を表すように、労働者委員会から労働組合まで数多くの組織が生まれた。兵士や水兵は反乱を起こし、農民は土地を強奪し、労働者はバリケードを築いた。ワルシャワに戻って活動していたルクセンブルクは、真の革命手段はストライキだと確信するにいたった。ストライキは革命の客観的条件が整った結果、自然発生的に起きるものであり、適切な組織を生み出す非常に急進化したプロセスである。そこでは階級的感情が「電撃を受けたかのように」目ざめる。ひとたび真の本格的大衆ストライキの時代が始まれば、費用にかかわるあらゆる計算は「コップ一つで大海の水を汲みあげるような試みにすぎなく」なってしまう、とルクセンブルクは論じた。(9)

大衆ストライキという概念はとくに目新しいものではなかったが、マルクス主義とのつながりは従来、弱かった。その潜在力は約五〇万人の労働者を巻き込んだ一八四二年のイギリスにおけるゼネラル・ストライキで示されていた。このゼネストは不況のなかでの賃下げをきっかけとしていたが、やがて社会改革を求めるチャーティスト運動にともなう政治的需要を取り込んだ。当時のチャーティスト運動指導部でさえ、このつながりについてはどっちつかずの姿勢だった。そして他のヨーロッパ諸国と同じくイギリスでも、ストライキは労働組合や経済的需要とかかわりのあるものとされていた。アナーキストだけが、政治的ストライキという概念をバクーニンが奨励していたような大衆の自発性の表れとして認めていた。そして、ただそれだけの理由で、マルクス主義者はこの戦術を胡散臭い(うさんくさい)ものとみなした。エンゲルスは一八七三年の著作で、バクーニン主義者の考え方を以下のように揶揄(やゆ)している。

晴天のある朝、一国あるいは全世界のあらゆる職業の全労働者が働くのをやめ、有産階級に対して、四週間以内におとなしく労働者に屈服するか、それとも労働者と戦うかの二者択一を迫る。そうすることによって、労働者は自分たちを防衛し、この機に乗じて古い社会全体を破壊する権利を手にするのだ。

エンゲルスはこう論じた。大衆ストライキには「労働者階級の確立された組織と潤沢な資金」が必要だ。だが、それらが整う前に労働者は別の手段によって力を手に入れるだろう。また、それだけの組織と資金が整っている場合には、「自分たちの目標を遂げるために、ゼネストという遠回りの方法をとる必要はないだろう」と。[10]

したがって、ルクセンブルクは自分の考えとエンゲルスの異論に整合性をもたせるための説明を必要とした。そこで、一九〇五年の出来事は、アナーキズムとはまったく関係のない、大衆ストライキの新たな側面を示したものだと主張した。しかし、変革は党戦略の方策として起きるのではなく、自分たちを取り巻く環境に対する労働者階級の自然で有機的な反応として起きるものだという考え方へのルクセンブルクの思い入れは、バクーニンの思想とあまり違ってはいなかった。このため、ルクセンブルクは自身の論文でわざわざアナーキズムを軽視する姿勢を打ち出した。一方で、戦術を「党幹事会」が特定の日に実施するよう決定できるものであるかのごとく扱う者や、「計画と策略に従った、秩序正しく規律ある」闘争しか尊重しない者に対して異議を唱えることで、党官僚への不信感もあらわにした。一九〇五年のロシアにおける出来事では、「あらかじめ立てられた計画や組織的な行動は存在しなかった」。諸政党は「自然発生的な大衆蜂起」から取り残されたような状態にあった。ここでルクセンブルクは、この出来事が完全に自然発生的なものではなく、過去数年におよぶ社会民主主義者の扇動の影響もあった、と論じる慎重さもみせた。

また、ドイツの労働組合のように、ストライキは政治活動とは一線を画した経済活動に属するものとみなす者にも賛同しなかった。経済の領域と政治の領域は切り離すことができず、互いに影響をおよぼし合っている。大衆ストライキの利点は、経済と政治が結びついているところにあった。ストライキは経済的要求から始まり、そこに社会主義者の扇動と政府の反応が加わることで、より政治的な色彩を帯びる方向へ展開する可能性があった。そして何よりも大衆の意識高揚をもたらす出来事だった。「めまぐるしく寄せては返す波が、その繰り返しによってもたらす最も貴重なものは、精神上の堆積物、つまりプロレタリアートの知的、文化的成長だ。この成長は間欠的に続き、経済闘争と政治闘争においてプロレタリアートが有無を言わさず前進することをたしかに保証する」。ルクセンブルクは、ドイツにおける大衆ストライキの役割が「あらゆる偉大な革命闘争のなかで最初に起きる自然かつ衝動的な形態の闘争」になる点にある、と訴えようとした。資本家と労働者の対立が深まれば深まるほど、大衆ストライキの効力は増す。大衆ストライキは、なんらかの限界点に達した際に国の軍隊が直面せざるをえない「凄惨な市街戦」に取って代わるものではない。市街戦を「長期にわたる政治闘争のなかの一瞬」にとどめるものだ、とルクセンブルクは説いた。(11)

レフ・トロツキーは、一九〇七年にルクセンブルクとカウツキーが口論している場に出くわしたときの様子を自伝に著している。この二人はかつて親しい友人だったが、一九〇五年以降、袂を分かっていた。トロツキーはルクセンブルクを、小柄で華奢だが、知性と勇気に富み、「緻密で一途で容赦のない」振る舞いをする人として描いている。一方、カウツキーについては、「魅力的」だが「機知と心理的洞察力に乏しく」、「無骨で無味乾燥の」精神の持ち主とみていた。カウツキーにとって現実味があったのは社会の改良だけであり、「革命は漠然とした歴史的展望」にすぎなかった。三人で一緒にデモに出かける途中、二人の口論はさらに激しくなった。「カウツキーはただ傍観するつもりだったが、ルクセンブルクはデモへの参加を強く望んだ」[12]。二人の対立は、一九一〇年にルクセンブルクが大衆ストライキを支持する姿勢をあらためて示したことで表面化した。

本書の第II部では、軍事史家ハンス・デルブリュックが導入し大きな影響をおよぼした、殲滅か消耗かという戦略の分類方法について論じた。殲滅戦略は敵軍を排除する決戦を必要とし、消耗戦略は敵を消耗させるためにその他のさまざまな手段を利用する。これは、政治戦略の場合においてより有用と思われる用語を使うと、打倒か消耗かという図式に置き換えることができる。一九一〇年、ルクセンブルクの主張に対して、カウツキーは明らかにデルブリュックの考え方を引き合いに出して反論した。打倒戦略は「敵と対峙し、これを倒して戦えなくするような手段を用いて決定的な打撃を与えるため、戦力を一気に集結させる」方法に依存する。そして、消耗戦略については、以下のように説明した。

最高司令官はまず決戦を避ける。目的は、あらゆる種類の機動を用い、相手の兵士の士気が勝利によって高まる機会を与えずに、敵軍を動かしつづけることにある。司令官は絶え間なく疲労と恐怖を味わわせることで、敵軍を徐々に消耗させ、相手がしだいに抵抗力を失い、機能不全におちいっていくように努める。[13]

カウツキーは完全に消耗戦略を支持していた。ルクセンブルクが提唱する大衆ストライキは打倒の試みであり、軽率だった。カウツキーが絶対に避けたいと考えていた、国による抑圧と反社会主義者法の導入を招くと思われるからだ。大衆ストライキを呼びかけたとして、応じる者がほとんどいなかったら、どうなるのか。議会戦略で得たものすべてを失うことになる、とカウツキーは説いた。

レーニン

打倒か消耗かというカウツキーの区分は、ロシア社会民主労働党のボリシェビキ（多数派）のリーダー、ウラジーミル・イリイチ・レーニンにも取り上げられた。レーニンは、カウツキーの図式を用いていた対立派閥メンシェビキ（少数派）と、一九〇五年の出来事の意味について議論していた。[14]のちにカウツキーとレーニンは不和になるが、この時点ではカウツキーがヨーロッパの社会主義者のリーダーで、レーニンは自らもルクセンブルクと主張を異にしていた、という程度のつながりしかなかった。

派閥闘争に対するレーニンの並外れた意欲は、自らの手で正しい形態の党組織を作るという自身にとって最優先の課題を反映していた。一九〇五年の革命が始まろうとしていた時期に、ロンドンにおける党大会で機関紙の支配権をめぐる戦いに釘づけになっていたのも、こうした理由からだ。革命に関するあらゆる事項に対するレーニンのアプローチには、若いころに身につけた一途さが表れていた。青年時代の政治にかかわる経験には、兄のアレクサンドルが皇帝暗殺計画に関与した疑いで処刑される、デモに参加したために大学から退学処分を受ける、といった出来事も含まれていた。二年を費やしてマルクスの思想を学んだレーニンは、一八九一年に（同世代のほかの者たちと同じく）より積極的な政治活動へと引きずり込まれていった。その年、ロシアを大飢饉が襲い、政府の対応によって事態がさらに悪化したからだ。レーニンはマルクスの言葉に忠実な社会主義革命家を自称するようになった。そして投獄され、亡命し、ヨーロッパを渡り歩き、他の革命家とともに会合に出席し、警察の監視の目をかいくぐる秘密組織の設立を企て、チューリッヒ滞在中に革命機関紙イスクラの編集を手がけるというように、多くのロシア人革命家と同じ道のりをたどった。

レーニンがモデルにした人物がいたとすれば、それはニコライ・チェルヌイシェフスキーの小説『何をなすべきか』に登場する「新しい人」ラフメートフである。ラフメートフはタバコとも酒とも無縁の禁欲的な生活を送り、大義に没頭し、そのためにすべてを犠牲にする覚悟を決めている。レーニンはまた、三三歳だった一九〇二年三月に初めて大がかりな戦略声明の書を刊行するにあたり、チェルヌイシェフスキーのこの小説から題名を借用した。レーニンが意図的に育んだのは、質実剛健で自制心があり、反論には容赦せず、ドクトリンや戦術の面で意見の食い違う古くからの同志と決別するのも辞さないような、妥協を許さない人物像だった。自異なる見解の持ち主に共感を寄せようとはせず、自分の誤りを認めることもできなかった。自著の『なにをなすべきか？』に、レーニンは理論と実践の両方から学んだことすべてを注ぎ込んだ。同書が画期的な声明書となることを意図したのである。同書は社会主義者のあいだで広く受け入れられていた考え方を、容赦なく論理的に突きつめた。修正主義を非難していた者たちでさえ、レーニンのメッセージの冷酷さに恐れをなした。

早く革命を起こすことで歴史的発展のスピードが加速するのだとすれば、ロシアには駆け足で通り抜けるべき歴史の過程が非常にたくさん控えていた。物質的な発展で後れをとっていたロシアは、封建時代から脱しようともがいていた。一方で、大衆の不満と好戦性という慢性的な症状もかかえていた。レーニンは革命を起こすことに精力を傾けた。『なにをなすべきか？』では、ほかのアプローチが行き詰まるのに対して自身のアプローチが成功しうること、ただし成功するのは、厳格に統制され、規律の行き届いた党が徹底的に指導した場合に限られることを説いた。

レーニンは同書の大半において、「経済主義」を主な批判の的とした。経済主義の経済学者は、労働者に実現不可能な要求を吹き込んでいるという理由で、教条主義的なマルクス主義者をあざ笑っていた。経済主義者はこう説いた。目に見える結果を早く出すことのできる実用的な提案を重視したほうがよい。ロシアを覆う抑圧的な環境においては、自分たちの革命を待ちつづけるブルジョワジーが主導権を握りうる政治的要求よりも、経済的要求のほうがリスクが小さい、と。レーニンはこうしたアプローチを、プロレタリア運動を主導するのではなく、追いかける「追随主義」だと冷笑した。そしてドイツのSPDによって、有能な組織は、日々の闘争の意義がわかる最良の考え方として労働者に社会主義を進んで受け入れさせることができると証明された、と指摘した。最良の説明なのだから、社会主義は矮小化されるはずがない。「マルクス主義の哲学」は「ひとかたまりの鋼鉄から鋳造された」のであり、「客観的真理から逸脱することなしに、またブルジョワジーの反動的な虚偽の罠にはまることなしに、一つの大前提も、一つの根幹部分も取り除くこと」はできないのだ、と。[15]

レーニンを批判する者たちが指摘したように、こうした考え方は、労働者が自力で戦えるとは信じがたいため、社会主義理論を理解するように教養のある者が導いてやらなければならないことを前提としていた。「社会民主主義的意識は外部から持ち込まなければならなかった。あらゆる国の歴史は、労働者が完全に独力で身につけられるのは労働組合的意識だけであることを立証している」とレーニンは論じた。政治意識には、ブルジョワ意識と社会主義意識の二つの形態しか存在しないため、どちらかが身につかなかった場合には、その者は必然的にもう一つの側に属することになる。だが、レーニンはこの等式については懸念していなかったようだ。労働者の生まれながらの本能を楽観視していたのである。したがって、前衛の職業革命家たちが、労働者階級の代わりの役割を果たすという考えもなかった。レーニンにとって最大の懸念は、ロシア社会主義の欠陥に向けられていた。政治の発展が限定的で組織も未熟なロシアでは、闘争に不可欠な一貫性や目的をもたせることや、「ブルジョワ意識」から遠ざけることは不可能だった。このため、職業革命家が必要とされた。レーニンは原理上は民主主義政党に反対の立場をとっていなかった。だが実際には、革命家は秘密裏に行動しなければならず、さもなければ生き残れないと考えていた。レーニンがとくに親交を深めていた同志の一人が警察のスパイと発覚した事実もあった。

このようなレーニンの思想は、ただ一点を除けばヨーロッパの主流のマルクス主義者のあいだで議論を呼ぶことはなかった。その一点とは、ブルジョワ意識と社会主義意識というレーニンが示した分別の鋭さゆえに、純粋な労働者階級運動は、理論に精通した、つまり必然的にブルジョワ出身の職業革命家に主導されないかぎり、ブルジョワ意識にほぼ支配される、という奇妙な結論が導き出されたことである。レーニン自身は、知識人が主導することも期待していなかった。あまりにも夢想的かつ個人主義で、党の規律に従おうとしない知識人たちは、性に合わなかったからだ。問題は、プロレタリアートの基盤と支持を必要とする一方で、運動全体の目的とそれにともなう戦略を設定しなければならない党にあった。アナーキストは党の存在自体が目的になりかねないと警告してきた。これに対してマルクス主義者は、指導部の自己利益を反映させることよりも、革命の過程における危急の場合に機能することが党の究極の役割だと主張してきた。

レーニンは、党は目的を達成するための手段にすぎないと訴えていたが、まったく独自の側面から組織やリーダーシップの問題に多大な注意を寄せていた。革命が成功したあとで、理論の細かい点や、全員に発言権を与えるための党内民主主義に関する議論に（それが本当に大義のための議論であるかどうかにかかわらず）延々と時間を費やす余裕はない。必要不可欠な政治業務をこなすには組織が必要であり、警察のスパイが目を光らせるなか、そして指導者層が散り散りになっている（多くの場合、亡命している）状況で、そうした組織を作る取り組みは秘密裏に行わざるをえない。しかも、他の多くの精力的な党派が同じ政治の領域で競い合っている。ロシア社会民主労働党は脆弱な状態にあった。このためレーニンは、たしかな理論を身につけ、決断力にすぐれた断固たるリーダーシップの道具として機能できる党を強く待ち望んでいた。

レーニンの組織を作り、動かす能力は、当初、打倒しようとしていた体制ではなく、党内の反対派から反感を買った。一九〇三年七月にブリュッセルで開催された第二回党大会には、レーニンが編集する党機関紙イスクラの編集局のグループが参加した。その結果、党は結束するのではなく二派に分かれ、一九〇五年の党大会で分裂が決定的になった。レーニン率いるボリシェビキ（多数派）とメンシェビキ（少数派）はイスクラの支配権をめぐって論争を繰り広げた。こうした論争に、レーニンは全権を掌握する中央委員会を創設する構えだという説が加わり、さらに、党員は党の計画に全力を注ぎ、党のために働く覚悟のある者に限定されるのか、それともなんらかの形で支援するつもりの者すべてに門戸が開かれるのか、という問題に結びつけられた。多数派ボリシェビキは、党を限定的なエリート集団に変えた。これに対して少数派メンシェビキは、党のリーダーシップを民主的にコントロールすることへの期待をもって、大衆政党の基礎を築いた。戦略面での両派の違いはさらに大きかった。メンシェビキは自由主義者と連携し、議会を政治の手段として用いようとしていた。一方、レーニンは議会をほとんど信頼しておらず、農民がより自然な連携相手だと考えていた。

この急進的な両グループには、見解の不一致が必然的に原理や理論の中心問題へと発展する傾向があった。レーニンの姿勢はこうした状況にさらに拍車をかけた。メンシェビキ（奇妙なことに、自分たちの地位をおとしめる名称を受け入れていた）も、主として内部での見解の不一致のせいで、妥協することにあまり長けていなかった。メンシェビキの指導部は団結しておらず、規律も緩かった。レーニンは偏屈な実力者で、先入観をもたない者に対しては何も要求をしない一方で、日和見主義者や妥協する者にはなかなか我慢ができなかった。そして大きいグループと権力を共有するのではなく、小さいグループを支配しようとした。ある党員と党大会で交わした会話について、レーニンは記録を残している。「この熾烈な闘争、敵対的な扇動、激しい論戦、同志らしからぬ態度！」と大会の空気に苦言を呈する相手に対し、レーニンはそれは素晴らしいことなのだと反論した。

公然たる闘争の機会だ。さまざまな意見が述べられ、さまざまな色調が明らかになる。いろいろなグループの存在が明確になる。手が上がり、決定が採択される。一つの段階を通りすぎる。前進だ！　素晴らしいではないか！　これは、いつ果てるともしれないインテリ連中のうんざりするような口論とは違う。連中の口論は、問題が解決したら終わるわけではない。しゃべり疲れたときにおしまいになるだけだ。[16]

レーニンは党の分裂を嘆くどころか、古くからの同志との決別につながる場合ですら、楽しんでいた。クーデターによって権力を掌握しようとするブランキ主義者だとレーニンを批判する者もいたが、当人はこれを否定した。大衆の存在は不可欠だが、その大衆には指示が必要だ。革命は独裁主義的な形式をとらざるをえず、「ジャコバン精神」に基づく抑圧的な独裁を必要とする、とレーニンは主張した。

ローザ・ルクセンブルクは、こうした組織論に愕然とした。それはドイツのＳＰＤの官僚主義に絡む自身の経験が念頭にあったからにほかならない。ルクセンブルクは官僚的な機構が保守主義の力を強める一方、党内のあらゆる組織（そして、より広義の運動）、つまり党員が自発性を発揮する能力を否定し、創造性を損なわせると考えた。レーニンの「超中央集権主義」は「硬直した夜警の精神で満たされている」。それは運動を一体化させるのではなく、締め上げるための統制を意味する。だが、ロシアの社会民主主義は「帝政に対する決戦の前夜」に位置している。党の周りに「鉄条網」を張りめぐらせれば、「今かかえる膨大な課題を成し遂げることは不可能になる」。現時点での問題は、「いかに大規模なプロレタリア組織を始動させるかだ。どのような機構上の取り組みも絶対に確実とはいえない。うまく機能するかどうかわかるのは始動してからだ」とルクセンブルクは論じた。

一歩前進、二歩後退

一九〇五年の出来事は、ルクセンブルクの主張の正しさを証明したといえる。革命は失敗に終わったが、ルクセンブルクは先見の明と大戦略的な構想をもった人物として頭角を現した。一方で、レーニンにとって一九〇五年はつらい時代の幕開けとなった。革命への準備が進む状況にありながら、同年二月に開かれた党大会では内部対立が続いていた。このときはメンシェビキが優位に立っていた。党の年長の政治家ゲオルギー・プレハーノフがレーニンと袂を分かち、メンシェビキ側に移ったことが主因である。党大会での両派の分裂を描いたレーニンの著書『一歩前進、二歩後退』の題名は、後退に対するレーニンの暗澹たる思いを伝えている。同書でレーニンは反対勢力を日和見主義だと非難した。この時点でイスクラ紙の支配権を獲得していたメンシェビキは、レーニンの不寛容さとエリート主義的な中央集権主義を激しく批判することで反撃した。両派ともプロレタリアートの利益のために行動していると主張した。メンシェビキの場合、これは労働者運動の発展を後押しするという意味であった。これに対してボリシェビキの場合、実際の労働者が今、どのような信念を表明しているかにかかわらず、真のプロレタリアート・イデオロギーを至上とする主義を定着させることを意味していた。

このように分裂した党指導部が亡命先で口論し、論争を繰り広げているあいだに、ロシア国内では彼らが主導することのできない真の革命的情勢が進展しようとしていた。社会民主労働党指導部は、君主制の終焉を求める幅広い政治的主義・主張の持ち主たち（そこには自由主義者や不満を募らせた下級士官も含まれていた）に比べると、わずかしか革命に貢献しなかった。注目を集めたのは、サンクトペテルブルクとモスクワで生まれた地元労働者の評議会（ソビエト）である。ボリシェビキはソビエトを疑いの目で見つつも、どうにかして引き入れる必要があった。ソビエトには明らかな限界があり、レーニンは組織の欠如がもたらす帰結への懸念を一段と強めた。当局がソビエトを崩壊させたあと、モスクワでは決死の武装蜂起が発生したが、武力で劣る革命家たちは軍隊に虐殺された。

詔書の発布により、レーニンが亡命先のジュネーブから安全にロシアへ帰国できるようになったのは、一九〇五年一一月になってからだった。このころ、革命運動は最高潮に達しており、一〇月にはロシア全土におよぶストライキが始まっていた。皇帝は憲法改正を約束したが、これは目先の危機が広がるのを後押しし、やがて当局による革命家の迫害を招いた。社会主義者にとっての選択肢はどれも思わしいものではなく、入り込む余地の限られた政治領域で自分たちをどう位置づけるかについて、社会主義者のあいだで議論が繰り広げられた。

こうした流れのなかで、明らかにレーニンは落ち着きを失った。政治運動全般について大衆の共感が得られているかぎりは、テロや無差別暴力によって、わざわざそれをかき乱す必要はなかった。だが、ひとたび運動が失敗すると、レーニンはより好戦的になり、もっと直接的な行動を求めるようになった。一八四九年以降のエンゲルスと同じく、レーニンも一九〇五年のあと、軍事戦略を学ぶ必要に迫られた。「歴史的な大闘争は力によってのみ決着する。そして現代の闘争における力の組織とは軍事組織を意味する」(17)。こう説いたレーニンは「拳銃やナイフや、火をつけるために灯油をしみこませた布切れ」で武装した戦闘隊がバリケードを築くことを熱望した。そして、六ヵ月にわたって爆弾について議論しながら一つも製造していない同志について、不満を訴えた。こうした言動は戦略ではなく、苛立ちの表れのようであった。レーニンは、銀行からの資金の没収をも含むテロリストの手法を、軽々しく構想に取り入れた。

このような行動のための行動は、手ごわい人物というレーニンの評判を固める一方で、無鉄砲さをも印象づけた。

戦争と革命

第一次世界大戦前夜、ヨーロッパ諸国の社会主義政党は、自分たちの未来に自信をいだいていた。とりわけフランスとドイツでは、社会主義政党が選挙で著しく得票を伸ばしていた。フランス革命から一〇〇年後の一八八九年に創設された第二インターナショナルには、両国の社会主義政党が参加した。また第一インターナショナルの轍を踏まないよう、安全を期すためにアナーキストは排除された。異なる党派のあいだではイデオロギーをめぐる激しい議論が交わされたものの、概して、口を利く程度の関係が保たれていた（だからこそレーニンの振る舞いはかなり奇異に映った）。修正主義と大衆ストライキの問題は意見の対立を呼んだが、同志が完全に仲たがいするような事態はほとんど生じなかった。ただし、もっと深刻な対立を生む可能性のある問題が一つ存在した。戦争である。戦争につきものの国家主義（ナショナリズム）は、基本的に階級の連帯を脅かす要素だった。

マルクス主義者は決して平和主義ではなかったが、戦争は労働者階級にとってなんの得にもならないという理由から、反軍国主義、反戦の立場にあるとみなされていた。マルクス主義者は当時の大国間の緊張関係と、それが大規模な紛争に発展しうる危険性を十分に認識していた。ストライキやデモといった手段の実施を含め、どのような方法を用いれば社会主義者はそうした大惨事を食い止められるか、という議論が真剣に交わされた。だが、どんな議論もあまり進展しなかった。その一因は、いくら数多くの国で敵意があらわになっているとしても、それほど恐ろしいことが本当に起きるだろうかという疑念にあった。そして平和主義者の行動は、非愛国的と単純にとらえられる可能性があり、抑圧の口実と大衆の支持の低下をもたらしかねなかった。唯一、合意に達したのは、労働者は戦争を起こさせないよう努めるべきであり、それでも起きてしまった場合には、迅速に終結させなければならないという点であった。これについて、ルクセンブルクとレーニンは同様の異論を示した。戦争が勃発したら、それに乗じて革命を押し進めるべきだと。

一九一四年七月に危機が進展するなか、主流の社会主義政党は切迫感を欠いていた。過去の例と比べて今回の危機がどれだけ深刻なのか、理解していなかったのだ。第二インターナショナルにできることは必ずしも多くはなかった。社会主義者の戦争観は帝国主義の理論に基づいたものであり、「経済競争を背景とする領土の奪い合い、というお決まりのイメージ」にとどまっていた。自己防衛として正当化される大衆による戦争は想像できなかったのだ。第二インターナショナルは、結束を維持するという公式の立場をとった。そして平時の軍国主義の危険性を強調する一方で、ヨーロッパで戦争が勃発する可能性はかなり低く、「インターナショナル内部におけるナショナリストの潜在的な分裂」をわざわざ顕在化させる必要はない、という姿勢をみせた。このため、事態が戦争に向けて急展開すると、第二インターナショナルは窮地に追い込まれ、[18]崩壊した。熱狂的な愛国心が党員を圧倒するなかで、各政党はそれぞれ別の道を進んだ。

レーニンは皇帝のために戦争が行われる危険性に気づき、ロシアにとっては敗戦が最善の道だと当初から訴えていた。やがて、その主張が正しかったことが証明された。一九一七年二月、相次ぐパン暴動、ストライキ、街頭デモの結果、君主制は崩壊し、皇帝ニコライ二世は退位した。当時まだ指導者たちが亡命中だったボリシェビキは、この機に乗じる立場になかった。ロシア国内にいたボリシェビキのメンバーは当初、臨時政府を運営しようとしていた自由主義の憲法制定派を支援した。四月に亡命先のスイスから帰国したレーニンは、ただちに世界規模の社会主義革命を呼びかけ、臨時政府を支持すべきではないという見解を明らかにした。そうした姿勢をとるリスクは大きく、ボリシェビキは孤立した。だがそれは、切迫した情勢に対する責任を負わずに済むことをも意味していた。その間、臨時政府は悪戦苦闘し、分裂し、憲法制定議会の開催が可能になるまで難しい問題を先送りした。景気は悪化し、戦争は続いていた。ドイツのスパイだと告発されたレーニンはフィンランドに逃亡した。

レーニンはエリートによる前衛政党の必要性について論じていたが、熱に浮かされたような当時の空気のなかで、ボリシェビキは科学的な社会主義を十分に教え込まれていない党員で構成される大衆政党になりつつあった。レーニンはボリシェビキのリーダーだったが、妥協を辞さない他のメンバーと異なり、極端な思想の持ち主だった。レーニンの成功は緻密な組織やイデオロギー上の純粋さによるものではなく、当時の情勢の奔流を独自のやり方でとらえた結果であった。大衆が絶望しており、既存の秩序に対するその不満は諸政党にはおよびもつかないほど大きいことをレーニンは理解していた。今は、一握りの者に対して多くの考えを訴えるプロパガンダの時代ではない。多くの者に一握りの思想を伝えるアジテーション（扇動）の時代だ。そう考えたレーニンは、「平和、パン、土地」というスローガンを掲げてボリシェビキを率い、揺るがぬ戦争反対の姿勢によって、他政党との差別化を図った。新たな軍事攻撃が新たな惨事を生み、ボリシェビキの信頼性は高まった。誤った判断から決行された一九一七年夏の蜂起は甚大な被害をもたらした。当局による弾圧でボリシェビキの指導部は散り散りになってもおかしくなかったが、存続した。同年八月には、臨時政府に対する大衆の支持は崩れ去っていた。

ボリシェビキは幅広い支持基盤をもつ政権の構築をめざすべきか、それとも内戦を招く危険性のある革命を起こすべきか。レーニンは九月の時点で、分極化があまりにも進んだために、ロシアは左翼か右翼、どちらかの独裁になるだろうという判断を下していた。そして一〇月にフィンランドから帰国した。スローガンは「すべての権力をソビエトへ！」に変わった。これは政府がまったく権力をもたないことを意味した。レーニンは武装蜂起に関してボリシェビキ中央委員会の賛同を得た。かつて対立していたが、今では緊密な関係にあるトロツキーと力を合わせ、レーニンはペトログラード・ソビエトの軍事革命委員会を権力掌握のための道具として用いた。ソビエトに忠実な兵士たちは、しだいに主要な建物を占拠していった。自由主義者にも軍部にも右翼にも、臨時政府のために抵抗する者はいなかった[19]。

一九一七年にレーニンが勝利を収めたのは、生き延びたからであった。私刑（リンチ）や投獄の憂き目にあっていたかもしれない状況は一度ならずあった。あるいは、臨時政府と運命をともにし、ほかのすべての関係者と同じく非難される立場に置かれる可能性もあった。かつては不利と考えられた臨時政府からの孤立が、いまやレーニン最大の強みへと変わっていた。下層の支持基盤が拡大するなか、上層部と手を組む必要はなかった。

ボリシェビキ革命は左翼に関する戦略論を完全に塗り替えた。この戦略論はもともと活発に、そして往々にして非難の言葉とともに交わされていたが、一九一四年までは包括的、流動的で、出来事に応じて変化するものでもあった。第一次世界大戦勃発前の第二インターナショナルの会合には、あらゆる信条の社会主義者が集まり、議論した。レーニンの勝利によって、進歩的な硬直性が導入された。社会主義運動の中心はベルリンからモスクワに移った。政治的な効果という点から思想や議論を評価したレーニンは、いまやマルクス主義の解釈の裁定者となりうる存在だった。一九一七年に執筆したものの、翌年になるまで刊行されなかったパンフレット『国家と革命』で、レーニンは過激で揺るぎないマルクス評を披露し、共産主義への近道としてロシアがブルジョワ革命を経るべき理由を説明するためにマルクスを引き合いに出した。そして、カール・カウツキーの批判に多くのページを費やした。カウツキーは、かつてマルクスとエンゲルスの最も権威ある解釈者とみなされてきた（レーニン自身ですら、そう評価していた）が、このパンフレットによって永遠に「背教者」のレッテルをはられることとなった。

もしレーニンがその革命活動の最中に倒れていたなら、このパンフレットは長いこと忘れられていただろう。だが職業革命家として初めて、今にも革命を成功させようとしている人物の思想を表すものとして、同書は正統とされる地位を獲得した。レーニンとその後継者ヨシフ・スターリンは、教義の正統性を厳格に追求する革命運動の教皇的存在になりつつあり、造反者には破門や、さらに厳しい処遇を課した。公式見解は、よりすぐれた見解というだけでなく、科学的根拠のある「正しい」見解だった。正しくない見解の持ち主は、ただまちがっているのではなく、労働者階級の裏切り者とみなされた。

一九一九年にレーニンが新たに創設した第三インターナショナルは、共産主義政党は中央集権化し、暴力革命、そして独裁に備えるべきだと訴えた。共産主義政党は、共有する価値観や目的よりも相違点を重視して、既存の社会主義政党から分裂した。当時、レーニンとトロツキーは革命の大波の先導者を自任しており、自分たちが作る前例にほかの者が従うことを期待していた。第一次世界大戦後の混乱のなかでは、このような期待も非現実的ではなく、一九一九年に行われた革命の試みの一部は進展した。結果的には、ソビエト連邦を除き、その年は一八四八年に匹敵する失望の年となった。とりわけ顕著だったのがドイツの情勢である。一九一八年一一月の突然の敗戦によって帝政は崩壊し、ＳＰＤ率いる新政権が樹立された。戦争を支持したとの理由でＳＰＤからすでに分裂していた急進派のスパルタクス団は、機が熟したと考えた。そしてカール・リープクネヒトと慎重派のローザ・ルクセンブルクが中心となって、一九一九年一月一日の蜂起を呼びかけた。だがこれは大失敗に終わり、二人は右翼に殺害された。バイエルンでは革命がある程度の成功を収め、バイエルン・レーテ共和国（「レーテ」はロシア語の「ソビエト」と同義）が誕生したが、すぐに倒された。ハンガリーでは共産主義者がしばらくのあいだ実際に政権を握ったが、政治能力を欠き、景況の悪化と国際社会からの孤立を背景に、ほどなく崩壊した。イタリアではトリノの工場労働者などによる運動が展開されたが、当局が対処可能な規模にとどまった。

　各地でこうした動きが生じるなか、ボリシェビキはロシア内戦の渦中にあり、ヨーロッパ諸国の同志を支援することができなかった。最も近いところでは、ポーランドとの小競り合いのなかで革命を成功させようとしたが、ポーランドの労働者や農民が階級の結束よりも国の結束を重視したため、失敗に終わった。その後、一九二一年と一九二三年にはドイツの革命の火を再燃させる試みがモスクワからなされたが、滑稽なほどあっけなく失敗した。

孤立し、窮地に立たされながらも、ボリシェビキは内戦、外国への干渉、そして飢饉になんとか対処した。これらすべての要因は、権力をしっかりと掌握しつづける必要性を痛感させた。権力の手綱を一段と引き締めたのは、レーニンの後継者になろうと画策していたスターリンだった。スターリンは党組織を支配することによって自らの地位を築くと、見せしめ裁判や大粛清を行い、潜在的な敵対者を排除した。レーニンの右腕だったトロツキーは国外追放された。侮辱を最大の賛辞に変えられるほど弁の立つ知識人で、無視しがたい資質の持ち主であったトロツキーは、とりわけスターリンの手法が明らかになり、顰蹙を買うようになるにつれて、モスクワ路線に対する強硬な反対姿勢をはっきりと打ち出した。こうしたトロツキーの取り組みは、一九四〇年にメキシコでスターリンの諜報員に暗殺されるまで続いた。

　トロツキーはスターリンの手法を非難したものの、プロレタリアートの断固たる独裁に疑問を唱える立場にはなかったし、唱えようともしなかった。自身も初期の革命の残忍な手法に加担した一員であり、当初のソビエトの概念が誤っていたことを認めようとしなかった。トロツキーはこう主張した。ソビエト連邦はその指導部によって蝕まれてきたが、労働者の国家であることに変わりはない。官僚的な堕落によって一時的に苦しい状況にあるが、立ち直れると。トロツキーが諸悪の根源とみなしていたスターリンの偏執症は、トロツキー本人の病的な自負心を満足させた。トロツキーは自分がソ連における有力な「左翼反対派」のリーダーであり、その歴史的使命を果たすことが引き続き国際的な使命になるという妄想的な考えをいだきつづけた。その著作が大仰なスターリンの著作よりも洗練されていたことは疑いないが、トロツキーは独善的で、見解の違いをめぐって支持者と仲たがいしがちであった。トロツキーが果たした役割は、左翼をめぐる議論を一九一七年の遺産だけに限定させ、不毛で浅薄なものに終始させたことだった。

ソ連国外の左翼政治においては激しいセクト間の抗争が繰り広げられ、能力と資源、そして政治形態と民主主義の理想との乖離が浮き彫りになった。ソ連指導部は主流の共産主義政党の最優先課題として、国内外の敵に対処するよう求めた。地域ごとの情勢や問題への対応は、ソ連の外交政策の最新状況に適合させる必要性から、また、反党的要素のある支援を断つことが実際には資本家階級の暮らしを良くすることになるとしても、そのような支援をいっさい否定する必要性から、黙殺された。こうした思考停止を招くような空気のなかで、理想主義者は党至上主義者へと変容し、知識人は労働者階級運動と自らの誠実さのどちらに忠実であるべきかという苦渋の選択を強いられた。もはやヨーロッパのマルクス主義者が戦略的なイノベーションを生む源となることはなかった。

第21章　官僚、民主主義者、エリート

そしてこう答えてから、このおれの都市を嘲笑する者どもにむき直り、
その嘲笑を投げ返して、おれは言うのだ、
ほかにこのように昂然と頭をあげ、活々として粗っぽく強靭で狡猾なことを
誇り顔に歌っている都市があったら、さあ見せてくれ、と。
仕事に仕事を重ねるあくせくとした労苦の中で磁力をおびた罵言を飛ばしな
がら、ここにちっぽけな弱虫の街々を圧倒して、のっぽの、不敵な強力漢が
立っているのだ。

――カール・サンドバーグ「シカゴ」
（安藤一郎訳『シカゴ詩集』岩波文庫、一六ページより）

一九世紀の終盤、少なくともヨーロッパでは、社会分野を学ぶあらゆる学生が、この分野で最も存在感が強く、また扇動的な人物とされるマルクスと否応なしにかかわりをもった。その

名のもとに行われた革命へのアジテーションはいうまでもなく、マルクスの論説がいかに疑念を呼ぶものであったとしても、その分析の力強さと広範さは注目を集めた。社会学はマルクスに対する反応から発展した学問領域である。社会学の祖の一人であるエミール・デュルケームは、実現しなかったものの、知的な動機と政治的な動機の両面から、もともとはマルクスの思想について学ぶつもりだった。そこで、手始めにマルクス主義以前の社会主義について研究した。研究仲間のマルセル・モースによると、「純粋に科学的見地から、学者が偏見を捨て、誰の味方にもならず、冷静に直視すべき事実として」考察したのである。[1]

マルクスに反論する一方で、社会学は「ブルジョワ知識人の社会意識の一般的な形態」と「自由主義イデオロギーの再構築」の源としても機能した。[2]自由主義には核となる教義上の源がなく、多種多様な流派が存在していた。ただし、そこには対立する階級の戦争を回避する道を見いだすという明確な政治的もくろみがあった。それは、進歩的な国家によって改革の計画が実践されるようにするために、たしかな基礎を築くことを意味していた。自由奔放な資本家や、腐敗し、人心操作に長けた党首に賢明な政策を求めることに失望していた（とりわけアメリカの）者たちにとって、科学的な研究は真の進歩を生み出す可能性を秘めたものだった。

マルクスの理論の図式においては、権力と利害の問題が中心にあった。これに対して、より実証主義的な科学は、自然現象を研究する場合のように、政治とは無縁で公平無私なアプローチを提示した。政治的に大きな危機に瀕した状況で、それがどのような結果をもたらし、権力者とその対抗者にどのような影響をおよぼすものであろうと、科学的な実証に本当に従うことができるだろうか。現実には、主流の社会科学は政治にまったく無縁なわけではなかった。一部の研究者は既存の社会構造の強靭さと、（民主主義的な楽観論に対しては）階層の持続性を実証することで保守的な主張を支持した。ただし、全般的に社会学者は進歩主義派側を支持する立場をとり、人間社会における理性の重要性を強く主張し、神話や迷信に異を唱えた。マルクス主義者は、そうした主張は支配者層のイデオロギーであり、ブルジョワジーの利害に沿う形で物事が起きているという真実を示すものだと難なく見抜いた。このイデオロギーにとっては、経済的・社会的変化に関して説得力ある説明ができるかどうか、そして変化のプロセスのなかで目的にかなう行動の指針となりうるかどうかが有用性の試金石となった。

マックス・ウェーバー

マックス・ウェーバーは社会学の問題と潜在力の両方を例示した。ウェーバーは、あまり地位の高くない自由主義の政治家の息子として一八六四年に生まれたが、この父親との関係は疎遠だった。ウェーバーの評判と影響力が高まったのは、一九二〇年に肺炎で他界したあとのことで、それも（クラウゼヴィッツの場合と同じように）献身的な未亡人が、夫の著作を死後に刊行するのにふさわしい形に編纂したからこそであった。第二次世界大戦後に妻が執筆、刊行した伝記で、ウェーバーは穏健派の自由主義者、ナチスに抑圧されたドイツにおける代表的な良識人として描かれた。今では、ウェーバーの思想（そして私生活）がそこに描かれているよりもはるかに複雑だったこと、自由主義者である（この点は何かにつけて個人の言論の権利を主張していたことから明白だった）と同時に、強力なドイツ人国家のために尽力する帝国主義者でもあったことが知られている。[3]

ウェーバーが戦略理論家の一覧に名を連ねることは通常ないが、その影響力は甚大だった。第一に、ウェーバーは価値自由の社会科学を確立しようとした。第二に、最も有名な著作『プロテスタンティズムの倫理と資本主義の精神』で、資本主義の発展において文化的要素が果たした役割を示し、マルクス主義にかわる思想を提示した。第三に、生活のあらゆる側面に科学の合理主義を浸透させ、官僚制化を冷ややかに予言する存在となった。第四に、政治を絶え間なく続くドラマの一部とみなす政治観を示した。そして、そこから理想を追い求めるだけでなく、結果に目を向けることをも必要とする戦略的選択を説く術（すべ）を導き出した。

『プロテスタンティズムの倫理と資本主義の精神』は、計算や予測が可能で、神の道具として機能する日常の活動を称賛する「西欧文化の合理主義」の進展について、ウェーバーが失望を示したことで知られる。この合理主義によって自然は科学に従属し、社会は官僚制に従属すると説いたのだ。しだいに複雑化する組織や、知識の専門化、専門要員の必要性は、すべて官僚制の優越化を確実にする。ウェーバーは「鉄の檻」が形成されると警告した。そこでは技術的にすぐれているだけの合理的な行政事務機構が、「組織が懸案諸問題を解決する際の唯一にして究極の価値基準」とみなされる。そして、この檻の住人は「精神のない専門家、心情のない享楽人」となる。官僚制は、視野が狭く、有能だが創造性を欠き、強い目的意識とはまったく無縁の従順な人間が配置された、魂のない無感覚な機構になる、と。

ウェーバーの世界観において、官僚制はマルクスの世界観における資本主義と同じような役割を演じた。自身の著作において自らも専門的で有能な技術者になろうとしていた点からわかるように、ウェーバーは官僚制が勢力を強め、あらがいがたいものになっていることを理解していたが、そうした傾向を奨励することはできなかった。また、マルクスが資本主義を歴史が打倒すると確信していたのに対して、ウェーバーは官僚制についてそのような希望をいだくことはなかった。科学は、絶対的な宗教上の信念を失わせることによって呪術からの解放を後押ししたが、新たな呪術を提供することはできなかった。ウェーバーは自由と開放性を尊重する一方、原則として法制や健全な行政、責任者の存在には異を唱えられなかった。人生は深い意味を失い、世俗に染まるかもしれないが、少なくともシステムは機能する。官僚制は「有無を言わさず人間を管理する手段として知られるもののなかで最も合理的な形態であり、精確性、恒常性、規律の厳格さ、信頼性において、他のあらゆる形態にまさっている」[4]。同様に、政治は永続的なもので避けて通れないが、その永続性も平和や正義や贖罪をもたらすことはできないため、厄介な存在である。政治の領域とは、権力と絶え間ない闘争の領域である。権力とは、抵抗を受けても自己の意志を押し通す能力であり、暴力や暴力行使の可能性による支配を示唆している。したがって、政治は国家と密接に関係している。政治家は自分たちに従うよう、他者を説得しなければならないが、慣習や信仰に基づいてそれを成し遂げるのはもはや不可能であり、官僚的手法もそれ自体が価値基準とはなりえない。こうしたなかで、合法的か否かという基準が生まれた。ウェーバーはその内在的価値よりも受容性の面から、この基準を提示した。(5) 政治信念の本質はウェーバーにとって核となる難題だった。ただしウェーバーは、政治信念の実質的な中身よりも、その類型の探究に力を注ぐ傾向があった。

第一次世界大戦中と終戦直後、ウェーバーは自由学生同盟の招待を受けて、ミュンヘンで二つの講演を行った。一つめは一九一七年一一月に、二つめは一九一九年一月に、それぞれ「職業としての学問」、「職業としての政治」というテーマで開催された。現在では、どちらも社会学の歴史における画期的な出来事とみなされている。ウェーバー自身はどちらの分野も職業(あるいは使命)として追究したが、よりうまくいったのは科学の分野であった。ウェーバーにとっての一つの課題は、他者のために人は何ができるのか、解き明かすことだった。科学における客観性と政治における党派性は、切り離しておかなければならないものだった。教授たる者は「政治家や改革者のように天下をとる野心をいだく」権利を要求すべきではない、とウェーバーは訴えた。こうした考え方は重大な影響をおよぼした。ひとたび価値基準が排除されれば、社会学は独自の政治理論を生み出すことができなくなる。ウェーバーは独自の揺るぎない見解を有していたが、それが科学に根ざしたものだと主張するのは避けていた。[6] 終戦のころのウェーバーが、科学的な根拠に基づいていると説く誘惑にあらがいつつ、強固な見解を保ちつづけるという葛藤に苦しんでいたのは明らかだった。一九一九年の講演のある参加者は、ウェーバーの様子をこう表現した。「この痩身でひげ面の男性は、災厄を予知して苦しむ予言者のようにも、戦地へ赴く直前の中世の戦士のようにもみえた[7]」。

それぞれ別の理由から、ウェーバーは科学も政治もとりたてて魅力的な職業とすることはできなかった。社会学は、きわめて厳格化された労働倫理と禁欲的な自制が組み合わさった、とりわけ近寄りがたい学問として登場した。[8] ウェーバーは実用面での難しさや専門知識をもった専門家の必要性を強調したので、ウェーバーが取り入れた概念形成は必ずしも理解しやすいものではなかった。職業としての科学の重要性は事実と価値を明確に分けることを強調している点に表れているが、ウェーバーは同時に、科学的知識には政治的価値を示すうえで限界があることを論じるだけでなく、科学的知識が「世界における事実と価値の存在を明らかにし、さらに価値を追求するための手段を選ぶ手助けをするのにどのように用いられ」うるかを説いた。[9] このように、目的を達成するのに必要な手段を特定することによって、科学は戦略のために役立つ可能性がある。そして、適切な手段として見いだしたものが「採用してはならないと考えているものだった場合、目的と採用せねばならない手段とのあいだで選択を迫られることになる。目的は手段を『正当化する』のか、しないのか、という判断を強いられる」ということに気づくかもしれない。科学は戦略の源泉になりえない。目的は、科学の対象外にある価値基準の手段によって特定されなければならないからだ。だが科学は、特定の手段が機能しうる理由、あるいは特定の目的が達成できない理由を説明することによって、重要な戦略的価値をもつ可能性がある。この判断は「損失の小さいほうか、それとも効果の大きいほうか」という二者択一にもなりうる。科学と価値、実質的には手段と目的の相互作用は、両者が本質的に調和するものではなく、常に葛藤をもたらすものであることを示している。ウェーバーは、「多くの場合」において、「善き目的を達成するには、道徳的に疑わしい手段、少なくとも危険な手段を用いるという代価を進んで払い、悪しき副産物が生じる可能性や蓋然性さえも受け入れなければならない、という事実は避けられない」と説いた[10]。こうしたジレンマは今となっては当たり前のように思えるかもしれない。だが、いかなる政治システムによっても決定的に解消することはできないという確信に基づき、これほど明確にそのジレンマの存在を伝えた者は、ウェーバーより前には誰もおらず、後にもほとんどいない。

このテーマは二つめの講演でも取り上げられた。時代背景は一段と暗くなっていた。第一次世界大戦は終わっていたものの、ドイツは一九一八年一一月の連合国軍への降伏と、その後の革命および反革命活動で依然として動揺していた。ウェーバーは明らかに自身の職業を科学者と位置づけており、このころ最も活発に科学に携わっていた。一方、政治面で特別な才能を示すことはなかった。戦争中のウェーバーは、過度に野心的で攻撃的な戦争目的に懸念をいだき、自国がアメリカと戦っていることに心を痛めていた。より過激な学究派のナショナリストたちが併合主義に基づく請願書を政府に送ったのに対抗し、軍事史家のハンス・デルブリュックがそれを否定する請願書を作成した際には、ウェーバーも署名で協力した。その後、ウィーンの大学で客員教授を務めたウェーバーは、一九一八年にドイツに帰国すると政治の世界で主導的な役割を演じるとみられたが、これは実現しなかった。ワイマール共和国憲法の起草委員会にかかわったほか、中道派の新党、ドイツ民主党の創設にも携わったが、その指導部で要職を任されることはなかった。ある伝記作家は、ウェーバーの政治理解は必ずしも非常にすぐれたものではなく、「無用かつ不毛な議論にのめり込む厄介な傾向をみるかぎり、政治家としての資質があったとはいいがたい」と論じた。[11]民主党の精力的な活動家として働きながら、ウェーバーは演説のなかで左翼も右翼も同様に激しく批判しがちであった。このため、まさに連立が必要とされるときに、その取りまとめ役にふさわしい人物とはなりえなかった。一九二〇年にその後も要職につけないことが明らかになると、ウェーバーはこう訴えて党指導部から身を引いた。「政治家は妥協すべきであり、しなければならない。だが、わたしは学者を生業としている。……学者には妥協する必要も、愚行を取り繕う必要もない」[12]。政治家はウェーバーにとっての天職ではなかった。

感情面では、ウェーバーは強いドイツ人国家という考えに固執し、平和主義に敵意をいだいた。そして終戦間際になって突然、革命活動の波が押し寄せたことに、自身の友人の多くが関与していたにもかかわらず憤った。[13] ウェーバーはドイツが武装解除によって無力化するのを恐れ、また革命で混乱に拍車がかかることに苛立っていた。ミュンヘンで二度目の講演を行ったのは、スパルタクス団のリーダーだったカール・リープクネヒトとローザ・ルクセンブルクが殺害されて間もないころだった。少し前にこの二人の理論家に対する苛立ちをあらわにしていたウェーバーだったが（「リープクネヒトには精神科の病院が、ローザ・ルクセンブルクには動物園がお似合いだ」）、殺害されたことについては遺憾の意を表した。講演を引き受けたのは、自分のかわりにクルト・アイスナーが演壇に立つのを恐れていたからにほかならなかった。アイスナーは、ウェーバーが無能とみなしていたバイエルン・レーテ共和国政府の首相を務める急進的な人物だった。

当時は政治におけるジレンマが浮き彫りになった時期であった。敗戦と発作的に起きた革命は、目的と手段の食い違いがいかに不完全な結果におちいるのかを如実に表した。そうしたなかでウェーバーは、戦略思考における葛藤の核心に迫る分析を示し、達成するための手段がないのに壮大な目的を掲げることの無意味さを訴えた。そして、結果に目を向けて手段を分析することの必要性を強く主張しつづけた。

ウェーバーは二度めの講演を、いつものように「現実の時事問題に関する見解を示す」つもりはないと断ったうえで始めた。そして、政治と国家について、以下のように説得力ある定義を披露した。政治とは、「政治的な団体、つまり今日でいえば国家の指導、またはその指導に影響を与える行為」である。国家をその目的によって定義することはできない。多くの可能性があるからだ。国家はその手段、「つまり物理的な暴力」によってしか定義できない。暴力が国家にとっての正常な手段、あるいは唯一の手段だというのではない。国家に特有の手段である、という意味である。したがって、国家は「ある特定の領域のなかで、正当な物理的暴力の行使を独占することを要求する（そして、それが認められる）人間の共同体」と定義される。国家だけが暴力を正当化できる。ひとたび、その暴力行使の独占が脅かされれば（当時は国内外双方でその可能性があった）、国家は苦境におちいる。

国家の権威は、伝統、官僚制、カリスマの三つのうちのどれかを源泉とする。伝統はもはや頼りにならず、官僚制の機能はかなり限定的であるため、ウェーバーはカリスマに注目した。ウェーバーによれば、カリスマとは政治指導力の一つの特質、つまり神聖さ、英雄的行為、模範となる資質を通じて権威を獲得する能力を意味する。カリスマは、官吏とは異なる指導者の役割を特徴づける政治的資質である。政治家には「党派を明らかにし、情熱を傾ける」覚悟が必要だが、官吏は「上級官庁の命令を、自分自身の信念と合致しているかのように誠実に遂行」しなければならない。問題は、どのように権力を行使するのが最良なのか、つまり「歴史の歯車に手をかけることを許されるには、どのような人間でなければならないのか」という点である。

信念（究極の目的）に基づく倫理と、責任に基づく倫理のどちらを選ぶか、つまり、たとえ大義に支障をきたす場合でも基本原則に従って行動することと、起こる可能性が高い結末に沿うように行動することの二者択一が問題となる。この講演で、ウェーバーは原理を曲げようとしない者たち、具体的には、空虚なロマンティシズムのせいで「客観的な責任感をいっさい欠いた」、『革命』という誇らしげな名前で飾りたてられたカーニバルのなかの知識人」に異を唱えた。どのような影響をおよぼすか考えずに行動すれば、その行動は悪い結果をもたらしかねない。ウェーバーは、反動と抑圧をもたらすような行動をしながら、その悪い結果を他者のせいにする革命家を軽蔑した。純粋な動機も、悪い結果をもたらすのであれば良いとはいえないのだと。

おそらく聴衆の学生のなかにも数多く存在したであろう、当時のドイツにおいて「武力によって地上に絶対の正義を築こう」としていた者たちは、これが何を意味するのかを考えなければならない。自分たちの追随者は、確実に同じ計画を共有してくれるのか。それは憎悪や復讐心、怨恨といった感情や「似非倫理的な独善」の欲求、あるいは「冒険、勝利、戦利品、権力、略奪品」に対する欲望を満たすことではないのか。追随者に十分な報奨を与えつづけ、意欲を維持させることはできるのか。そうすることは、根本的な動機や指導者の目的と矛盾するのではないか。したがって、この「熱情に突き動かされた革命」はやがて（おそらくは早々に）「旧態依然の日常生活」に取って代わられるのではないか。もし革命家が、問題は世界の愚かしさと卑俗さにあると本当に思っているのであれば、どうやってそれを根絶しようと考えるのか。ウェーバーは「山上の垂訓」の平和主義に異議を唱えた。政治家は、この平和主義とは反対の立場をとらなければならない。暴力を用いて抵抗しないのであれば、「悪がはびこったこととの責任を負わねばならない」と主張したのだ。

そしてウェーバーは、最初から他人に備わっている欠陥を考慮したうえで、起こりそうな結果という観点から行動を評価する、責任の倫理を説いた。一方で、自らを意味づける根本的な大義もなしに、目先の効果だけを重視する政治への懸念も示した。ウェーバーが理想とするのは、信条の倫理と責任の倫理が組み合わさって『『政治を天職に』』できる真の人間が生まれることだった。ウェーバーは、「自分がめざそうとしているものに比べて世界がいかに愚かで卑俗であっても、くじける」ことのない、指導者であり、英雄でもあるカリスマ的な人物を求めていた。そして決して楽観的ではなく、「今、勝利を収めているようにみえるグループがどのようなものであっても、［目の前にあるのは］花が咲き乱れる夏ではなく、凍てつくような暗く厳しい極地の夜だ」と考えていた。政治とは「情熱と大局観の両方」に根ざす必要がある。それは、「不可能なことを成し遂げようとする試みが繰り返されなかったなら、今は可能となっていることも実現できなかった」はずだからだ、とウェーバーは説いた。(14)

結果の評価よりも動機の純粋さを重視した行動に対するウェーバーの不信感は、結果を評価する能力と、そうした評価を手助けする科学的研究の役割への確信を反映していた。社会活動にはギャンブルの要素がつきものかもしれないが、別の行動をとった場合に予想されうる結果について合理的な仮説を立てることで、うまくいく確率を高めることは可能である。このような自信がもてなければ、いったいどうやって、一つの行動計画をほかのものと比べて評価することができるというのだろうか。

トルストイ

信条の倫理型の代表的な人物としてウェーバーが思い描いた者がいたとすれば、それはレフ・トルストイ伯爵であった。トルストイはウェーバーとはまったく別の視点から、あらゆる問題を、自身を悩ませる原因となった科学、官僚制、現代主義と結びつけて論じた。ウェーバーには、同時代の偉大な理想主義者としてトルストイに関する本を執筆しようと考えた時期すらあった。トルストイは、ほかのことはさておき、少なくとも戦争と革命の両方に反対していたという点で首尾一貫していたが、そのために戦争だけでなく、世界や文化の恩恵とも相容れない立場に置かれた、とウェーバーはみていた[15]。ウェーバーがトルストイにこだわりをいだいていたのは、『職業としての学問』でトルストイの反合理主義者的、反科学的見解を論点としたことからも明らかだった。『職業としての政治』では、トルストイがとくに好んだ「山上の垂訓」を取り上げ、「悪しき者に暴力で抵抗してはならない」と説く愛の倫理を揶揄した。

この倫理はトルストイの信条であった。何度も精神的危機に直面するなかで、トルストイは正教会の虚飾や権威を否定し、独自のキリスト教の姿を考えるようになった。その中核にあったのが、「山上の垂訓」と「右の頬を打たれたら、左の頬を差し出せ」という教理だった。そこから、平和に暮らす、憎まない、悪しき者に抵抗しない、どのような状況においても暴力を放棄する、情欲や悪態を避けるといったことを中心とする一連のルールが生まれた。もしこうしたルールが普遍的に受け入れられれば、戦争も軍隊も、そして警察や裁判所すらも不要となる。トルストイは教会であろうと、宗教に無関係なものであろうと既存の権力に異を唱える一方で、不道徳で無益だとして暴力革命にも反対した。そして都会や裕福な世代を否定し、農村や自然との交わりを重視した。

本書では、トルストイが反戦略的思想家として果たした役割についてすでに論じた。どちらの面においても、根底にあるものは同じである。トルストイは、意図的な原因が特定の結果にたやすく結びつきうるという考え方にきわめて懐疑的で、そのような因果関係を専門家然として主張する者を見下していた。そしてアイザイア・バーリンが論じるように、何よりも「専門家や、ほかの者たちに対する特別な権限を主張する者」を嫌った。『戦争と平和』では、指揮系統を通じて命じられる偉大な将軍の意志に基づく行為が、大勢の人間の行動に影響をおよぼし、ひいては歴史を変えることができる、という厚かましい主張を揶揄している。将官や革命派の知識人は自分たちが科学的な戦略に従っていると主張するだろうが、結局はその戦略に裏切られる。それは、自分たちがその計画において頼みとする一般の人々からかけ離れた存在になっていて、彼らのことを理解できないからだ。善くも悪くも、変化は出来事に巻き込まれた個人の無数の決断が積み重なって起きる。あいにく一般の人々は無知で教養がなく、おそらくは共通の感情や価値観でつながっているが、自分たちの窮状を十分に理解したり、新しい世界を作るために団結したりすることはできない。

トルストイは、真理を探究する姿勢や、十分な覚悟をもって探求すればそれは見つかるという張りつめた激しい信念の面では、啓蒙主義者だったといえるかもしれない。だが一方で、近代化や科学に対する過信に、また、自身が良き生活の基盤とみなしていたものを見失った政治改革の試みに恐れをなすなど、きわめて多くの重要な側面において反啓蒙主義者でもあった。「同時代の、いや実際にはあらゆる時代の大衆運動になじむこと」ができなかったトルストイを「なんらかのグループに分類するのであれば、答えが出ていない、あるいは出そうにもない問いを投げかける反体制派とするよりほかない」[16]。W・B・ガリーは、トルストイは「どうしようもないほど実践面に弱く」、組織だった行動も「得意とするもの」ではなかった、と控えめに論じた[17]。家族ですら、トルストイが説く新しい生き方に納得しているとはいいがたかった[18]。トルストイがもたらしたのは、前例や多くの本や記事の力であり、これは当人にとって瑣末事(さまつごと)ではなかった。

妥協を許さない平和主義や、帝政への抵抗、そして貧困層の苦しみを白日の下にさらす試みによって、トルストイがとくに訴えたかったメッセージは明瞭に伝わった。独自の見解の伝道者としての能力は、自身の生き方だけでなく、文学的才能によっても高められた。都市部の貧民街で繰り広げられる生存競争や、軍隊生活で日常的に起きる残虐行為、貴族の自己欺瞞能力などの生々しい描写も、その論争術の特徴の一つだった。軍国主義の非道さや近視眼的な愛国心に関する分析には、冷笑的な機知、そして時として予言的な洞察が織り交ぜられていた。トルストイは未来の戦争熱について、司祭が「殺人のために祈禱」し、新聞編集者が「憎悪と殺人を喚起する仕事に取りかかる」と表現した。また、何十万もの「素朴で優しい人々」が「平和な勤労から引き離されて」重い足取りで戦地へと向かい、最終的にこれらの哀れな人々は、「理由もわからぬまま、それまで会ったこともなければ、自分たちに何か害をもたらしたわけでも、もたらす可能性があるわけでもない何千もの人を殺すだろう」と説いた。[19] こうした点から、トルストイにとって戦争とは、はるかにもっと一般的な不安、そして人間同士の不自然な分裂が極端な形で表れたものであり、そうした要素を反映し、さらに悪化させるものであった。人間がこのような事態が生じるがままにしておける理由については、人間は政府によってだけでなく、何よりも悲惨なことにお互いによって「催眠術をかけられてきた」という独自の虚偽意識の考え方を用いて説明した。この催眠術は、愛国心という神話を白日の下にさらすことによってのみ解ける。トルストイの反戦略的な洞察力の中核には、人間社会における分裂は不自然な状態であり、それを正せば闘争や対立の必要性はなくなる、という信念があった。

一八八二年、トルストイはモスクワでの民勢調査に参加したあと、当時のロシア人がよく自らに投げかけていたとみられる「何をなすべきか？」という問いを提示した論文を書いた。[20] モスクワは急成長の時期にあり、地方からの移住者の急増で、それにともなう人口過密、貧困、犯罪、疾病、搾取といったあらゆる問題をかかえていた。トルストイは、民勢調査は「社会学上の調査」だと述べ、さらに社会学の目的は、学問としては異質ながら「人々の福祉」にある、と指摘した。[21] 残念なことに、こうした目的にもかかわらず、たとえ情報収集によって「法則」がどれだけ解明されようとも、またそうした法則によってどのような長期的福利が生じようとも、調査で明らかになった貧しい人々の生活にすぐさま利益がもたらされることはまずなかった。悲惨な状況を切実に描写することは、行動を起こすのに不可欠な第一歩となりうる。「貧困、堕落、無知といった社会のあらゆる傷がすっかりあらわになるだろう」。だが、それだけでは不十分だ。トルストイはこう訴えた。飢えてボロ布を身にまとった人に出会ったなら、「ありとあらゆる調査を行うよりもその人を助けることのほうが重要である」。科学的観点から無関心を装い、次から次へとあわただしく悲惨なケースを調査するよりも、貧窮者と関係を築くことをトルストイは呼びかけた。

真の目的は、「人と人とのあいだに築かれた障壁」を打ち壊すことであるべきだ。[22] これは、エリート層の罪悪感を和らげるだけで、かえって分裂を深刻化させる慈善を否定することを意味する。社会の傷をいやすために、みなが一致団結すべきである。トルストイはこうした呼びかけを地域社会や同業者組織に向けて発し、志を同じくする人々が貧困者や抑圧された者たちに手を差しのべることを求めた。そうすれば物質面、精神面双方でよい効果が表れるだろう。そうしなければ、階級闘争が起きるとトルストイは警告した。「［階級闘争は］存在する必要もなければ、存在すべきでもない。それは、われわれの理性や良心にもとるものであり、われわれが生きている人間であるかぎり、存在しえないはずだからだ」。

残念ながら、トルストイ自身がやがて気づいたように、その呼びかけに応えた者はほとんどいなかった。しかも、都市部の知られざる生活を調査するにしたがって、持たざる者も持てる者と同じく都市の生活によって堕落していることが明らかになった。重要なのは、こうした問題の規模ではなく、モスクワがどのような社会に変容しているかという点にあった。トルストイは、貧困者のなかに残る気高さを見いだすことはできたものの、酒飲みや売春婦に関しては、そうした者たちがトルストイのことを理解できないのと同じように、理解することができなかった。この異質な文化のなかで暮らす者たちは、トルストイの呼びかけに抵抗し、トルストイが不愉快に思う方法で生き延びようとしていた。都市の生活を探れば探るほど、それまでいだいていた望みの甘さを感じさせられた。ついにある晩、トルストイは調査を中止した。患者の傷口をむき出しにしたものの、「手持ちの薬が何の役にも立たない」と認めるしかない医者のように、自分が無意味で実行不可能なことをしていると感じたのだ。トルストイはメモを取るのをやめ、「こんなことをしてもどうにもならないとわかって、何の質問もしなかった」。「何をなすべきか?」という問いに対する答えは、「何もできない」であるようだった。[23]

トルストイは自身が属する階級の行き過ぎた行為が社会の分裂を招いたと非難しつづける一方で、都市生活を問題とみなすようになった。都市は改革の効果もおよばない腐敗と堕落の地である。腐敗の根は一段と深いところに達しており、経済発展を追求するうえで人間が通ってきた道全体で問題が生じている。金銭は、まっとうな人間関係の妨げとなってきた。人間関係は金銭とは無縁で、人がほかの人や美しい自然から疎外される必要のない土地でのみ修復されうる。トルストイはこう説き、自ら手本を示した。自身の領地があるヤースナヤ・ポリャーナへ戻り、財産をもたず、着の身着のままで肉体労働によって充足感を得る、独自の農村ユートピアを作ろうとしたのだ。このように近代化に完全に背を向けることにより、トルストイは自らの信念に忠実な唯一の生き方を貫くと主張した。その姿勢は受動的かつ非協力的で、ある程度の組織と人為作用の仮定をともなう直接行動とは無縁だった。

「アナーキストはあらゆる点で正しい」。トルストイは一八九〇年の著作でこう書いている。「既存の秩序を否定する点においても、権力者が存在しない状況で行使される暴力よりも、現状において権力者が行使する暴力のほうが悪質だと断言している点でも正しい」と説いたうえで、こう続けている。一つだけまちがっているのは、権力者が存在しない状況が革命によって実現すると考えている点だ。それは「政府の力による保護を要求しない人が増えつづけること」によってのみ実現する。「永久革命は、魂の再生という精神革命でしかありえない[24]」。

ジェーン・アダムズ

一八九六年五月、トルストイはヤースナヤ・ポリャーナで、ある訪問者を迎えた。アメリカのシカゴからやって来たジェーン・アダムズである。イリノイ州の裕福な農家に生まれたアダムズは当時三十代半ばで、アメリカでとくに影響力が強く尊敬される女性の一人になる途上にあった。アダムズの名声は、一八八九年にシカゴで創設されたセツルメント・ハウス「ハル・ハウス」によって築かれた。同ハウスは、その数年前にアダムズが訪れたロンドンのイースト・エンドにあるトインビー・ホールを手本としていた。その基本的な概念は、教養のある恵まれた人々と貧しく困窮した人々が、双方にとって得となるように生活を共にするというものだ。最盛期には一三もの建物で構成されていたハル・ハウスには、ホームレス用のシェルターや、公衆浴場、遊び場なども設けられていた。また、美術、文学、音楽などのいわゆるハイカルチャーについて学んだり、たしなんだりする機会だけでなく、外部から人を招いて開く講演会や、討論、調査、政治運動などを行う機会も提供した。

アダムズは数多くのトルストイの著作を読んでいた。一八八七年にアメリカで出版された

『さらばわれら何をなすべきか』については、「貧窮者と文字どおり寝食を共にした者だけが彼らを救ったと主張できる」という自身の考え方のもとになった書だと述べている。[25]アダムズがトルストイの影響を受けていたことは、ハル・ハウスの食堂の壁にその偉大な人物を描いた絵が掛けられていた点からも明らかだった。徹底的な平和主義者で、組織化された宗教に疑念をいだいていたアダムズは、悪しき者に抵抗しないというトルストイの姿勢を明白に取り入れてもいた。そして、自分が「悪は善によってのみ克服できる、抵抗しえないものだと考え、抵抗することの無意味さを哲学として確信している」ことを表明した。貧困、疾病、搾取は社会全体にとっての試練であり、社会を分断する対立を招く前に、なんらかの形での調整によって解決しなければならない。アダムズは、福音とは「友愛の外向きのシンボル、平和の絆、精神の結びつきがどんな違いよりも優先される幸せな場所」だと表現した。[26]

ただし、トルストイとの出会いは期待外れに終わった。トルストイはアダムズが説明するハル・ハウスの話にはほとんど興味を示さず、「不信の目でわたしの旅行着の袖を見ていた」。その旅行着には何人分もの女児の衣服を作るのに十分な布が使われている、それが「人々とのあいだの障壁」になっているのではないか、とトルストイは指摘した。そして、アダムズがイリノイ州に農場を所有していることを知ると、「不在地主」なのかと問いつめ、混雑した都会で暮らして人口をさらに増やすよりも、「手持ちの土地を耕す」べきだと示唆した。トルストイの非難は公正ではなかったが、アダムズを思い悩ませ、シカゴに戻ってから毎日二時間をハル・

ハウスのパン焼き場での労働に費やすことを決意させるだけの影響力を発揮した。しかし、試みたもののできなかった。アダムズにとって最適な時間の使い方ではなかったからだ。[27]アダムズが真のトルストイ信奉者になりえなかったのは、この小さな出来事一つからも明らかだった。

トルストイが分業を自然に反する罪と考える一方で、アダムズは不可避なものと認めた。アダムズは人々に相互依存の論理を受け入れさせることを課題としていた。トルストイが人間の分裂を余儀なくするという理由で都市に見切りをつけたのに対して、アダムズは、都市は住民全員の役に立つことができるし、役に立たなければならないと考えた。アダムズやその他の進歩主義者とトルストイに共通していた原則の原点は、社会の分断は自然に反するものだが、これは乗り越えられるし、乗り越えなければならない、という信念にあった。ただし、トルストイが人間と土地と霊が一体化した世界の存在を信じていたのに対して、アダムズは闘争のない世界を、世界のなかでもとりわけ実現しそうにない都市シカゴで作ろうとした。

当時、シカゴはロンドン、ニューヨーク、パリ、ベルリンに次ぐ世界で五番めに大きい都市だった。都市化が進んだのは、他の四都市に比べるとかなり最近のことだった。鉄道の発達、アメリカ中西部の商業、ビジネスの中心としての地位、大量移民の効果が相まって、一八八〇年には五〇万人だったシカゴの人口は、一八九〇年にはその倍の一〇〇万人を超えた。その後もさらに倍増し、一九一〇年には二〇〇万人を優に超える規模に達した。住民の約六〇パーセントが外国生まれで、二〇パーセントを除く者が最近、移民してきた人々だった。ドイツ人、ポーランド人、ロシア人、イタリア人、アイルランド人は、それぞれ独特の意識をもったコミュニティを形成し、他のコミュニティと不穏な関係になることもしばしばだった。一八七一年の大火災で古い木造建築物が焼け落ちると、シカゴは石造や鉄製の建築物を中心に再建され、(28)摩天楼発祥の地となった。芸術や公園、そしてジョン・D・ロックフェラーの援助で新設された大学に資金が投じられた。シカゴでの暮らしは過酷で、生活環境は劣悪だった。急進的なジャーナリスト、リンカーン・ステフェンスは一九〇四年の著書にこう記した。「暴力発祥の地。ほこりにまみれた騒々しい無法地帯。悪臭の漂う醜く無礼な新しい街。野暮なまま巨大化しすぎた村。人口過多の無頼都市。国の見世物。……犯罪に関しては開放的、商業においては厚かましく、社会としては無分別で未熟(29)」。小説家アプトン・シンクレアは家畜処理場で秘密裏に調査を行い、著書『ジャングル』で食肉加工業界における移民労働者の壮絶な労働環境を暴露した。

一九〇四年秋、セントルイスで開催される大規模な学術会議へ向かう途上でシカゴを訪れたマックス・ウェーバーは、この都市を印象的なたとえで表現した。「皮をはがれ、内臓の動きが丸見えになった人間のようだ(30)」。ウェーバーは家畜処理場を視察し、「何も知らない牛」が屠畜場に入るや否やハンマーで殴られて倒され、鉄の吊り下げ具につかまれて持ち上げられ、「内臓を取り出して皮をはぐ」労働者の元へ送り込まれる、という自動化工程を目の当たりにした。ウェーバーが述べたように、そこでは「豚小屋から出された豚がソーセージや缶詰になるまでを見る」ことが可能だった。ウェーバーが訪問したのは、北米合同屠畜・精肉労働組合が家畜処理場での労働者の組織化を目的としたストライキに失敗し、打ちのめされている時期だった。ウェーバーはどうやらいくらかの誇張を交え、ストの余波について以下のように描写した。「大勢のイタリア人と黒人がスト破りに動員され、スト参加者とのあいだで毎日、撃ち合いが起き、十数人の死者が出た。非組合員が乗っていたという理由で路面電車が一台ひっくり返され、十人以上の女性が押しつぶされた。高架鉄道にダイナマイトをしかけたという脅迫があり、実際に一台の車両が脱線して川に転落した」[31]。ウェーバーはハル・ハウスも訪問した。同行した妻マリアンネは、同ハウスのことを称賛の念をこめてこう記した。「そこには託児所や三〇人の女性労働者のための宿泊設備、若者用の運動施設、舞台つきの大型コンサートホール、調理指導用のキッチン、幼稚園、裁縫や手仕事などあらゆる種類の技術を教えるための部屋などもある。冬のあいだ、一万五〇〇〇人の男女が指導や刺激、助言を受けにやってきて、楽しく過ごしている」[32]。

ジェーン・アダムズは、自身とハル・ハウスを都市部の分裂による混乱のなかに投じた。分裂の原因は、人種や黒人の扱いに関する根強い問題、農村地帯の衰退と都市部の隆盛、民族間の緊張、資本家と労働者の絶え間ない衝突、と多岐にわたっていた。アダムズは、当時のアメリカでリベラル派の主流だった進歩主義に傾倒した。進歩主義者は当時の社会問題を政府にとって中心的な課題とみており、早急に行動を起こさなければ、修復しようのない亀裂が生じると懸念していた。政府は偏った利害から離れ、社会全体に利益をもたらす求心力にならなければならない。この点においてアダムズは、一般の人々が、自分たちの生活に秩序と良識を持ち込む方法を自ら考え、市民社会の諸事において建設的な役割を果たすことができる、と確信する民主主義的楽観主義者であった。こうした見方は、イギリスのフェビアン主義者による「教会か国家のどこかに権威をもった一団の人々がいて、誤りを見つけるや否やそれを正す」という、アダムズにいわせるとうぶな考え方と対照的だった。[33] 一般の人々が偉大な芸術や壮大な思想に触れる機会を作ることで、人々が成長し、自らの人生において情報を得たうえで選択を行うことができるようになる、とアダムズは考えた。

手厳しい社会・政治評論家であったアダムズは、街の清掃や児童の教育、労働現場の統制を怠った市当局を糾弾した。アダムズは男女同権論者（フェミニスト）であり、人種間の平等を信じ、また労働組合を支援していた。ただし、いかなる紛争も暴力の段階まで発展させる必要はなく、解決不能にみえる紛争でも必ず和解の道を見いだすことができる、と強く確信していた。社会主義者ともかかわりをもったが、経済決定論や階級意識、暴力的衝突のためのあらゆる準備には拒否反応を示した。労働組合を支援しつつ、組合が敵とみなしている相手に手を差し伸べる努力をもっとしてほしいと望んでいた。ハル・ハウスについては、「階級は相互に依存する互恵関係にあるという理論に基づいて厳粛に開設された」と主張した。[34] 人々が過激な行動に駆り立てられる理由は理解していたが、そうした行動を認めることはできなかった。だが同時に、住民にまっとうな生活を保証することもできず、制御不能にみえる街に愕然とし、階級闘争に変わりうる変化の源を切望した。そして、資本家と労働者、保守派と扇動者など、コミュニティのあらゆる層をなんとかして一つ屋根の下に集わせたい、そうすれば、お互いの違いを認識し、ならず者や搾取家に絶えず悩まされている移民を、「より育ちのよいアメリカ人」と交流させることができると考えていた。(35)

アダムズは、鉄道王ジョージ・プルマンのプルマン・カンパニーにかかわる激しい労働争議が一八九四年にシカゴで起きたのをきっかけに、自身の哲学を小論の形で表明した。この争議の原因は、同社の粗野な事業慣行という単純なものではなく、企業城下町を作り労働者に住居を提供したプルマンの父権的干渉主義（パターナリズム）にあった。景気後退で賃金が下がる一方で家賃が据え置かれたことに猛反発した労働者がストライキを起こし、数ヵ月におよぶ紛争に発展した。死者一三名を出す激しい武力衝突が繰り広げられ、戒厳令が敷かれるにいたった。小論でアダムズは、お互いの立場に思いをめぐらすことができなかったために共倒れしたリア王とその娘コーディリアの対立に、この争議をなぞらえた。(36)「今の社会の熱情が賃金労働者の解放に向けられていることは事実上、誰もが認めている」と述べてから、アダムズは以下のように続けている。

しかし、コーディリアが父を救済すべき対象とみなさず、身勝手に自分だけ難を逃れたように、視野の定まらない労働者は自分たちの救済を主張し、古い関係を自分たちの考え方から排除しようとした。コーディリアは新しい生活のなかで生じた良心に駆り立てられて父の元へ戻り、命を落とした。同じように、労働者は残虐行為と憤怒のなかに引きずり込まれた。やがてそれは目的と化し、悲劇を生んだ。したがって、労働者の解放は最初の段階から雇い主をも含んだ形で行われなければならない。さもなければ、多くの失敗と残虐行為と反発に直面することになる[37]。

アダムズは対立が存在すること、それが必ずしも人為的ではないことを認識し、集団のあいだで苛立ちや怒りが生じうることを受け入れていた。一方で、そうした対立が暴力へと発展するのを回避することは可能なはずだと信じてもいた。ジーン・ベスキー・エルシュテインが指摘するように、問題はアダムズが多種多様な民族集団の好戦性を軽視し、「国際都市の未来に関する最良のシナリオ」だけを描いた点にあった。シカゴの複雑な民族政治の舵を取り、共通の利益を特定する能力をもっていたがために、このシナリオの実現はアダムズにとって最大の使命となった。日々の生存闘争にさらされるなかで、偏見や古くからの敵意を捨てる人々の例を、アダムズは十分すぎるほどみてきた。このため、国家間の場合も含め、対立がどう発展しうるかという点に関して楽観的になっていた。人々に生来備わっている善良さは、それが表れる機会を与えられれば、お互いの相違を克服し、戦争を無意味なものとすることさえできる。「世界中の平和を愛するすべての女性の代弁者」として振る舞うアダムズは、一九一七年のアメリカ参戦に反対したことで人々の支持を失う危険にさらされた。戦後は平和の促進のために全精力を傾け、一九三一年にノーベル平和賞を受賞するにいたった。アダムズは「都市生活の必要性から生じる和解は、国家間レベルでも実現しうる」と考え、「国防や安全保障に関心をいだくのは、軍国主義や権威主義を容認したも同然のことだ」と確信していた[38]。

ジョン・デューイ

ジェーン・アダムズはトルストイと同じく、問題の解決にほとんど役立たない浮世離れした学術研究に慎重な姿勢をとっていた。だが、スイスのチューリッヒで博士号を取得し、フリードリヒ・エンゲルスと関わったこともあるフローレンス・ケリーの主導により、ハル・ハウスは近隣地域に関する一連の研究の中心地となり、世紀の変わり目の都市生活について説得力のある描写を提供した。そこには、社会状況の実態が明らかになれば、それに対処するための手段が講じられるだろうという進歩主義的な楽観論が反映されていた[39]。

シカゴ大学では、社会研究と行動は両立するという考え方が当たり前のように受け入れられていた。アメリカで初めて社会学部を創設した同大学は、第二次世界大戦が始まるまで、アメリカの社会学の「首都」として機能した。[40] 初代学部長のアルビオン・スモールは牧師だったが、自らのキリスト教信仰と社会研究にほとんど矛盾を感じることなく、反動と革命のあいだを進む道を作る学問として社会学を推進した。社会学は民主的変革のための道具だった。「因習は命題（テーゼ）、社会主義は反対命題（アンチテーゼ）、社会学は統合命題（ジンテーゼ）である」。[41]「学問と社会扇動」と題した論文で、スモールは進歩主義の教義を強力に擁護し、アメリカの学者は「事実に関する知識から力に関する知識へ、そして力に関する知識から、より包括的な社会・個人生活の利害に関する力の統制へと前進」すべきだと論じた。スモールは、「抽象論に満ちた、つまり生きている人間の実際の利害に関するあらゆる研究の関連性に目を向けようとしない」社会学のいかなる概念にも共感や確信をいだけなかった。自分がめざす研究をするうえで、シカゴは類いまれな拠点であり、「広大な社会学研究所」だった。[42]

こうした実験的な側面に魅了されたのがジョン・デューイである。すでに心理学と哲学の分野で定評のあったデューイは、一八九四年にシカゴ大学の一員となった。シカゴに移るころには、妻アリスの後押しによって政治面、学問面でより急進的な立場をとるようになっていた。シカゴ大学自体は急進派にとって居心地のよい場所ではなかった。労働者を声高に支持したという理由で解雇される者もいた。だがデューイはシカゴについて、「山積みになった問題が自ら手を伸ばし、誰か解決してくれと懇願している」ような印象をも受けた。デューイはハル・

ハウスとのかかわりに生きがいを見いだし、ジェーン・アダムズの友人となって定期的に講話を行った。シカゴにやって来たのは、プルマン・ストライキのさなかだった。当初は労働組合側に全面的に同情していたが、やがて闘争よりも和解を促す必要性を感じた。労組敗北の代償の大きさは、こうした見方を強固にした。デューイ独自の自由主義は、より伝統的な自由主義における個人の権利への懸念よりも、不要な分裂によって損なわれる社会有機体の健全性への関心を反映していた。一方で、社会有機体の健全性は民主主義によって達成できることを強く確信していた。デューイはのちに、これが自身の長い生涯を通じて一貫した信念だったと述べている。[43] こうした固有の民主主義的楽観論はアダムズと共通するものであった。そして、自分は社会の一部だという考え方を学ぶことで、誰もが自らの潜在能力を認識し、妥協や和解を働きかけられるような環境を作る点を重視した教育哲学に反映された。学校であれ職場であれ、組織の影響を受けるすべての人は、そこでの意思決定においてなんらかの役割を担うべきだ、というのがデューイの見解だった。デューイはより良い政府と向上的で啓蒙的な経験の源泉として、参加型の民主主義を提唱した。アダムズと違ってデューイは平和主義者ではなく、アメリカの第一次世界大戦参戦時には支持を表明したが、その後は強固な反戦の立場をとった。[44]

デューイは哲学に、「哲学者の問題を扱う手段」ではなく、「哲学者によって培われた、人間の問題を扱う方法」を求めた。[45] 哲学は保守派に挑戦するものであり、革命にかかわりうる方法だ。急進派と保守派は共存する必要がある。「未来像と行動を促す刺激」をもたらすものの、

「過去の経験による知恵を欠く」急進派は、ただ「そのときの気まぐれでわけのわからない興奮」にかきたてられて、「まとまりもなく奔放に」振る舞う。

こうしたなかで、社会改革者には特別な役割が生まれる。「心理学者、社会福祉家、教育者」として、社会改革者は「社会で敵対する者たちを和解させ、関係する個人の未完成の人格を完成に導くということを同時にしながら、敵対者同士にお互いの立場を理解させるための説明をする」必要がある。[46] 社会を有機的統一体とみなす考え方は、自立した個人という前提に基づく自由放任主義経済に反していた。適者生存という知的に怠惰なダーウィン主義の主張は、それを文字どおり受け取った者に暴力の根拠とされており、これに取って代わる社会連帯の原則が必要となっていた。もし進化の過程が続いているのだとすれば、それは、前進への合理的な道は個人の利益よりも協調と相互依存に基づく、ということが徐々に受け入れられている点であった。[47] これは、紛争を巧みに操るのではなく、克服することをめざす非戦略家の哲学だった。一方でデューイは実用主義（プラグマティズム）も取り入れた。プラグマティズムは、戦略にかかわる哲学として確立されてきた。

「プラグマティズム（pragmatism）」という言葉の語源は、ローマ時代に「活発な、てきぱきした」といった意味に関連していたラテン語の pragmaticus にある。当初は、おせっかいや干渉といった行き過ぎた行動を示す否定的な意味合いをもっていた。だが一九世紀を迎えるころには、より肯定的な言葉へと変わっていた。プラグマティズムは、現実的、実際的になり、理想ではなく、実現可能なことをめざし、事実や出来事を体系的かつ実際的にとらえることを意味した。哲学的な概念の起源は、一八世紀のドイツの哲学者イマヌエル・カントにさかのぼる。不確実な状況において行動する必要に迫られる場合の一例として、カントは患者を診察し、認められた症状に基づいて診断を下す医者を引き合いに出した。医者は診断の正しさを確信できないため、その信念（belief）は偶然的だ。別の医者であれば、より適切な別の診断を下すかもしれない。「この場合の偶然的な信念は、特定の行動のために用いる手段を実際に使う際の根拠となるものであり、わたしは実用的（プラグマティック）な信念と呼ぶ」。これはまさに、戦略のために必要とされる類いの信念を意味している。不確実な状況のなかでの最善の判断にすぎないが、行動を起こす根拠とするには十分とみなされる信念である。

信念とはすべて偶然的なものであるため、カントが論じたのは特定の種類の信念ではなく、あらゆる種類の信念だった、との見解を示したのはチャールズ・サンダース・パースである。どんな行動も、ある程度の当て推量を根拠として実施される賭けであり、成功した信念とは勝ちを得た賭けだ。一九一〇年に六八歳で他界した心理学者で哲学者のウィリアム・ジェイムズは、真のプラグマティズムの父として広く認められている。パースの見識を取り入れ、さらに発展させたジェイムズは、プラグマティックな方法を「最初のもの、原理、『範疇』、仮想的必然性から目をそらし、最後のもの、結実、帰結、事実に関心を向ける態度」と定義した。[48] ジェイムズによると、観念は最初から真理なのではなく、出来事によって真理となる。観念の「真理性は事実上、一つの出来事であり、一つの過程、すなわちそれ自体が真理と化していく過程である」。信念というのは、真理ではなく、行為への準備にかかわるものである。「要するに、信念とは実のところ、行為のための規則であり、思考のあらゆる働きは行為の習慣を生み出す際の一段階にすぎない[49]」。この考え方に基づけば、信念にとっての試金石はどれだけ現実を表すかではなく、どれだけ規範として機能するかにある。通貨として認められているからこそ価値をもつ紙幣と同じように、観念も他者から認識されてこそ真理となる。こうした見方は、公の場で観念がどのように受け止められるかを見きわめる際の鋭い判断基準になりえたが、一方で真理に関する主張の信頼性について、厄介な意味合いも含んでいた。

プラグマティズムは、戦略家に委ねられ、稚拙で無神経な思考方式と対比させられるべき思考方法についての処方箋、行為の結果を正しく評価することを促す論拠の一形態といえる。あるいは、思考家としてすぐれた者とそうでない者がいることを理解しつつ、人々がどのような考え方をしているのかを説明するものともいえる。知識に付帯する条件についての認識が高まるなかで、信念は作業仮説となり、出来事は実験となった。物理学者が実験によってしか仮説を裏づけることができないように、あらゆる社会行動は実験によって結果に関する仮説を立証する試みとされた。

こうした考え方に基づき、デューイは進歩主義的な実験科学という観念への取り組みを続けた。デューイは「プラグマティズム」という用語よりも「道具主義（インスツルメンタリズム）」という言葉で表すことを好んだが、この表現は広まらなかった。[50]デューイにとってプラグマティズムは、信念がいかに形成され、経験によってどのように発展していくかという点に意味をもたせる手段として用いられた。マックス・ウェーバーと異なり、デューイは事実が価値と無関係に存在するという考え方はしなかった。視点は、その人の世界観の形成に必ず影響をおよぼす。世界観は価値の変化によってではなく、かかわり方の違いによって変わる。この考え方に基づく教育理論を構築し、さらにその理論を「実験学校」として知られるようになるシカゴの小学校に取り入れるプロセスにおいて、思考と行動はともにその一部を構成する、という作業仮説にデューイは確信をもっていた。

したがって、思考は現実の発露というよりも現実に適応する手段であり、真理は実際に機能するものだ。現実は常に部分的で不完全な形でしかみえず、客観的な表象というよりも自分自身が作り出したものである。批評家が指摘するように、この論法は度を超すと、行動の指針として機能しているかぎり、ひとまとまりの信念はほかの信念と同様の価値がある、という相対主義を招く。だが、「機能する」かどうかは結果がどれだけ評価されるかにかかっている。[51]だからこそ社会調査が重要なのである。社会調査が積み重ねられれば、行動の結果が予期せぬ形で表される危険性は低下する。したがって、目的は手段を正当化するか、というお決まりの倫理問題に関し、デューイは結果のみが手段を正当化できると確信していた。そして、特定の手段が望ましい結果をもたらすという確信を得るには、別の特定の手段があまり望ましくない結果をもたらすことが確信できなければならないだろうと認識していた。したがって行動を起こす前に、意図したものであろうとなかろうと、起こりうるあらゆる結果を考慮し、それに基づいて選択を行う必要がある、と考えた[52]。それには、かなりの先見の明が求められる。先見の明がなければ、プラグマティズムの価値は損なわれる。

デューイは思考過程を社会過程と結びつけた。コミュニティの一部として溶け込んだ暮らしこそ豊かな暮らしだという点において、デューイの考えはトルストイと一致していた。紛争が起きる可能性から、デューイは民主主義を、個人のニーズを他者やより広いコミュニティのニーズと調和させる方法、表面化した敵意を超えて、個人の利害と公的な利害を統一化する方法とみていた（この点でトルストイと異なっていた）。つまり、個人の目標が完全に一致しないとしても社会全体の目標に向けて前進すること、そしてこれが積極的な国家によって実現しうることを受け入れていた。デューイにとって、紛争は問題解決の手段ではなく、解決すべき問題であった。

ウェーバーが招待されていた一九〇四年の学術会議への参加をデューイが取りやめたため、二人が会うことはなかった（ただし、ウェーバーはハーバード大学でウィリアム・ジェイムズに会っている）。少なくとも一部の重要テーマにおいて共通する部分があったため、ウェーバーはデューイの研究を意識していたと考えられる。二人は科学的手法を評価し、思考と行動の関係を重視し、意図だけでなく結果によって行動を評価する必要性を強調したという点で、同じような道のりをたどった。一方で決定的な違いもあった。デューイが事実認識と価値判断を切り離す試みに真っ向から取り組まなかったのに対して、ウェーバーはこれに固執した。また民主主義について、デューイは誰でも参加できる開放的なものとみていたが、ウェーバーは広い層から適切な指導者を選出し、ある程度の責任を確立する手段として価値をもつものと考えていた。

プラグマティズムが成功を収めたのは、戦略家の哲学としてであった。プラグマティズムはとりわけ政治的な美徳、つまり目的と手段を環境の変化に適応させ、柔軟性を発揮し、偶然性や試行錯誤、方針転換、立場の変化に満ちた世界を受け入れる才能を意味するようになった。プラグマティストは、妥協を拒み、環境に左右されず、実証にも無関心な独断論者（ドグマティスト）に引けを取らない存在になりえた。だがデューイは、この戦略家の哲学であるプラグマティズムを、深刻な紛争を否定し、政治を研究主導による改革に取って代えようとする反戦略的な世界観と結びつけた。ルイ・メナンドはこう論じている。「新たな内戦が起きる可能性も小さくないと思われた時代において、思想を狂信的に崇拝することに警鐘を鳴らす哲学は、進歩的な政治がうまく乗じることのできる唯一の哲学だったのかもしれない」[53]。この点でプラグマティズムは、挑発的でもあり、心強くもあるような思考形態をもたらした。だが、そのような特性をもつべき理由はもともと備わっていなかった。結果について検討するには、少なくとも有効な近似値まで結果を識別できるという確信が必要となる。そうすることで最善の選択を行えるかもしれないが、それは二つの悪しき選択肢のどちらかを選ぶだけのことにもなりかねない。

一九三六年、ウェーバーの影響を受けたアメリカ人社会学者ロバート・キング・マートンが「目的的社会行為の予期せざる結果」という論文を書き、以下のように説いた。[54] あらゆる結果を予期できない理由として、従来は主に無知という説明がなされてきた。これは、より多くのすぐれた知識があれば、行為の質と有効性はすぐに改善する、という見方につながった。だが、得られる知識や予測する力には限界がある。これは、後年、行動経済学者が主張することになる点だが、マートンは、より多くの知識を得るために時間と労力を費やすことは必ずしも有益ではないのではないか、と疑問を投げかけた。第二の要因としてマートンが挙げたのは思い違いだ。たとえば、以前に一連の行為が望ましい結果をもたらしたという理由だけで、状況の変化を考慮せずに、同じ結果を期待して同じことを行う、といった過ちである。こうした思い違いは、不注意や、「問題の特定の要素について考慮することが断固として受け入れられない、あるいはできない」という、より心理的な要因によって起こりうる。

マートンは、三番めとして「差し迫った利害の直接性」と名づけた要因を挙げた。これは、目先の結果を重視するあまり、それよりも先の結果について考慮しなくなってしまうことを示す。ある特定の結果を確実に得ようとする行為は合理的かもしれないが、「ある特定の行為が心理的あるいは社会的な真空状態でなされることはないからこそ、その影響は他のさまざまな価値観や利害の領域へおよぶ」。最後にマートンは、あらゆる戦略の核となる点に言及している。「未来の社会の進展に関する一般の予測は、往々にして長続きしない。それはまさに、その具体的な状況において予測自体が新たな要因となり、当初の進展のコースを変えてしまう傾向があるからだ」。マートンはマルクスの予言を例に挙げて、以下のように論じた。「一九世紀の社会主義者が強く説いたこと」によって、労働者組織が団体交渉をうまく利用できるようになった結果、「マルクスが予測していた社会の進展は、実現しなかったとはいわないまでも、緩やかにしか進まなかった」。

戦略に関するあらゆる議論の中心には、因果関係の問題があった。戦略的行動は、適切な行動方針を選べば望ましい結果が得られることを前提としていた。基本的に、因果関係に関する理解を深めることによって、社会科学は戦略的な選択を容易にしたはずであった。これは社会科学自体の倫理的規範を生み出した。ウェーバーは、行動したこと、あるいは何もしなかったことによって生じそうな結果が認識できる可能性があるのなら、社会科学が提示するはずのより深い洞察を生かさないのは無責任だと考えた。デューイも、あらゆる行動を最大限に生かす機会を否定するという点で、これを愚かなこととみなした。トルストイは、きわめて複雑な社会プロセスをいつでも的確に把握できるという思い上がりこそ愚かしいとみていた。こうした問題に関する真の専門家は存在するはずもなかった。人間の頭で、壮大な社会的、政治的プロセスに影響をおよぼす要素全体を把握することはできない。特定の行動が生み出しうる変化を確信することはできないとすれば、戦略というものは存在しえないことになる。

二〇世紀最初の数十年において、戦略の可能性の否定は、膨大な社会的、政治的問題が差し迫るなかで希望を捨てることを意味した。それでも、警戒すべきたしかな理由はまちがいなくあった。状況が複雑化し、新たな展開をみせるようになればなるほど、行動と結果を関連づけることは難しくなった。意図せざる結果は、意図した結果と同等の重要性をもちうる。たとえ目先の目標が達成できたとしても、そこで得られた利得がより長期的な結果によって台無しになる可能性がある。何よりも厳しいのは、自身の作業仮説に異を唱えようとする対立者がいる状況だ。仮に因果関係が的確に把握できるとしても、求められる結果を生み出すのに十分な手段が使えない可能性は残る。教育方針を変えることと、資本主義がたどる道を変えること、あるいは大衆が信じ込んでいる悪質な神話を一掃することはまったく別である。進歩主義的な社会科学の教えによって啓蒙された社会政策が、工業化で生じた傷をいやせるという楽観主義は、二〇世紀半ばのイデオロギーや経済、軍事をめぐる災厄の時代にほとんど消え失せた。二〇世紀後半に始まった社会や政治の質的な変化は、主流の社会科学が提示した処方箋の影響をほとんど受けなかった。むしろそれは、集団行動によって暮らしを改善しようとする個人や集団の努力の結果、生じたものであった。

（下巻へ続く）

1957年〕

49 Louis Menand, *The Metaphysical Club* (London: HarperCollins, 2001), 353-354.〔邦訳：ルイ・メナンド著、野口良平／那須耕介／石井素子訳『メタフィジカル・クラブ―米国100年の精神史』みすず書房、2011年〕

50 Ibid., 350.

51 デューイは「欲望を行為と一致させる考えに危険なほど近づいていた」。John Patrick Duggan, *The Promise of Pragmatism: Modernism and the Crisis of Knowledge and Authority* (Chicago: University of Chicago Press, 1994), 48.

52 Dewey, *Human Nature and Conduct*, 230.

53 Menand, *The Metaphysical Club*, 374.

54 Robert K. Merton, "The Unanticipated Consequences of Purposive Social Action," *American Sociological Review* 1, no.6 (December 1936): 894-904.

カ社会学の歴史における重要人物として正当に評価されていたであろうことを示唆している。Mary Jo Deegan, *Jane Addams and the Men of the Chicago School* (New Brunswick: Transaction Books, 1988)

40 Don Martindale, "American Sociology Before World War II," *Annual Review of Sociology* 2 (1976): 121; Anthony J. Cortese, "The Rise, Hegemony, and Decline of the Chicago School of Sociology, 1892-1945," *The Social Science Journal,* July 1995, 235; Fred H. Matthews, *Quest for an American Sociology: Robert E. Park and the Chicago School* (Montreal: McGill Queens University Press, 1977), 10; Bulmer, *The Chicago School of Sociology.*

41 Lawrence J. Engel, "Saul D. Alinsky and the Chicago School," *The Journal of Speculative Philosophy* 16, no.1 (2002): 50－66に引用されているスモールの言葉。近隣地域における膨大な量のケース・スタディに加えて、シカゴ大学はジョン・D・ロックフェラーの巨額の寄付や、自由な知的風土、社会におけるエリート主義やアイビーリーグ大学至上主義による差別が存在しなかったことによる恩恵も受けた。

42 Albion Small, "Scholarship and Social Agitation," *American Journal of Sociology* 1 (1895-1896): 581-582, 605.

43 Robert Westbrook, "The Making of a Democratic Philosopher: The Intellectual Development of John Dewey," in Molly Cochran, ed., *The Cambridge Companion to Dewey* (Cambridge, UK : Cambridge University Press, 2010), 13-33.

44 デューイのとりわけ重要な著作として以下が挙げられる。*Democracy and Education* (New York: Macmillan, 1916); *Human Nature and Conduct* (New York: Henry Holt, 1922); *Experience and Nature* (New York: Norton, 1929); *The Quest for Certainty* (New York: Minton, 1929); *Logic: The Theory of Inquiry* (New York: Henry Holt, 1938)〔邦訳「民主主義と教育」、「人間性と行為」、「経験と自然」、「確実性の探求」はそれぞれ『デューイ＝ミード著作集』(人間の科学社) の9巻、3巻、4巻、5巻に、「論理学―探究の理論」は『世界の名著48　パース、ジェイムズ、デューイ』(中央公論社、1968年) に収録されている〕

45 Small, "Scholarship and Social Agitation," 362, 237.

46 Andrew Feffer, *The Chicago Pragmatists and American Progressivism* (Ithaca, NY: Cornell University Press, 1993), 168.

47 Ibid., 237.

48 William James, "Pragmatism," in Louis Menand, ed., *Pragmatism*, 98.〔邦訳：W・ジェイムズ著、桝田啓三郎訳『プラグマティズム』岩波書店、

訳：ジェーン・アダムズ著、市川房枝記念会・縫田ゼミナール訳『ハル・ハウスの20年』市川房枝記念会出版部、1996年〕

26 Ibid., 56.

27 Jan C. Behrends, "Visions of Civility : Lev Tolstoy and Jane Addams on the Urban Condition in Fin de Siecle Moscow and Chicago," *European Review of History: Revue Europeenne d'Histoire* 18, no.3 (June 2011): 335-357.

28 Martin Bulmer. *The Chicago School of Sociology: Institutionalization, Diversity and the Rise of Sociological Research* (Chicago: University of Chicago Press, 1984), 13-14.

29 Lincoln Steffens, *The Shame of the Cities* (New York: Peter Smith, 1948, first published 1904), 234.

30 Lawrence A. Schaff, *Max Weber in America* (Princeton, NJ: Princeton University Press, 2011), 41-43.

31 Ibid., 45. 著者のシャーフは、ウェーバーが暴動の様子を大げさに描写した可能性を示唆している。

32 Ibid., 43-44.

33 James Weber Linn, *Jane Addams : A Biography* (Chicago: University of Illinois Press, 2000), 196.

34 Addams, *Twenty Years at Hull House*, 171-172. アダムズのアプローチの詳細は以下の著作に記されている。Jane Addams, "A Function of the Social Settlement" in Louis Menand, ed., *Pragmatism: A Reader* (New York: Vintage Books, 1997), 273-286.

35 Ibid., 98-99.

36 『リア王』はトルストイがシェークスピアの戯曲のなかで最も好んだ作品でもあった。戯曲の終盤におけるリア王の姿は、「イギリス文学のなかで、トルストイが志向した、他の宗教文化にはみられないロシア特有の聖人『佯狂者（ようきょうしゃ）』に最も近いもの」である(Bartlett, *Tolstoy*, 332)。

37 Jane Addams, "A Modern Lear." これは1896年に行われた講演の内容が、1912年になって初めて小論の形で発表されたものである。http://womenshistory.about.com/cs/addamsjane/a/mod_lear_10003b.htmで閲覧できる。

38 Jean Bethke Elshtain, *Jane Addams and the Dream of American Democracy* (New York: Basic Books, 2002), 202, 218-219.

39 ハル・ハウスにおける研究の質の高さは、もしシカゴ大学に女嫌いの男性社会学者がいなければ、アダムズとその仲間の研究者たちがアメリ

訳：マックス・ウェーバー著、中山元訳『職業としての政治／職業としての学問』日経BP社、2009年ほか〕

11 Radkau, *Max Weber*, 463.

12 Wolfgang Mommsen, *Max Weber and German Politics*, 1890-1920, translated by Michael Steinberg (Chicago: University of Chicago Press, 1984), 310.〔邦訳：ヴォルフガング・J・モムゼン著、安世舟ほか訳『マックス・ヴェーバーとドイツ政治1890～1920 II』未來社、1994年〕

13 Ibid., 296.

14 Max Weber, "Politics as Vocation," available at http://anthropos-lab.net/wp/wp-content/uploads/2011/12/Weber-Politics-as-a-Vocation.pdf.〔邦訳：マックス・ウェーバー著、中山元訳『職業としての政治／職業としての学問』日経BP社、2009年ほか〕

15 Reinhard Bendix and Guenther Roth, *Scholarship and Partisanship: Essays on Max Weber* (Berkeley: University of California Press, 1971), 28-29.〔邦訳：R・ベンディックス／G・ロート著、柳父圀近訳『学問と党派性—マックス・ウェーバー論考』みすず書房、1975年〕

16 Isaiah Berlin, "Tolstoy and Enlightenment," in Harold Bloom, ed., *Leo Tolstoy* (New York: Chelsea Books, 2003), 30-31.

17 Gallie, *Philosophers of Peace and War*, 129.（第8章原注6参照）

18 Rosamund Bartlett, *Tolstoy: A Russian Life* (London: Profile Books, 2010), 309.

19 Leo Tolstoy, *The Kingdom of God and Peace Essays* (The World's Classics), 347-348. Gallie, *Philosophers of Peace and War*, 122 に引用されている。

20 この論文はLyof N. Tolstoi, *What to Do? Thoughts Evoked by the Census of Moscow*, translated by Isabel F. Hapgood (New York: Thomas Y. Cromwell, 1887) に序文として収録されている。〔邦訳「さらばわれら何をなすべきか」および「モスクワの民勢調査について」は中村白葉／中村融訳『トルストイ全集16　人生論』河出書房新社、1961年に収録されている〕

21 Ibid., 1.

22 Ibid., 4-5, 10.

23 Ibid., 77-78.

24 Mikhail A. Bakunin, *Bakunin on Anarchy* (New York: Knopf, 1972)〔(訳注：Leo Tolstoy, "On Anarchy," in David Stephens, ed., *Government is Violence : Essays on Anarchism and Pacifism* (London, Phoenix Press, 1990) が正しいと考えられる〕

25 Jane Addams, *Twenty Years at Hull House* (New York: Macmillan, 1910)〔邦

17 Beryl Williams, *Lenin* (Harlow, Essex: Pearson Education, 2000), 46.

18 Hew Strachan, *The First World War, Volume One : To Arms* (Oxford: Oxford University Press, 2003), 113.

19 Robert Service, *Comrades : A World History of Communism* (London: Macmillan, 2007), 1427, 1448.

第21章 官僚、民主主義者、エリート

1 同時にモースは、学生たちがマルクス主義に関心をもち、自由主義から離れていくことに対するデュルケムの懸念や、「急進主義者の浅薄な哲学」への不信感、「党派の規律に自らを従属させることへの抵抗」についても言及している。Emile Durkheim, *Socialism* (New York: Collier Books, 1958) におけるマルセル・モースの序文より〔邦訳：デュルケム著、森博訳『社会主義およびサン-シモン』恒星社厚生閣、1977年〕。

2 David Beetham, "Mosca, Pareto, and Weber: A Historical Comparison," in Wolfgang Mommsen and Jurgen Osterhammel, eds., *Max Weber and His Contemporaries* (London : Allen & Unwin, 1987), 140-141.〔邦訳：W・J・モムゼン／J・オースターハメル／W・シュベントカー編著、鈴木広／米沢和彦／嘉目克彦監訳『マックス・ヴェーバーとその同時代人群像』ミネルヴァ書房、1994年〕

3 Joachim Radkau, *Max Weber: A Biography* (Cambridge, UK: Polity Press, 2009) を参照。

4 Max Weber, *The Theory of Social and Economic Organization,* translated by Henderson and Parsons (New York: The Free Press, 1947), 337.〔邦訳：マックス・ウェーバー著、世良晃志郎訳『経済と社会 第1部 支配の諸類型』創文社、1970年〕

5 Peter Lassman, "The Rule of Man over Man: Politics, Power and Legitimacy," in Stephen Turner, ed., *The Cambridge Companion to Weber* (Cambridge, UK: Cambridge University Press, 2000), 84-88.

6 Sheldon Wolin, "Legitimation, Method, and the Politics of Theory," *Political Theory* 9, no.3 (August 1981): 405.

7 Radkau, *Max Weber,* 487.

8 Ibid., 488.

9 Nicholas Gane, *Max Weber and Postmodern Theory: Rationalisation versus Re-enchantment* (London: Palgrave Macmillan, 2002), 60.

10 Max Weber, "Science as a Vocation," available at http://mail.www.anthropos-lab.net/wp/wp-content/uploads/2011/12/Weber-Science-as-aVocation.pdf.〔邦

ルク選集第一巻』現代思潮社、2013年に収録されている〕

9 Rosa Luxembourg, *The Mass Strike, the Political Party, and the Trade Unions,* 1906, available at http://www.marxists.org/archive/luxemburg/1906/mass-strike/index.htm.〔邦訳「大衆ストライキ・党および労働組合」は高原宏平ほか訳『ローザ・ルクセンブルク選集第二巻』現代思潮社、2013年に収録されている〕

10 Frederick Engels, "The Bakuninists at Work: An Account of the Spanish Revolt in the Summer of 1873," September/October 1873, available at http://www.marxists.org/archive/marx/works/1873/bakunin/index.htm.〔邦訳「バクーニン主義者の活動　1873年夏のスペインの蜂起についての覚え書」は大内兵衛／細川嘉六監訳『マルクス=エンゲルス全集第18巻』大月書店、1967年に収録されている〕

11 Luxemburg, *The Mass Strike.*

12 Leon Trotsky, *My Life: The Rise and Fall of a Dictator* (London: T. Butterworth, 1930)〔邦訳：トロツキー著、高田爾郎訳『トロツキー自伝Ｉ、II』筑摩書房、1989年〕

13 Karl Kautsky, "The Mass Strike," 1910. Stephen D'Arcy, "Strategy, Meta-strategy and Anti-capitalist Activism: Rethinking Leninism by Re-reading Lenin," *Socialist Studies: The Journal of the Society for Socialist Studies* 5, no. 2 (2009): 64-89に引用されている。

14 Vladimir Lenin, "The Historical Meaning of the Inner-Party Struggle," 1910, available at http://www.marxists.org/archive/lenin/works/1910/hmipsir/index.htm.〔邦訳「ロシアにおける党内闘争の歴史的意味」はマルクス=レーニン主義研究所訳『レーニン全集第16巻』大月書店、1956年に収録されている〕

15 Vladimir Lenin, *What Is to Be Done?,* 35, available at http://www.marxists.org/archive/lenin/works/1901/witbd/index.htm.〔邦訳「なにをなすべきか？」はマルクス=レーニン主義研究所訳『レーニン全集第8巻』大月書店、1955年に収録されている〕Vladimir Lenin, *Materialism and Empirio-Criticism,* available at https://www.marxists.org/archive/lenin/works/1908/mec/index.htm#six2〔邦訳「唯物論と経験批判論」はマルクス=レーニン主義研究所訳『レーニン全集第14巻』大月書店、1956年に収録されている〕

16 Vladimir Lenin, *One Step Forward, Two Steps Back.* Nadezhda Krupskaya, *Memories of Lenin* (London: Lawrence, 1930), 1 : 102-103〔邦訳：クループスカヤ著、内海周平訳『レーニンの思い出〈上〉』青木書店、1990年〕に引用されている。

ド著、土岐恒二訳『密偵』岩波書店、1990年〕

36 Stanley G. Payne, *The Spanish Civil War, the Soviet Union and Communism* (New Haven, CT: Yale University Press, 2004)

37 Levy, "Errico Malatesta," 89.

第20章 修正主義者と前衛

1 Frederick Engels, Introduction to Karl Marx's *The Class Struggles in France, 1848-1850,* March 6, 1895, available at http://www.marxists.org/archive/marx/works/1895/03/06.htm.〔邦訳「カール・マルクス『フランスにおける階級闘争 1848年から1850年まで』(1895年版)への序文」は大内兵衛/細川嘉六監訳『マルクス=エンゲルス全集第7巻』大月書店、1961年に収録されている〕

2 Engels to Kautsky, April 1, 1895, available at http://www.marxists.org/archive/marx/works/1895/letters/95_04_01.htm.〔邦訳「エンゲルスからカール・カウツキーへ 1895年4月1日」は大内兵衛/細川嘉六監訳『マルクス=エンゲルス全集第39巻』大月書店、1975年に収録されている〕

3 Engels, Reply to the Honorable Giovanni Bovio, Critica Sociale No.4, February 16, 1892, available at http://www.marxists.org/archive/marx/works/1892/02/critica-sociale.htm.〔邦訳「尊敬するジョヴァンニ・ボーヴィオへの回答」は大内兵衛/細川嘉六監訳『マルクス=エンゲルス全集第22巻』大月書店、1971年に収録されている〕

4 Marx and Engels to August Bebel, Wilhelm Liebknecht, Wilhelm Bracke and others, available at https://www.marxists.org/archive/marx/works/1879/letters/79_09_15.htm〔邦訳「マルクスとエンゲルスからアウグスト・ベーベル、ヴィルヘルム・リープクネヒト、ヴィルヘルム・ブラッケその他へ」は大内兵衛/細川嘉六監訳『マルクス=エンゲルス全集第34巻』大月書店、1974年に収録されている〕McLellan, *Karl Marx*, 437(第18章原注19参照).

5 Leszek Kolakowski, *Main Currents of Marxism: The Founders, the Golden Age, the Breakdown* (New York: Norton, 2005), 391.

6 Stephen Eric Bronner, "Karl Kautsky and the Twilight of Orthodoxy," *Political Theory* 10, no.4 (November 1982): 580-605.

7 Elzbieta Ettinger, *Rosa Luxemburg: A Life* (Boston, MA: Beacon Press, 1986), xii, 87.

8 Rosa Luxemburg, *Reform or Revolution* (London: Bookmarks Publications, 1989)〔邦訳「社会改良か革命か」は野村修ほか訳『ローザ・ルクセンブ

ドンの言葉。

19 Thomas, *Marx and the Anarchists*, 250.

20 Alvin W. Gouldner, "Marx's Last Battle: Bakunin and the First International," *Theory and Society* 11, no. 6 (November 1982): 861. Special issue in memory of Alvin W. Gouldner.

21 Hunt, *The Frock-Coated Communist*, 259 に引用されている(第18章原注25参照)。

22 Leier, *Bakunin: A Biography*, 191; Paul McClaughlin, *Bakunin: The Philosophical Basis of his Anarchism* (New York: Algora Publishing, 2002)

23 Mikhail A. Bakunin, *Statism and Anarchy* (Cambridge, UK: Cambridge University Press, 1990), 159.〔邦訳:ミハイル・バクーニン著、左近毅訳『国家制度とアナーキー』白水社、1999年〕

24 Saul Newman, *From Bakunin to Lacan: Anti-authoritarianism and the Dislocation of Power* (Lanham, MD: Lexington Books, 2001), 37.

25 Leier, *Bakunin: A Biography*, 194-195.

26 Ibid., 184, 210, 241-242.

27 プルードンが著した『戦争と平和』は、とくに戦争を賛美しているかのような点もあって、きわめて混乱した内容となっている。トルストイにより大きな作風上の刺激を与えたのは、『レ・ミゼラブル』で史実の描き方の一手法を示したヴィクトル・ユーゴーだった。

28 Leier, *Bakunin: A Biography*, 196.

29 Carr, *The Romantic Exiles*.

30 http://www.marxists.org/subject/anarchism/nechayev/catechism.htmで閲覧できる。〔邦訳「革命家の教理問答書」は外川継男/左近毅訳『バクーニン著作集5』白水社、1974年に収録されている〕。

31 Marshall, *Demanding the Impossible*, 346 に引用されている。

32 Carl Levy, "Errico Malatesta and Charismatic Leadership," in Jan Willem Stutje, ed., *Charismatic Leadership and Social Movements* (New York: Berghan Books, 2012), 89-90. リービは、マラテスタが1919年12月から1920年10月にかけてイタリア各地を遍歴したために、労働者を組織する機会を逸したと説いている。

33 Ibid., 94.

34 Joseph Conrad, *Under Western Eyes* (London: Everyman's Library, 1991)〔邦訳:コンラッド著、中島賢二訳『西欧人の眼に〈上〉〈下〉』岩波書店、1998−1999年〕

35 Joseph Conrad, *The Secret Agent* (London: Penguin, 2007)〔邦訳:コンラッ

ユートピアーユートピアの岸へ』早川書房、2010年〕

4 Anna Vaninskaya, "Tom Stoppard, the Coast of Utopia, and the Strange Death of the Liberal Intelligentsia," *Modern Intellectual History* 4, no. 2 (2007): 353-365.

5 Tom Stoppard, *The Coast of Utopia, Part III, Salvage* (London: Faber & Faber, 2002), 74-75.

6 Acton, *Alexander Herzen and the Role of the Intellectual Revolutionary*, 159に引用されている。

7 Ibid., 171, 176; *Herzen, My Past & Thoughts*, 1309-1310.

8 Stoppard, *Salvage*, 7-8.

9 Frederick Engels, "The Program of the Blanquist Fugitives from the Paris Commune," June 26, 1874, available at http://www.marxists.org/archive/marx/works/1874/06/26.htm.〔邦訳「ブランキ派コミューン亡命者の綱領」は大内兵衛／細川嘉六監訳『マルクス=エンゲルス全集第18巻』大月書店、1967年に収録されている〕

10 Henry Eaton, "Marx and the Russians," *Journal of the History of Ideas* 41, no. 1 (January/ March 1980): 89-112.

11 Mark Leier, *Bakunin : A Biography* (New York: St. Martin's Press, 2006), 119に引用されている。

12 Herzen, *My Past & Thoughts*, 573.

13 Ibid., 571.

14 Aileen Kelly, *Mikhail Bakunin: A Study in the Psychology and Politics of Utopianism* (Oxford: Clarendon Press, 1982) バクーニンの精神面に関する分析に対する批評論としては、Robert M. Cutler, "Bakunin and the Psychobiographers: The Anarchist as Mythical and Historical Object," KLIO (St. Petersburg) を参照。ロシア語に翻訳されて発表された同論文の英語原著の要約は http://www.robertcutler.org/bakunin/ar09klio.htmで閲覧できる。

15 収監中にニコライ一世によって執筆を命じられたバクーニンの「告白」より。Peter Marshall, *Demanding the Impossible: A History of Anarchism* (London: Harper Perennial, 2008), 269に引用されている。

16 Paul Thomas, *Karl Marx and the Anarchists* (London: Routledge, 1990), 261-262.

17 Marshall, *Demanding the Impossible*, 244-245, 258-259.

18 K. Steven Vincent, *Pierre-Joseph Proudhon and the Rise of French Republican Socialism* (Oxford: Oxford University Press, 1984), 148に引用されたプルー

26　Gilbert, *Marx's Politics*, 192.

27　Christine Lattek, *Revolutionary Refugees : German Socialism in Britain*, 1840-1860 (London: Routledge, 2006)

28　Marx to Engels, September 23, 1851, available at http://www.marxists.org/archive/marx/works/1851/letters/51_09_23.htm.〔邦訳「マルクスからエンゲルス（在マンチェスター）へ　1851年9月23日」は大内兵衛／細川嘉六監訳『マルクス=エンゲルス全集第27巻』大月書店、1971年に収録されている〕

29　Engels to Marx, September 26, 1851, available at http://www.marxists.org/archive/marx/works/1851/letters/51_09_26.htm.〔邦訳「エンゲルスからマルクス（在ロンドン）へ　1851年9月26日」は大内兵衛／細川嘉六監訳『マルクス=エンゲルス全集第27巻』大月書店、1971年に収録されている〕

30　エンゲルスがマルクスの名前を使ってニューヨーク・デイリー・トリビューン紙に寄稿していた記事からの引用。のちにエンゲルスは自身の名前で一連の記事を1冊の本にまとめた。*Revolution and Counter-Revolution in Germany*（この箇所はp.90より引用）。Available at http://www.marxists.org/archive/marx/works/1852/germany/index.htm.〔邦訳「ドイツにおける革命と反革命」は大内兵衛／細川嘉六監訳『マルクス=エンゲルス全集第8巻』大月書店、1962年に収録されている〕

第19章　ゲルツェンとバクーニン

1　ゲルツェンは西側で顧みられずにいた、というアイザイア・バーリンの影響力ある主張は、1968年の*New York Review of Books*で初めて公表され、その後、ゲルツェンの回想録*My Past & Thoughts* (Berkeley: University of California Press, 1973)〔邦訳：アレクサンドル・ゲルツェン著、金子幸彦／長縄光男訳『過去と思索（1）－（3）』筑摩書房、1998－1999年〕の序文にも書かれた。それまでの長いあいだ、最も充実したゲルツェンの伝記だったのはE. H. Carrの*Romantic Exiles* (Cambridge, UK: Penguin, 1949)〔邦訳：E・H・カー著、酒井唯夫訳『浪漫的亡命者』筑摩書房、1970年〕で、トム・ストッパードの戯曲は同書に大きく依拠している。Edward Acton, *Alexander Herzen and the Role of the Intellectual Revolutionary* (Cambridge, UK: Cambridge University Press, 1979）も参照。

2　Tom Stoppard, "The Forgotten Revolutionary," *The Observer*, June 2, 2002.

3　Tom Stoppard, *The Coast of Utopia, Part II, Shipwreck* (London: Faber & Faber, 2002), 18.〔邦訳：トム・ストッパード著、広田敦郎訳『コースト・オブ・

marxists.org/archive/marx/works/1848/communist-manifesto/.〔邦訳「共産党宣言」は大内兵衛／細川嘉六監訳『マルクス=エンゲルス全集　第4巻』大月書店、1960年に収録されている〕

18 Frederick Engels, "The Campaign for the German Imperial Constitution," 1850, available at http://www.marxists.org/archive/marx/works/1850/german-imperial/intro.htm.〔邦訳「ドイツ国憲法戦役」は大内兵衛／細川嘉六監訳『マルクス=エンゲルス全集第7巻』大月書店、1961年に収録されている〕

19 David McLellan, *Karl Marx: His Life and Thought* (New York: Harper & Row, 1973), 217.〔邦訳：D・マクレラン著、杉原四郎ほか訳『マルクス伝』ミネルヴァ書房、1976年〕

20 Frederick Engels, "Conditions and Prospects of a War of the Holy Alliance Against France in 1852," April 1851, available at http://www.marxists.org/archive/marx/works/1851/04/holy-alliance.htm.〔邦訳「1852年における革命的フランスにたいする神聖同盟の戦争の諸条件と見通し」は大内兵衛／細川嘉六監訳『マルクス=エンゲルス全集第7巻』大月書店、1961年に収録されている〕Engels to Marx, April 3, 1851〔邦訳「エンゲルスからマルクス(在ロンドン)へ　1851年4月3日」は大内兵衛／細川嘉六監訳『マルクス=エンゲルス全集第27巻』大月書店、1971年に収録されている〕

21 Gerald Runkle, "Karl Marx and the American Civil War," *Comparative Studies in Society and History* 6, no. 2 (January 1964): 117-141.

22 Engels to Joseph Weydemeyer, June 19, 1851, available at http://www.marxists.org/archive/marx/works/1851/letters/51_06_19.htm.〔邦訳「エンゲルスからヨーゼフ・ヴァイデマイアー（在フランクフルト・アム・マイン）へ　1851年6月19日」は大内兵衛／細川嘉六監訳『マルクス=エンゲルス全集第27巻』大月書店、1971年に収録されている〕

23 Engels to Joseph Weydemeyer, April 12, 1853, available at http://www.marxists.org/archive/marx/works/1853/letters/53_04_12.htm〔邦訳「エンゲルスからヨーゼフ・ヴァイデマイアー（在ニューヨーク）へ　1853年4月12日」はマルクス=エンゲルス8巻選集翻訳委員会訳『マルクス=エンゲルス8巻選集第3巻』大月書店、1973年に収録されている〕

24 Neumann and von Hagen, "Engels and Marx on Revolution, War, and the Army in Society,"266.

25 エンゲルスはバーデン蜂起でヴィリヒとともに戦った。エンゲルスの実戦体験についてはTristram Hunt, *The Frock-Coated Communist: The Revolutionary Life of Friedrich Engels* (London: Allan Lane, 2009), 174-181を参照。

marx/works/1845/german-ideology/ch01a.htmで閲覧できる。〔邦訳『ドイツ・イデオロギー』は数多く刊行されている〕

4 Azar Gat, "Clausewitz and the Marxists: Yet Another Look," *Journal of Contemporary History* 27, no.2 (April 1992): 363-382.

5 Rapport, *1848: Year of Revolution,* 108.

6 Alan Gilbert, *Marx's Politics : Communists and Citizens* (New York: Rutgers University Press, 1981), 134-135.

7 Frederick Engels, "Revolution in Paris," February 27, 1848, available at http://www.marxists.org/archive/marx/works/1848/02/27.htm.〔邦訳「パリの革命」は大内兵衛/細川嘉六監訳『マルクス=エンゲルス全集第4巻』大月書店、1960年に収録されている〕

8 News from Paris, June 23, 1848, available at http://www.marxists.org/archive/marx/works/1848/06/27.htm.〔邦訳「パリからの報道」は大内兵衛/細川嘉六監訳『マルクス=エンゲルス全集第5巻』大月書店、1960年に収録されている〕

9 Gilbert, *Marx's Politics,* 140-142, 148-149.

10 Rapport, *1848: Year of Revolution,* 212.

11 Frederick Engels, "Marx and the Neue Rheinische Zeitung," March 13, 1884, available at http://www.marxists.org/archive/marx/works/1884/03/13.htm.〔邦訳「マルクスと『新ライン新聞』」は大内兵衛/細川嘉六監訳『マルクス=エンゲルス全集第21巻』大月書店、1971年に収録されている〕

12 Rapport, *1848: Year of Revolution,* 217.

13 Karl Marx, *The Class Struggles in France, 1848-1850, Part II,* available at http://www.marxists.org/archive/marx/works/1850/class-struggles-france/ch02.htm.〔邦訳「フランスにおける階級闘争 1848年から1850年まで」は大内兵衛/細川嘉六監訳『マルクス=エンゲルス全集第7巻』大月書店、1961年に収録されている〕

14 Engels to Marx, December 3, 1851, available at http://www.marxists.org/archive/marx/works/1851/letters/51_12_03.htm#cite.〔邦訳「エンゲルスからマルクス(在ロンドン)へ 1851年12月3日」は大内兵衛/細川嘉六監訳『マルクス=エンゲルス全集第27巻』大月書店、1971年に収録されている〕

15 John Maguire, *Marx's Theory of Politics* (Cambridge, UK: Cambridge University Press, 1978), 31.

16 Gilbert, *Marx's Politics,* 197-198.

17 *Manifesto of the Communist Party,* February 1848, 75, available at http://www.

アメリカ国家情報局によって公開された。

55 Benedict Wilkinson, *The Narrative Delusion: Strategic Scripts and Violent Islamism in Egypt, Saudi Arabia and Yemen*（未刊の博士論文、King's College London, 2013）。

第17章 戦略の達人という神話

1 Colin S. Gray, *Modern Strategy* (Oxford: Oxford University Press, 1999), 23-43.

2 Harry Yarger, *Strategic Theory for the 21st Century: The Little Book on Big Strategy* (Carlisle, PA: U.S. Army War College, Strategic Studies Institute, 2006), 36, 66, 73-75.

3 Colin S. Gray, *The Strategy Bridge : Theory for Practice* (Oxford: Oxford University Press, 2010), 23.

4 Gray, *Modern Strategy*, 49, 52. これらの表現はアルバート・ウォルステッターを示している。

5 Yarger, *Strategic Theory for the 21st Century*, 75.

6 Robert Jervis, *Systems Effects : Complexity in Political and Social Life* (Princeton, NJ: Princeton University Press, 1997)〔邦訳：ロバート・ジャービス著、荒木義修／泉川泰博ほか訳『複雑性と国際政治―相互連関と意図されざる結果』ブレーン出版、2008年〕

7 Smith, "The Womb of War," 39-58.（第7章原注29参照）

8 Eliot Cohen, *Supreme Command: Soldiers, Statesmen, and Leadership in Wartime* (New York: The Free Press, 2002)〔邦訳：エリオット・コーエン著、中谷和男訳『戦争と政治とリーダーシップ』アスペクト、2003年〕

第Ⅲ部 下からの戦略

第18章 マルクスと労働者階級のための戦略

1 Mike Rapport, *1848 : Year of Revolution* (London: Little, Brown & Co. 2008), 17-18.

2 Sigmund Neumann and Mark von Hagen, "Engels and Marx on Revolution, War, and the Army in Society," in Paret, ed., *Makers of Modern Strategy*, 262-280（第6章原注2参照）; Bernard Semmell, *Marxism and the Science of War* (New York: Oxford University Press, 1981), 266.

3 この箇所はPart I, Feuerbach. "Opposition of the Materialist and Idealist Outlook," *The German Ideology*から引用。http://www.marxists.org/archive/

and Insurgency: Shaping the Information Environment," *Military Review*, January/Febuary 2005, 32-38.

43 Robert H. Scales, Jr., "Culture-Centric Warfare," *The Naval Institute Proceedings*, October 2004.

44 Montgonery McFate, "The Military Utility of Understanding Adversary Culture," *Joint Forces Quarterly* 38 (July 2005): 42-48.

45 Boot, *Invisible Armies*, 386.（第14章原注22参照）

46 この問題についての学術的な議論に関する有用な手引きとしては以下を参照。Alan Bloomfield, "Strategic Culture: Time to Move On," *Contemporary Security Policy* 33, no.3 (December 2012): 437-461.

47 Patrick Porter, *Military Orientalism : Eastern War Through Western Eyes* (London: Hurst & Co., 2009), 193.

48 David Kilcullen, "Twenty-Eight Articles: Fundamentals of Company-Level Counterinsurgency," *Military Review*, May-June 2006, 105-107. この論文のもとになったのは、陸軍内で広く拡散された電子メールのメッセージである。

49 Emile Simpson, *War from the Ground Up: Twenty-First-Century Combat as Politics* (London: Hurst & Co., 2012), 233.

50 G. J. David and T. R. McKeldin III, *Ideas as Weapons: Influence and Perception in Modern Warfare* (Washington, DC: Potomac Books, 2009), 3. とくにTimothy J. Doorey, "Waging an Effective Strategic Communications Campaign in the War on Terror," とFrank Hoffman, "Maneuvering Against the Mind"を参照。

51 Jeff Michaels, *The Discourse Trap and the US Military: From the War on Terror to the Surge* (London: Palgrave Macmillan, 2013) 以下も参照。Frank J. Barrett and Theodore R. Sarbin, "The Rhetoric of Terror: 'War' as Misplaced Metaphor," in John Arquilla and Douglas A. Borer, eds., *Information Strategy and Warfare: A Guide to Theory and Practice* (New York: Routledge, 2007): 16-33.

52 Hy S. Rothstein, "Strategy and Psychological Operations," in Arquilla and Borer, *Information Strategy and Warfare*, 167.

53 Neville Bolt, *The Violent Image : Insurgent Propaganda and the New Revolutionaries* (New York: Columbia University Press, 2012)

54 アルカイダの主導者アイマン・ザワーヒリーは、2005月7月に書いた手紙にこう記した。「われわれは戦争の只中におり、その闘争の半分以上は情報の戦場で起きている。われわれはすべてのイスラム教徒のハートとマインドのために情報戦争を戦っているのだ」。この手紙の英訳はか、Tim Benbow, "Talking 'Bout Our Generation?' Assessing the Concept of 'Fourth Generation Warfare'" *Comparative Strategy,* March 2008, 148-163; Antulio J. Echevarria, *Fourth Generation Warfare and Other Myths* (Carlisle, PA: U.S. Army War College Strategic Studies Institute, 2005) を参照。

32 Jason Vest, "Fourth-Generation Warfare," *Atlantic Magazine,* December 2001に引用されている。

33 William Lind et al., "The Changing Face of War," *The Marine Corps Gazette,* October 1989, 22-26, available at http://zinelibrary.info/files/TheChangingFaceofWar-onscreen.pdf.

34 Ralph Peters, "The New Warrior Class," *Parameters* 24, no.2 (Summer 1994): 20.

35 Joint Publication 3-13, *Information Operations,* March 13, 2006.

36 Nik Gowing, *'Skyful of Lies' and Black Swans: The New Tyranny of Shifting Information Power in Crises* (Oxford, UK: Reuters Institute for the Study of Journalism, 2009)

37 John Arquilla and David Ronfeldt, "Cyberwar is Coming!" *Comparative Strategy* 12, no. 2 (Spring 1993): 141-165.

38 Steven Metz, *Armed Conflict in the 21st Century: The Information Revolution and Post-Modern* Warfare (April 2000)同書でメッツは「将来の戦争では、銃弾や爆弾やミサイルではなく、コンピューター・ウィルス、ワーム、論理爆弾、トロイの木馬を通じた攻撃が行われうる」と説いている。

39 Thomas Rid, *Cyberwar Will Not Take Place* (London: Hurst & Co., 2013) デイビッド・ベッツは戦略問題にサイバーパワーがおよぼす影響の複雑さについて以下の論文で論じている。David Betz, "Cyberpower in Strategic Affairs: Neither Unthinkable nor Blessed," *The Journal of Strategic Studies* 35, no. 5 (October 2012): 689-711.

40 John Arquilla and David Ronfeldt, eds., *Networks and Netwars : The Future of Terror, Crime, and Militancy* (Santa Monica, CA: RAND, 2001) www.rand.org/publications/MR/MR1382/で全文をダウンロードできる。二人の論旨については以下を参照。David Ronfeldt and John Arquilla, "Networks, Netwars, and the Fight for the Future," *First Monday* 6, no. 10 (October 2001), available at http://firstmonday.org/issues/issue6_10/ronfeldt/index.html.

41 Jerrold M. Post, Keven G. Ruby, and Eric D. Shaw, "From Car Bombs to Logic Bombs: The Growing Threat from Information Terrorism," *Terrorism and Political Violence* 12, no. 2 (Summer 2000): 102-103.

42 Norman Emery, Jason Werchan, and Donald G. Mowles, "Fighting Terrorism

Big One (London: Hurst & Co., 2009)

26 David H. Petraeus, "Learning Counterinsurgency : Observations from Soldiering in Iraq," *Military Review*, January/February 2006, 2-12.

27 「サージ」については以下を参照。Bob Woodward, *The War Within: A Secret White House History* (New York: Simon & Schuster, 2008); Bing West, *The Strongest Tribe: War, Politics, and the Endgame in Iraq* (New York: Random House, 2008); Linda Robinson, *Tell Me How This Ends: General David Petraeus and the Search for a Way Out of Iraq* (New York: Public Affairs, 2008)

28 ボイドとの関連性については以下を参照。Frans Osinga, "On Boyd, Bin Laden, and Fourth Generation Warfare as String Theory," in John Andreas Olson, ed., *On New Wars* (Oslo: Norwegian Institute for Defence Studies, 2007), 168-197, available at http://ifs.forsvaret.no/publikasjoner/oslo_files/OF_2007/Documents/OF_4_2007.pdf.

29 William S. Lind, Keith Nightengale, John F. Schmitt, Joseph W. Sutton, and Gary I. Wilson, "The Changing Face of War: Into the Fourth Generation," *Marine Corps Gazette*, October 1989, 22-26; William Lind, "Understanding Fourth Generation War," *Military Review*, September/October 2004, 12-16. この論文は、リンドの自宅に集まって研究していたグループの研究成果を報告したもの。

30 Keegan, *A History of Warfare* and van Creveld, *The Transformation of War*（ともに第7章原注14参照）; Rupert Smith, *The Utility of Force : The Art of War in the Modern World* (London : Allen Lane, 2005)〔邦訳：ルパート・スミス著、山口昇監修、佐藤友紀訳『ルパート・スミス　軍事力の効用：新時代「戦争論」』原書房、2014年〕; Mary Kaldor, New & Old Wars, *Organized Violence in a Global Era* (Cambridge: Polity Press, 1999).〔邦訳：メアリー・カルドー著、山本武彦／渡部正樹訳『新戦争論―グローバル時代の組織的暴力』岩波書店、2003年〕

31 "The Evolution of War: The Fourth Generation of Warfare," *Marine Corps Gazette*, September 1994. Thomas X. Hammes, "War Evolves into the Fourth Generation," *Contemporary Security Policy* 26, no.2 (August 2005): 212-218も参照。この号には、第四世代戦争の概念に対する数多くの批評が収録されており、本書の筆者による評論も含まれている。同号はAaron Karp, Regina Karp, and Terry Terriff, eds., *Global Insurgency and the Future of Armed Conflict : Debating Fourth-Generation Warfare* (London: Routledge, 2007) として書籍化された。ハメスの思想の詳細については、自著の*The Sling and the Stone: On War in the 21st Century* (St. Paul, MN: Zenith Press, 2004) のほ

16 Steven Metz and Douglas V. Johnson, *Asymmetry and U.S. Military Strategy: Definition, Background, and Strategic Concepts* (Carlisle, PA: Strategic Studies Institute, 2001)

17 Harry Summers, *On Strategy: A Critical Analysis of the Vietnam War* (Novato, CA: Presidio Press, 1982) ここで取り上げられている書評はRobert Komer, *Survival* 27 (March/April 1985): 94-95。Frank Leith Jones, *Blowtorch: Robert Komer, Vietnam and American Cold War Strategy* (Annapolis, MD: Naval Institute Press, 2013) も参照。

18 この区別を示したのは、Department of Defense, *Joint Pub* 3.0, *Doctrine for Joint Operations* (Washington, DC: Joint Chiefs of Staff, 1993)。*Jonathan* Stevenson, *Thinking Beyond the Unthinkable*, 517（第13章原注9参照）も参照。

19 Douglas Lovelace, Jr., *The Evolution of Military Affairs: Shaping the Future U.S. Armed Forces* (Carlisle, PA: Strategic Studies Institute, 1997); Jennifer M. Taw and Alan Vick, "From Sideshow to Center Stage: The Role of the Army and Air Force in Military Operations Other Than War," in Zalmay M. Khalilzad and David A. Ochmanek, eds., *Strategy and Defense Planning for the* 21*st Century* (Santa Monica, CA: RAND & U.S. Air Force, 1997), 208-209.

20 2001年12月11日にサウスカロライナ州チャールストンのサウスカロライナ軍事大学でブッシュ大統領が行った演説からの引用。Donald Rumsfeld, "Transforming the Military," *Foreign Affairs*, May/June 2002, 20-32も参照。

21 Stephen Biddle, "Speed Kills? Reassessing the Role of Speed, Precision, and Situation Awareness in the Fall of Saddam," *Journal of Strategic Studies*, 30, no.1 (February 2007): 3-46.

22 Nigel Aylwin-Foster, "Changing the Army for Counterinsurgency Operations," *Military Review*, November/December 2005, 5.

23 たとえば、現地住民の安全を確保したり、現地の兵をアメリカ兵のように訓練したりすることよりも、反乱分子の殺害を重視したアメリカへの批判を著した記事として、Kalev Sepp, "Best Practices in Counterinsurgency," *Military Review*, May.June 2005, 8-12が挙げられる。Kaplan, *The Insurgents*, 104-107を参照。フレッド・カプランは同書で、この時期にアメリカの軍事思想がどのように変化したか、詳しく論じている。

24 John A. Nagl, *Counterinsurgency Lessons from Malaya and Vietnam : Learning to Eat Soup with a Knife* (Westport, CT: Praeger, 2002) 副題はT・E・ロレンスの格言に由来する。

25 David Kilcullen, *The Accidental Guerrilla: Fighting Small Wars in the Midst of a*

Preliminary Assessment," Center for Strategic and Budgetary Assessments, 2002, 1, 3を参照。この号の序章で、クレピネビッチはマーシャルが果たした役割について詳述している。以下も参照。Stephen Peter Rosen, "The Impact of the Office of Net Assessment on the American Military in the Matter of the Revolution in Military Affairs," *The Journal of Strategic Studies* 33, no. 4 (2010): 469-482; Fred Kaplan, *The Insurgents: David Petraeus and the Plot to Change the American Way of War* (New York: Simon & Schuster, 2013), 47-51.

4　Andrew W. Marshall, "Some Thoughts on Military Revolutions. Second Version," ONA memorandum for record, August 23, 1993, 3-4. Barry D. Watts, *The Maturing Revolution in Military Affairs* (Washington, DC: Center for Strategic and Budgetary Assessments, 2011) に引用されている。

5　A. W. Marshall, "Some Thoughts on Military Revolutions," ONA memorandum for record, July 27, 1993, 1.

6　Andrew F. Krepinevich, Jr., "Cavalry to Computer: The Pattern of Military Revolutions," *The National Interest* 37 (Fall 1994): 30.

7　Admiral William Owens, "The Emerging System of Systems," *US Naval Institute Proceedings,* May 1995, 35-39.

8　さまざまな理論に関する分析については、以下を参照。Colin Gray, *Strategy for Chaos: Revolutions in Military Affairs and the Evidence of History* (London: Frank Cass, 2002). Lawrence Freedman, *The Revolution in Strategic Affairs,* Adelphi Paper 318 (London: OUP for IISS, 1998)

9　Barry D. Watts, *Clausewitzian Friction and Future War,* McNair Paper 52 (Washington DC: NDU, 1996)

10　A. J. Bacevich, "Preserving the Well-Bred Horse," *The National Interest* 37 (Fall 1994): 48.

11　Harlan Ullman and James Wade, Jr., *Shock & Awe: Achieving Rapid Dominance* (Washington, DC: National Defense University, 1996)

12　U.S. Joint Chiefs of Staff, Joint Publication 3.13, *Joint Doctrine for Information Operations* (Washington, DC: GPO, October 9, 1998), GL-7.

13　Arthur K. Cebrowski and John J. Garstka, "Network-Centric Warfare: Its Origin and Future," *US Naval Institute Proceedings,* January 1998.

14　Department of Defense, *Report to Congress, Network Centric Warfare,* July 27, 2001, iv.

15　Andrew Mack, "Why Big Countries Lose Small Wars: The Politics of Asymmetric Conflict," *World Politics* 26, no.1 (1975): 175-200.

35 U.S. Department of Defense, *Field Manual (FM) 100-5: Operations* (Washington, DC: Headquarters Department of the Army, 1986), 179-180.

36 U.S. Marine Corps, *FMFM-1 : Warfi ghting,* 85.

37 Joseph L. Strange, "Centers of Gravity & Critical Vulnerabilities: Building on the Clausewitizan Foundation so that We Can All Speak the Same Language," *Perspectives on Warfighting* 4, no. 2 (1996): 3; J. Strange and R. Iron, "Understanding Centres of Gravity and Critical Vulnerabilities," research paper, 2001, available at http://www.au.af.mil/au/awc/awcgate/usmc/cog2.pdf.

38 John A. Warden III, *The Air Campaign: Planning for Combat* (Washington, DC: National Defense University Press, 1988), 9; idem, "The Enemy as a System," *Airpower Journal* 9, no. 1 (Spring 1995): 40-55; Howard D. Belote, "Paralyze or Pulverize? Liddell Hart, Clausewitz, and Their Influence on Air Power Theory," *Strategic Review* 27 (Winter 1999): 40-45.

39 Jan L. Rueschhoff and Jonathan P. Dunne, "Centers of Gravity from the 'Inside Out,' "Joint Forces Quarterly 60 (2011): 120-125.Antulio J. Echevarria II, " 'Reining in' the Center of Gravity Concept,"*Air & Space Power Journal* (Summer 2003): 87-96も参照。

40 Carter Malkasian, *A History of Modern Wars of Attrition* (Westport, CT : Praeger, 2002), 5-6.

41 Ibid., 17.

42 Hew Strachan, "The Lost Meaning of Strategy," *Survival* 47, no. 3 (Autumn 2005): 47.

43 Rolf Hobson, "Blitzkrieg, the Revolution in Military Affairs and Defense Intellectuals,"*The Journal of Strategic Studies* 33, no. 4 (2010): 625-643.

44 John Mearsheimer, "Maneuver, Mobile Defense, and the NATO Central Front," *International Security* 6, no. 3 (Winter 1981-1982): 104-122.

45 Luttwak, *Strategy*, 8.

46 Boyd, *Patterns of Conflict*, 122.

第16章　軍事における革命

1 Lawrence Freedman and Efraim Karsh, *The Gulf Conflict* (London: Faber, 1992) を参照。

2 このような結末は*U.S. News & World Report*編集の著書の題名に反映された。*Triumph Without Victory: The Unreported History of the Persian Gulf War* (New York: Times Books, 1992)

3 Andrew F. Krepinevich, Jr., "The Military-Technical Revolution: A

27 Jacob W. Kipp, "The Origins of Soviet Operational Art, 1917-1936"and David M. Glantz, "Soviet Operational Art Since 1936, The Triumph of Maneuver War," in Michael D. Krause and R. Cody Phillips, eds., *Historical Perspectives of the Operational Art* (Washington, DC: United States Army Center of Military History, 2005); Condoleeza Rice, "The Making of Soviet Strategy," in Peter Paret, ed., *Makers of Modern Strategy*, 648-676（第6章原注2参照）; William E. Odom, "Soviet Military Doctrine," *Foreign Affairs* (Winter 1988/89): 114-134.

28 Eliot Cohen, "Strategic Paralysis: Social Scientists Make Bad Generals," *The American Spectator*, November 1980も参照。

29 デルブリュックに関するすぐれた著作に、1943年版の*Makers of Modern Strategy*に収録されたゴードン・クレイグの論文がある。これは1986年版にも引き続き収録されている。Gordon A. Craig, "Delbruck: The Military Historian," in Paret, ed., *Makers of Modern Strategy*（第6章原注2参照）。デルブリュック著の*Geschichte der Kriegskunst im Rahmen der Politischen Geschichte*, 4 vols., 1900-1920（1936年までに別の著者たちの手で三巻がさらに刊行され、同シリーズは完結した）は、1975年になって初めて英訳版が登場した。Hans Delbruck, trans. Walter J. Renfroe, Jr., *History of the Art of War Within the Framework of Political History*, 4 vols. (Westport, CT: Greenwood Press, 1975-1985)

30 J. Boone Bartholomees, Jr., "The Issue of Attrition," *Parameters* (Spring 2010): 6-9.

31 U.S. Marine Corps, *FMFM-1 : Warfighting*, 28-29. Craig A. Tucker, *False Prophets: The Myth of Maneuver Warfare and the Inadequacies of FMFM-1 Warfighting* (Fort Leavenworth, KS: School of Advanced Military Studies, U.S. Army Command and General Staff College, 1995), 11-12も参照。

32 Charles C. Krulak, "The Strategic Corporal: Leadership in the Three Block War," *Marines Magazine*, January 1999.

33 Michael Howard, "The Forgotten Dimensions of Strategy," *Foreign Affairs* (Summer 1979). Michael Howard, *The Causes of Wars* (London: Temple Smith, 1983) に収録されている。Gregory D. Foster, "A Conceptual Foundation for a Theory of Strategy," *The Washington Quarterly* (Winter 1990): 43-59. David Jablonsky, *Why Is Strategy Difficult?* (Carlisle Barracks, PA: Strategic Studies Institute, U.S. Army War College, 1992)

34 Stuart Kinross, *Clausewitz and America : Strategic Thought and Practice from Vietnam to Iraq* (London: Routledge, 2008), 124.

International Security (Winter 1992/93); Barry D. Watts, *Clausewitzian Friction and Future War*, McNair Paper 52 (Washington, DC: National Defense University, Institute for Strategic Studies, October 1996)

13 John Boyd, *Patterns of Conflict: A Discourse on Winning and Losing*, unpublished, August 1987, 44, 128, available at http://www.ausairpower.net/JRB/poc.pdf.

14 *Patterns of Conflict*, 79.

15 U.S. Department of Defense, *Field Manual 100-5 : Operations* (Washington, DC: HQ Department of Army, 1976)

16 William S. Lind, "Some Doctrinal Questions for the United States Army," *Military Review* 58 (March 1977).

17 U.S. Department of Defense, *Field Manual 100-5 : Operations* (Washington, DC: Department of the Army, 1982), vol. 2-1; Huba Wass de Czege and L. D. Holder, "The New FM 100-5," *Military Review* (July 1982).

18 Wass de Czege and Holder, "The New FM 100-5."

19 Ibid.

20 以下に引用されている。Larry Cable, "Reinventing the Round Wheel: Insurgency, Counter-Insurgency, and Peacekeeping Post Cold War," *Small Wars and Insurgencies* 4 (Autumn 1993): 228-262.

21 U.S. Marine Corps, *FMFM-1 : Warfighting* (Washington, DC: Department of the Navy, 1989), 37.

22 Edward Luttwak, *Pentagon and the Art of War* (New York: Simon & Schuster, 1985)〔邦訳:エドワード・ルトワック著、江畑謙介訳『ペンタゴン―知られざる巨大機構の実体』光文社、1985年〕

23 Edward Luttwak, *Strategy: The Logic of War and Peace* (Cambridge, MA: Harvard University Press, 1987), 5.〔邦訳:エドワード・ルトワック著、武田康裕/塚本勝也訳『エドワード・ルトワックの戦略論』毎日新聞社、2014年〕ルトワックの思想の特徴を知るには、以下を参照。Harry Kreisler's conversation with Edward Luttwak in *Conversations with History* series, March 1987, available at http://globetrotter.berkeley.edu/conversations/Luttwak/luttwak-con0.html.

24 Luttwak, *Strategy*, 50.

25 Gregory Johnson, "Luttwak Takes a Bath," *Reason Papers* 20 (1995): 121-124.

26 Jomini, *The Art of War*,69 (第7章原注5参照). 作戦技術という概念の発展については、Bruce W. Menning, "Operational Art's Origins," *Military Review* 77, no. 5 (September.-October 1997): 32-47を参照。

htmlで閲覧できる。ボイドに関する主な書籍としては以下を参照。Frans P. B. Osinga, *Science, Strategy and War: The Strategic Theory of John Boyd* (London: Routledge, 2007); Grant Hammond, *The Mind of War, John Boyd and American Security* (Washington, DC: Smithsonian Institution Press, 2001); and Robert Coram, Boyd, *The Fighter Pilot Who Changed the Art of War* (Boston: Little, Brown & Company, 2002)

9 John R. Boyd, "Destruction and Creation," September 3, 1976, available at http://goalsys.com/books/documents/DESTRUCTION_AND_CREATION.pdf.

10 John Boyd, *Organic Design for Command and Control*, May 1987, p.16, available at http://www.ausairpower.net/JRB/organic_design.pdf.

11 カオス理論は精力的な気象学者エドワード・ローレンツによって広まった。より正確な気象予測の方法を模索していたローレンツは、「バタフライ効果」を発見した。気象予測用の計算で入力する初期値のごくわずかな違いが、結果に予測外の多大な影響をおよぼす場合があったのだ。バタフライ効果は1972年にローレンツがアメリカ科学振興協会の会合で発表した "Predictability: Does the Flap of a Butterfly's Wings in Brazil Set Off a Tornado in Texas? "という論文から知られるようになった。カオス理論の歴史については、James Gleick, *Chaos: Making a New Science* (London: Cardinal, 1987)〔邦訳：ジェイムズ・グリック著、大貫昌子訳『カオス―新しい科学をつくる』新潮社、1991年〕を参照。複雑系理論については以下を参照。Murray Gell-Man, *The Quark and the Jaguar: Adventures in the Simple and the Complex* (London: Little, Brown & Co., 1994)〔邦訳：マレイ・ゲルマン著、野本陽代訳『クォークとジャガー――たゆみなく進化する複雑系』草思社、1997年〕; Mitchell Waldrop, *Complexity: The Emerging Science at the Edge of Order and Chaos* (New York: Simon & Schuster, 1993)〔邦訳：M・ミッチェル・ワールドロップ著、田中三彦／遠山峻征訳『複雑系―科学革命の震源地・サンタフェ研究所の天才たち』新潮社、2000年〕。科学理論と軍事思想の関係については以下を参照。Antoine Bousquet, *The Scientific Way of Warfare : Order and Chaos on the Battlefields of Modernity* (New York: Columbia University Press, 2009); Robert Pellegrini, *The Links Between Science, Philosophy, and Military Theory: Understanding the Past, Implications for the Future* (Maxwell Air Force Base, AL: Air University Press, August 1997), http://www.au.af.mil/au/awc/awcgate/saas/pellegrp.pdf.

12 Alan Beyerchen, "Clausewitz, Nonlinearity, and the Unpredictability of War,"

Were We So (Strategically) Wrong? "*Foreign Policy* 4 (Autumn 1971): 151-162.

第15章 監視と情勢判断

1 ボーフルの二つの主要な著作、*Introduction a la Strategie* (1963) と *Dissuasion et Strategie* (1964) はフランス語で刊行された。どちらもイギリスの将校R・H・バリーによって1965年にそれぞれ*Introduction to Strategy*、*Dissuasion and Strategy*の題名で英訳された (Faber & Faber in London)。この引用部分の出典は*Introduction*, p.22。ボーフルについては、Heuser, *The Evolution of Strategy*, 460-463で論じられている (第6章原注4参照)。

2 Bernard Brodie, "General Andre Beaufre on Strategy," *Survival* 7 (August 1965): 208-210. フランスでの政策擁護はさておき、少なくともボーフルの思考に対するより同調的な評価については、Edward A. Kolodziej, "French Strategy Emergent: General Andre Beaufre: A Critique," *World Politics* 19, no.3 (April 1967): 417-442を参照。コロドジエジは、「壮大な概念」が妨げになるというブローディの不満には関心を示さなかったものの、ボーフルの思想は曖昧な表現で示されている場合が多く、説得力に欠けると認めている。

3 確証はないものの、ワイリーはクラウゼヴィッツ (著書では「重心」という言葉がよく使われている) とリデルハートの影響を受けていた。

4 J. C. Wylie, *Military Strategy : A General Theory of Power Control.* (Annapolis, MD: Naval Institute Press, 1989) 〔邦訳:J・C・ワイリー著、奥山真司訳『戦略論の原点 (普及版)』芙蓉書房出版、2010年〕同書の初版は1967年に刊行された。まえがき (ジョン・ハッテンドーフ著) にワイリーの経歴が記されている。

5 Henry Eccles, *Military Concepts and Philosophy* (New Brunswick, NJ: Rutgers University Press, 1965)エクレスについては、Scott A. Boorman, "Fundamentals of Strategy: The Legacy of Henry Eccles," *Naval War College Review* 62, no. 2 (Spring 2009): 91-115を参照。

6 Wylie, *Military Strategy*, 22.

7 この分類の重要性については、以下を参照。Lukas Milevski, "Revisiting J. C. Wylie's Dichotomy of Strategy: The Effects of Sequential and Cumulative Patterns of Operations," *Journal of Strategic Studies* 35, no. 2 (April 2012): 223-242.初版の刊行から20年後、ワイリーは累積戦略の重要性がますます高まっているとの考えを示した。*Military Strategy*, 1989 edition, p. 101.

8 ボイドが残した各種資料はhttp://www.ausairpower.net/APA-Boyd-Papers.

Group (CI) 1962-1966," *Journal of Strategic Studies* 35, no.1 (2012): 33-61.

33 例として以下を参照。Alexander George et al., *The Limits of Coercive Diplomacy*, 1st edition (Boston: Little Brown, 1971) John Gaddis, *Strategies of Containment : A Critical Appraisal of PostWar American Security Policy* (New York: Oxford University Press, 1982), 243.

34 とくに参照すべきは1962年12月19日にミシガン大学アナーバー校でマクノートンが行った演説で、その内容はWilliam Kaufmann, *The McNamara Strategy* (New York: Harper & Row, 1964), 138-147〔邦訳：ウィリアム・カウフマン著、桃井真訳『マクナマラの戦略理論』ぺりかん社、1968年〕に詳述されている。

35 シェリングは、この発言に対して「いや、シェリングのゲームはこのキューバ危機がいかに非現実的であるかを示している」という反応があったと述べている。Ghamari-Tabrizi, "Simulating the Unthinkable," 213参照（第12章原注10参照）。

36 こう評したのはウィリアム・バンディ。William Conrad Gibbons, *The U.S. Government and the Vietnam War* (Princeton, NJ : Princeton University Press, 1986), Part II, 349に引用されている。

37 *The Pentagon Papers, Senator Gravel Edition: The Defense Department History of the U.S. Decision-Making on Vietnam*, Vol.3 (Boston: Beacon Press, 1971), 212.

38 Gibbons, *The U.S. Government and the Vietnam War:*, Part II, 254.

39 Ibid., 256-259. Schelling, *Arms and Influence*の第4章を参照。

40 Freedman, *Kennedy's Wars*（第13章原注48参照）を参照。

41 Kaplan, *The Wizards of Armageddon*, 332-336（第13章原注49参照）.

42 Schelling, *Arms and Influence*, vii, 84, 85, 166, 171-172. こうしたシェリングの分析を考慮すると、ローリング・サンダー作戦の一環として、シェリングが民間のターゲットだけを攻撃することを提唱した、というロバート・ペイプの主張は公正とはいえない。Robert Pape, "Coercive Air Power in the Vietnam War," *International Security* 15.2 (1990) p. 103-146を参照。

43 Richard Betts, "Should Strategic Studies Survive?" *World Politics* 50, no. 1 (October 1997): 16.

44 Colin Gray, "What RAND Hath Wrought," *Foreign Policy* 4 (Autumn 1971): 111-129.以下も参照。Stephen Peter Rosen, "Vietnam and the American Theory of Limited War," *International Security* 7, no. 2 (Autumn 1982): 83-113.

45 Zellen, *State of Doom*, 196-197（第12章原注5参照）; Bernard Brodie, "Why

Co., 2012), 409-414を参照。

23 ケネディ政権時代における反乱鎮圧思想とその発展については、以下を 参 照。Douglas Blaufarb, *The Counterinsurgency Era: US Doctrine and Performance* (New York: The Free Press, 1977); D. Michael Shafer, *Deadly Paradigms : The Failure of US Counterinsurgency Policy* (Princeton, NJ: Princeton University Press, 1988); and Larry Cable, *Conflict of Myths: The Development of American Counterinsurgency Doctrine and the Vietnam War* (New York: New York University Press, 1986) 第三世界の新しい独立国家における緊張関係に関する研究を除くと、ケネディが大統領就任時にその概念を取り入れる前の段階で、反乱鎮圧戦略の要件に関する学術研究はほとんど行われていなかった。同政権内における初期の反乱鎮圧戦略は、ウォルト・ロストウとロジャー・ヒルスマンが主導していたと一般にみなされている。同戦略の内容については以下を参照。W. W. Rostow, "Guerrilla Warfare in Underdeveloped Areas" (1961年6月にフォートブラッグのアメリカ陸軍特殊戦争学校の卒業生に向けて行った講演)。Marcus Raskin and Bernard Fall, *The Viet-Nam Reader* (New York: Vintage Books, 1965) に収録されている。Roger Hilsman, *To Move a Nation : The Politics of Foreign Policy in the Administration of John F. Kennedy* (New York: Dell, 1967) も参照。

24 Robert Thompson, *Defeating Communist Insurgency : Experiences in Malaya and Vietnam* (London: Chatto & Windus, 1966)

25 Boot, *Invisible Armies*, 386-387.

26 David Galula, *Counterinsurgency Warfare : Theory and Practice* (Wesport, CT: Praeger, 1964)

27 Gregor Mathias, *Galula in Algeria: Counterinsurgency Practice versus Theory* (Santa Barbara, CA: Praeger Security International, 2011)

28 M. L. R. Smith, "Guerrillas in the Mist: Reassessing Strategy and Low Intensity Warfare," *Review of International Studies* 29, no.1 (2003): 19-37; Alistair Horne, *A Savage War of Peace: Algeria, 1954-1962* (London: Macmillan, 1977), 480-504.

29 Charles Maechling, Jr., "Insurgency and Counterinsurgency : The Role of Strategic Theory," *Parameters* 14, no.3 (Autumn 1984): 34. Shafer, Deadly Paradigms, 113.

30 Paul Kattenburg, *The Vietnam Trauma in American Foreign Policy, 1945-75* (New Brunswick, NJ: Transaction Books, 1980), 111-112.

31 Blaufarb, *The Counterinsurgency Era*, 62-66.

32 Jefferey H. Michaels, "Managing Global Counterinsuregency : The Special

archive/mao/selected-works/index.htmで閲覧できる。

15　Mao Tse-Tung, "On Protracted War."

16　Heuser, *Reading Clausewitz*, 138-139.（第7章原注15参照）

17　John Shy and Thomas W. Collier, "Revolutionary War," in Paret, ed., *Makers of Modern Strategy*, 844（第6章原注2参照）. 毛沢東主義の戦略については、Edward L. Katzenback, Jr., and Gene Z. Hanrahan, "The Revolutionary Strategy of Mao Tse-Tung," *Political Science Quarterly* 70, no. 3（September 1955）: 321-340も参照。毛は "On Protracted War"で、デルブリュックが導入した消耗戦略と殲滅戦略の古典的な分類に言及している。ただし、毛はおそらくこの考え方をレーニンを通じて知ったとみられる（第20章のレーニンの項を参照）。

18　Mao Tse-Tung, "Problems of Strategy in China's Revolutionary War","On Contradiction"〔邦訳：「矛盾論」『毛澤東選集』第三巻〕

19　Mao Tse-Tung, "On Protracted War."

20　Mao Tse-Tung, "On Guerrilla War."

21　"People's War, People's Army"（1961）, in Russell Stetler, ed., *The Military Art of People's War : Selected Writings of General Vo Nguyen Giap*（New York: Monthly Review Press, 1970）, 104-106.〔邦訳：ヴォー・グエン・ザップ著、眞保潤一郎／三宅蕗子訳『人民の戦争・人民の軍隊―ヴェトナム人民軍の戦略・戦術』中央公論新社、2014年〕

22　Graham Greene, *The Quiet American*（London: Penguin, 1969）, 61.〔邦訳：グレアム・グリーン著、田中西二郎訳『おとなしいアメリカ人』早川書房、2004年〕ベトナムにおけるアメリカの無邪気さに関するグリーンの批判が当時、どのような重要性がもっていたか、そしてそれがどのような論争を巻き起こしたかについてはFrederik Logevall, *Embers of War : The Fall of an Empire and the Making of America's Vietnam*（New York: Random House, 2012）を参照。William J. Lederer and Eugene Burdick, *The Ugly American*（New York: Fawcett House, 1958）, 233.〔邦訳：ウィリアム・レデラー／ユージン・バーディック著、細貝宰市訳『醜いアメリカ人』トモブック社、1960年〕ここに登場するヒレンデールは題名が示すような「醜いアメリカ人」ではない。モデルとなったランスデールに関する著作にCecil B. Currey, *Edward Lansdale : The Unquiet American*（Boston: Houghton Mifflin, 1988）、Edward G. Lansdale, "Viet Nam: Do We Understand Revolution? " *Foreign Affairs*（October 1964）, 75-86がある。ランスデールの評価についてはMax Boot, *Invisible Armies : An Epic History of Guerrilla Warfare from Ancient Times to the Present*（New York: W. W. Norton &

Leon Trotsky, Vol. 2, 1919, available at. http://www.marxists.org/archive/trotsky/1919/military/ch08.htm.

6 Leon Trotsky, "Do We Need Guerrillas?" *The Military Writings of Leon Trotsky*, Vol. 2, 1919, available at http://www.marxists.org/archive/trotsky/1919/military/ch95.htm.

7 C. E. Callwell, *Small Wars: Their Theory and Practice*, reprint of the 1906 3rd edition (Lincoln: University of Nebraska Press, 1996).

8 T. E. Lawrence, "The Evolution of a Revolt," in Malcolm Brown, ed., *T. E. Lawrence in War & Peace: An Anthology of the Military Writings of Lawrence of Arabia* (London: Greenhill Books, 2005), 260-273. もともとは*The Army Quarterly*, October 1920に発表されたもの。この著作が*The Seven Pillars of Wisdom* (London: Castle Hill Press, 1997)〔邦訳：T・E・ロレンス著、ジェレミー・ウィルソン編、田隅恒生訳『完全版 知恵の七柱〈1〉－〈5〉』平凡社、2008－2009年〕第35章の土台になっている。

9 Basil Liddell Hart, *Colonel Lawrence : The Man Behind the Legend* (New York: Dodd, Mead & Co., 1934)

10 "T. E. Lawrence and Liddell Hart," in Brian Holden Reid, *Studies in British Military Thought: Debates with Fuller & Liddell Hart* (Lincoln: University of Nebraska Press, 1998), 150-167.

11 Brantly Womack, "From Urban Radical to Rural Revolutionary: Mao from the 1920s to 1937," in Timothy Cheek, ed., *A Critical Introduction to Mao* (Cambridge, UK : Cambridge University Press, 2010), 61-86.

12 Jung Chang and Jon Halliday, *Mao: The Unknown Story.* (New York: Alfred A. Knopf, 2005)〔邦訳：ユン・チアン／ジョン・ハリデイ著、土屋京子訳『マオ―誰も知らなかった毛沢東〈上〉〈下〉』講談社、2005年〕

13 Andrew Bingham Kennedy, "Can the Weak Defeat the Strong? Mao's Evolving Approach to Asymmetric Warfare in Yan'an," *China Quarterly* 196 (December 2008): 884-899.

14 主要な著作は以下のとおり。"Problems of Strategy in China's Revolutionary War" (December 1936)〔邦訳：「中国革命戦争の戦略問題 」〕、"Problems of Strategy in Guerrilla War Against Japan" (May 1938)〔邦訳：「抗日遊撃戦争の戦略問題」〕、"On Protracted War" (May 1938)〔邦訳：「持久戦論」〕は*Selected Works of Mao Tse-Tung*, Vol. IIに "On Guerrilla War"はVol. VIに収録されている〔邦訳の三一書房『毛澤東選集』では、「中国革命……」が第二巻、「抗日遊撃……」と「持久戦論」が第三巻に収録されている〕。英語版は http://www.marxists.org/reference/

During the Cuban Missile Crisis (New York: W. W. Norton, 2002).

53 Albert and Roberta Wohlstetter, *Controlling the Risks in Cuba*, Adelphi Paper No. 17 (London ISS, February 1965).

54 Kahn, *On Thermonuclear War*, 226, 139.

55 Herman Kahn, *On Escalation* (London: Pall Mall Press, 1965).

56 Fred Ikle, "When the Fighting Has to Stop: The Arguments About Escalation," *World Politics* 19, no. 4 (July 1967): 693 に引用されている。

57 McGeorge Bundy, "To Cap the Volcano ," *Foreign Affairs* 1 (October 1969): 1-20. 以下も参照。McGeorge Bundy, *Danger and Survival: Choices About the Bomb in the First Fifty Years* (New York: Random House, 1988).

58 McGeorge Bundy, "The Bishops and the Bomb," *The New York Review*, June 16, 1983.「実存主義者」の著作については以下を参照。Lawrence Freedman, "I Exist ; Therefore I Deter," *International Security* 13, no. 1 (Summer 1988): 177-195.

第14章　ゲリラ戦

1 Werner Hahlweg, "Clausewitz and Guerrilla Warfare," *Journal of Strategic Studies* 9, nos.2-3 (1986): 127-133〔邦訳「クラウゼヴィッツとゲリラ戦」はクラウゼヴィッツ協会編、クラウゼヴィッツ研究委員会訳『戦争なき自由とは—現代における政治と戦略の使命』1982年、日本工業新聞社に収録されている〕; Sebastian Kaempf, "Lost Through Non-Translation: Bringing Clausewitz's Writings on 'New Wars' Back In,"*Small Wars & Insurgencies* 22, no.4 (October 2011): 548-573.

2 Jomini, *The Art of War*, 34-35.（第7章原注5参照）

3 Karl Marx, "Revolutionary Spain,"1854, available at http://www.marxists.org/archive/marx/works/1854/revolutionary-spain/ch05.htm.〔邦訳「革命のスペイン」はカール・マルクス／フリードリヒ・エンゲルス著、大内兵衛／細川嘉六監訳『マルクス＝エンゲルス全集第10巻 1854－1855』大月書店、1978年に収録されている〕

4 Vladimir Lenin, "Guerrilla Warfare." 初掲載はPROLETARY, No.5, September 30, 1906, *Lenin Collected Works* (Moscow: Progress Publishers, 1965), Vol. II, 213-223, available at http://www.marxists.org/archive/lenin/works/1906/gw/index.htm.〔邦訳「パルチザン戦争」はヴラジーミル・イリイチ・レーニン著、日本共産党中央委員会レーニン選集編集委員会編纂『レーニン10巻選集第3巻』大月書店、1981年に収録されている〕

5 Leon Trotsky, "Guerrila-ism and the Regular Army," *The Military Writings of*

NJ: Princeton University Press, 1959）に収録されたもの。

39 Schelling, *Strategy of Conflict*, 236.

40 Donald Brennan, ed., *Arms Control, Disarmament and National Security* (New York : George Braziller, 1961) ; Hedley Bull, *The Control of the Arms Race*（第12章原注12参照）

41 Schelling and Halperin, *Strategy and Arms Control*, 1-2.

42 Ibid., 5.

43 Schelling, *Strategy of Conflict*, 239-240.

44 Henry Kissinger, *The Necessity for Choice* (New York: Harper & Row, 1961). この小論はもともとDaedalus 89, no. 4 (1960) で発表されたものである。筆者の知るかぎり（そしてオックスフォード英語大辞典によれば）、最初にエスカレーションという言葉が使われたのは、イギリス人著述家ウェイランド・ヤングの論文においてである。積極的な軍縮支持者だったヤングは、「戦略家たちがエスカレーションとよぶ危険性、つまり報復に用いられる兵器の規模が拡大の一途をたどり、最初の熱核兵器の応酬がもたらすのと同じくらい確実に、文明の破壊をもたらす危険性」と記した。ヤングの著書の用語集には、以下の記述もみられる。「エスカレーション―エスカレーター：戦争において兵器増強の応酬に歯止めがかからなくなり、文明の破壊を招くこと」。Wayland Young, *Strategy for Survival: First Steps in Nuclear Disarmament* (London: Penguin Books, 1959).

45 Schelling, *Strategy of Conflict*, 193.

46 Schelling, *Arms and Influence*, 182.

47 Schelling, "Nuclear Strategy in the Berlin Crisis," *Foreign Relations of the United States* XIV, 170-172 ; Marc Trachtenberg, *History and Strategy* (Princeton, NJ: Princeton University Press, 1991), 224 .

48 この件についてはLawrence Freedman, *Kennedy's Wars* (New York: Oxford University Press, 2000）で論じられている。

49 Fred Kaplan, *The Wizards of Armageddon* (Stanford: Stanford University Press, 1991), 302.

50 Kaysen to Kennedy, September 22, 1961, *Foreign Relations in the United States* XIV-VI, supplement, Document 182.

51 Robert Kennedy, *Thirteen Days: The Cuban Missile Crisis of October 1962* (London: Macmillan, 1969), 69-71, 80, 89, 182.〔邦訳：ロバート・ケネディ著、毎日新聞社外信部訳『13日間―キューバ危機回顧録』中央公論新社、2014年〕

52 Ernest May and Philip Zelikow, *The Kennedy Tapes: Inside the White House*

19 Bruce-Biggs, *Supergenius*, 120 に引用されている。

20 Schelling, in the *Journal of Conflict Resolution*, then edited by Kenneth Boulding, in 1957.

21 Carvalho, "An Interview with Thomas Schelling."

22 Robert Ayson, *Thomas Schelling and the Nuclear Age : Strategy as a Social Science* (London : Frank Cass, 2004); Phil Williams, "Thomas Schelling," in J. Baylis and J. Garnett, eds., *Makers of Nuclear Strategy* (London: Pinter, 1991), 120-135 ; A. Dixit, "Thomas Schelling's Contributions to Game Theory," *Scandinavian Journal of Economics* 108, no. 2 (2006): 213-229 ; Esther-Mirjam Sent, "Some Like It Cold: Thomas Schelling as a Cold Warrior," *Journal of Economic Methodology* 14, no.4 (2007): 455-471.

23 Schelling, *The Strategy of Conflict*, 15.

24 Schelling, *Arms and Influence*, 1.

25 Ibid., 2-3, 79-80, 82, 80.

26 Schelling, *Strategy of Conflict*, 194.

27 Ibid., 188.（傍点による強調は原文のまま）

28 Schelling, *Arms and Influence*, 93.

29 Schelling, *Strategy of Conflict*, 193.

30 アビナッシュ・ディキシットは"Thomas Schelling's Contributions to Game Theory"で、シェリングの論述の多くが、のちのより形式化されたゲーム理論における流れを先取りしていたと論じている。

31 Schelling, *Strategy of Conflict*, 57, 77.

32 Schelling, *Arms and Influence*, 137.

33 Schelling, *Strategy of Conflict* , 100-101.

34 Robert Ayson, *Hedley Bull and the Accommodation of Power* (London: Palgrave, 2012)に引用されている。

35 ウォルステッターはランド研究所のなかでも、とりわけ強い影響力をもつ研究者の一人であった。Robert Zarate and Henry Sokolski, eds., *Nuclear Heuristics : Selected Writings of Albert and Roberta Wohlstetter* (Carlisle, PA: Strategic Studies Institute, U.S. Army War College, 2009) を参照。

36 Wohlstetter letter to Michael Howard, 1968. Stevenson, *Thinking Beyond the Unthinkable*, 71に引用されている。

37 Bernard Brodie, "Unlimited Weapons and Limited War," *The Reporter*, November 18, 1954.

38 Schelling, *The Strategy of Conflict*, 233. この"Surprise Attack and Disarmament"という小論は、もともとKlaus Knorr, ed., *NATO and American Security* (Princeton,

(Princeton, NJ: Princeton University Press, 1961)

6 Herman Kahn, *On Thermonuclear War* (Princeton, NJ : Princeton University Press, 1961), 126 ff. and 282 ff. 同書はもともと "Three Lectures on Thermonuclear War"という題で刊行される予定だった。

7 Barry Bruce-Briggs, *Supergenius: The Mega-Worlds of Herman Kahn* (North American Policy Press, 2000), 97.

8 Ibid., 98. バリー・ブルース＝ブリッグスはカーンの悪文について、このような結論を下している。「洗練されていない言葉には信憑性がある。もし本人にその気があったなら、ペテン師として成功していただろう」。

9 Jonathan Stevenson, *Thinking Beyond the Unthinkable* (New York: Viking, 2008), 76.

10 http://www.nobelprize.org/nobel_prizes/economics/laureates/2005/#.

11 シェリングには以下の主要著書がある。*The Strategy of Conflict* (Cambridge, MA: Harvard University Press, 1960)〔邦訳：トーマス・シェリング著、河野勝監訳『紛争の戦略―ゲーム理論のエッセンス』勁草書房、2008年〕; *Arms and Influence* (New York: Yale University Press, 1966); *Choice and Consequence* (Cambridge, MA: Harvard University Press, 1984); and, with Morton Halperin, *Strategy and Arms Control* (New York: Twentieth Century Fund, 1961)

12 Robin Rider, "Operations Research and Game Theory," in Roy Weintraub, ed., *Toward a History of Game Theory* (第12章原注19参照).

13 Schelling, *The Strategy of Conflict*, 10.

14 Jean-Paul Carvalho,"An Interview with Thomas Schelling," *Oxonomics* 2 (2007): 1-8.

15 Brodie, "Strategy as a Science," 479 (第12章原注7参照). 理由の一つとして、シカゴ大学の経済学教授でブローディの指導者だったジェイコブ・バイナーが、ゲーム理論に懐疑的だったことが考えられる。バイナーが核兵器のもつ意味について論じた1946年の小論は、抑止理論の土台となった書物の一つであり、ブローディは明らかにその影響を受けていた。

16 Bernard Brodie, "The American Scientific Strategists," *The Defense Technical Information* Center (October 1964): 294.

17 Oskar Morgenstern, *The Question of National Defense* (New York: Random House, 1959)

18 Bruce-Briggs, *Supergenius*, 120-122; Irving Louis Horowitz, *The War Game : Studies of the New Civilian Militarists* (New York: Ballantine Books, 1963)

17 Bernard Brodie, *War and Politics* (London: Cassell, 1974), 474-475.

18 William Poundstone, *Prisoner's Dilemma* (New York: Doubleday, 1992), 6に引用されている。〔邦訳：ウィリアム・パウンドストーン著、松浦俊輔訳『囚人のジレンマ―フォン・ノイマンとゲームの理論』青土社、1995年〕

19 Oskar Morgenstern, "The Collaboration between Oskar Morgenstern and John von Neumann," *Journal of Economic Literature* 14, no. 3 (September 1976): 805-816.〔邦訳「オスカー・モルゲンシュテルンとジョン・フォン・ノイマンによるゲーム理論についての共同研究」はジョン・フォン・ノイマン／オスカー・モルゲンシュテルン著、武藤滋夫訳『ゲーム理論と経済行動：刊行60周年記念版』勁草書房、2014年に収録されている〕. E. Roy Weintraub, *Toward a History of Game Theory* (London: Duke University Press, 1992); R. Duncan Luce and Howard Raiffa, *Games and Decisions : Introduction and Critical Survey* (New York: John Wiley & Sons, 1957)

20 Poundstone, *Prisoner's Dilemma*, 8.

21 Philip Mirowski, "Mid-Century Cyborg Agonistes: Economics Meets Operations Research ," *Social Studies of Science* 29 (1999): 694.

22 John McDonald, *Strategy in Poker, Business & War* (New York: W. W. Norton, 1950), 14, 69, 126.〔邦訳：ジョン・マクドナルド著、唐津一訳『かけひきの科学―ゲームの理論とは何か』日本規格協会、1954年〕

23 Jessie Bernard, "The Theory of Games of Strategy as a Modern Sociology of Conflict," *American Journal of Sociology* 59 (1954): 411-424.

第13章 非合理の合理性

1 この件についてはLawrence Freedman, *The Evolution of Nuclear Strategy*, 3rd ed. (London: Palgrave, 2005) で論じられている。

2 Colin Gray, *Strategic Studies : A Critical Assessment* (New York: The Greenwood Press, 1982)

3 R. J. Overy, "Air Power and the Origins of Deterrence Theory Before 1939," *Journal of Strategic Studies* 15, no. 1 (March 1992): 73-101. George Quester, *Deterrence Before Hiroshima* (New York: Wiley, 1966) も参照。

4 Stanley Hoffmann, "The Acceptability of Military Force," in Francois Duchene, ed., *Force in Modern Societies: Its Place in International Politics* (London: International Institute for Strategic Studies, 1973), 6.

5 Glenn Snyder, *Deterrence and Defense : Toward a Theory of National Security*

示し、新たな封じ込め政策を提唱した。X, "The Sources of Soviet Conduct," *Foreign Affairs* 7 (1947): 566-582.

4 George Orwell, "You and the Atomic Bomb," Tribune, October 19, 1945. Sonia Orwell and Ian Angus, eds., *The Collected Essays; Journalism and Letters of George Orwell,* vol.4 (New York: Harcourt Brace Jovanovich, 1968), 8-10 に収録されている。

5 Barry Scott Zellen, *State of Doom: Bernard Brodie, the Bomb and the Birth of the Bipolar World* (New York: Continuum, 2012), 27.

6 Bernard Brodie, ed., *The Absolute Weapon* (New York: Harcourt, 1946), 52.

7 Bernard Brodie, "Strategy as a Science," *World Politics* 1, no. 4 (July 1949): 476.

8 Patrick Blackett, *Studies of War, Nuclear and Conventional* (New York: Hill & Wang, 1962), 177.

9 Paul Kennedy, *Engineers of Victory: The Problem Solvers Who Turned the Tide in the Second World War* (London: Allen Lane, 2013)〔邦訳：ポール・ケネディ著、伏見威蕃訳『第二次世界大戦 影の主役—勝利を実現した革新者たち』日本経済新聞出版社、2013年〕

10 Sharon Ghamari-Tabrizi, "Simulating the Unthinkable: Gaming Future War in the 1950s and 1960s," *Social Studies of Science* 30, no. 2 (April 2000): 169, 170.

11 Philip Mirowski, *Machine Dreams : Economics Becomes Cyborg Science* (Cambridge: Cambridge University Press, 2002), 12-17.

12 Hedley Bull, *The Control of the Arms Race* (London: Weidenfeld & Nicolson, 1961), 48.

13 Hedley Bull, "Strategic Studies and Its Critics," *World Politics* 20, no.4 (July 1968): 593-605.

14 Charles Hitch and Roland N. McKean, *The Economics of Defense in the Nuclear Age* (Cambridge, MA: Harvard University Press, 1960)

15 Deborah Shapley, *Promise and Power : The Life and Times of Robert McNamara* (Boston: Little, Brown & Co., 1993), 102-103.

16 原典はThomas D. White, "Strategy and the Defense Intellectuals," *The Saturday Evening Post,* May 4, 1963。Alain Enthoven and Wayne Smith, *How Much Is Enough?* (New York; London: Harper & Row, 1971), 78に引用されている。システム分析の役割に対する批判については、Stephen Rosen, "Systems Analysis and the Quest for Rational Defense," *The Public Interest* 76 (Summer 1984): 121-159を参照。

わかっていたが、自身の責務はドイツの侵略をできるかぎり困難にすることにあった。その点で、(「われわれは浜辺で戦う……われわれは決して降伏しない」という演説に象徴される)鮮烈な言葉と断固たる態度は、チャーチルの武器として欠くべからざる要素であった。1940年にチャーチルは勝たなければならないと説いたのであり、修正する機会を得た1948年にもそれを書き直そうとはしなかった。David Reynolds, *In Command of History: Churchill Fighting and Writing the Second World War* (New York: Random House, 2005), 172-173.

15 Eliot Cohen, "Churchill and Coalition Strategy," in Paul Kennedy, ed., *Grand Strategies in War and Peace* (New Haven, CT: Yale University Press, 1991), 66.

16 Max Hastings, *Finest Years: Churchill as Warlord 1940-45* (London: Harper-Collins, 2010), Chapter 1.

17 大粛清では司令官の半数、将校級の90パーセント、大佐級の80パーセントを含む推計3万5,000人が犠牲となった。

18 Winston Churchill, *The Second World War, The Grand Alliance,* vol. 3 (London: Penguin, 1949), 607-608.〔邦訳:ウィンストン・S・チャーチル著、佐藤亮一訳『第二次世界大戦〈3〉』河出書房新社、2001年〕

第12章 核のゲーム

1 Walter Lippmann, *The Cold War* (Boston: Little Brown, 1947)

2 Ronald Steel, *Walter Lippmann and the American Century* (London: Bodley Head, 1980), 445.〔邦訳:ロナルド・スティール著、浅野輔訳『現代史の目撃者〈上〉〈下〉―リップマンとアメリカの世紀』ティビーエス・ブリタニカ、1982年〕その後の手紙のやりとりで、別のジャーナリスト、ハーバート・ベイヤード・スウォープは、自分が原稿を書いた大物投資家バーナード・バルークの講演で初めてこの言葉が使われたと主張した。スウォープは、1930年代末にアメリカがヨーロッパでの「武力戦争(shooting war)」に介入するかどうか問われた際に、すでにこの言葉を考えついていたとも言い張った。「武力戦争」を「『死の殺人』のような、意味の重複する言葉を使ったくどい」奇妙な表現と感じたこと、「熱い戦争」の反対語は「冷たい戦争」だと考え、この言葉を使い始めたことを手紙に記している。William Safire, *Safire's New Political Dictionary* (New York: Oxford University Press, 2008), 134-135.

3 リップマンの分析は、アメリカのモスクワ駐在外交官だったジョージ・ケナンが「X」という匿名で『フォーリン・アフェアーズ』誌に寄稿した論文を受けて行われた。ケナンはこの論文でソ連の野望への警戒を

1954), 335, 339, 341, 344.〔邦訳：リデル・ハート著、森沢亀鶴訳『戦略論―間接的アプローチ』原書房、1986年；B・H・リデルハート著、市川良一訳『リデルハート戦略論―間接的アプローチ〈上〉〈下〉』原書房、2010年〕

10 Brian Bond, *Liddell Hart : A Study of his Military Thought*. (London: Cassell, 1977), 56.

11 Basil Liddell Hart, *Paris, or the Future of War* (London: Kegan Paul, 1925), 12. フラーと同じく、リデルハートは第一次世界大戦でのドイツによるイギリス空爆で衝撃を受けた。「こちらの防御が組織化される前の段階で行なわれた空爆を目撃したなら、すぐれた航空機による集中攻撃で生じるであろうパニックと混乱を過小評価する気にはならない。あれを見た者は、大きな工業地やハルなどの港町で、警報が鳴り出すや人々が表へぞろぞろと出ていく夜ごとの光景を忘れられるだろうか。女性や子どもや腕に抱かれた赤ん坊が毎晩、湿った地面に身を寄せ合い、凍える冬空の下で震えていた姿を」。 Basil Liddell Hart, *Paris, or the Future of War* (New York: Dutton, 1925), 39.

12 Richard K. Betts, "Is Strategy an Illusion?" *International Security* 25, 2 (Autumn 2000): 11.

13 Ian Kershaw, *Fateful Choices: Ten Decisions That Changed the World : 1940-1941* (New York: Penguin Press, 2007), 47.〔邦訳：イアン・カーショー著、河内隆弥訳『運命の選択1940－41〈上〉― 世界を変えた10の決断』白水社、2014年〕

14 戦後に執筆されたチャーチルの第二次世界大戦回顧録では、戦い続けるかどうかはまったく議題にならなかったことになっている。抵抗するのは「既定で当然のこと」であり、「そのような非現実的な机上の空論」について議論するのは時間の無駄だった、と書かれている。Winston S. Churchill, *The Second World War, Their Finest Hour*, vol. 2 (London: Penguin, 1949), 157.〔邦訳：ウィンストン・S・チャーチル著、佐藤亮一訳『第二次世界大戦〈2〉』河出書房新社、2001年〕デイビッド・レイノルズは、回顧録が執筆された1948年当時、まだ保守党の重鎮だったハリファックス卿の立場をおもんぱかって討議の事実が隠蔽されたが、その後、融和策を望んだハリファックス卿の意見が好戦的なチャーチルに退けられたという印象が植えつけられた、と説明している。実際には、どこかの段階でドイツとの交渉が必要になるとチャーチルが認識していたことを示す記録が残っている。チャーチルは、戦局が今後ひどく悪化し、イギリスの独立を脅かす講和条件を受け入れる必要が生じるかもしれないと

Douhet," *Air University Quarterly Review* 6 (Summer 1963): 120-126.

12　このウェルズの小説では、アメリカがライト兄弟の新発明を十分に生かす機会を得る前に、飛行船を使ったドイツの先制攻撃にさらされる筋立てとなっている。

13　Brian Holden Reid, *J. F. C. Fuller : Military Thinker* (London: Macmillan, 1987), 55, 51, 73.

14　Ibid.; Anthony Trythell, 'Boney' Fuller: The Intellectual General (London: Cassell, 1977); Gat, *Fascist and Liberal Visions of War*.

15　Gat, *Fascist and Liberal Visions of War*, 40-41.

16　J. F. C. Fuller, *The Foundations of the Science of War* (London: Hutchinson, 1925), 47.

17　Ibid., 35.

18　Ibid., 141.

第11章　間接的アプローチ

1　ソンムの戦いがリデルハートにおよぼした影響については、Hew Strachan, " 'The Real War' Liddell Hart, Crutwell, and Falls,"in Brian Bond, ed., *The First World War and British Military History* (Oxford: Clarendon Press, 1991) を参照。

2　John Mearsheimer, *Liddell Hart and the Weight of History* (London: Brassey's, 1988) アザー・ガットは、リデルハートの虚栄心と自己顕示志向を否定することなく、このジョン・ミアシャイマーの批判に反論している。Azar Gat, "Liddell Hart's Theory of Armoured Warfare: Revising the Revisionists," *Journal of Strategic Studies* 19 (1996): 1-30.

3　Gat, *Fascist and Liberal Visions of War*, 146-160.（第10章原注6参照）

4　Basil Liddell Hart, *The Ghost of Napoleon* (London: Faber and Faber, 1933), 125-126.〔邦訳：リデルハート著、石塚栄／山田積昭訳『ナポレオンの亡霊―戦略の誤用が歴史に与えた影響』原書房、1980年〕

5　Christopher Bassford, *Clausewitz in English : The Reception of Clausewitz in Britain and America, 1815-1945* (New York: Oxford University Press, 1994), Chapter 15.

6　Griffiths, *Sun Tzu*, vii.（第4章原注5参照）

7　Alex Danchev, *Alchemist of War: The Life of Basil Liddell Hart* (London: Weidenfeld & Nicolson, 1998)

8　Reid, *J. F. C. Fuller*, 159.（第10章原注13参照）

9　Basil Liddell Hart, *Strategy: The Indirect Approach* (London: Faber and Faber,

3 Mark Clodfelter, *Beneficial Bombing: The Progressive Foundations of American Air Power 1917-1945* (Lincoln : University of Nebraska Press, 2010) を参照。

4 のちに集中爆撃を熱烈に支持するようになった点を考慮すると奇妙な話だが、ドゥーエはもともと無防備な都市への攻撃を検討することさえも非難し、そのような行為を禁止する国際協定の必要性を訴えていた。Thomas Hippler, "Democracy and War in the Strategic Thought of Guilio Douhet," in Hew Strachan and Sibylle Scheipers, eds., *The Changing Character of War* (Oxford: Oxford University Press, 2011), 170を参照。

5 Giulio Douhet, *The Command of the Air,* translated by Dino Ferrari (Washington, DC: Office of Air Force History, 1983) Reprint of 1942 original. 同書のイタリア語原著は同国の戦争省によって1921年に刊行された。第一次世界大戦中はトラブルメーカーとみなされていたドゥーエだが、同書の刊行時には予言者のような人物として称賛され、ファシスト党政権下で短い期間ながら航空委員を務めた。ウィリアム・ミッチェルの主だった主張はWilliam Mitchell, *Winged Defense : The Development and Possibilities of Modern Air Power—Economic and Military* (*New York: G. P. Putnam's Sons,* 1925) に記されている。ジョヴァンニ・カプロニの思想は、ジャーナリストのニーノ・サルヴァネスキが生産設備の攻撃を提唱する目的で1917年に書いた「戦争を終わらせよう、敵の心臓部に狙いを定めよう」と題するパンフレットに描かれている。David MacIsaac, "Voices from the Central Blue: The Airpower Theorists," in Paret, ed., *Makers of Modern Strategy,* 624-647も参照（第6章原注2参照）。

6 Azar Gat, *Fascist and Liberal Visions of War: Fuller, Liddell Hart, Douhet, and Other Modernists* (Oxford: Clarendon Press, 1998)

7 Sir Charles Webster and Noble Frankland, *The Strategic Air Offensive Against Germany,* 4 vols. (London: Her Majesty's Stationery Office, 1961), Vol.4, pp.2, 74.

8 Sir Hugh Dowding, "Employment of the Fighter Command in Home Defence," *Naval War College Review* 45 (Spring 1992): 36. 1937年にイギリス空軍幕僚大学で行った講演の全文を収録したもの。

9 David S. Fadok, "John Boyd and John Warden: Airpower's Quest for Strategic Paralysis," in Col. Phillip S. Meilinger, ed., *Paths of Heaven* (Maxwell Air Force Base, AL: Air University Press, 1997), 382.

10 Douhet, *Command of the Air.*

11 Phillip S. Meilinger, "Giulio Douhet and the Origins of Airpower Theory," in Phillip S. Meilinger, ed., *Paths of Heaven,* 27; Bernard Brodie, "The Heritage of

29　H. J. Mackinder, "The Geographical Pivot of History," *The Geographical Journal* 23 (1904): 421-444.

30　H. J. Mackinder, "Manpower as a Measure of National and Imperial Strength," *National and English Review* 45 (1905): 136-143. Lucian Ashworth, "Realism and the Spirit of 1919: Halford Mackinder, Geopolitics and the Reality of the League of Nations," *European Journal of International Relations* 17, no. 2 (June 2011): 279-301に引用されている。マッキンダーについてはB. W. Blouet, *Halford Mackinder: A Biography* (College Station: Texas A&M University Press, 1987) も参照。

31　H. J. Mackinder *Democratic Ideals and Reality : A Study in the Politics of Reconstruction* (Suffolk: Penguin Books, 1919), 86〔邦訳：ハルフォード・ジョン・マッキンダー著、曽村保信訳『マッキンダーの地政学―デモクラシーの理想と現実』原書房、2008年〕; Geoffrey Sloan, "Sir Halford J. Mackinder: The Heartland Theory Then and Now," *Journal of Strategic Studies* 22, 2-3 (1999): 15-38.〔邦訳「ハルフォード・マッキンダー卿―ハートランド理論の流れ」はコリン・グレイ／ジェフリー・スローン著、奥山真司訳『進化する地政学―陸、海、空そして宇宙へ』五月書房、2009年に収録されている〕

32　Mackinder, *Democratic Ideals and Reality,* 194.

33　Mackinder, "The Geographical Pivot of History," 437.

34　Ola Tunander, "Swedish-German Geopolitics for a New Century. Rudolf Kjellen's 'The State as a Living Organism,'" *Review of International Studies* 27, 3 (2001): 451-463.

35　こうした風潮の結果、物理的環境の戦略への影響を考察しようとするアプローチも信頼を失った。この点について、とりわけ強く嘆いた書はColin Gray, *The Geopolitics of Super Power* (Lexington: University Press of Kentucky, 1988)。Colin Gray, "In Defence of the Heartland: Sir Halford Mackinder and His Critics a Hundred Years On," *Comparative Strategy* 23, no.1 (2004): 9-25も参照。

第10章　頭脳と腕力

1　イザベル・ハルは、このような行為が植民地戦争の時代に築かれた無鉄砲で無神経な軍事文化に起因すると論じている。Isabel V. Hull, *Absolute Destruction : Military Culture and the Practices of War in Imperial Germany* (Ithaca, NY: Cornell University Press, 2005)

2　Craig, "Delbruck: The Military Historian," 348.（第9章原注1参照）

力史論』東邦協会、1900年〕が挙げられる。

16 Mahan, *The Influence of Sea Power Upon the French Revolution and Empire*, 400-402.

17 Jon Tetsuro Sumida, *Inventing Grand Strategy and Teaching Command: The Classic Works of Alfred Thayer Mahan Reconsidered* (Washington, DC : Woodrow Wilson Center Press, 1999)

18 Robert Seager, *Alfred Thayer Mahan : The Man and His Letters* (Annapolis: U. S. Naval Institute Press, 1977) Dirk Boker, *Militarism in a Global Age : Naval Ambitions in Germany and the United States Before World War I* (Ithaca, NY : Cornell University Press, 2012), 103-104も参照。

19 Alfred Mahan, *Naval Strategy Compared and Contrasted with the Principles and Practice of Military Operations on Land: Lectures Delivered at U.S. Naval War College, Newport, R.I., Between the Years 1887 and 1911* (Boston: Little, Brown, and Company, 1911), 6-8.〔邦訳は『海軍戦略』の題名で複数刊行されている〕

20 Mahan, *The Influence of Sea Power Upon the French Revolution,* v.vi.

21 Seager, *Alfred Thayer Mahan*, 546.この「最も出来の悪い本」とは、*Naval Strategy Compared and Contrasted*のこと。

22 Boker, *Militarism in a Global Age*, 104-107.

23 Liam Cleaver, "The Pen Behind the Fleet : The Influence of Sir Julian Stafford Corbett on British Naval Development, 1898-1918," *Comparative Strategy* 14 (January 1995), 52-53に引用されている。

24 Barry M. Gough, "Maritime Strategy: The Legacies of Mahan and Corbett as Philosophers of Sea Power," *The RUSI Journal* 133, no.4 (December 1988): 55-62.

25 Donald M. Schurman, *Julian S. Corbett, 1854-1922* (London : Royal Historical Society, 1981), 54. Eric Grove, "Introduction," in Julian Corbett, *Some Principles of Maritime Strategy* (Annapolis: U.S. Naval Institute Press, 1988) も参照。このコーベットの著作が最初に出版されたのは1911年。注釈つきの1988年版には1909年に書かれた"The Green Pamphlet"も収録されている。Gat, *The Development of Military Thought:* も参照。

26 コーベットとクラウゼヴィッツの関係についてはChapter 18 of Michael Handel, *Masters of War: Classical Strategic Thought* (London: Frank Cass, 2001)を参照。

27 Corbett, *Some Principles*, 62-63.

28 Ibid., 16, 91, 25, 152, 160.

Oxford University Press, 2010), 78-79.

5 David Herbert Donald, Lincoln (New York: Simon and Schuster, 1995), 389, 499; Stoker, *The Grand Design*, 229-230.

6 Stoker, *The Grand Design*, 405.

7 Weigley, "American Strategy," 432-433.

8 Stoker, *The Grand Design*, 232.

9 Gat, *The Development of Military Thought*, 144-145.

10 Ardant du Picq, "Battle Studies," in Curtis Brown, ed., *Roots of Strategy*, Book 2 (Harrisburg, PA : Stackpole Books, 1987), 153; Robert A. Nye, *The Origins of Crowd Psychology : Gustave Le Bon and the Crisis of Mass Democracy in the Third Republic* (London: Sage, 1974)

11 Rothenberg, "Moltke, Schlieffen, and the Doctrine of Strategic Envelopment,"312. (第8章原注13参照)

12 シュリーフェン計画をめぐる議論は主にWar in History誌で繰り広げられてきた。テレンス・ツーバーは、他の歴史家がその持論を強く疑問視する孤立無援の状況下で、シュリーフェン計画は存在しなかったという主張を精力的に唱えてきた。Terence Zuber, "The Schlieffen Plan Reconsidered," *War in History* VI (1999): 262-305. その詳細については著書*Inventing the Schlieffen Plan* (Oxford: Oxford University Press, 2003) を参照。ツーバーの説への反響については以下を参照。Terence Holmes, "The Reluctant March on Paris : A Reply to Terence Zuber's 'The Schlieffen Plan Reconsidered,'" *War in History* VIII (2001): 208-232. A. Mombauer, "Of War Plan and War Guilt: The Debate Surrounding the Schlieffen Plan," *Journal of Strategic Studies* XXVIII (2005): 857-858; R. T. Foley, "The Real Schlieffen Plan," *War in History* XIII (2006): 91-115; Gerhard P. Gros, "There Was a Schlieffen Plan: New Sources on the History of German Military Planning," *War in History* XV (2008): 389-431.

13 Foley, "The Real Schlieffen Plan," 109 に引用されている。

14 Hew Strachan, "Strategy and Contingency," *International Affairs* 87, no. 6 (2011): 1290.

15 マハンは50歳になってから本格的に執筆活動を始め、20冊弱の本と数多くの小論を著した。とくに重要な著作として、*The Influence of Sea Power Upon History, 1660-1783* (Boston: Little, Brown, and Company, 1890)〔邦訳は『海上権力史論』の題名で複数刊行されている〕と*The Influence of Sea Power Upon the French Revolution and Empire, 1793-1812* (Boston: Little, Brown, and Company, 1892)〔邦訳：マハン著、水交社訳『仏国革命時代海上権

8 Ibid., 688.

9 Lieven, *Russia Against Napoleon*, 527.(第6章原注13参照)

10 Berlin, *The Hedgehog and the Fox*, 20.

11 Gary Saul Morson, "War and Peace," in Donna Tussing Orwin, ed., *The Cambridge Companion to Tolstoy* (Cambridge, UK : Cambridge University Press, 2002), 65-79.

12 Michael D. Krause,"Moltke and the Origins of the Operational Level of War," in Michael D. Krause and R. Cody Phillip, eds., *Historical Perspectives of the Operational Art* (Center of Military History, United States Army, Washington, DC, 2005), 118, 130.

13 Gunther E. Rothenberg, "Moltke, Schlieffen, and the Doctrine of Strategic Envelopment," in Paret, ed., *Makers of Modern Strategy,* 298.(第6章原注2参照)

14 Helmuth von Moltke, "Doctrines of War," in Lawrence Freedman, ed., *War* (Oxford: Oxford University Press, 1994), 220-221.

15 Echevarria, *Clausewitz and Contemporary War*, p.142.(第7章原注18参照)

16 Hajo Holborn, "The Prusso-German School: Moltke and the Rise of the General Staff," in Paret, ed., *Makers of Modern Strategy*, 288.

17 Rothenberg, "Moltke, Schlieffen, and the Doctrine of Strategic Envelopment," 305.

18 John Stone, *Military Strategy : The Politics and Technique of War* (London: Continuum, 2011), 43-47.

19 Krause, "Moltke and the Origins of the Operational Level of War," 142.

20 Walter Goerlitz, *The German General Staff* (New York: Praeger, 1953), 92. Justin Kelly and Mike Brennan, *Alien: How Operational Art Devoured Strategy* (Carlisle, PA: US Army War College, 2009), 24 に引用されている。

第9章 殲滅戦略か、消耗戦略か

1 Gordon Craig, "Delbruck: The Military Historian," in Paret, ed., *Makers of Modern Strategy,* 326-353.(第6章原注2参照)

2 Azar Gat, *The Development of Military Thought : The Nineteenth Century* (Oxford:Clarendon Press, 1992), 106-107.

3 Russell F. Weigley, "American Strategy from Its Beginnings through the First World War," in Paret, ed., *Makers of Modern Strategy*, 415 に引用されているマハンの言葉。

4 Donald Stoker, *The Grand Design: Strategy and the U.S. Civil War* (New York:

Thought," *Naval War College Review* LVI, no.1 (Winter 2003): 108-123.

29 Clausewitz, *On War,* Book 8, Chapter 6, 603. Hugh Smith,"The Womb of War: Clausewitz and International Politics", *Review of International Stadies* 16 (1990) も参照。

30 Clausewitz, *On War,* Book 8, Chapter 9, 617-637.

31 Strachan, *Clausewitz's On War,* 163.

32 "Clausewitz, unfinished note, presumably written in 1830," in *On War,*71. これが書かれた年は、現在では1827年とされている。Clifford J. Rogers, "Clausewitz, Genius, and the Rules," *The Journal of Military History* 66 (October 2002): 1167-1176も参照。

33 Clausewitz, *On War,* Book 1, Chapter 1, 87.

34 Ibid., Book 1, Chapter 1, 81.

35 Strachan, *Clausewitz's On War,* 179.

36 Brian Bond, *The Pursuit of Victory: From Napoleon to Saddam Hussein* (Oxford : Oxford University Press, 1996), 47.〔邦訳：ブライアン・ボンド著、川村康之訳『戦史に学ぶ勝利の追求―ナポレオンからサダム・フセインまで』東洋書林、2000年〕

第８章 欺瞞の科学

1 Michael Howard, *War and the Liberal Conscience* (London : Maurice Temple Smith, 1978), 37-42.

2 Ibid., 48-49に引用されている。

3 Clausewitz, *On War,* Book 1, Chapter 2, 90. Thomas Waldman, *War, Clausewitz and the Trinity* (London: Ashgate, 2012), Chapter 6も参照。

4 Leo Tolstoy, *War and Peace,* translated by Louise and Aylmer Maude (Oxford: Oxford University Press, 1983), 829.〔『戦争と平和』の邦訳は数多く刊行されている〕

5 Isaiah Berlin, *The Hedgehog and the Fox* (Chicago: Ivan Dee, 1978)〔邦訳：アイザイア・バーリン著、河合秀和訳『ハリネズミと狐 ―「戦争と平和」の歴史哲学』岩波書店、1997年〕同書の最も印象的な要素である書名は、ギリシャの詩人アルキロコスの「キツネはたくさんのことを知っているが、ハリネズミは大きなことを一つだけ知っている」という詩句に由来する。

6 W. Gallie, *Philosophers of Peace and War : Kant, Clausewitz, Marx, Engels and Tolstoy* (Cambridge, UK : Cambridge University Press, 1978), 114.

7 Tolstoy, *War and Peace,* 1285.

を参照（第6章原注5参照）。クラウゼヴィッツがおよぼした影響についてはBeatrice Heuser, *Reading Clausewitz* (London : Pimlico, 2002) を参照。

16 Christopher Bassford, "The Primacy of Policy and the 'Trinity' in Clausewitz's Mature Thought," in Hew Strachan and Andreas Herberg-Rothe, eds., *Clausewitz in the Twenty-First Century* (Oxford : Oxford University Press, 2007), 74-90; Christopher Bassford, "The Strange Persistence of Trinitarian Warfare," in Ralph Rotte and Christoph Schwarz, eds., *War and Strategy* (New York: Nova Science, 2011), 45-54.

17 Clausewitz, *On War,* Book 1, Chapter 1, 89.

18 Antulio Echevarria, *Clausewitz and Contemporary War* (Oxford : Oxford University Press, 2007), 96.

19 *On War,* Book 1, Chapter 7, 119-120.

20 Ibid., Book 3, Chapter 7, 177.

21 テレンス・ホームズはこうした計画重視の姿勢を取り上げて、クラウゼヴィッツが混乱と不測の事態という考えに固執しているという見方に反論している。重要なのは、混乱や不測の事態が起きる可能性が将官にとっての難題となる点だ。このため、クラウゼヴィッツは慎重な戦略を訴えた。ホームズは計画が頓挫しうる理由を挙げ、そのなかでも敵の動きを正確に予測できないことが最も重要だと指摘している。また当初の計画がうまくいかなかった場合には新しい計画が必要になると説いている。クラウゼヴィッツがあらゆる計画を否定したという主張には、反論するまでもない。当時の大規模軍隊にともなう兵站面、指令面の問題を勘案すれば、計画が必要なのは明らかだからだ。戦略上の課題は、摩擦や予期せぬ敵の問題を考慮した（ただし、解決するとはかぎらない）計画を立てることにあったとみるほうが妥当である。Terence Holmes, "Planning versus Chaos in Clausewitz's On War," *The Journal of Strategic Studies* 30, no. 1 (2007): 129-151を参照。

22 *On War,* Book 2, Chapter 1, 128, Book 3, Chapter 1, 177.

23 Ibid., Book 1, Chapter 6, 117-118.

24 Paret, "Clausewitz," in *Makers of Modern Strategy,* 203.

25 *On War,* Book 1, Chapter 7, 120.

26 Ibid., Book 5, Chapter 3, 282 ; Book 3, Chapter 8, 195; Chapter 10, 202-203 ; Book 7, Chapter 22, 566, 572.

27 Ibid., Book 6, Chapter 1, 357 ; Chapter 2, 360; Chapter 5, 370.

28 Clausewitz, *On War,* Book 6, Chapter 27, 485; Book 8, Chapter4, 596. Antulio J. Echevarria II, "Clausewitz's Center of Gravity : It's Not What We

Peter Paret (Princeton, NJ: Princeton University Press, 1976), Book IV, Chapter 12, 267.〔『戦争論』の邦訳は数多く刊行されている〕

3 Gat, *The Origins of Military Thought.*（第6章原注5参照）

4 John Shy,"Jomini," in Paret et al., *Makers of Modern Strategy*, 143-185.（第6章原注2参照）

5 Antoine Henri de Jomini, *The Art of War* (London : Greenhill Books, 1992)〔邦訳：アントワーヌ・アンリ ジョミニ著、佐藤徳太郎訳『戦争概論』中央公論新社、2001年〕

6 "Jomini and the Classical Tradition in Military Thought," in Howard, *Studies in War & Peace*, 31.（第6章原注9参照）

7 Jomini, *The Art of War*, 69.

8 Shy, "Jomini," 152, 157, 160, 146.

9 Gat, *The Origins of Military Thought*, 114, 122.

10 二人の関係を知るうえで役立つ議論については以下を参照。Christopher Bassford, "Jomini and Clausewitz: Their Interaction," February 1993, http://www.clausewitz.com/readings/Bassford/Jomini/JOMINIX.htm.

11 Clausewitz, *On War*, 136.

12 Hew Strachan,"Strategy and Contingency," *International Affairs* 87, no.6 (2011): 1289.

13 Martin Kitchen, "The Political History of Clausewitz," *Journal of Strategic Studies* 11, vol.1 (March 1988): 27-30.

14 B. H. Liddell Hart, *Strategy : The Indirect Approach* (London : Faber and Faber, 1968)〔邦訳：B・H・リデルハート著、市川良一訳『リデルハート戦略論 間接的アプローチ〈上〉、〈下〉』原書房、2010年〕; Martin van Creveld, *The Transformation of War* (New York : The Free Press, 1991)〔邦訳：マーチン・ファン・クレフェルト著、石津朋之監訳『戦争の変遷』原書房、2011年 〕; John Keegan, *A History of Warfare* (London: Hutchinson, 1993)〔邦訳：ジョン・キーガン著、遠藤利国訳『戦略の歴史―抹殺・征服技術の変遷 石器時代からサダム・フセインまで』心交社、1997年〕

15 Jan Willem Honig,"Clausewitz's On War : Problems of Text and Translation," in Hew Strachan and Andrews Herberg-Rothe, eds., *Clausewitz in the Twenty-First Century* (Oxford: Oxford University Press, 2007), 57-73. 経歴については以下を参照。Paret, *Clausewitz and the State*（第6章原注10参照）; Michael Howard, *Clausewitz* (Oxford : Oxford University Press, 1983); Hew Strachan, *Clausewitz's On War : A Biography* (New York : Grove/Atlantic Press, 2008) 思想の歴史的経緯についてはGat, *A History of Military Thought*

Machiavelli to Clausewitz (Santa Barbara, CA : Praeger, 2009), 1-2; Beatrice Heuser, *The Evolution of Strategy* (Cambridge, UK : Cambridge University Press, 2010), 4-5.

5　Azar Gat, *The Origins of Military Thought: From the Enlightenment to Clausewitz* (Oxford: Oxford University Press, 1989), Chapter 2. Palmer, "Frederick the Great, Guibert, Bulow: From Dynastic to National War"も参照。

6　Palmer,"Frederick the Great," 107.

7　Heuser, The Strategy Makers, 3; Hew Strachan,"The Lost Meaning of Strategy," *Survival* 47, no. 3 (August 2005): 35; J-P. Charnay in Andre Corvisier, ed., *A Dictionary of Military History and the Art of War*, English edition edited by John Childs (Oxford: Blackwell, 1994), 769.

8　定義はすべてthe Oxford English Dictionaryからの引用。

9　"The History of the Late War in Germany" (1766) より。Michael Howard, *Studies in War & Peace* (London: Temple Smith, 1970), 21 に引用されている。

10　Peter Paret, *Clausewitz and the State : The Man, His Theories and His Times* (Princeton, NJ : Princeton University Press, 1983), 91.〔邦訳：ピーター・パレット著、白須英子訳『クラウゼヴィッツ―「戦争論」の誕生』中央公論社、1988年〕

11　Whitman, *The Verdict of Battle*, 155. "The Instruction of Frederick the Great for His Generals, 1747"は*Roots of Strategy : The 5 Greatest Military Classics of All Time* (Harrisburg, PA: Stackpole Books, 1985) に収録されている。

12　*Napoleon's Military Maxims*, edited and annotated by William E. Cairnes (New York : Dover Publications, 2004)

13　Dominic Lieven, *Russia Against Napoleon : The Battle for Europe 1807-1814* (London: Allen Lane, 2009), 131に引用されているピョートル・チュイケビチ少将の言葉。

14　Lieven, *Russia Against Napoleon*, 198.

15　Alexander Mikaberidze, *The Battle of Borodino : Napoleon Against Kutuzov* (London: Pen & Sword, 2007), 161, 162.

第7章　クラウゼヴィッツ

1　Carl von Clausewitz, *The Campaign of 1812 in Russia* (London : Greenhill Books, 1992), 184.〔邦訳：カール・フォン・クラウゼヴィッツ著、外山卯三郎訳『ナポレオンのモスクワ遠征』原書房、1982年〕

2　Carl von Clausewitz, *On War*, edited and translated by Michael Howard and

12 Milton, *Paradise Lost,* VI, 701-703, 741, 787, 813.

13 Ibid., I, 124, 258-259, 263, 159-160.

14 Antony Jay, *Management and Machiavelli* (London: Penguin Books, 1967), 27.〔邦訳：アントニー・ジェイ著、住野喜正訳『マキアヴェリ的経営論』河出書房新社、1969年〕

15 Milton, *Paradise Lost,* II, 60-62, 129-130, 190-91, 208-211, 239-244, 269-273, 296-298, 284-286, 379-380, 345-348, 354-358.

16 Ibid., IX, 465-475, 1149-1152, IV, 375-378.

17 Ibid., XII, 537-551, 569-570.

18 Barbara Kiefer Lewalski, "Paradise Lost and Milton's Politics," in Evans, ed., *John Milton,* 150.

19 Barbara Riebling, "Milton on Machiavelli: Representations of the State in Paradise Lost," *Renaissance Quarterly* 49, no.3 (Autumn, 1996): 573-597.

20 Carey, "Milton's Satan," 165.

21 Hobbes, *Leviathan,* I. xiii.〔邦訳：ホッブス著、永井道雄／上田邦義訳『リヴァイアサンＩ』中央公論新社、2009年など〕

22 Charles Edelman, *Shakespeare's Military Language: A Dictionary* (London: Athlone Press, 2000), 343.

23 *A Dictionary of the English Language: A Digital Edition of the 1755 Classic by Samuel Johnson,* edited by Brandi Besalke, http://johnsonsdictionaryonline.com/.

第II部　力の戦略

第6章　新たな戦略の科学

1 Martin van Creveld, *Command in War* (Harvard, MA : Harvard University Press, 1985), 18.

2 R. R. Palmer, "Frederick the Great, Guibert, Bulow: From Dynastic to National War," in Peter Paret, Gordon A. Craig, and Felix Gilbert, eds., *Makers of Modern Strategy: From Machiavelli to the Nuclear Age* (Princeton, NJ : Princeton University Press, 1986), 91.〔邦訳：ピーター・パレット編、防衛大学校戦争・戦略の変遷研究会訳『現代戦略思想の系譜―マキャヴェリから核時代まで』ダイヤモンド社、1989年〕

3 Edward Luttwak, *Strategy* (Harvard: Harvard University Press, 1987), 239-240.〔邦訳：エドワード・ルトワック著、武田康裕／塚本勝也訳『エドワード・ルトワックの戦略論』毎日新聞社、2014年〕

4 Beatrice Heuser, *The Strategy Makers: Thoughts on War and Society from*

University of Chicago Press, 2003), 97-98.〔邦訳は『戦術論』『戦争の技術』の題で複数、刊行されている〕この英訳版におけるLynchの編者解説と、Felix Gilbert,"Machiavelli: The Renaissance of the Art of War,"in Peter Paret, ed., *Makers of Modern Strategy* (Princeton, NJ: Princeton University Press, 1986) も参照。〔邦訳：ピーター・パレット編、防衛大学校戦争・戦略の変遷研究会訳『現代戦略思想の系譜─マキャヴェリから核時代まで』ダイヤモンド社、1989年〕

20 Niccolo Machiavelli, *The Prince*, translated and with an introduction by George Bull (London : Penguin Books, 1961), 96.〔『君主論』の邦訳は数多く刊行されている〕

21 Ibid., 99-101.

22 Ibid., 66.

第5章 サタンの戦略

1 Dennis Danielson, "Milton's Arminianism and Paradise Lost," in J. Martin Evans, ed., *John Milton: Twentieth-Century Perspectives* (London: Routledge, 2002), 127.

2 John Milton, *Paradise Lost*, edited by Gordon Tesket (New York: W. W. Norton & Company, 2005), III, 98-99.〔邦訳は『失楽園』『楽園の喪失』などの題で数多く刊行されている〕

3 Job 1:7.〔ヨブ記1章7節〕

4 John Carey, "Milton's Satan," in Dennis Danielson, ed., *The Cambridge Companion to Milton* (Cambridge, UK: Cambridge University Press, 1999), 160-174.

5 Revelation 12:7-9.〔ヨハネの黙示録12章7－9節〕

6 William Blake, *The Marriage of Heaven and Hell* (1790-1793)〔邦訳：ウィリアム・ブレイク著、池下幹彦訳『天国と地獄の結婚』近代文芸社、1992年など〕

7 Milton, *Paradise* Lost, I, 645-647.

8 Gary D. Hamilton, "Milton's Defensive God: A Reappraisal," *Studies in Philosophy* 69, no.1 (January 1972): 87-100.

9 Victoria Ann Kahn, *Machiavellian Rhetoric : From Counter-Reformation to Milton* (Princeton, NJ : Princeton University Press, 1994), 209.

10 Milton, *Paradise Lost*, V, 787-788, 794-802.

11 Amy Boesky, "Milton's Heaven and the Model of the English Utopia," *Studies in English Literature*, 1500-1900 36, no. 1 (Winter 1996): 91-110.

7　Francois Jullien, *Detour and Access: Strategies of Meaning in China and Greece,* translated by Sophie Hawkes (New York: Zone Books, 2004), 35, 49-50.

8　Victor Davis Hanson, *The Western Way of War : Infantry Battle in Classical Greece* (New York: Alfred Knopf, 1989)

9　こうした批判の総括として、ジェレミー・ブラックは以下のジョン・リンの言葉を同意を得たうえで引用している。「西洋の戦争流儀が2500年にわたり、なんの変節もなく広がっていったという主張は、事実ではなく幻想だ。西洋の戦闘と文化全般を包括的に説明できる理論は存在しない」。引用元：J. A. Lynn, *Battle* (Boulder, CO: Westview Press, 2003), 25、引用先：Jeremy Black, "Determinisms and Other Issues," *The Journal of Military History* 68, no.1 (October 2004): 217-232.

10　Beatrice Heuser, *The Evolution of Strategy* (Cambridge, UK: Cambridge University Press, 2010), 89-90.

11　Michael D. Reeve, ed., *Epitoma rei militaris,* Oxford Medieval Texts (Oxford : Oxford University Press, 2004) もう少し古い英訳は*Roots of Strategy : The 5 Greatest Military Classics of All Time* (Harrisburg, PA: Stackpole Books, 1985)で読める。

12　Clifford J. Rogers,"The Vegetian'Science of Warfare'in the Middle Ages," *Journal of Medieval Military History* 1 (2003): 1-19; Stephen Morillo,"Battle Seeking: The Contexts and Limits of Vegetian Strategy," *Journal of Medieval Military History* 1 (2003): 21-41; John Gillingham,"Up with Orthodoxy : In Defense of Vegetian Warfare,"*Journal of Medieval Military History* 2 (2004): 149-158.

13　Heuser, *Evolution of Srategy*, 93.

14　Anne Curry,"The Hundred Years War, 1337-1453,"in John Andreas Olsen and Colin Gray, eds., *The Practice of Strategy: From Alexander the Great to the Present* (Oxford: Oxford University Press, 2011), 100.

15　Jan Willem Honig,"Reappraising Late Medieval Strategy : The Example of the 1415 Agincourt Campaign," *War in History* 19, no.2 (2012): 123-151.

16　James Q. Whitman, *The Verdict of Battle: The Law of Victory and the Making of Modern War* (Cambridge, MA: Harvard University Press, 2012)

17　William Shakespeare, *Henry VI*, Part 3, 3.2.〔ウィリアム・シェイクスピア著『ヘンリー六世』第3幕第2場、邦訳は数多く刊行されている〕

18　Victoria Kahn, *Machiavellian Rhetoric: From the Counter-Reformation to Milton* (Princeton, NJ: Princeton University Press, 1994), 40.

19　Niccolo Machiavelli, *Art of War*, edited by Christopher Lynch (Chicago:

Philosophy (Cambridge: Cambridge University Press, 1995), 14. 以下も参照。Hakan Tell, *Plato's Counterfeit Sophists* (Harvard University: Center for Hellenic Studies, 2011); Nathan Crick, "The Sophistical Attitude and the Invention of Rhetoric," *Quarterly Journal of Speech* 96:1 (2010), 25-45; Robert Wallace, "Plato's Sophists, Intellectual History after 450, and Sokrates," in *The Cambridge Companion to the Age of Pericles*, edited by Loren J. Samons II (Cambridge, UK: Cambridge University Press, 2007), 215-237.

35 Karl Popper, *The Open Society and Its Enemies*, Vol.1 : *The Spell of Plato* (London: Routledge, 1945)〔邦訳：カール・ライムント・ポパー著、内田詔夫／小河原誠訳『開かれた社会とその敵 第1部 プラトンの呪文』未来社、1980年〕

36 Book 3 of The Republic, 414b-c.〔邦訳：プラトン著、藤沢令夫訳『国家(上)』岩波書店など〕Malcolm Schofield, "The Noble Lie," in *The Cambridge Companion to Plato's Republic*, edited by G. R. Ferrari (Cambridge, UK: Cambridge University Press, 2007), 138-164.

第４章　孫子とマキャベリ

1 Everett L. Wheeler, *Stratagem and the Vocabulary of Military Trickery. Mnemoseyne supplement* 108 (New York: Brill, 1988), 24における引用。

2 Ibid., 14-15.

3 http://penelope.uchicago.edu/Thayer/E/Roman/Texts/Frontinus/Strategemata/home.html.

4 Lisa Raphals, *Knowing Words : Wisdom and Cunning in the Classical Tradition of China and Greece* (Ithaca, NY: Cornell University Press, 1992), 20.

5 1910年に発表されたライオネル・ジャイルズ（Lionel Giles）による孫子の最初の英訳は現在も定番である。1963年のサミュエル・グリフィス(Samuel Griffith）による英訳（New York: Oxford University Press, 1963)は、同時代のアジア諸国の戦争への取り組みと結びつけられたことから、同書が世に広まるのを後押しした。〔邦訳：サミュエル・ブレア・グリフィス著、漆嶋稔訳『孫子 戦争の技術』日経BP社、2014年〕1970年代には新たな資料によって、より完成度の高い英訳が可能となった。ジャイルズの英訳はhttp://www.gutenberg.org/etext/132で閲覧できる。より新しい英訳と孫子に関する議論についてはhttp://www.sonshi.comを参照。〔日本では邦訳と関連書籍が数多く刊行されている〕

6 Jan Willem Honig, Introduction to *Sun Tzu, The Art of War*, translation and commentary by Lionel Giles (New York: Barnes & Noble, 2012), xxi.

17 Ibid., 1.23.5-6.

18 Arthur M. Eckstein, "Thucydides, the Outbreak of the Peloponnesian War, and the Foundation of International Systems Theory," *The International History Review* 25 (December 4, 2003), 757-774.

19 Thucydides, 1.139-145: 80-86.

20 Donald Kagan, *Thucydides: The Reinvention of History* (New York : Viking, 2009), 56-57.

21 Thucydides, 1.71.

22 Ibid., 1.139.

23 Ibid., 1.140.

24 Richard Ned Lebow, "Play It Again Pericles: Agents, Structures and the Peloponnesian War,"*European Journal of International Relations* 2 (1996), 242.

25 Thucydides, 1.33.

26 Donald Kagan, *Pericles of Athens and the Birth of Democracy* (New York: Free Press, 1991)

27 Sam Leith, *You Talkin' To Me? Rhetoric from Aristotle to Obama* (London: Profile Books, 2011), 18.〔邦訳：サム・リース著、松下祥子訳『レトリックの話 話のレトリック―アリストテレス修辞学から大統領スピーチまで』論創社、2014年〕

28 Michael Gagarin and Paul Woodruff, "The Sophists,"in Patricia Curd and Daniel W. Graham, eds., *The Oxford Handbook of Presocratic Philosophy* (Oxford : Oxford University Press, 2008), 365-382; W. K. C. Guthrie, *The Sophists* (Cambridge, UK: Cambridge University Press, 1971); G. B. Kerferd, *The Sophistic Movement* (Cambridge, UK: Cambridge University Press, 1981); Thomas J. Johnson, "The Idea of Power Politics : The Sophistic Foundations of Realism," *Security Studies* 5:2, 1995, 194-247.

29 Adam Milman Parry, *Logos and Ergon in Thucydides* (Salem: New Hampshire : The Ayer Company,1981), 121-122, 182-183.

30 Thucydides, 3.43.

31 Gerald Mara, "Thucydides and Political Thought," *The Cambridge Companion to Ancient Greek Political Thought,* edited by Stephen Salkever (Cambridge, UK : Cambridge University Press, 2009), 116-118. Thucydides, 3.35-50.

32 Thucydides, 3.82.

33 Michael Gagarin, "Did the Sophists Aim to Persuade?" *Rhetorica* 19 (2001), 289.

34 Andrea Wilson Nightingale, *Genres in Dialogue: Plato and the Construct of*

3 Homer, *The Iliad*, translated by Stephen Mitchell (London : Weidenfeld & Nicolson, 2011), Chapter IX.310-311, Chapter IX.346-352, Chapter XVIII.243-314, Chapter XXII.226-240.〔ホメーロス著『イーリアス』の邦訳は数多く刊行されている〕

4 Jenny Strauss Clay, *The Wrath of Athena: Gods and Men in the Odyssey* (New York: Rowman & Littlefield, 1983), 96.

5 ウーティス（Outis）の「ou」は「me」に置き換え可能なため、この言葉は言語学上、メーティス（mētis）と同義である。

6 *The Odyssey*, Book 9.405-414.

7 http://en.wikisource.org/wiki/Philoctetes.txt.

8 W. B. Stanford, *The Ulysses Theme : A Study in the Adaptability of the Traditional Hero* (Oxford : Basil Blackwell, 1954), 24.

9 Jeffrey Barnouw, *Odysseus, Hero of Practical Intelligence : Deliberation and Signs in Homer's Odyssey* (New York: University Press of America, 2004), 2-3, 33.

10 Marcel Detienne and Jean-Pierre Vernant, *Cunning Intelligence in Greek Culture and Society*, translated from French by Janet Lloyd (Sussex: The Harvester Press, 1978), 13-14, 44-45.

11 Barbara Tuchman, T*he March of Folly: From Troy to Vietnam* (London : Michael Joseph, 1984), 46-49.〔邦訳：バーバラ・W・タックマン著、大社淑子訳『愚行の世界史（上）―トロイアからベトナムまで』中央公論新社、2009年〕

12 ストラテーゴイ（stratēgoi）は複数形。単数形のストラテーゴス（stratēgos）という言葉は、「野営を張った軍隊」を意味するストラトス（stratos）と「導く」を意味するアゲイン（agein）が組み合わさった複合語である。

13 Thucydides, *The History of the Peloponnesian War*, translated by Rex Warner (London: Penguin Classics, 1972), 5-26.〔邦訳は『戦史』『歴史』の題で複数刊行されている〕

14 現代リアリズム理論において、トゥキュディデスがどの程度、リアリストとみなされているかについては、以下の文献で批判的に論じられている。Jonathan Monten, "Thucydides and Modern Realism," *International Studies Quarterly* (2006) 50, 3-25, and David Welch, "Why International Relations Theorists Should Stop Reading Thucydides," *Review of International Studies* 29 (2003), 301-319.

15 Thucydides, 1.75-76.

16 Ibid., 5.89.

史監訳、歴史と戦争研究会訳『文明と戦争（上）』中央公論新社、2012年〕

13　これらの社会が比較的単純である点を考慮すると、そのなかにおける社会的な動き（欺き行為を含む）は、より複雑な人間社会の場合ほど労力を必要としないであろう。Kim Sterelny, "Social Intelligence, Human Intelligence and Niche Construction," *Philosophical Transactions of The Royal Society* 362, no.1480（2007）: 719-730.

第２章　戦略の起源２：旧約聖書

1　Steven Brams, *Biblical Games: Game Theory and the Hebrew Bible* (Cambridge, MA : The MIT Press, 2003)〔邦訳：スティーブン・J・ブラムス著、川越敏司訳『旧約聖書のゲーム理論―ゲーム・プレーヤーとしての神』東洋経済新報社、2006年〕

2　Ibid., 12.

3　Genesis 2:22, 23.〔創世記2章22－23節〕。本文中の聖書の引用文はすべて欽定訳聖書（the King James Version）に基づいている。

4　Genesis 2:16,17; 3:16,17.〔創世記2章16－17節、3章16－17節〕

5　Diana Lipton, *Longing for Egypt and Other Unexpected Biblical Tales,* Hebrew Bible Monographs 15 (Sheffield: Sheffield Phoenix Press, 2008)

6　Exodus 9:13-17.〔出エジプト記9章13－17節〕

7　Exodus 7:3-4.〔出エジプト記7章3－4節〕

8　Exodus 10:1-2.〔出エジプト記10章1－2節〕

9　Chaim Herzog and Mordechai Gichon, *Battles of the Bible,* revised ed. (London: Greenhill Books, 1997), 45.

10　Joshua 9:1-26.〔ヨシュア記9章1－26節〕

11　Judges 6-8.〔士師記6－8章〕

12　1 Samuel 17.〔サムエル記（上）17章〕

13　Susan Niditch, *War in the Hebrew Bible : A Study in the Ethics of Violence*（New York: Oxford University Press, 1993), 110-111.

第３章　戦略の起源３：古代ギリシャ

1　Homer, *The Odyssey,* translated by M. Hammond (London: Duckworth, 2000), Book 9.19-20, Book 13.297-9.〔ホメーロス著『オデュッセイア』の邦訳は数多く刊行されている〕

2　Virgil, *The Aeneid* (London: Penguin Classics, 2003)〔ウェルギリウス著『アエネーイス』の邦訳は数多く刊行されている〕

トリピエリ著、木村光伸訳『マキャベリアンのサル』青灯社、2010年〕も参照。

4 Richard Byrne and Nadia Corp, "Neocortex Size Predicts Deception Rate in Primates," *Proceedings of the Royal Society of London* 271, no.1549 (August 2004): 1693-1699.

5 Richard Byrne and A. Whiten, eds., *Machiavellian Intelligence : Social Expertise and the Evolution of Intellect in Monkeys, Apes and Humans* (Oxford : Clarendon Press, 1988); *Machiavellian Intelligence II : Extensions and Evaluations* (Cambridge : Cambridge University Press, 1997)〔邦訳：リチャード・バーン／アンドリュー・ホワイトゥン編、藤田和生／山下博志／友永雅己監訳『マキャベリ的知性と心の理論の進化論―ヒトはなぜ賢くなったか』、アンドリュー・ホワイトゥン／リチャード・W・バーン編、友永雅己／小田亮／平田聡／藤田和生監訳『マキャベリ的知性と心の理論の進化論II―新たなる展開』ともにナカニシヤ出版、2004年〕。この概念はしばしばニコラス・ハンフリーが唱えた「知性の社会的機能」を基盤にしているとされ る。Nicholas Humphrey, "The Social Function of Intellect," in P. P. G. Bateson and R. A. Hinde, eds. *Growing Points in Ethology*, 303-317 (Cambridge: Cambridge University Press, 1976) 参照。

6 Bert Hölldobler and Edward O. Wilson, *Journey to the Ants : A Story of Scientific Exploration* (Cambridge, MA : Harvard University Press, 1994), 59.〔邦訳：バート・ヘルドブラー／エドワード・O・ウィルソン著、辻和希／松本忠夫訳『蟻の自然誌』朝日新聞社、1997年〕。Bradley Thayer, *Darwin and International Relations: On the Evolutionary Origins of War and Ethnic Conflict* (Lexington : University Press of Kentucky, 2004), 163に引用されている。

7 Jane Goodall, *The Chimpanzees of Gombe: Patterns of Behavior* (Cambridge, MA : Harvard University Press, 1986)〔邦訳：ジェーン・グドール著、杉山幸丸／松沢哲郎監訳『野生チンパンジーの世界［新装版］』、ミネルヴァ書房、2017年〕

8 Richard Wrangham,"Evolution of Coalitionary Killing," *Yearbook of Physical Anthropology* 42, 1999, 12, 14, 2, 3.

9 Goodall, *The Chimpanzees of Gombe*, p.176, fn 101.

10 Robert Bigelow, *Dawn Warriors* (New York : Little Brown, 1969)

11 Lawerence H. Keeley, *War Before Civilization : The Myth of the Peaceful Savage* (New York : Oxford University Press, 1996), 48.

12 Azar Gat, *War in Human Civilization* (Oxford : Oxford University Press, 2006), 115-117.〔邦訳：アザー・ガット著、石津朋之／永末聡／山本文

原 注

（＊原注で参照元として記されているURLについては原則として原著記載通りとした）

まえがき

1 Matthew Parris, "What if the Turkeys Don't Vote for Christmas?", *The Times*, May 12, 2012.

2 「目的を達成するために手段を用いる方法にかかわる」という戦略の概念は比較的新しいものだが、今では軍事分野ですっかり定着している。ただし、必ずしも目的と手段が動的に相互作用するという意味でとらえられているわけではない。Arthur F. Lykke, Jr., "Toward an Understanding of Military Strategy," *Military Strategy : Theory and Application* (Carlisle, PA: U.S. Army War College, 1989), 3-8.

3 Ecclesiastes 9:11.〔コヘレトの言葉9章11節〕

4 語句の使用頻度の歴史的推移は、グーグルの追跡ツールGoogle Books Ngram Viewer（http://books.google.com/ngrams/）で知ることができる。

5 Raymond Aron, "The Evolution of Modern Strategic Thought," in Alastair Buchan, ed., *Problems of Modern Strategy* (London : Chatto & Windus, 1970), 25.

6 George Orwell, "Perfide Albion" (review, Liddell Hart's British Way of Warfare), *New Statesman and Nation,* November 21, 1942, 342-343.

第Ⅰ部　戦略の起源

第１章　戦略の起源１：進化

1 Frans B. M. de Waal, "A Century of Getting to Know the Chimpanzee," *Nature* 437, September 1, 2005, 56-59.

2 De Waal, *Chimpanzee Politics* (Baltimore: Johns Hopkins Press, 1998) 初版は1982年刊行。〔邦訳：フランス・ドゥ・ヴァール著、西田利貞訳『チンパンジーの政治学―猿の権力と性』産経新聞出版、2006年〕

3 De Waal, "Putting the Altruism Back into Altruism: The Evolution of Empathy," *Annual Review Psychology* 59 (2008): 279-300. Dario Maestripieri, *Macachiavellian Intelligence : How Rhesus Macaques and Humans Have Conquered the World* (Chicago: University of Chicago Press, 2007)〔邦訳：ダリオ・マエス

本書は、２０１８年９月に発行した同書名の単行本を一部改訂し、文庫化したものです。

■著訳者紹介

【著者】

ローレンス・フリードマン（Lawrence Freedman）

ロンドン大学キングス・カレッジ戦争研究学部名誉教授。
国際政治研究者。核戦略、冷戦、安全保障問題について幅広く著作・執筆を行う。
マンチェスター大学、ヨーク大学、オックスフォード大学で学ぶ。オックスフォード大学ナッツフィールド・カレッジ、英国際戦略研究所、王立国際関係研究所を経て、1982年、キングス・カレッジ戦争研究学部教授に就任。
主な著書：*The Future of War : A History*、*Strategy : A History*、*A Choice of Enemies : America confronts the Middle East*、*The Evolution of Nuclear Strategy*など。

【訳者】

貫井佳子（ぬきい・よしこ）

翻訳家。青山学院大学国際政治経済学部卒業。証券系シンクタンク、外資系証券会社に勤務後、フリーランスで翻訳業に従事。訳書に『ホンネの経済学』、『投資で一番大切な20の教え』、『市場サイクルを極める』、『なぜ「あれ」は流行るのか？』、『金融危機の行動経済学』などがある。

nbb
日経ビジネス人文庫

戦略の世界史 上

戦争・政治・ビジネス

2021年8月2日　第1刷発行

著者
ローレンス・フリードマン

訳者
貫井佳子
ぬきい・よしこ

発行者
白石 賢

発行
日経BP
日本経済新聞出版本部

発売
日経BPマーケティング
〒105-8308 東京都港区虎ノ門4-3-12

ブックデザイン
鈴木成一デザイン室

本文DTP
マーリンクレイン

印刷・製本
中央精版印刷

Printed in Japan　ISBN978-4-532-24007-3

本書籍に関するお問い合わせ、ご連絡は下記にて承ります。
https://nkbp.jp/booksQA